高强度大规格角钢构件的力学性能及其承载力计算方法研究

孙 云 刘阳冰 著

U0201097

四川大学出版社
SICHUAN UNIVERSITY PRESS

图书在版编目（CIP）数据

高强度大规格角钢构件的力学性能及其承载力计算方
法研究 / 孙云，刘阳冰著. -- 成都：四川大学出版社，
2025. 2. -- ISBN 978-7-5690-7468-0

Ⅰ. TG142

中国国家版本馆 CIP 数据核字第 2025GK8099 号

书　　名：高强度大规格角钢构件的力学性能及其承载力计算方法研究
　　　　　Gaoqiangdu Daguige Jiaogang Goujian de Lixue Xingneng ji Qi
　　　　　Chengzaili Jisuan Fangfa Yanjiu
著　　者：孙　云　刘阳冰

选题策划：王　睿
责任编辑：王　睿
特约编辑：孙　丽
责任校对：李金兰
装帧设计：开动传媒
责任印制：李金兰

出版发行：四川大学出版社有限责任公司
　　　　　地址：成都市一环路南一段 24 号（610065）
　　　　　电话：（028）85408311（发行部）、85400276（总编室）
　　　　　电子邮箱：scupress@vip.163.com
　　　　　网址：https://press.scu.edu.cn
印前制作：湖北开动传媒科技有限公司
印刷装订：武汉乐生印刷有限公司

成品尺寸：170 mm×240 mm
印　　张：26
字　　数：541 千字

版　　次：2025 年 2 月 第 1 版
印　　次：2025 年 2 月 第 1 次印刷
定　　价：99.00 元

本社图书如有印装质量问题，请联系发行部调换

四川大学出版社
微信公众号

前　　言

高强度大规格角钢(简称大角钢,肢宽≥220mm,肢厚≥16mm),以整体性好、加工简便、承载力高、运输成本低等优点在高压和特高压输电杆塔工程中的应用越来越广泛。针对输电杆塔结构中大角钢构件在设计时忽略弯矩影响的这一设计缺陷,本书采用理论分析、试验研究和数值模拟的方法对高强度大角钢构件的受力性能开展研究:

首先,采用理论分析的方法对角钢截面压弯构件的塑性性能进行研究,推导角钢截面压弯构件全塑性轴力和弯矩的相关方程,并基于角点对相关方程进行修正;提出角钢截面压弯构件塑性发展系数的计算方法。结果表明:角钢截面的塑性发展系数与塑性发展深度、肢宽比和应力状态等有关;大角钢和常规截面角钢的塑性发展系数在设计时可以取相同的值,建议大角钢强轴和弱轴的截面塑性发展系数分别取为$\gamma_u = 1.05$,$\gamma_v = 1.15$。

其次,对强度等级为 Q420 的大角钢进行了试验研究,其中截面规格为∠250×24 和∠250×28 的大角钢用作轴压加载试验,截面规格为∠250×26 的大角钢用作偏压加载试验,偏压加载时分别以不同的偏心距绕强轴或弱轴进行加载;分析了支座转动刚度对轴压构件稳定承载力的影响;揭示了绕不同主轴压弯时偏心距对偏压大角钢稳定承载力和失稳形态的影响规律。结果表明:当考虑支座约束影响时,试验得到的大角钢轴压稳定系数有所降低;对于偏压大角钢来说,偏心距的存在不仅对大角钢稳定承载力有较大的削弱,而且会改变大角钢的失稳形态。

再次,利用 ANSYS 软件建立了大角钢在轴压荷载和偏压荷载作用下的有限元模型,并基于试验结果对有限元模型进行了验证;采用实体单元 SOLID73 建立构件两端的加载端板,解决了利用实体单元建立轴压构件有限元模型难以实现两端铰接约束的问题,并且便于偏压构件不同偏心距、不同荷载作用点的施加,所建立的有限元模型不仅能显著提高有限元的计算效率,而且能够精确反映轴压和偏压大角钢的受力性能。

最后,利用验证后的有限元模型,对大角钢轴压构件和偏压构件开展参数化分析,研究了初始几何缺陷、残余应力、构件截面规格、钢材强度等级、偏心距对大角钢构件稳定承载力的影响规律；基于分析结果分别提出绕强轴单向压弯和绕弱轴单向压弯大角钢的稳定承载力计算公式，并结合相关规范中压弯构件设计公式的形式，提出了适用于大角钢双向压弯构件的稳定承载力推荐公式。结果表明：相对于轴压构件来说，初始几何缺陷、残余应力和钢材强度等级对偏压构件稳定承载力的影响程度有所降低；绕强轴单向压弯的大角钢存在临界偏心距，在临界偏心距内，偏压构件的承载力可达到与轴压构件相同的水平，当超过临界偏心距，偏压构件的承载力出现明显下降；绕弱轴单向压弯的大角钢，绕肢尖弯曲和绕肢背弯曲的承载力变化特征基本相同；在相同偏心距下，绕弱轴单向压弯的构件相对于绕强轴单向压弯的构件，其承载力受削减的程度更大；用于计算大角钢压弯构件稳定承载力的推荐公式，能够反映大规格角钢绕强轴单向压弯存在临界偏心距的特征，并且具有足够的精度。

本书的研究工作得到了河南省科技攻关项目（242102320216）、河南省高等学校重点科研项目计划（24A560016）、博士科研启动基金项目（NGBJ-2023-34）等课题的支持，特此致谢。

本书由南阳理工学院孙云编写1～4章及5.1～5.3节（折合27.1万字），南阳理工学院刘阳冰编写5.4、5.5节及第6～11章（折合27万字）。全书最后由孙云修订与统稿。

感谢郭耀杰教授在本书撰写过程中给予的指导，感谢祝凯、邱钧钧、鲍超等研究生参与本书部分内容的研究工作。

由于著者水平有限，书中疏漏之处在所难免，恳请读者批评指正。

著　者

2024 年 6 月

目　　录

1 绪 论

1.1 研 究 背 景

改革开放以来,我国在资源、环境、经济和社会等各方面取得了巨大的成功。随着中国经济的迅速发展,中国对能源的需求日益增长。如今中国对于煤炭、石油和天然气这三大传统能源的消耗量均位居世界前列,其中,煤炭的消耗量更是已经达到世界煤炭消耗量的一半左右。但是同期中国能源的生产量却远低于能源的消耗量,中国的天然气和石油对外的依存度更是分别超过40%和70%[1]。目前,人类对于能源的依赖也导致开采压力日益增大,而且开采过程对环境也会造成十分严重的污染,因此大力发展新能源,减少能源损耗、提高能源的利用率是解决当今能源问题的重要途径之一。随着经济、社会的发展,我国的电力工业体制也在不断发展、改革,我国发电装机容量在2011年超过美国后稳居世界第一。由于"十二五"期间我国经济增速的逐渐放缓和工业转型升级的发展需要,在国家可持续发展战略的支持下,风电、水电、核电和太阳能等新能源的发展也十分迅猛。我国正在淘汰落后产能技术,在减少环境污染的同时发展新技术以提高能源利用率,推进能源革命,建设一个清洁低碳、安全高效的能源体系。在这个大背景下,电力行业的发展重心也已经放到了调整能源结构和技术升级上。

众所周知,电力在传输过程中会伴随着相当大的损耗,在整个输电线路上有电缆线路的损耗、变压器的损耗等。而随着电力行业的发展建设以及降低能源损耗的需求,降低电力在运输途中的损耗是提高能源利用率的重要途径之一。因此,在运输电过程中对于远距离、大容量的特高压输电的需求也日益增大。在我国,特高压是指1000kV交流和800kV直流以上的电压等级,特高压输电技术是指与上述电压等级配套的电网输送技术的总称,该技术能够实现大功率下的中远距离输电,还能够有效降低建设成本,同时对环境的污染也相对较小,能实现电网间互联[2]。大力发展和应用特高压输电技术是国家战略,具有明显的经济和社会效益,据估算,1 条 1150kV 线路从输电能力上可以替代至少 5 条 500kV 线路或 3 条 750kV 线路,减少 1/3 铁塔用钢材、1/2 导线用量,对整体电网造价也能节约 10%～15%[3-4]。1150kV 线路所需线路走廊仅为同等运送能力 500kV 线路的 1/4,这可以为土地较少、人口密度较大和输电塔所需线路走廊较少的国家和地区带来较大的社会、经济效益[5]。美国、日本等国家都曾建立过特高压交流试验线路,进行了大量的试验及技术研究,日本最终将特高压交流线路投入实际建设中。我国在 20 世纪 80 年代开始特高压输电技术的研究,经过大量的科学研究和技术攻关,2008 年晋东南—南阳—荆门 1000kV 特高压交流试验示范工程的成功运行,这标志着我国正式进入特高压输电技术大规模应用的时代。2020 年前后,我国西部水电的电力大部分通过特高压通道送往华东、华中、京津地区,包括金沙江、向家坝、乌东德和白鹤滩等 9 条输电容量为 6GW 的特高压输电线路[6]。

随着我国特高压输电技术的发展,对超高压、特高压多回路输电塔的需求也逐渐增多,与之相对应,对输电塔承载能力的要求也逐渐提高。长期以来,我国输电铁塔采用的钢材强度大多局限在 Q235 和 Q345,由表 1-1 可以看出,美国和日本的铁塔设计标准中给出的钢材品种比我国丰富得多,且其最高强度等级也高于我国[7]。采用高强度钢材能够有效地提高输电塔的承载能力并降低钢材的使用量,我国在 2007 年进行了首次高强钢真型塔试验,练塘变—泗泾变是我国第一次在输电线路工程中使用 Q460 高强钢[8],据统计,用 Q460 代替 Q345 后,输电塔主材可节省 16% 左右,整塔质量减轻约 8%,有非常高的经济效益以及巨大的社会效益,更大范围地使用高强钢已经成为共识[9]。

表 1-1　　　　　　　　　　　国内外有代表性的标准中的钢材

国别	标准编号	钢号	钢种	屈服点/（N/mm²）
美国	ASTM	A36	结构钢	485
		A242、A529、A570、A572、A588、A606、A607、A715	低合金高强度结构钢	
日本	JIS G 3101	SS 400、SS 490、SS 540*	一般结构钢	400
	JIS G 3106	SM 400、SM 490、SM 520、SM 570*	焊接结构钢	460
	JIS G 3444	STK 400、STK 490、STK 540*	一般结构钢管	390

国别	标准编号	钢号	钢种	屈服点/（N/mm²）
日本	JIS G 3114	SMA-400W、SMA-400P、SMA-490W、SMA-490P、SMA-570W*、SMA-570P*	焊接耐候钢	460
	JIS G 3129	SH 590 P*、SH 590 S*	铁塔用高拉力钢材	440
	JIS Ⅱ 12—1999	JS 690 S	铁塔用高拉力型钢	520
	JIS G 3474	STKT 540、STKT 590*	铁塔用高强钢管	440
	JIS G 3223	SFT 590*	铁塔用高强钢	440
中国	DL/T 5154—2012	Q235	碳素结构钢	390
		Q345、Q390*	低合金高强度结构钢	
	GB 50017—2017	Q235	碳素结构钢	460
		Q345、Q390、Q420、Q460*	低合金高强度结构钢	

注：表中的屈服点数值为 * 号钢材的屈服点。

　　随着输电线路朝着大跨度、多回路的方向发展，高压和特高压线路也逐渐增多，导致输电杆塔的塔型也越来越大，对输电杆塔承载力的要求也越来越高[10-12]，从而促进了高强度角钢的应用和发展，并且也取得了较为丰富的研究成果[13-25]。然而，常规截面角钢已不能满足工程需要，导致在工程中不得不采用双拼或四拼角钢组合截面进行设计[26,27]，而组合截面间通常需要填板和螺栓连接，这不仅会导致组合截面构件受力不均、承载力降低，而且大量的拼装工作增加了施工难度、用钢量。高强度大规格角钢（简称大角钢，屈服强度≥420MPa，肢宽≥220mm，肢厚≥16mm）具有整体性好、加工简便、承载力高、运输成本低等优点，自 2010 年首次在锦屏—苏南±800kV特高压工程（图 1-1）中使用后，在高压和特高压输电塔工程中的应用也越来越广泛[28-31]。大角钢相对于常规角钢来说，一方面，大角钢的强度等级较高，其材性与普通材质的角钢存在差别。另一方面，大角钢截面规格较大，其翘曲刚度不可忽略，同时，其较宽的肢厚使得大角钢具有较大的次翘曲刚度，从而导致其受力性能不同于常规角钢。

　　对于输电杆塔结构来说，尤其是高压或特高压杆塔中，在杆塔的下部，角钢构件以轴力为主，但是在上部，由于风压较大，角钢构件会直接承受一定程度的弯矩，从而造成角钢构件需要在轴力和弯矩的共同作用下工作[32-34]。角钢构件的节点通常由单个或两个螺栓与角钢的单肢连接形成偏心构造，因此在角钢构件端部也会产生弯矩，如图 1-2 所示。由于角钢是单轴对称截面，其几何轴和主轴不重合，这就导致角

图 1-1　锦苏特高压直流线路杆塔

钢构件在轴力和弯矩作用下的弯曲行为比双轴对称截面构件的行为更为复杂。而且,一些研究中发现角钢作为受弯和压弯构件时具有一定的塑性发展能力[35-46],但是相关规范并未对角钢截面塑性发展的程度作出相应的规定。

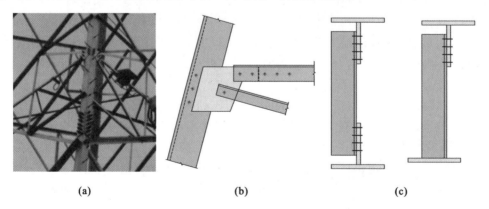

(a)　　　　　　　　　(b)　　　　　　　　　(c)

图 1-2　杆塔结构角钢的连接情况及示意图

(a)杆塔结构;(b)节点构造示意图;(c)单边连接示意图

目前的钢结构相关设计规范中,对偏压角钢进行设计时,往往通过强度折减或等效长细比的方法,将偏压角钢构件等效为轴压构件,进而按照轴压构件的计算方法进行设计,并对构件的承载力进行折减,从而导致偏压角钢构件在设计时难以利用角钢截面的塑性性能,这样的设计往往不够经济。随着工程实践需求的增加,在容易出现冰冻、大风等恶劣环境的区域中设立输电塔,则对输电塔的承载能力有更高的要求,而当采用单个高强度角钢也无法满足输电塔的承载力设计需求时,将会采用角钢组合截面构件再次提高输电塔的承载能力及稳定性。目前,我国大型输电塔的主材多采用高强度双拼角钢组合或多拼角钢组合截面,但是多拼角钢组合截面存在填板、螺栓数量较多的问题,现场施工难度和施工量大。相对于多拼角钢组合截面,双拼大角钢组合截面构件减少了填板、螺栓的使用数量,减少了材料的消耗并且大幅度降低现场施工难度和施工量。而且双拼大角钢的回转半径比四拼常规截面角钢更大,进而可以使杆塔获得更大的节间长度,同时又能够大大减少拼接的施工量和螺栓的用量,因此具有逐步取代四拼大角钢的趋势。但是目前国内外相关规范[47-51]对于双拼角钢组合截面构件以及大角钢的规定并不详细,且在实际运用当中发现通过相关规范计算的理论承载力与实际不符,因此对高强度大规格双拼角钢组合截面构件的力学性能进行相关研究具有非常大的现实意义。而双拼大角钢的应用,也使其不可避免地承受弯矩的作用,这意味着在某些情况下,大角钢的设计必须考虑轴力和弯矩的共同作用,而在目前设计中弯矩的影响普遍被忽略,由于无法定量估算弯矩对构件承载力的影响,故这样的设计可能存在一定的安全隐患。近年来随着大角钢在杆塔结构中的广泛应用,这种安全隐患也一直困扰着设计人员。

金属腐蚀也是普遍存在的现象,往往也最容易被忽视,但因腐蚀造成的损失和破坏却是十分惊人的。2014 年,我国全行业腐蚀总成本为 21278.2 亿元,占国民生产总值(GDP)的 3.34%,平均每人需要承担腐蚀成本 1555 元[52];美国光是在腐蚀构件维修以及监测方面的花费,每年便高达数十亿美元[53];位于德国汉堡市的 Kohlbrand 桥,由于斜拉索腐蚀严重,建成的第三年就更换了全部的斜拉索,耗资达 6000 万美元,是原来造价的 4 倍[54]。除了以上这些可见的直接损失,另外因腐蚀事故造成的停产、赔偿,由于腐蚀产物累积导致的效能降低等间接损失更是无法估量。

输电线路中,随着钢结构杆塔服役年限的增加,杆件会因所处环境不同而表现出不同程度的腐蚀状态,致使杆件力学性能遭到不同程度的削弱,严重的可导致杆件失效,极大威胁着结构的使用安全。我国在役的输电杆塔有不少是在 20 世纪 50—80 年代建成并投入使用的,经过了长年的风吹日晒、雨水侵蚀等环境作用,输电塔普遍出现了腐蚀现象,一些钢结构输电塔镀锌层已完全脱落,锈蚀情况严重,如图 1-3 所示。现行规范[55-57]主要对结构所处环境的腐蚀程度进行了分类,对不同构筑物的防腐措施和使用年限进行了规定和说明,但缺乏对结构腐蚀后力学性能的有效评估。在杆塔寿命周期内进行结构的可靠性分析时,若不考虑腐蚀的影响是极其危险的,这将极大地增加输电线路运行过程中的安全隐患。

图 1-3　受腐蚀损伤的钢结构杆塔

腐蚀的实质是材料表面与所处环境中的介质发生化学或电化学作用而遭到破坏或变质。根据腐蚀形成的机理不同,通常将金属腐蚀分为均匀腐蚀、点腐蚀(简称点蚀)、缝隙腐蚀、冲击腐蚀、空泡腐蚀、电偶腐蚀、腐蚀疲劳等类型,而其中以均匀腐蚀和点腐蚀最为常见[58]。均匀腐蚀是指构件完全暴露在腐蚀环境中,金属表面大致以相同的速率腐蚀,因为均匀腐蚀不会对材料的本构产生影响[59],所以可以以失重率或者平均腐蚀厚度为指标,通过整体厚度折减的方式评估其腐蚀后的强度[60]。在实际的杆塔检测中,平均腐蚀厚度的测量也较为容易实现。点腐蚀不同于均匀腐蚀,它是一种由小阳极大阴极腐蚀电池引起的阳极区高度集中的局部腐蚀形式[61]。点蚀的发生具有隐蔽性,可能会在不易被发现的一端先发生,等到发现时,点蚀的发展程度已经较为严重了。虽然因点腐蚀损失的金属质量很小,但由此引起的应力集中可能会导致构件发生局部失稳而提前失效,蚀孔处还容易成为断裂源,进而在结构遭遇其他不利荷载时,引起结构的严重破坏。在进行结构可靠性分析时,极限强度的评估非常重要,如何评估点腐蚀构件的极限承载力劣化规律是学者们广泛关注的问题。但由于点蚀形成和演化过程受多方面因素的影响,国内外尚缺乏较合理的点蚀模型,针对点蚀构件力学性能劣化规律的探究至今仍旧是一个研究热点和难点。

因此,探讨大角钢截面压弯构件的塑性发展能力,对大角钢在偏压荷载下的受力性能开展研究,建立大角钢压弯构件的承载力计算方法,研究大角钢十字组合截面构件的承载力设计优化、轴压稳定性能以及随机点蚀角钢构件的极限承载力和破坏模式的机理,提出点蚀构件极限承载力的计算公式,具有重大的理论和实践意义。

1.2　压弯构件稳定性研究现状

1.2.1　压弯构件稳定理论

兼具受压和受弯功能的构件为压弯构件,其受力性能相比轴压构件更为复杂,对于两端铰接均布荷载作用下的压弯构件,如图 1-4 所示,弯矩作用在构件平面内,并假定材料为理想弹性,可以建立微分平衡方程,具体如下:

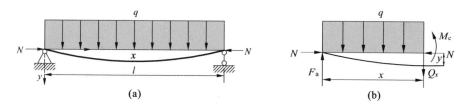

图 1-4　两端铰接的压弯构件

(a)压弯构件整体;(b)隔离体

注:Q_x 为隔离体截面的剪力。

取压弯构件左端为隔离体,距离左端 x 处,截面的内力距为:

$$M_c = -EIy'' \tag{1-1}$$

式中,M_c 为截面的内力矩;E 为材料的弹性模量;I 为截面的惯性矩;y 为构件的挠度。

截面的外弯矩为:

$$M_e = Ny + \frac{qx(x-l)}{2} \tag{1-2}$$

式中,N 为压弯构件的轴力;q 为构件承受的均布荷载。

支座反力:

$$F_a = \frac{ql}{2} \tag{1-3}$$

根据 $\sum M = 0$ 可得弯矩的平衡方程:

$$EIy'' + Ny - \frac{qx(x-l)}{2} = 0 \tag{1-4}$$

令

$$k^2 = \frac{N}{EI}$$

代入式(1-4)中,可得:

$$y'' + k^2 y = \frac{qx(x-l)}{2EI} \qquad (1\text{-}5)$$

利用边界条件,对微分方程进行求解,可得到挠曲线方程,并能够获得压弯构件的最大挠度和最大弯矩。同理,对于不同支座约束形式和不同荷载作用下的压弯构件均可建立微分方程,并能够获得相应的挠曲线方程、最大挠度、最大弯矩。但是对于钢构件来说,其材料是弹塑性的,当压弯构件截面边缘屈服后,进入弹塑性受力状态,随着荷载的继续增大,压弯构件的附加弯矩也逐步增大,压弯构件发生失稳破坏时,内力和外力不能够平衡,这时需要采用极值点失稳的求解方法对压弯构件的极限承载力进行求解。压弯构件发生失稳时,受截面形式、荷载大小等因素的影响,塑性区发展的位置有以下三种,塑性区位于受压侧、塑性区同时位于受压和受拉侧、塑性区位于受拉侧[62],具体见图 1-5。

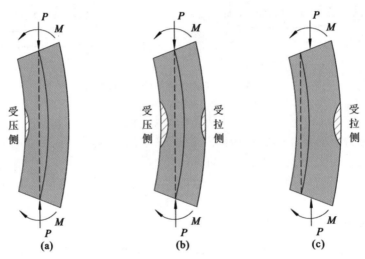

图 1-5 压弯构件的塑性区位置
(a)受压侧;(b)受压和受拉侧;(c)受拉侧

早在 20 世纪 30 年代便已有对压弯构件弹塑性承载力计算方法的研究[63],但为了求得精确的解析解,需要对微分方程进行较为烦琐的求解,不便于在设计中应用。Ježek 解析法[63-65]通过一些简化条件,提出了能够计算压弯构件稳定承载力的解析法,该方法对于截面形式简单、荷载形式不复杂的压弯构件,能够获得精度较高的解析解。我国早期的《钢结构设计规范》(TJ 17—74)中压弯构件相关的稳定理论就是在该方法的基础上建立起来的,该规范中对于实腹式偏压构件的设计公式如式(1-6)~式(1-9)所示,φ_p 为偏压构件的稳定系数,偏心率 $\varepsilon = \frac{M}{N} \cdot \frac{A}{W}$(A 为构件的截面面积,$W$ 为截面抵抗矩)。

对于弯矩作用平面内的偏压构件,当偏心率 $\varepsilon \leqslant 30$ 时:

$$\sigma = \frac{N}{\varphi_p A} \leqslant [\sigma] \tag{1-6}$$

当偏心率 $\varepsilon > 30$ 时:

$$\sigma = \frac{M}{W_f} \leqslant [\sigma] \tag{1-7}$$

对于两个主轴均有弯矩作用的偏压构件,当 $\lambda_y > \lambda_x$ 时:

$$\sigma = \frac{N}{\varphi_{py} A} + 0.9 \frac{M_x}{W_x} \tag{1-8}$$

当 $\lambda_y \leqslant \lambda_x$ 时:

$$\sigma = \frac{N}{\varphi_{px} A} + \frac{2}{3} \frac{M_y}{W_y} \tag{1-9}$$

李开禧等[66]提出采用切线刚度法来解决压弯构件的弹塑性稳定问题,并编制了压弯构件弹塑性稳定承载力的计算程序,在计算时简化了许多假定,且计算结果与试验实测值吻合较好,但是该方法在计算压弯构件的稳定承载力时并未考虑初始缺陷。随后,他们采用逆算单元长度法[67]对压弯构件的稳定承载力进行计算,逆算单元长度法通过推导 P-M-Φ 关系以求解稳定承载力,不仅大大简化了计算程序,适用于任意截面形状和尺寸,而且考虑了残余应力、初始几何缺陷等,同时给出了逆算单元长度法计算得到的轴压和偏压构件的柱子曲线,并且将计算结果与相关规范进行对比。实际上,初始几何缺陷、残余应力、截面形状、支座约束、荷载作用形式等均会对压弯构件的稳定承载力产生影响,因此需要采用数值法对构件的稳定承载力进行计算。蔡春声等[68]研究了非比例加载条件下(比例加载指的是轴力和弯矩按固定比例加载)压弯构件的受力性能,以探讨加载路径对压弯构件稳定承载力的影响,发现加载路径对构件稳定承载力的影响较小,以比例加载的计算结果作为建立设计公式的基础较为可靠。沈祖炎等[69]认为《钢结构设计规范》(TJ 17—74)中压弯构件的稳定系数取值过高,验算公式不适用于多种截面形式的压弯构件,采用边缘屈服准则,提出了轴力和弯矩的实用相关方程,且该公式与《钢结构设计标准》(GB 50017—2017)[48]中压弯构件稳定承载力设计公式的形式已经十分接近。

为了建立不同端弯矩和不同约束下压弯构件与典型压弯构件的关系,学者们提出了等效弯矩和等效弯矩系数的概念,以便于压弯构件稳定承载力设计公式通式的建立[70]。陈绍蕃[71-72]对压弯构件不同端部约束情况下等效弯矩系数的取值进行了讨论,得到两端支承构件等效弯矩系数是轴力的函数,其取值应小于 1.0;对于承受复杂弯矩的压弯构件可以采用叠加原理对等效弯矩系数进行简化计算。对于端部有侧移的构件,等效弯矩系数也是轴力的函数,等效弯矩系数计算公式适用于框架柱端部有转动约束的构件。Chen 等[73-74]认为美国规范中压弯构件的等效弯矩系数过于保守,对压弯构件的一些假定进行了修正,提出了等效弯矩系数的计算公式,并认为当弯矩放大系数不能满足 $C_m \geqslant 4$ 时,等效弯矩系数计算公式用于计算压弯构件平面内和平面外失稳,能够得到较为近似的结果。崔佳等[75]运用弯矩分布函数对梁柱不等端弯矩的等效弯矩系数进行了研究,并利用等效跨长的概念对压弯构件进行了设计。Goncalves 等[76]采用有限元的方法,对不同荷载作用形式和不同支座约束情况的弯矩作用平面内的等效弯矩系数进行了研究,认为对于不同的支座约束形式应取合理的等效弯矩系数,以保证结构设计的安全性,在验算公式中讨论了等效弯矩系数对压弯构件承载力的影响。Yong 等[77]、Bernuzzi 等[78]、Iu[79]对不同规范中压弯构件的设计方法进行了对比,重点讨论压弯构件端部弯矩不同时不同规范设计方法的区别。童根树等[80-82]研究了楔形截面压弯构件的弹塑性稳定问题,根据绕不同轴失稳,其失稳模式存在的区别,提出了相应的稳定承载力设计公式,并将变截面压杆效为等截面压杆,然后分析二者稳定承载力的区别,发现变截面压杆的承载力高于等截面压杆,并利用 ANSYS 软件对得到的结果进行验证。Gizejowski 等[83]、Ferrei-ra[84]对压弯构件的平面外弯扭屈曲进行分析,并提出了构件的稳定承载力设计方法。

1.2.2　现行规范压弯构件稳定承载力设计公式

《钢结构设计标准》(GB 50017—2017)规定,弯矩作用平面内的实腹式压弯构件稳定设计公式如式(1-10)所示,对于单轴对称压弯构件,除了验算弯矩作用平面内的稳定性,还需要对弯矩作用平面外的稳定性进行计算,其设计公式如式(1-11)所示,双向压弯构件的稳定设计公式如式(1-12)和式(1-13)所示。

$$\frac{N}{\varphi_x A f} + \frac{\beta_{mx} M_x}{\gamma_x W_{1x} \left(1 - 0.8 \dfrac{N}{N'_{Ex}}\right) f} \leqslant 1.0 \tag{1-10}$$

$$\left| \frac{N}{A f} + \frac{\beta_{mx} M_x}{\gamma_x W_{2x} \left(1 - 1.25 \dfrac{N}{N'_{Ex}}\right) f} \right| \leqslant 1.0 \tag{1-11}$$

$$\frac{N}{\varphi_x A f} + \frac{\beta_{mx} M_x}{\gamma_x W_x \left(1 - 0.8 \dfrac{N}{N'_{Ex}}\right) f} + \eta \frac{\beta_{ty} M_y}{\varphi_{by} W_y f} \leqslant 1.0 \tag{1-12}$$

$$\frac{N}{\varphi_y A f} + \eta \frac{\beta_{tx} M_x}{\varphi_{bx} W_x f} + \frac{\beta_{my} M_y}{\gamma_y W_y \left(1 - 0.8 \dfrac{N}{N'_{Ey}}\right) f} \leqslant 1.0 \tag{1-13}$$

式中,N 为构件的轴压设计值;φ_x,φ_y 分别为两个主轴的稳定系数;γ_x,γ_y 为两个主轴的截面塑性发展系数;M_x,M_y 分别为两个主轴的弯矩设计值;N'_{Ex},N'_{Ey} 均为计算参数,其值取为欧拉临界力除以抗力分项系数;W_x,W_y 分别为两个主轴的毛截面模量;

W_{1x} 为在弯矩作用平面内对受压最大纤维的毛截面模量;W_{2x} 为无翼缘端的毛截面模量;φ_{bx},φ_{by} 均为受弯构件的稳定系数;β_{mx},β_{tx},β_{my},β_{ty} 均为等效弯矩系数;η 为截面影响系数。

从《钢结构设计标准》(GB 50017—2017)中的压弯设计公式中可以看出,其对于弯矩作用平面内压弯构件的设计公式是引入等效弯矩系数后将轴力和弯矩联合起来建立的相关方程,轴力项是构件的轴压稳定承载力,而弯矩项为构件的抗弯承载力,该公式是在边缘屈服准则的基础上,考虑截面塑性发展而构建的,在其公式中用截面塑性发展系数来反映构件的塑性发展能力,即以 γM_y 作为截面抗弯承载力的边界值,因此 γ 的取值决定了弯矩边界值的大小。而对于双向压弯构件,是将弯矩作用平面内的弯矩、弯矩作用平面外的弯矩和轴力叠加后建立轴力和弯矩的相关方程。

美国的钢结构设计规范 *Specification for Structural Steel Buildings*(ANSI/AISC 360-16)中,压弯构件稳定设计公式如式(1-14)和式(1-15)所示。这两个设计公式是将轴力和两个主平面中的弯矩通过线性叠加的方式,构建成轴力和弯矩的相关方程,根据压弯构件的不同情况调整轴力项和弯矩项的系数,而且该规范中并没有将平面内稳定和平面外稳定进行区分[85]。

当 $\dfrac{P_r}{P_c} \geqslant 0.2$ 时,

$$\frac{P_r}{P_c} + \frac{8}{9}\left(\frac{M_{rx}}{M_{cx}} + \frac{M_{ry}}{M_{cy}}\right) \leqslant 1.0 \tag{1-14}$$

当 $\dfrac{P_r}{P_c} < 0.2$ 时,

$$\frac{P_r}{2P_c} + \frac{M_{rx}}{M_{cx}} + \frac{M_{ry}}{M_{cy}} \leqslant 1.0 \tag{1-15}$$

式中,P_r 为构件的轴压设计值;P_c 为构件的轴压强度;M_{rx},M_{ry} 分别为强轴和弱轴设计所需的弯曲强度;M_{cx},M_{cy} 分别为强轴和弱轴的弯曲强度。

而按照 ASD(Allowable Stress Design,容许应力设计)法进行设计时,压弯构件的稳定设计公式如下式。

$$\frac{\sigma_a}{f_a} + \frac{\sigma_b}{f_b} \leqslant 1 \tag{1-16}$$

式中,σ_a,σ_b 分别为轴压应力和弯曲应力的标准值;f_a,f_b 分别为轴压应力和弯曲应力的容许值。

欧洲的钢结构设计规范 Eurocode 3 中,压弯构件稳定设计公式如式(1-17)和式(1-18)所示,该设计公式与美国规范的形式是一样的,将轴力和两个主平面中的弯矩通过线性叠加而建立相关方程,在弯矩项中引入侧扭屈曲折减系数和相关系数,以适应不同受力情况的压弯构件,在该规范中也没有将平面内稳定和平面外稳定进行区分。

$$\frac{N_{Ed}}{\dfrac{\chi_y N_{Rk}}{\gamma_{M1}}} + k_{yy} \frac{M_{y,Ed} + \Delta M_{y,Ed}}{\chi_{LT} \dfrac{M_{y,Rk}}{\gamma_{M1}}} + k_{yz} \frac{M_{z,Ed} + \Delta M_{z,Ed}}{\dfrac{M_{z,Rk}}{\gamma_{M1}}} \leqslant 1 \qquad (1-17)$$

$$\frac{N_{Ed}}{\dfrac{\chi_z N_{Rk}}{\gamma_{M1}}} + k_{zy} \frac{M_{y,Ed} + \Delta M_{y,Ed}}{\chi_{LT} \dfrac{M_{y,Rk}}{\gamma_{M1}}} + k_{zz} \frac{M_{z,Ed} + \Delta M_{z,Ed}}{\dfrac{M_{z,Rk}}{\gamma_{M1}}} \leqslant 1 \qquad (1-18)$$

式中,N_{Ed} 为构件的轴压设计值;N_{Rk} 为构件轴压强度特征值;$M_{y,Ed}$,$M_{z,Ed}$ 分别为强轴和弱轴设计所需的弯曲强度;$M_{y,Rk}$,$M_{z,Rk}$ 分别为强轴和弱轴弯曲强度特征值;χ_y,χ_z 为强轴和弱轴的轴压强度折减系数;γ_{M1} 为抗力分项系数;χ_{LT} 为侧扭屈曲折减系数;k_{yy},k_{yz},k_{zy},k_{zz} 为相关系数。

1.3 偏压角钢构件研究现状

目前钢结构相关设计规范中,对于偏压角钢构件的设计主要是针对偏心连接而制定的,且规范中均是将偏压角钢构件等效为轴心受压构件进行设计,各规范的设计公式如下所示。

《钢结构设计标准》(GB 50017—2017)中,通过强度折减系数将单边连接的受压角钢构件等效为轴心受压构件,其稳定设计公式如式(1-19)所示。

$$\frac{N}{\eta \varphi A f} \leqslant 1.0 \qquad (1-19)$$

式中,φ 为轴压稳定系数;η 为折减系数,对于等边角钢可按式(1-20)计算,当计算所得的值大于 1.0 时,按 1.0 进行取值。

$$\eta = 0.6 + 0.0015\lambda \qquad (1-20)$$

《架空输电线路杆塔结构设计技术规定》(DL/T 5154—2012),也是通过强度折减系数对偏心连接的角钢进行稳定设计,其设计公式如式(1-21)所示。

$$\frac{N}{\varphi A} \leqslant m_N f \qquad (1-21)$$

式中,m_N 为构件的强度折减系数,按照式(1-22)和式(1-23)进行计算。

当 $\dfrac{b}{t} \leqslant \left(\dfrac{b}{t}\right)_{\lim}$ 时,

$$m_N = 1.0 \qquad (1-22)$$

当 $\left(\dfrac{b}{t}\right)_{\lim} \leqslant \dfrac{b}{t} \leqslant \dfrac{380}{\sqrt{f_y}}$ 时,

$$m_N = 1.677 - 0.677 \frac{\dfrac{b}{t}}{\left(\dfrac{b}{t}\right)_{lim}} \tag{1-23}$$

对于轴压构件来说：

$$\left(\frac{b}{t}\right)_{lim} = (10 + 0.1\lambda)\sqrt{\frac{235}{f_y}} \tag{1-24}$$

对于压弯构件来说：

$$\left(\frac{b}{t}\right)_{lim} = 15\sqrt{\frac{235}{f_y}} \tag{1-25}$$

美国铁塔设计规范[*Design of Latticed Steel Transmission Structures*(ASCE 10-2015)]，将偏心连接的角钢构件通过修正长细比等效为轴心受压构件，其稳定设计公式如式(1-26)和式(1-27)所示。

当 $\dfrac{KL}{r} \leqslant C_c$ 时，

$$F_a = \left[1 - \frac{1}{2}\left(\frac{KL/r}{C_c}\right)^2\right]F_y \tag{1-26}$$

当 $\dfrac{KL}{r} > C_c$ 时，

$$F_a = \frac{\pi^2 E}{(KL/r)^2} \tag{1-27}$$

式中，F_y 为屈服强度；KL/r 为构件的长细比；$C_c = \pi\sqrt{\dfrac{2E}{F_y}}$。

若角钢的宽厚比超限，则需将式(1-26)和式(1-27)中的 F_y 替换为 F_{cr}。

当 $\dfrac{80\varphi}{\sqrt{f_y}} \leqslant \dfrac{w}{t} \leqslant \dfrac{144\varphi}{\sqrt{f_y}}$ 时，

$$F_{cr} = \left[1.677 - 0.677\frac{w/t}{(w/t)_{lim}}\right]F_y \tag{1-28}$$

当 $\dfrac{w}{t} > \dfrac{144\varphi}{\sqrt{f_y}}$ 时，

$$F_{cr} = \frac{0.0332\pi^2 E}{(w/t)^2} \tag{1-29}$$

对于偏心连接的角钢构件，需要将长细比进行修正，如式(1-30)和式(1-31)所示。

当角钢只有一端连接时：

$$\frac{KL}{r} = 30 + 0.75\frac{L}{r} \quad \left(0 \leqslant \frac{L}{r} \leqslant 120\right) \tag{1-30}$$

当角钢两端连接时：

$$\frac{KL}{r} = 60 + 0.5\,\frac{L}{r} \quad (0 \leqslant \frac{L}{r} \leqslant 120) \tag{1-31}$$

加拿大杆塔规范 CAN/CSA S37-18[86] 中与美国规范 ASCE 10-2015 一样，将偏心连接的角钢构件通过修正长细比等效为轴心受压构件，其稳定设计公式如式(1-32)所示。

$$C_r = \phi \frac{AF_y'}{(1 + \lambda^{2n})^{1/n}} \tag{1-32}$$

式中，ϕ 为约束系数；F_y' 为有效屈服强度，按式(1-35)～式(1-37)进行取值；$\lambda = \frac{KL}{r}\sqrt{\frac{F_y'}{\pi^2 E}}$。

当角钢只有一端连接时：

$$\frac{KL}{r} = 30 + 0.75\,\frac{L}{r} \quad (0 \leqslant \frac{L}{r} \leqslant 120) \tag{1-33}$$

当角钢两端连接时：

$$\frac{KL}{r} = 60 + 0.5\,\frac{L}{r} \quad (0 \leqslant \frac{L}{r} \leqslant 120) \tag{1-34}$$

当 $\frac{w}{t} < \frac{200}{\sqrt{f_y}}$ 时，

$$F_y' = F_y \tag{1-35}$$

当 $\frac{200}{\sqrt{f_y}} \leqslant \frac{w}{t} \leqslant \frac{380}{\sqrt{f_y}}$ 时，

$$F_y' = \left[1.677 - 0.677\,\frac{\sqrt{F_y}\,w}{210t} \right] F_y \tag{1-36}$$

当 $\frac{380}{\sqrt{f_y}} < \frac{w}{t} < 25$ 时，

$$F_y' = \frac{65500}{(w/t)^2} \tag{1-37}$$

多数学者的研究也是围绕着角钢偏心连接展开的，Cho 等[87] 对偏心连接的角钢进行了研究，针对偏心连接角钢难以确定有效长度，提出了一种基于二阶分析的角钢框架和桁架设计方法，确定了初始曲率、载荷偏心率和残余应力的等效初始缺陷比，并提出了考虑构件屈曲强度的角钢桁架设计和分析计算方法。Popovic 等[88] 对偏压冷弯角钢进行了试验研究，并将试验结果与相关规范进行了对比，认为规范中关于偏压角钢的规定过于保守。Sakla[89] 对相关规范中关于偏压角钢的规定进行了分析和讨论。陈绍蕃[90] 对单边连接角钢的构造设计提出了相应建议，认为单边连接角钢设计时除了对承载力进行验算外,还要注重对构造措施进行把控,以保证结构安全。刘佳等[91-92]进行了两个足尺平面三角形桁架子结构试验,并通过 ANSYS 建模进行有限元分析,将分析的结果与单根压杆的试验结果进行比较,结果表明小长细比一端偏心连接的角钢受压时主要发生局部屈曲,大长细比角钢受压时主要发生整体弯扭屈曲,并结合其分析结果对相关规范提出修改建议。Zhou 等[93]、Kettler 等[94,95]建立了荷载作用下通过两端单个螺栓连接角钢的非线性弹塑性有限元模型,将有限元模型的结果与相关试验结果进行验证,并基于验证后的有限元模型进行了参数化分析,根据参数化研究结果,提出了相关设计建议。Tian 等[96]对两端单个螺栓连接角钢进行试验研究,通过建立的经验模型确定两端单个螺栓连接角钢构件的有效长细比。Ma 等[97]对单肢连接角钢螺栓节点的滞回性能进行了研究,并建议将单肢连接的角钢螺栓节点滞回性能纳入杆塔结构的动力分析中,从而能够更好地分析杆塔结构的循环性能。Branquinho 等[98]、Fasoulakis 等[99]对单肢连接的冷弯角钢的受力性能进行了研究,提出了有效长细比的计算方法,并与相应的设计规范进行了对比。

近年来,高强钢构件在工程实践中的应用也越来越广泛,并取得了丰富的研究成果[100-109],对于高强偏心连接等边角钢的研究也逐渐增多。张耀[110]对单边连接 Q460 高强等边角钢压杆进行了试验研究和有限元分析,并将有限元分析结果同试验结果以及不同规范的计算值进行了比较,结合不同规范中对于单边连接角钢的承载力计算方法,提出了适用于单边连接高强角钢的承载力计算公式。曹现雷等[111]通过试验研究的方法对高强角钢偏心压杆的受力性能进行了研究,试件支座分别选用了球铰和双刀口支座,考察了不同端部条件对角钢受力性能的影响,随后利用有限元对两端偏心连接角钢受力性能进行了分析,并对残余应力和初始弯曲对承载力的影响进行了讨论,将有限元计算结果与相关规范进行了对比分析,认为采用实际材料强度除以抗力分项系数改造的设计方法进行设计是较为合理的。薛振农[112]、苏瑞[113]、郝际平等[114]对 Q460 高强角钢两端偏心连接压杆进行了试验研究,分析了偏心连接压杆的整体稳定承载力和失稳形态,并通过 ANSYS 软件建模进行有限元分析,讨论了角钢长细比、宽厚比、连接板长度、连接板厚度、螺栓直径、螺栓数量、螺栓预拉力等对构件稳定承载力的影响,结果表明压杆的破坏模式与长细比有关,宽厚比的变化对压杆的稳定承载有显著影响,并提出了计算两端偏心连接角钢稳定承载力的修正公式,使之更好地指导 Q460 高强角钢在工程中的应用。

Vayas 等[115]采用理论分析的方法对角钢截面压弯构件的非弹性受力性能进行了研究,发现截面分类为 1 类和 2 类的角钢截面压弯构件具有一定的塑性发展能力,并提出了轴力和弯矩的相关方程,但该相关方程过于复杂,不能直接用于设计。Charalampakis[116]对角钢截面压弯构件的塑性性能做了进一步的分析,提出了适用于角钢截面的塑性破坏面。Liu 等[117-119]、Spiliopoulos 等[120]对 28 个截面规格为

∠51×6.4(∠为角钢符号,数字分别表示角钢的肢宽和肢厚)的单边连接等边角钢试件进行了轴压和偏压试验研究,并采用有限元的方法分析了不同偏心荷载作用下角钢的受力性能,并将得到的分析结果与相关规范进行对比,结果表明规范值比较保守。Hussain 等[121]基于角钢受弯构件的相关塑性理论和设计方法[122-124],对角钢在双轴弯曲荷载作用下的受力性能进行了分析,并通过有限元方法进行了参数化分析,研究了不同参数对角钢构件屈曲行为的影响,并将有限元得到的计算结果与理论公式进行对比,最终提出相关设计方法。部分学者[125-131]对细长类型角钢压弯构件的受力性能进行研究,提出利用直接强度法(Direct Strength Method,DSM)方法进行设计的构想。

刘梓源[132]进行了均匀锈蚀角钢单边连接偏压构件的试验研究,提出了均匀锈蚀角钢构件剩余承载力百分比与锈蚀率的关系方程,发现均匀锈蚀角钢构件剩余承载力百分比随着锈蚀率的增大而线性降低,且不同长细比、不同截面类型锈蚀角钢构件的剩余承载力百分比降低速率趋于一致。不锈钢具有较好的耐腐蚀性,在工程实践中的应用范围也越来越广泛,而关于不锈钢等边角钢的研究也在逐步增多[133-142]。沈之容等[143-144]采用有限元的方法对偏压角钢负载下的焊接加固受力性能进行了研究,结果表明初始负载对偏压角钢的焊接加固受力性能影响最为显著。李正良等[145]对单边连接的等边和不等边角钢进行了偏压试验研究,并对其破坏模式和极限承载力进行了分析,讨论了节点板厚度、螺栓数量对偏压等边角钢和不等边角钢的承载力影响规律,并将计算结果与相关规范进行了对比,结果表明规范偏保守。Liu等[146]对 26 个不等边单边连接角钢试件进行了绕不同主轴的偏压试验研究,并将得到的分析结果与美国的钢结构设计规范进行对比,结果表明规范值较为保守,建议采用直接强度法对偏压不等边角钢进行分析。

从以上的研究可知,关于角钢偏压的研究,多数学者都是围绕着角钢偏心连接展开的,而推荐的设计方法均是将偏心连接的角钢等效为轴压构件进行设计,少数学者将偏压的角钢看作压弯构件进行研究,并发现角钢截面压弯构件具有一定的塑性转动能力,可进行塑性设计。

1.4 大角钢构件研究现状

大角钢相对于常规截面角钢的经济性和实用性已经得到了认可,并得到广泛应用,如酒泉—湖南 ±800kV 特高压直流输电工程[147]、溪洛渡左岸—浙江金华±800kV特高压直流输电工程[148]、哈密南—郑州 800kV 特高压直流输电工程[149]、500kV 江阴长江大跨越塔[150]等,在这些杆塔结构中大角钢有单边连接角钢应用的情形,也有双拼十字形、双拼 T 形和四拼十字形的组合截面应用的情形,在不同的使用场景,大角钢的受力性能也不尽相同,而且肢宽为 300mm 的超大截面角钢也在工程中得到了初步应用[151-152]。关于大角钢受力性能的研究也在逐步增多,Može 等[153] 采用切片法对强度等级为 S355 的 6 个热轧和 2 个焊接大角钢的残余应力进行了测量,得到了大角钢的残余应力分布模型,并采用有限元对大角钢的稳定性进行了分析。高源[154] 采用切条应变法,对 6 根强度为 Q420、截面规格为 ∠300×30 的热轧和镀锌大角钢的残余应力进行了测量,并基于试验结果提出了残余应力分布模型和计算公式。施刚等[155-156] 对带有焊接端板的镀锌和非镀锌 Q420 大角钢的残余应力分布进行了试验研究,分析镀锌和距离焊缝间距对大角钢残余应力分布的影响,发现镀锌可以降低残余应力峰值,焊接端板的存在使得大角钢残余应力分布更加复杂。

赵楠等[157] 对 19 根不同长细比,强度为 Q420、截面规格为 ∠220×20 的热轧大角钢进行了轴压试验研究,并将试验结果与各国规范进行了对比,结果表明大角钢试验稳定系数总体上高于各国规范中的柱子曲线。曹珂等[158-161]、龚坚刚等[162] 对不同长细比和不同截面的热轧大角钢进行了轴压试验,发现试验稳定系数高于现有的规范值,并采用有限元方法对大角钢进行了参数化分析,提出了适用于大角钢的柱子曲线。同时,Sun 等对支座转动刚度对大角钢受力性能的影响进行了研究[163],认为大角钢柱子曲线高于规范值的一部分原因受支座约束的影响。陈颖元等[164] 对 Q345 大角钢进行了轴压试验研究,发现大角钢失稳形态以弯曲失稳为主,大角钢由于截面规格较大使得其自身的抗扭刚度显著提高。潘峰等[165] 对大角钢的局部屈曲的强度折减系数进行了研究,并与现行的相关规范进行了对比,并给出了大角钢局部屈曲强度折减系数的建议值。

在热轧大角钢产量供应不足时,也会采用焊接的热轧大角钢,施洪亮等[166] 对焊接大角钢焊接工艺进行了研究,讨论了各种焊接工艺对焊接大角钢制作质量的影响。杨隆宇[167-168] 对厚板焊接的大角钢的轴压稳定性进行了研究,分析了焊接后大角钢的残余应力分布,建立了不同截面规格焊接大角钢的有限元模型,并分析其稳定承载力,发现对于焊接大角钢轴压杆的稳定系数可按照相关规范中 b 类截面进行选取。武韩青等[169-170] 等针对大角钢的截面特性,对输电塔中大角钢螺栓间距的布置进行了研究,提出了大角钢螺栓连接节点减孔数的计算方法,依据节点承载能力和破坏形态提出了适用于大角钢的理想螺栓间距布置方案,并提出了能反映大角钢螺栓连接节点受力性能的计算公式。

从以上研究可以看出,目前针对大角钢受力性能的研究在逐步完善,但这些研究均是围绕大角钢轴压稳定性展开的,而由于工程实践需求的增加,大角钢的应用场景也在逐步增多,其受力性能也变得较为复杂,因此需要对大角钢受力性能进行更为全面的研究。

1.5　组合截面构件研究现状

李鸥等[171]针对工字型组合截面梁腹板的局部屈曲问题进行了相关数值分析及试验,研究结果表明梁的腹板在集中荷载下发生局部屈曲或支座处发生局部屈曲,正应力和剪应力之间呈线性关系,腹板上部的局部压应力对于腹板的屈曲影响不明显,并根据有限元计算结果给出了腹板屈曲的计算公式。

周天华等[172]针对目前国内外对于组合截面构件的轴压极限承载力的理论和试验研究较少的情况,进行了双肢组合截面冷弯薄壁型钢长柱的轴压稳定承载力试验,并对两种组合形式截面构件的受力性能进行了相关对比分析,研究了其受力性能和破坏模式。研究结果表明,在进行组合截面轴心受压构件的稳定承载力计算时,无论是单轴对称或双轴对称的构件,我国钢结构设计规范和美国规范的设计计算值均偏安全;而冷弯薄壁型钢组合截面轴压构件的承载力可以在几个单一构件的承载力之和的基础上得到提高。

武胜等[173]基于箱型截面具有双轴对称、抗弯扭能力强的特点,提出了两种新型箱型组合截面构件,运用有限元方法对两种截面构件屈曲模式、变形、荷载位移曲线以及极限承载力进行计算分析。研究结果表明,相较于单个箱型截面构件,提出的两种新型组合截面构件各方面的力学性能都有明显的提高。

魏群等[174]介绍了一种可由方型、C 型和 U 型等多种形式组合的新型超薄壁冷弯钢构件组合截面形式构件,通过对比分析理论计算和有限元计算的结果,给出了此类组合截面构件的轴心受压承载力的适用范围和屈曲形式。

张戬等[175]对输电塔薄弱杆件主斜材处加固的问题提出了采用 T 型组合角钢加固的方法,并且分别采用了有限元分析计算、构件试验研究、塔段试验研究进行加固方法有效性的验证。研究结果表明,采用这种加固方法能够有效提高输电塔的刚度及承载力,构件承载力提高了 97.06%,塔段抗侧向位移刚度提高 24.7%,塔段承载能力提高 88.7%,塔段的破坏方式也发生了变化,薄弱部位发生转移。

Ting 等[176]对 1.2m 的组合截面短柱进行了试验研究,同时采用直接强度法和有效宽度法进行了相关理论研究,通过两种研究方法之间的对比表明,该类组合截面短柱的失稳模态主要表现为局部失稳,并且发现采用直接强度法计算得到的结果比试验结果高 12%左右,采用有效宽度法的计算结果比试验结果高 5%左右。

Kalochairetis 等[177]考虑了组合截面柱受剪切刚度下降而导致剪切变形的影响以及局部屈曲和弯曲屈曲相互作用的影响。研究结果表明,当弯曲屈曲、局部屈曲和屈服强度同时发生时,承载力的下降幅度最大,并且这种承载力的降低比构件缺陷引起的承载力下降多 50%。

Libove[178] 分别对采用两端和中间刚性连接的组合截面立柱的屈曲和屈曲后性能进行了相关研究。研究结果表明,当构件处于弹性阶段时,该组合柱的强度与对应的实腹式柱强度相近。同时,对构件屈曲后的荷载-位移曲线进行分析得知,该类构件屈曲后具有较强的不稳定性,将其与实腹式构件的随遇稳定进行了相关对比,结果表明该组合截面柱的屈曲后不稳定性相较后者更容易受到初始缺陷的影响。

Megnounif 等[179] 给出了应用现有的两种计算方法(直接强度法和有效宽度法)计算冷弯薄壁组合截面构件轴压稳定承载力的设计过程。对不同弹性屈曲解的设计过程进行了相关研究,将采用传统计算方法得到的计算结果与组合截面轴压构件的试验结果进行对比,研究结果表明,有效宽度法比直接强度法更精确。

刘海锋等[180] 设计了一种主材尺寸为 $2\angle 110\times 10$、Q345 强度的双角钢塔架,对该输电塔进行静载破坏性试验,并记录各截面应变的变化,将破坏时的弯矩、轴力情况与现行相关标准进行对比。结果表明,当双拼角钢主材绕实轴的长细比大于该主材按缀板柱计算得到的绕虚轴长细比时,按压弯构件计算得到的验算应力与主材的实测屈服强度最为接近。文献[181] 对两类填板共计 32 个双角钢十字组合截面轴压构件进行试验研究。研究结果表明,所有试件均发生弯曲失稳,当扭转长细比大于弯曲长细比或者构件仅有一个填板时,试件能够拥有较高的承载力;多数长细比较小的双角钢十字组合截面构件的轴压极限承载力要略高于采用焊接填板的试验构件,相较而言,前者造价更低。

荣志娟等[182] 通过有限元进行屈曲分析,分析了 Q420 强度的双角钢组合截面构件的临界荷载及构件屈曲响应时的特征形状,确定输电塔的极限承载力状态及稳定承载力,同时通过实验确定了不同来向的风对 Q420 双拼角钢输电塔脚的稳定承载力的影响,仿真实验也证明有限元方法可以有效计算其稳定承载力。

李振宝等[183] 对长细比分别为 40、50、60 的 Q420 强度双角钢十字组合截面构件进行了轴压试验研究,试验构件分别采用了一字型填板、十字分离填板和十字焊接填板,以此研究填板类型对构件承载力的影响。研究结果表明,现行相关规范对于小长细比的双角钢十字组合截面轴压构件的极限承载力计算明显偏保守;而当构件长细比增大后,填板的设置是十分必要的,同时研究对比的三类填板类型中,十字焊接式填板的构件极限承载力最大。

赵仕兴等[184] 对截面规格为 $\angle 160$,钢材强度等级为 Q420 的双角钢十字组合截面构件进行了相关试验研究,确定单节间、双节间压杆的受力性能及破坏形态,通过有限元方法计算分析不同长细比、宽厚比和填板对构件承载力的影响,在试验及有限元计算的基础上给出了符合工程实际应用的组合截面承载力计算方法。

石鹿言等[185] 对长细比分别为 40、50、60,共计 13 种工况的高强度双角钢组合截面构件进行了轴压试验研究,构件填板分别采用了一字型、十字分离型和十字焊接型三种类型,以及两个、四个螺栓连接的情况。研究结果表明,采用一字型、十字分离型和十字焊接型的构件承载力逐渐提升,但是提升幅度较小;螺栓数量的增加对构件极限承载力影响不大;当该类构件长度大于 $40i$ (i 为回转半径)时,设置填板是有必要的,当填板间距小于 $40i$ 时,设置多个填板对构件承载力的提升不大。

李正良等[186-187]对钢材强度等级为 Q420 的双节间角钢十字组合截面构件进行了相关轴压和偏压试验研究,研究构件参数的变化对构件承载力的影响。结果表明,该类构件的失稳模态以弯曲失稳为主,偏心压力对承载力的影响较大;增大构件截面规格以及增加填板数量对构件的极限承载力均能起到提高的作用。

Tahir 等[188]对长细比范围为 26~35 的实腹式十字组合截面构件进行了轴压承载力的试验研究,同时运用英国钢结构规范 BS5950 和欧洲规范 Eurocode 3 计算出了该类构件的极限承载力。通过试验结果和理论结果对比发现,该类构件的试验承载力结果比 BS5950 规范的理论计算承载力高 1%~21%,比 Eurocode 3 规范高 8%~47%。

Leko[189]对采用四个角钢组成的十字组合截面构件进行了相关试验研究,测试该构件在弯曲屈曲、扭转屈曲和局部屈曲下的极限承载力情况。计算构件承载力在两种不同残余应力分布模式下的情况,并与现行相关规范中的经验公式进行对比。

Makris[190]研究了十字组合截面轴压构件在扭转屈曲下的情况。研究表明,十字组合截面构件的肢并不是绝对正直的,其塑性扭转屈曲、剪应力和剪应边均与切线剪切模量相关,也在小变形的基础上通过试验验证了有限元分析的结果。

前述国内外相关文献并没有涉及填板的布置方式对大角钢十字组合截面轴压构件承载力的影响,以及该类构件的轴压稳定性能研究。目前,对大角钢以及角钢十字组合截面构件的研究均表明,现有相关规范对其承载力的计算偏保守。而大角钢和角钢十字组合截面构件已经逐渐运用到实际工程中,所以对大角钢十字组合截面构件进行承载力设计优化和轴压稳定性能研究具有很强的现实意义。

1.6 点蚀模型研究现状

点蚀是一种特殊的局部腐蚀,表现为构件表面大小不同、深度不一的小孔。具有自钝化特性的金属,如碳钢、不锈钢等,在含有卤素离子或者以 SO_2 主导的腐蚀性介质中经常发生点蚀。关于点蚀的成因目前主要有两种说法,即钝化膜破坏理论和吸附理论。钝化膜破坏理论认为当卤素离子在钝化膜上吸附后,由于离子半径小而穿过钝化膜,进而产生了强烈的感应离子导电,使阳离子杂乱并移动起来,当钝化膜界面的电场达到某一临界值时就形成了点蚀;吸附理论认为点蚀的发生是卤素离子和氧的竞争吸附造成的,当金属表面氧的吸附点被卤素离子替代时,膜的完整性遭到了破坏[191]。

蚀孔生长的本质是闭塞腐蚀电池的自催化反应。由于产生腐蚀坑,坑外被腐蚀产物覆盖,使得坑内电解质滞留,与腐蚀坑外的金属接触的介质形成氧浓差,腐蚀坑内作为阳极,继续溶解,腐蚀坑口处作为阴极,发生吸氧反应,图1-6为闭塞电池示意图,腐蚀性介质以SO_2为例。Zaya[192]区分了点蚀过程的不同阶段,并将其分为五个阶段,见图1-7。阶段0为完全被钝化膜覆盖的未受侵蚀的金属表面。阶段1为钝化膜的破裂,破坏区域的宽度小于钝化膜的厚度,只有底部部分金属与电解质接触,其余金属仍受钝化膜保护。但这一阶段的时间很短,底部金属一与电解质接触便开始腐蚀。当满足蚀坑生长的条件并且钝化膜不再产生,蚀坑便开始生长,达到阶段2。在阶段3中,金属的腐蚀区域不断扩大,在光学显微镜下可以观察到蚀坑的分布,蚀坑具有半球或多面体的形状。在最后的阶段4,肉眼已经可以看到蚀坑。如果蚀坑周围被固体腐蚀产物覆盖,蚀坑可能具有不规则的形状。此外,温度对点蚀的影响较大,温度越高,钝化膜的保护作用就越弱,还可能导致应力腐蚀开裂。

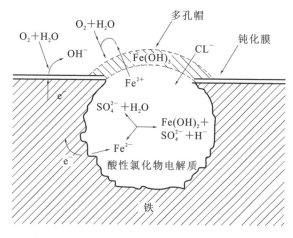

图1-6　钝化金属孔蚀的闭塞电池示意图

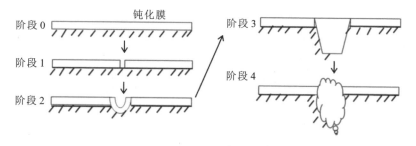

图1-7　点蚀过程阶段示意图

金属腐蚀会造成钢材的质量损失,失重法通过计算钢材腐蚀前后的质量变化来评估钢材的质量损失,因具有简单直观、适用性强等特点而被广泛采用[193]。但失重法只能从平均意义上描述金属的腐蚀程度,适用于均匀腐蚀。针对点蚀,一个完整的点蚀模型应包括蚀坑形状、蚀坑尺寸及分布位置,目前主要的研究方法是采用试验法和数值模拟相结合的方式。

点蚀的形成时间较长,所处自然环境多样,大部分观测到的蚀孔呈不规则形状。刘治国等[194]开展了铝合金试件的点蚀试验,通过检测统计蚀坑三维形貌参量,发现蚀坑表面的长、宽与其深度的比值大部分均介于 1 和 4 之间,随着试验周期延长,蚀坑逐渐呈表面椭圆、深度适中的形貌特点。美国材料试验协会标准 ASTM G46—94 (2013)[195]指出,蚀孔常见截面形态有窄深形、椭圆形、宽浅形、暗槽形、底切形、横向拓展形、纵向拓展形。孙冬柏等[196]发现二氧化碳环境下,钢管在含钙、镁离子的介质中,其点蚀表现为 V 形、半球形和闭口圆球形三种。王波等[197]统计不同锈蚀率下钢筋表面的 1063 个蚀坑,发现宏观蚀坑形状大致可以分成深椭球形、圆球形、长椭球形和凹槽形,其中深椭球形蚀坑数量较少。颜力等[198]采用 koch 曲线的三次迭代,以梯形构造为基础模拟蚀坑形状。文献[199-201]均采用圆柱形截面形态模拟蚀孔。李自立等[202]和 Pidaparti 等[203]采用元胞自动机法对金属腐蚀进行了建模,其腐蚀形态与实际情况接近,能够较好预测点腐蚀的生长过程,但是该种模型细部形态复杂,元胞尺寸对结果的影响很大,单个模型的计算需要耗费较多的计算资源,不利于参数化分析的开展,且模型不能用试验观测来校准,元胞自动机模型只能为半确定性模型。以上研究表明,真实的蚀孔形状复杂多变,在进行有限元模拟时,必须对蚀孔形状进行假定。

蚀坑深度被认为是导致结构失效的关键因素[204-205],因此蚀坑深度的时变规律和随机分布规律受到广泛研究。国内外学者普遍采用大气自然环境暴露试验或者室内加速腐蚀试验研究钢材坑深的时变规律。徐善华等[206]根据多重分形理论探究钢材的表面形貌与锈蚀龄期之间的关系。梁彩凤等[207]统计了 17 种钢在我国 7 个试验点的 16 年大气暴露腐蚀试验数据,发现腐蚀深度发展遵循幂函数规律。Xu 等[208]提出了一种新的 Weibull 函数用来描述最大凹坑深度和平均凹坑深度随时间变化的趋势。王燕舞等[209]针对我国船舶结构常用碳钢、低合金钢的情况,运用实海腐蚀试验观测数据建立了新型 Weibull 函数形式的点蚀最大深度时变模型。Melchers[210]在幂模型和双峰模型的基础上提出了更为复杂的台阶式时变模型。

极值分布在最大坑深的随机分布统计中被广泛应用。极值分布又称广义极值分布,可分为 Ⅰ 型极值分布(Gumbel 分布)、Ⅱ 型极值分布(Frechet 分布)和 Ⅲ 型极值分布(Weibull 分布)。Asadi 等[211]认为局部的蚀坑群具有相近的点蚀深度,且最大坑深的分布服从 Gumbel 分布。Melchers[212]根据现代点蚀理论,认为采用

Frechet 分布更为合理和保守。赵伟等[213]在理论上证明了多种统计分布中 Weibull
分布是最优的。经历长期腐蚀后,蚀坑深度的频率分布为双峰分布[214],这是因为此
时钢材表面蚀坑可分为稳态蚀坑和亚稳态蚀坑两种类型[215]。稳态蚀坑往往深而
大,频率分布呈正态分布或 Gumbel 分布;亚稳态蚀坑浅而小,只在腐蚀初期萌生而
不再进一步发展,其频率分布为指数分布。[216]

　　金属腐蚀是高度局部化的,蚀坑的位置难以预测。目前,针对蚀坑位置的统计数
据非常少,缺乏较为可靠的统计模型。将蚀坑均匀布置在构件表面的做法比较常见,
但与真实的情况不符,文献[217]对比了蚀坑的均匀分布和随机分布,发现随机分布
对构件承载力的影响更为不利。

1.7　点蚀构件力学性能劣化规律

　　张占杰等[218]针对海上平台起重机臂架管材结构建立单点蚀和双点蚀有限元模
型,发现环向布置双点蚀模型的应力集中最为明显。崔铭伟等[219]研究双点蚀管道
模型,发现两蚀坑的间距超过一定数值时,点蚀间的相互作用可以忽略,认为点蚀深
度是构件承载力的关键影响因素。这也说明了因为现实中的点蚀分布密集且数量很
多,蚀坑间的相互作用是不能被忽略的。

　　马厚标[220]针对 NV-D36 钢材试件进行单调加载试验,发现随着点蚀深度和截
面损失率的增加,钢材拉伸性能出现了不同程度的损伤退化,确定了造成钢材力学性
能衰退的主要因素是点蚀损伤引起的局部应力集中。刘博[221]应用有限元法分析发
现点蚀宽度的影响要比蚀坑深度更大,当点蚀坑相互重叠时,应力集中效应加剧,对
构件强度的影响也更大。

　　亓云飞等[222]根据表面腐蚀情况将同一铝壳船体板材划分了不同区域,结果表
明点蚀深度越大,力学性能损失越大,最大点蚀深度为 87.7% 时,抗拉强度损失率达
56%。何伟南等[223]采用机械加工模拟点蚀的方法对 6 根点蚀钢梁进行承载力试验,
点蚀为均匀分布,通过试验和有限元分析发现钢梁的承载力随腐蚀损伤体积的增大
而下降,蚀坑深度是主要影响因素。江晓俐等[224]对点蚀低碳钢板展开有限元分析,
发现单侧点腐蚀引起的偏心对钢板的极限抗压能力有显著影响,点蚀强度越大,钢板
越薄,点蚀深度改变造成钢板的极限承载能力差异越大,点蚀强度达到或超过 20%
时尤为显著。王仁华等[225-226]认为腐蚀损伤体积由于综合考虑了壁厚损伤度和点蚀
强度的耦合因素,更能合理地描述点蚀损伤的影响。对比局部随机点蚀和局部均匀
点蚀,发现随机点蚀导致的承载力退化更加严重,蚀坑深度及点蚀区形状是关键影响
因素。

陈跃良等[227]对飞机机翼工字梁构件展开有限元分析,将点蚀均匀布置,讨论了服役时间、蚀孔位置、蚀孔排列顺序以及蚀孔间距等参数对构件静强度的影响。姚远[228]以同样方法研究点蚀深度、点蚀直径、点蚀形状对船舶常用高强钢的力学性能的影响,结果表明,随着点蚀损伤程度的增加,船板结构的弹性模量、屈服强度、抗拉强度和峰值应变均呈现线性的损伤退化规律。施兴华等[229]采用非线性有限元法研究轴向压力下点蚀损伤对加劲板极限强度的影响,定性分析了均匀分布点蚀损伤对加筋板的破坏,结果表明点蚀直径、数目、深度、腐蚀损伤体积对其影响近似呈现非线性的二次单调函数关系。张婧等[230]对同时含裂纹和点蚀损伤的加筋板在轴向荷载作用下的极限强度进行了有限元分析,结果表明增加点蚀数目和改变裂纹长度均对构件承载力影响明显。

从以上研究可以看出,因为点蚀机理的复杂性以及实际观测数据的缺乏,已有的研究大部分都停留在定性分析,对此有学者提出以间接的方法评判点蚀对构件的影响。

叶继红等[199]针对点蚀钢构件,提出一种通过等效弹性模量定量评价其力学性能劣化程度的简化分析方法。郭峻利[231]基于钢制单点蚀试件的单向拉伸试验的结果,通过对试验数据进行回归分析,得出以点蚀强度为自变量的点蚀修正广义本构模型,采用修正后本构模型获得的整体结构分析结果与真实情况更为接近。滑林等[232]通过有限元模拟对比了基于点蚀强度参数、腐蚀损伤体积参数及刚度缩减因子三种极限强度的评估方法,认为基于刚度缩减因子的评估方法适用性更强,评估结果偏于安全。

管昌生等[233]认为仅通过改变钢材本构模型来对锈蚀框架进行数值模拟的方法并不合理,钢材力学性能退化实质上是由钢材截面面积削弱导致的,因此,建议通过修正锈蚀钢框架中各个构件的截面几何尺寸来实现锈蚀钢框架的数值模拟。Nouri等[234]通过有限元模拟评估了点蚀几何参数变化对单侧点蚀板材抗压强度的影响,提出了有效厚度的方法,以评估其极限强度和屈曲后性能。但是这两种间接方法都是针对特定模型进行推导,结论不具有普适性,同时与实际点蚀构件相比,这两种方法未考虑蚀孔间的相互作用和应力集中,很难保证结果的准确性。

Paik等[235]通过有限元计算和试验研究,对点蚀情况进行了简化处理,把点蚀坑模拟成矩形分布在板件上,得到了由腐蚀后的最小横截面面积来衡量构件极限强度的方法。

Lee等[236]通过室内加速腐蚀试验得到均匀腐蚀和点蚀钢筋构件,对其屈服强度、抗拉强度、弹性模量和伸长率进行了试验研究和数值模拟,提出了以锈蚀率为参数的拟合公式。

胡康等[237]通过有限元计算,分析带板柔度、加强筋柔度、腐蚀面积比和腐蚀深度比对点蚀加筋板极限强度的影响,认为不能用腐蚀损伤体积这个代表腐蚀面积和腐蚀深度乘积的单一变量来描述点蚀的影响,并拟合出点腐蚀下船体加筋板极限强度折减公式。

余建星等[238]对 2D 圆环管道模型开展了参数敏感性分析,研究结果表明管道初始椭圆度、管道径厚比和点蚀强度是影响 2D 圆环屈曲压力折减系数的主要因素,基于多参数非线性回归分析,建立了椭圆度、径厚比和点蚀强度 3 个参数对外压作用下含内部随机点蚀 2D 圆环屈曲压力折减的经验公式。

Ok 等[239]通过有限元模拟,分析了腐蚀位置、板的柔度、腐蚀长度、腐蚀厚度、腐蚀宽度等多种参数对局部点蚀板的极限强度的影响,得到了定量的多参数下极限强度的折减公式。

杜晶晶等[240]对局部点状腐蚀和整板点状腐蚀进行了系列有限元数值计算,利用最小二乘法得到了以板的柔度和腐蚀损伤体积为参数,同时适用于板的局部和整体腐蚀的极限强度折减公式。

张岩等[241]研究单面点蚀船板在单轴压缩荷载作用下的极限强度计算问题,得到以板的长宽比和腐蚀损伤体积为参数、可以在实际工程分析中应用的点蚀损伤船体板极限强度计算公式。

尽管上述数值模拟方法在各种影响因素方面做了有益的尝试,但提出的经验公式均只针对特定模型或特定情况,分析仍不全面,尚未有公认的能够在工程实际中运用的量化分析方法。因此,建立基于真实腐蚀统计规律的随机点蚀构件有限元模型,探究点蚀构件力学性能的劣化规律,提出合理且实用的计算方法,是评估钢结构寿命的基础,具有重要的现实意义。

1.8　主要研究内容

首先,采用理论分析的方法,对角钢截面压弯构件的塑性性能进行研究,分析角钢作为压弯构件的塑性发展能力;其次,采用试验研究和数值模拟的方法,对轴压和偏压大角钢的受力性能开展研究,分析其稳定承载力和失稳形态;最终,提出适用于大角钢压弯构件的稳定承载力计算方法。具体研究内容如下:

①采用理论分析的方法对角钢截面压弯构件的塑性性能进行研究,推导角钢截面压弯构件的全塑性轴力和弯矩的相关方程,并基于角点修正相关方程,对角钢截面压弯构件塑性发展系数的计算方法进行研究,并给出大角钢截面塑性发展系数的推荐值。

②对截面规格为∠250×24 和∠250×28、长细比为 30～60 的共 16 根大角钢进

行轴压试验,得到轴压大角钢的稳定承载力和失稳形态,将试验得到的稳定系数与相关钢结构设计规范进行对比。轴压试验中采用单向铰支座,分析了支座转动刚度对轴压构件稳定承载力的影响。对截面规格为∠250×26、长细比为30～60的共16根大角钢进行偏压试验,偏心加载时分别以不同偏心距绕强轴或弱轴进行加载,其中长细比为40和60的试件施加的偏心距使试件绕其强轴压弯,长细比为30和50的试件施加的偏心距使试件绕其弱轴压弯。对偏心加载试验结果进行分析,分析偏心距对绕不同轴压弯时大角钢试件稳定承载力和失稳形态的影响规律,并将试验结果进行无量纲化,与相关钢结构设计规范中压弯构件的设计公式进行对比。

③分别建立大角钢在轴压荷载和偏压荷载下的有限元模型,解决利用实体单元建立构件两端铰接约束的问题,基于试验结果对有限元模型进行了验证,以提高有限元模型的精度。利用验证后的有限元模型,讨论初始几何缺陷、钢材强度等级,不同截面规格、偏心距等对轴压和偏压大角钢稳定承载力的影响规律;对更多截面规格、更多长细比的轴压大角钢进行有限元分析,分析大角钢的轴压稳定系数取值。对更多截面规格、更多长细比、更多偏心距的偏压大角钢绕强轴单向压弯和绕弱轴单向压弯的稳定承载力进行分析,并与现行相关规范中压弯构件的设计公式进行对比,分析绕不同轴压弯时大角钢稳定承载力的变化规律。

④基于试验结果和有限元分析结果,分别提出绕强轴单向压弯和绕弱轴单向压弯大角钢稳定承载力的设计公式,并在单向压弯设计公式的基础上,进一步提出适用于大角钢双向压弯构件的稳定承载力设计公式,然后对推荐公式的计算精度进行验证。

⑤通过有限元计算分析和理论分析,对高强度大角钢十字组合截面轴压构件的力学性能进行了相关研究,建立大角钢十字组合截面构件的有限元模型,进行非线性分析,并与试验数据进行对比验证。研究采用两种本构关系得到的大角钢十字组合截面轴压构件稳定承载系数 φ_M 与 φ_B 之间的差别,选择适用于大角钢构件的考虑强化阶段的本构模型。

⑥对10种长细比、6种截面规格的Q420强度大角钢十字组合截面轴压构件进行有限元计算分析,每类构件设置10级填板。研究截面规格、填板厚度和填板间距对构件稳定承载力的影响以及不同长细比构件对填板间距的敏感程度。根据有限元计算结果给出适用于构件的填板实用设计公式和最小填板间距限值。根据有限元计算得到的构件极限承载力 P_{uFE},得到构件的稳定承载力系数 φ_{FE},将其与国内外现行相关规范推荐的柱子曲线进行对比,按不同的设计目标或构件类型给出更适用于大角钢十字组合截面轴压构件的柱子曲线。

⑦对8种钢材强度、4种截面规格、10种长细比的大角钢十字组合截面轴压构件进行有限元计算,研究钢材强度对承载力的影响,同时得到构件的稳定承载力系数

φ_{FE}。与国内现行相关规范进行对比,给出适用于不同强度等级大角钢十字组合截面轴压构件的柱子曲线,并给出新的稳定承载力计算公式。

⑧通过有限元的方法,建立随机点蚀角钢有限元模型,并验证了有限元模型的准确性,研究了单元类型、初始缺陷、材料本构、蚀坑形状以及网格尺寸对角钢构件极限承载力的影响。

⑨以轴向受拉点蚀角钢为对象,随着腐蚀损伤体积的增长,研究构件在弹性阶段、屈服强化阶段和破坏阶段的受力变形特征以及极限承载力的劣化规律,并在多种腐蚀损伤体积下,探究点蚀尺寸、点蚀分布位置和长细比变化对角钢极限承载力的影响,揭示了点蚀损伤影响构件破坏模式和极限承载力的机理,采用非线性回归的方式拟合点蚀角钢极限承载力的折减公式。

参 考 文 献

［1］　马冯挺. 探讨特高压直流输电技术现状及在我国的应用前景[J].电力设备管理,2021(1):43-44,65.

［2］　周海兵. 特高压输电技术的发展与现状[C].华东六省一市电机(电力)工程学会输配电技术研讨会 2006 年年会,2006:193-196.

［3］　常美生. 特高压输电的现状和发展方向[J].电力学报,1997(3):29-31.

［4］　中村秋夫,冈本浩,曹祥麟. 东京电力公司的特高压输电技术应用现状[J].电网技术,2005(6):1-5.

［5］　杨隆宇. 特高压输电塔组合截面构件承载力理论与试验研究[D].重庆:重庆大学,2011.

［6］　袁清云. 特高压直流输电技术现状及在我国的应用前景[J].电网技术,2005(14):1-3.

［7］　郭日彩,何长华,李喜来,等. 输电线路铁塔采用高强钢的应用研究[J].电网技术,2006(23):21-25.

［8］　任玉会,李鑫. Q460 高强钢在输电线路铁塔上的应用研究[J].吉林电力,2012,40(4):28-31.

［9］　刘德黔. 输电线路铁塔采用高强钢的应用现状分析[J].通讯世界,2018(7):194-195.

［10］　李茂华,杨靖波,刘思远. 输电杆塔结构用材最新进展[J].武汉大学学报(工学版),2011,44(S1):191-195.

［11］　沈国辉,余杭聪,余亮,等. 大跨越输电塔的发展现状[J].施工技术,

2021,50(13)：103-107.

　　[12]　袁敬中,秦庆芝,崔巍,等. 高强钢在特高压输电铁塔中的应用[J]. 中国电业(技术版),2014(8)：69-72.

　　[13]　施刚,班慧勇,石永久,等. 高强度钢材钢结构研究进展综述[J]. 工程力学,2013,30(1)：1-13.

　　[14]　施刚,刘钊,班慧勇,等. 高强度等边角钢轴心受压局部稳定的试验研究[J]. 工程力学,2011,28(7)：45-52.

　　[15]　张勇,施刚,刘钊,等. 高强度等边角钢轴心受压局部稳定的有限元分析和设计方法研究[J]. 土木工程学报,2011,44(9)：27-34.

　　[16]　SHI G,LIU Z,BAN H Y,et al. Tests and finite element analysis on the local buckling of 420MPa steel equal angle columns under axial compression [J]. Steel and Composite Structures,2012,12(1)：31-51.

　　[17]　BAN H Y,SHI G,SHI Y J,et al. Residual stress tests of high-strength steel equal angles [J]. Journal of Structural Engineering, 2012, 138 (12)：1446-1454.

　　[18]　BAN H Y,SHI G,SHI Y J,et al. Column buckling tests of 420MPa high strength steel single equal angles [J]. International Journal of Structural Stability and Dynamics,2013,13(2)：1-23.

　　[19]　李正良,孟路希,李茂华. 轴心受压 Q460 等边角钢局部屈曲稳定分析[J]. 重庆大学学报,2010,33(1)：94-98.

　　[20]　SHI S L. The design method of Q460 equal angle steel strut [J]. Advanced Building Materials and Sustainable Architecture,2012,174：530-533.

　　[21]　曹现雷,徐勇,郝际平. Q460 高强角钢轴心受压构件极限承载力试验研究[J]. 土木建筑与环境工程,2018,40(6)：146-152.

　　[22]　BEZAS M Z,DEMONCEAU J F,VAYAS I,et al. Experimental and numerical investigations on large angle high strength steel columns [J]. Thin-Walled Structures,2021,159：107287.

　　[23]　ZHANG L L,WANG F Y,LIANG Y T,et al. Press-braked S690 high strength steel equal-leg angle and plain channel section stub columns：Testing,numerical simulation and design [J]. Engineering Structures,2019,201：109764.

　　[24]　ZHANG L L,LIANG Y T,ZHAO O U. Flexural-torsional buckling behaviour and resistances of fixed-ended press-braked S690 high strength steel angle section columns [J]. Engineering Structures,2020,223：111180.

　　[25]　WANG F Y,LIANG Y T,ZHAO O,et al. Pin-ended press-braked S960

ultra-high strength steel angle section columns: Testing, numerical modelling and design [J]. Engineering Structures, 2021, 228: 111418.

[26] LI B H, CAO P Z, ZHANG D C, et al. Experimental research on behavior of Q420 dual-angle steel with cruciform section under dynamic compression [J]. Journal of Vibroengineering, 2017, 19(3): 2031-2042.

[27] QU S Z, ZHANG B, GUO Y H, et al. Ultimate strength of pinned-end dual-angle cross combined section columns under axial compression [J]. Thin-Walled Structures, 2020, 157: 107062.

[28] 黄瑱, 李清华, 孟宪乔, 等. Q420 大规格角钢在±800kV 特高压杆塔中的应用[J]. 电力建设, 2010, 31(6): 65-69.

[29] 杜荣忠. Q420 大截面角钢在特高压输电线路中的应用[J]. 电网与清洁能源, 2011, 27(11): 30-34.

[30] 余朝胜. 高压输电线路大规格高强角钢铁塔应用研究[J]. 电力与电工, 2012, 32(2): 18-20.

[31] 佚名. 锦苏特高压直流线路工程将试点应用大规格 Q420 高强角钢[J]. 电力建设, 2009, 30(11): 30-31.

[32] JIANG W Q, LIU Y P, CHAN S L, et al. Direct analysis of an ultra-high-voltage lattice transmission tower considering joint effects [J]. Journal of Structural Engineering, 2017, 143(5): 0001736.

[33] ZHANG J, XIE Q. Failure analysis of transmission tower subjected to strong wind load [J]. Journal of Constructional Steel Research, 2019, 160: 271-279.

[34] CAI Y Z, XIE Q, XUE S T, et al. Fragility modelling framework for transmission line towers under winds [J]. Engineering Structures, 2019, 191: 686-697.

[35] CHO S H, CHAN S L. Second-order analysis and design of angle trusses, part II: Plastic analysis and design [J]. Engineering Structures, 2008, 30(3): 626-631.

[36] TRAHAIR N S. Moment capacities of steel angle sections [J]. Journal of Structural Engineering, 2002, 128(11): 1387-1393.

[37] TRAHAIR N S. Lateral buckling strengths of steel angle section beams [J]. Journal of Structural Engineering, 2003, 129(6): 784-791.

[38] TRAHAIR N S. Biaxial bending of steel angle section beams [J]. Journal of Structural Engineering, 2004, 130(4): 554-561.

[39] TRAHAIR N S. Buckling and torsion of steel unequal angle beams [J].

Journal of Structural Engineering,2005,131(3)：474-480.

[40] TRAHAIR N S. Biaxial bending and torsion of steel equal angle section beams [J]. Journal of Structural Engineering,2007,133(1)：78-84.

[41] 张爱林,张庆芳. 单角钢构件稳定承载力设计方法与研究综述[J]. 北京工业大学学报,2016,42(8)：1199-1207.

[42] AYDIN M R. Analysis of equal leg single-angle section beams subjected to biaxial bending and constant axial compressive force [J]. Journal of Constructional Steel Research,2009,65(2)：335-341.

[43] AYDIN R,DOGAN M,GUNAYDIN A,et al. Experimental and code based study of beam-column behaviour of equal leg single-angles [J]. Journal of Constructional Steel Research,2011,67(5)：780-789.

[44] YUAN W B,LI L Y. Nonlinear instability of angle section beams subjected to static and dynamic sudden step loads [J]. Journal of Constructional Steel Research,2012,77：19-22.

[45] YUAN W B,ZHAN W,XU J,et al. Nonlinear instability of angle section beams under uniformly distributed loads [J]. International Journal of Steel Structures,2016,16(2)：309-315.

[46] ABDELRAHMAN A H A,DU Z L,LIU Y P,et al. Stability design of single angle member using effective stress-strain method [J]. Structures,2019,20：298-308.

[47] 国家能源局. 架空输电线路杆塔结构设计技术规定：DL/T 5154—2012[S]. 北京：中国计划出版社,2013.

[48] 中华人民共和国住房和城乡建设部. 钢结构设计标准：GB 50017—2017[S]. 北京：中国建筑工业出版社,2018.

[49] Eurocode3：design of steel structures：part 1-1：general rules and rules for buildings：BSEN 1993-1-1：2005[S]. London：BSI,2005.

[50] Design of latticed steel transmission structures：ASCE 10—2015[S]. Washinton DC：ASCE,2015.

[51] Specification for structural steel buildings：ANSI/AISC 360—16[S]. Chicago：AISC,2016.

[52] 侯保荣. 腐蚀成本与经济发展[J]. 中国科技产业,2020(2)：21-22.

[53] VANAEI H R,ESLAMI A,EGBEWANDE A. A review on pipeline corrosion,in-line inspection (ILI),and corrosion growth rate models[J]. International Journal of Pressure Vessels & Piping,2017,149：43-54.

[54]　佚名.部分桥梁腐蚀事故[J].全面腐蚀控制,2008(1):32.

[55]　中华人民共和国住房和城乡建设部.工业建筑防腐蚀设计标准:GB/T 50046—2018[S].北京:中国计划出版社,2019.

[56]　中华人民共和国住房和城乡建设部.建筑防腐蚀工程施工质量验收标准:GB/T 50224—2018[S].北京:中国计划出版社,2018.

[57]　中华人民共和国住房和城乡建设部.建筑防腐蚀工程施工规范:GB 50212—2014.[S].北京:中国计划出版社,2015.

[58]　王燕舞.考虑腐蚀影响船舶结构极限强度研究[D].上海:上海交通大学,2008.

[59]　SZUNYOGH L. Welding Technology Handbook[M]. Miami:American Welding Society,2001.

[60]　HOU C C,HAN L H,WANG Q L,et al. Flexural behavior of circular concrete filled steel tubes (CFST) under sustained load and chloride corrosion[J]. Thin-Walled Structures,2016,107:182-196.

[61]　佚名.什么是点蚀?[J].工业水处理,2019,39(10):53.

[62]　陈绍蕃.钢结构[M].2版.北京:中国建筑工业出版社,2007.

[63]　SHANLEY F R. Inelastic column theory[J]. Journal of the Aeronautical Sciences,1947,14(5):261-268.

[64]　BLEICH L. Buckling strength of metal structures[M]. New York:McGraw-Hill Book Company,1952.

[65]　郭耀杰.钢结构稳定设计[M].武汉:武汉大学出版社,2003.

[66]　李开禧,肖允徽.单向偏心弹塑性压杆临界力计算[J].重庆建筑工程学院学报,1981(1):79-109.

[67]　李开禧,肖允徽.逆算单元长度法计算单轴失稳时钢压杆的临界力[J].重庆建筑工程学院学报,1982(4):26-45.

[68]　蔡春声,王国周.加载途径对钢压弯构件稳定极限承载力的影响[J].建筑结构学报,1992(3):19-28.

[69]　沈祖炎,陈以一.钢压弯构件弯曲稳定验算的实用相关公式[J].结构工程师,1986(1):47-51.

[70]　陈骥.钢结构稳定理论与设计[M].6版.北京:科学出版社,2014.

[71]　陈绍蕃.工字形截面钢偏心压杆有塑性区时的弯扭屈曲[J].西安建筑科技大学学报(自然科学版),1979(4):1-9.

[72]　陈绍蕃.钢压弯构件弯扭屈曲的研究[J].建筑结构学报,1988(4):13-21.

[73] CHEN W F,ZHOU S P. C_m factor in load and resistance factor design [J]. Journal of Structural Engineering-ASCE,1987,113(8)：1738-1754.

[74] DUAN L,CHEN W F. Design interaction-equation for steel beam-columns [J]. Journal of Structural Engineering-ASCE,1991,117(8)：2554-2561.

[75] 崔佳,徐小军,李开禧. 不等端弯矩作用下等效弯矩系数的讨论[J]. 重庆建筑大学学报,1998(1)：23-27.

[76] GONCALVES R,CAMOTIM D. On the application of beam-column interaction formulae to steel members with arbitrary loading and support conditions [J]. Journal of Constructional Steel Research,2004,60(5)：433-450.

[77] YONG D J,LOPEZ A,SERNA M A. Beam-column resistance of steel members：A comparative study of AISC LRFD and EC3 approaches [J]. International Journal of Structural Stability and Dynamics,2011,11(2)：345-361.

[78] BERNUZZI C,CORDOVA B,SIMONCELLI M. Unbraced steel frame design according to EC3 and AISC provisions [J]. Journal of Constructional Steel Research,2015,114：157-177.

[79] IU C K. Review of the second-order moment amplification factors in AS4100 for the system design approach [J]. Australian Journal of Structural Engineering,2016,17(4)：215-224.

[80] 童根树,陈婷,符刚. 楔形变截面压杆绕弱轴的弹塑性稳定[J]. 钢结构,2003(5)：5-7.

[81] 张哲,童根树. 单轴对称工字钢梁的弹塑性稳定系数[J]. 建筑结构学报,2021,42(11)：51-60.

[82] 李兰香,童根树. 工字形截面压弯杆的平面外弯扭屈曲[J]. 工业建筑,2018,48(7)：140-145.

[83] GIZEJOWSKI M A,STACHURA Z,SZCZERBA R B,et al. Out-of-plane buckling resistance of rolled steel H-section beam-columns under unequal end moments [J]. Journal of Constructional Steel Research,2019,160：153-168.

[84] FERREIRA J,REAL P V,COUTO C. Comparison of the general method with the overall method for the out-of-plane stability of members with lateral restraints [J]. Engineering Structures,2017,151：153-172.

[85] KANCHANALAI T. The design and behavior of beam-columns in unbraced steel frames [D]. Austin：The University of Texas at Austin,1977.

[86] Antennas,towers,and antenna-supporting structures：CAN/CSA-S37-18 [S]. Toronto：CSA Group,2013.

[87] CHO S H, CHAN S L. Practical second-order analysis and design of single angle trusses by an equivalent imperfection approach [J]. Steel and Composite Structures, 2005, 5: 443-458.

[88] POPOVIC D, HANCOCK G J, RASMUSSEN K J R. Compression tests on cold-formed angles loaded parallel with a leg [J]. Journal of Structural Engineering-ASCE, 2001, 127(6): 600-607.

[89] SAKLA S S S. Performance of the AISC LRFD specification in predicting the capacity of eccentrically loaded single-angle struts [J]. Engineering Journal, 2005, 42(4): 239-246.

[90] 陈绍蕃. 单边连接单角钢压杆的计算与构造[J]. 建筑科学与工程学报, 2008(2): 72-78.

[91] 刘佳, 郝际平, 张天光, 等. 基于子结构试验的一端偏心受压高强角钢受力性能研究[J]. 工业建筑, 2010, 40(S1): 488-493.

[92] 刘佳. 一端偏心连接的 Q460 高强角钢子结构试验研究[D]. 西安: 西安建筑科技大学, 2010.

[93] ZHOU F, LIM J B P, YOUNG B. Ultimate compressive strength of cold-formed steel angle struts loaded through a single bolt [J]. Advances in Structural Engineering, 2012, 15(9): 1583-1595.

[94] KETTLER M, TARAS A, UNTERWEGER H. Member capacity of bolted steel angles in compression-influence of realistic end supports [J]. Journal of Constructional Steel Research, 2017, 130: 22-35.

[95] KETTLER M, LICHTL G, UNTERWEGER H. Experimental tests on bolted steel angles in compression with varying end supports [J]. Journal of Constructional Steel Research, 2019, 155: 301-315.

[96] TIAN L, GUO L L, QU B. Single-angle compression members with both legs bolted at the ends: Design implications from an experimental study [J]. Journal of Structural Engineering, 2018, 144(9): 0002158.

[97] MA L Y, BOCCHINI P. Hysteretic model of single-bolted angle connections for lattice steel towers [J]. Journal of Engineering Mechanics, 2019, 145(8): 0001630.

[98] BRANQUINHO M A, MALITE M. Effective slenderness ratio approach for thin-walled angle columns connected by the leg [J]. Journal of Constructional Steel Research, 2021, 176: 106434.

[99] FASOULAKIS Z C, LIGNOS X A, AVRAAM T P, et al. Investigation

on single-bolted cold-formed steel angles with geometric imperfections under compression [J]. Journal of Constructional Steel Research,2019,162：105733.

［100］ 施刚,王飞,戴国欣,等. Q460C 高强度结构钢材循环加载试验研究[J]. 东南大学学报(自然科学版),2011,41(6)：1259-1265.

［101］ 李国强,王彦博,陈素文. 高强钢焊接箱形柱轴心受压极限承载力试验研究[J]. 建筑结构学报,2012,33(3)：8-14.

［102］ 周锋,陈以一,童乐为,等. 高强度钢材焊接 H 形构件受力性能的试验研究[J]. 工业建筑,2012,42(1)：32-36.

［103］ 李国强. 高强结构钢连接研究进展[J]. 钢结构(中英文),2020,35(6)：1-40.

［104］ 班慧勇,赵平宇,周国浩,等. 复合型高性能钢材轴压构件整体稳定性能研究[J]. 土木工程学报,2021,54(9)：39-55.

［105］ SHI G,JIANG X,ZHOU W J,et al. Experimental study on column buckling of 420MPa high strength steel welded circular tubes [J]. Journal of Constructional Steel Research,2014,100：71-81.

［106］ YU X L,DENG H Z,ZHANG D H,et al. Buckling behavior of 420MPa HSSY columns：Test investigation and design approach [J]. Engineering Structures,2017,148：793-812.

［107］ MENG X,GARDNER L. Behavior and design of normal and high-strength steel SHS and RHS columns [J]. Journal of Structural Engineering,2020,146(11)：0002728.

［108］ YUN X,WANG Z X,GARDNER L. Structural performance and design of hot-rolled steel SHS and RHS under combined axial compression and bending [J]. Structures,2020,27：1289-1298.

［109］ LAN X Y,CHEN J B,CHAN T M,et al. The continuous strength method for the design of high strength steel tubular sections in bending [J]. Journal of Constructional Steel Research,2019,160：499-509.

［110］ 张耀. 单边连接高强等边单角钢一端偏压性能试验研究及承载力计算方法探讨[D]. 西安：西安建筑科技大学,2010.

［111］ 曹现雷,郝际平,樊春雷,等. Q460 角钢两端偏压构件稳定设计方法研究[J]. 世界科技研究与发展,2011,33(6)：947-951.

［112］ 薛振农. Q460 高强角钢两端偏心压杆力学性能研究[D]. 西安：西安建筑科技大学,2009.

［113］ 苏瑞. Q460 高强等边单角钢两端偏压子结构试验研究和理论分析[D].

西安：西安建筑科技大学，2010.

　　[114]　郝际平，曹现雷，张天光，等. 单边连接高强单角钢压杆试验研究和仿真分析[J]. 西安建筑科技大学学报（自然科学版），2009，41（6）：741-747.

　　[115]　VAYAS I，CHARALAMPAKIS A，KOUMOUSIS V. Inelastic resistance of angle sections subjected to biaxial bending and normal forces [J]. Steel Construction：Design and Research，2009，2（2）：138-146.

　　[116]　CHARALAMPAKIS A E. Full plastic capacity of equal angle sections under biaxial bending and normal force [J]. Engineering Structures，2011，33（6）：2085-2090.

　　[117]　LIU Y，HUI L B. Experimental study of beam-column behavior of steel single angles [J]. Journal of Constructional Steel Research，2008，64（5）：505-514.

　　[118]　LIU Y，HUI L B. Finite element study of steel single angle beam-columns [J]. Engineering Structures，2010，32（8）：2087-2095.

　　[119]　LIU Y，HUI L B. Behaviour of steel single angles subjected to eccentric axial loads [J]. Canadian Journal of Civil Engineering，2010，37（6）：887-896.

　　[120]　SPILIOPOULOS A，DASIOU M E，THANOPOULOS P，et al. Experimental tests on members made from rolled angle sections [J]. Steel Construction-Design and Research，2018，11（1）：84-93.

　　[121]　HUSSAIN A，LIU Y P，CHAN S L. Finite element modeling and design of single angle member under bi-axial bending [J]. Structures，2018，16：373-389.

　　[122]　AYDIN R，DOĞAN M. Elastic，full plastic and lateral torsional buckling analysis of steel single-angle section beams subjected to biaxial bending [J]. Journal of Constructional Steel Research，2007，63（1）：13-23.

　　[123]　CHARALAMPAKIS A E，KOUMOUSIS V K. Ultimate strength analysis of composite sections under biaxial bending and axial load [J]. Advances in Structural Engineering，2008，39（11）：923-936.

　　[124]　CHAN S L，LIU Y P，LIU S W. A new codified design theory of second-order direct analysis for steel and composite structures [J]. Structures，2017，9：105-111.

　　[125]　RUSCH A，LINDNER J. Remarks to the direct strength method [J]. Thin-Walled Structures，2001，39（9）：807-820.

　　[126]　RASMUSSEN K. Design of slender angle section beam-columns by

the direct stress method [J]. Journal of Structural Engineering, 2006, 132（2）: 204-211.

［127］ YOUNG B. Tests and design of fixed-ended cold-formed steel plain angle columns [J]. Journal of Structural Engineering-ASCE, 2004, 130（12）: 1931-1940.

［128］ RASMUSSEN K J R. Design of slender angle section beam-columns by the direct strength method [J]. Journal of Structural Engineering, 2006, 132（2）: 204-211.

［129］ MESACASA J R E, DINIS P B, CAMOTIM D, et al. Mode interaction in thin-walled equal-leg angle columns [J]. Thin-Walled Structures, 2014, 81: 138-149.

［130］ DINIS P B, CAMOTIM D. A novel DSM-based approach for the rational design of fixed-ended and pin-ended short-to-intermediate thin-walled angle columns [J]. Thin-Walled Structures, 2015, 87: 158-182.

［131］ DINIS P B, CAMOTIM D, LANDESMANN A, et al. Improving the direct strength method prediction of column flexural-torsional failure loads [J]. Thin-Walled Structures, 2020, 148: 106461.

［132］ 刘梓源. 锈蚀角钢单边连接偏心压杆承载力研究[D]. 北京: 中国矿业大学, 2016.

［133］ MENEZES A A, VELLASCO P C G, LIMA L R O, et al. Experimental and numerical investigation of austenitic stainless steel hot-rolled angles under compression [J]. Journal of Constructional Steel Research, 2019, 152: 42-56.

［134］ LIANG Y, JEYAPRAGASAM V V K, ZHANG L, et al. Flexural-torsional buckling behaviour of fixed-ended hot-rolled austenitic stainless steel equal-leg angle section columns [J]. Journal of Constructional Steel Research, 2019, 154: 43-54.

［135］ SUN Y, LIU Z, LIANG Y, et al. Experimental and numerical investigations of hot-rolled austenitic stainless steel equal-leg angle sections [J]. Thin-Walled Structures, 2019, 144: 106225.

［136］ ZHANG L, TAN K H, ZHAO O. Experimental and numerical studies of fixed-ended cold-formed stainless steel equal-leg angle section columns [J]. Engineering Structures, 2019, 184: 134-144.

［137］ DOBRIĆ J, FILIPOVIĆ A, MARKOVIĆ Z, et al. Structural response to axial testing of cold-formed stainless steel angle columns [J]. Thin-Walled Structures,2020,156：106986.

[138] SARQUIS F R,DE LIMA L R O,DA S VELLASCO P C G,et al. Experimental and numerical investigation of hot-rolled stainless steel equal leg angles under compression [J]. Thin-Walled Structures,2020,151：106742.

[139] ZHANG L,LIANG Y,ZHAO O. Experimental and numerical investigations of pin-ended hot-rolled stainless steel angle section columns failing by flexural buckling [J]. Thin-Walled Structures,2020,156：106977.

[140] DOBRIĆ J,FILIPOVIĆ A,BADDOO N,et al. Design criteria for pinended hot-rolled and laser-welded stainless steel equal-leg angle columns [J]. Thin-Walled Structures,2021,167：108175.

[141] DOBRIĆ J,FILIPOVIĆ A,BADDOO N,et al. Design procedures for cold-formed stainless steel equal-leg angle columns [J]. Thin-Walled Structures, 2021,159：107210.

[142] FILIPOVIĆ A,DOBRIĆ J,BADDOO N,et al. Experimental response of hot-rolled stainless steel angle columns [J]. Thin Walled Structures,2021, 163：107659.

[143] 李俊飞,沈之容. 偏压角钢负载下焊接加固的承载性能分析[J].佳木斯大学学报(自然科学版),2017,35(1)：39-42.

[144] 沈之容,苑士岩. 负载下焊接加固角钢截面形式对比分析[J].结构工程师,2016,32(5):172-177.

[145] 李正良,李妍,刘红军,等. 偏压单角钢构件力学性能试验研究[J].建筑结构学报,2018,39(5)：146-155.

[146] LIU Y,CHANTEL S. Experimental study of steel single unequal-leg angles under eccentric compression [J]. Journal of Constructional Steel Research, 2011,67(6)：919-928.

[147] 徐浩,欧阳帆,李辉,等. 酒泉—湖南±800kV 特高压直流工程在特殊工况下的控制特性研究[J]. 现代电力,2017,34(5)：14-21.

[148] 李元生. 溪洛渡送出同塔双回±500kV 直流线路 SZJ101 悬垂转角塔试验研究[D].吉林：吉林大学,2017.

[149] 刘博,张博,庞锴,等. 哈密南—郑州±800kV 特高压直流输电工程接地极线路参数测量及分析[J].高压电器,2015,51(12)：14-18.

[150] 蔡钧,杨元春,左元龙. 江阴长江大跨越铁塔构件和节点设计[J].电力勘测设计,2018(11)：55-59.

[151] 陶亮,孙付涛,吴国强. 300mm 大规格角钢在特高压杆塔中的应用及试

验研究[J].武汉大学学报(工学版),2017(S1):253-257.

[152]　张子富,李清华,邢海军,等. 300mm 大规格角钢在特高压输电铁塔中的应用研究[J].工业建筑,2016,46(8):45-49.

[153]　MOŽE P,CAJOT LG,SINUR F,et. al. Residual stress distribution of large steel equal leg angles [J]. Engineering Structures,2014,71:35-47.

[154]　高源. 高强度超大截面热轧与镀锌等边角钢构件残余应力和稳定性研究[D].北京:北京交通大学,2017.

[155]　SHI G,ZHANG Z,ZHOU L,et al. Experimental study and modeling of residual stresses of Q420 large-section angles [J]. Journal of Constructional Steel Research. 2020,167:105958.

[156]　施刚,张紫千,陈学森,等. 带焊接端板 Q420 大规格角钢残余应力试验研究[J].建筑结构学报,2020,41(S2):374-381.

[157]　赵楠,李正良,刘红军. 高强大规格等边角钢轴压承载力研究[J].四川大学学报(工程科学版),2013,45(1):74-84.

[158]　CAO K,GUO Y J,ZENG D W. Buckling behavior of large-section and 420 MPa high-strength angle steel columns [J]. Journal of Constructional Steel Research,2015,111:11-20.

[159]　曹珂,郭耀杰,曾德伟,等. 大规格 Q420 高强度角钢构件轴压力学性能试验研究[J].建筑结构学报,2014,35(5):65-72.

[160]　冯云巍,曹珂,郭耀杰,等. 应用于特高压杆塔的 Q420 大规格角钢压杆失稳形态及其机理研究[J].武汉大学学报(工学版),2013,46(S1):79-84.

[161]　曹珂. 高强度大规格角钢轴压稳定性能研究[D].武汉:武汉大学,2016.

[162]　龚坚刚,姜文东,王灿灿,等. 大规格高强等边角钢轴压构件承载力研究[J].西安建筑科技大学学报(自然科学版),2014,46(3):353-359.

[163]　SUN Y,GUO Y J,CHEN H Y,CAO K. Stability of large-size and high-strength steel angle sections affected by support constraint [J]. International Journal of Steel Structures,2021,21(1):85-99.

[164]　陈颖元,郭耀杰,曹珂,等. Q345 大规格角钢轴压试验及失稳形态分析[J].武汉大学学报(工学版),2017(S1):337-341.

[165]　潘峰,陈文翰,初金良,等. 大规格角钢轴压杆局部屈曲稳定强度折减系数对比[J].广东电力,2019,32(1):132-139.

[166]　施洪亮,葛晓峰,郑苗,等. 大规格高强角钢焊接制作技术[J].焊接技术,2020,49(12):37-41.

[167] 杨隆宇. Q420高强度厚板焊接大规格角钢轴压稳定承载力研究[J]. 钢结构(中英文),2019,34(10):43-47.

[168] 杨隆宇. Q420厚板焊接大规格角钢残余应力峰值及分布[J]. 电力勘测设计,2019(8):25-29.

[169] 武韩青,曹珂,郭耀杰. 大规格角钢螺栓连接节点准距研究[J]. 武汉大学学报(工学版),2021,54(5):415-420.

[170] 蒋磊,郭耀杰,武韩青. 螺栓间距对大规格角钢节点受力性能的影响[J]. 建筑结构,2017,47(13):26-30.

[171] 李鸥,周华樟,祝恩淳. 工字形组合截面梁腹板的局部屈曲[J]. 哈尔滨工业大学学报,2008,40(12):1900-1905.

[172] 周天华,汪乐,王群. 双肢组合截面冷弯薄壁型钢轴压长柱受力性能试验研究[C]. 第六届全国土木工程研究生学术论坛,2008:77.

[173] 武胜,张素梅. 冷弯新型箱形组合截面受压构件性能研究[J]. 哈尔滨工业大学学报,2008(2):196-202.

[174] 魏群,王镇岳. 一种新型超薄壁冷弯钢构件组合截面形式及其力学特性分析[J]. 华北水利水电学院学报,2010,31(6):1-5.

[175] 张戬,杨正,谢强. 输电塔T形组合角钢加固方法试验研究[J]. 工业建筑,2019,49(4):37-43.

[176] TING C H T,LAU H H. Compression test on cold-formed steel built-up back-to-back channels stub columns [C]. 2nd International Conference on Manufacturing Science and Engineering,2011:2900-2903.

[177] KALOCHAIRETIS K E,GANTES C J. Numerical and analytical investigation of collapse loads of laced built-up columns [J]. Computers & Structures,2011,89(11-12):1166-1176.

[178] LIBOVE C. Sparsely connected built-up columns [J]. Journal of Structural Engineering-Asce,1985,111(3):609-627.

[179] MEGNOUNIF A,DJAFOUR M,BELARBI A,et al. Strength buckling predictions of cold-formed steel built-up columns [J]. Structural Engineering and Mechanics,2008,28(4):443-460.

[180] 刘海锋,韩军科,王飞,等. 双拼角钢主材输电塔架静载试验研究[J]. 建筑结构,2016,46(14):42-45.

[181] 刘海锋,朱彬荣,孙珍茂,等. 大宽厚比对称填板双角钢十形组合构件轴压试验与设计方法对比[J]. 建筑结构学报,2018,39(7):123-130.

[182] 荣志娟,李辉,王学明,等. Q420双拼角钢输电塔腿稳定承载力的全尺

寸试验研究[J].科技通报,2017,33(5):43-46,51.

[183] 李振宝,石鹿言,刑海军,等. Q420双角钢十字组合截面压杆承载力试验[J].电力建设,2009,30(9):8-11.

[184] 赵仕兴,李正良.双角钢十字组合截面压杆承载力研究[J].钢结构,2012,27(1):5-10,16.

[185] 石鹿言,李振宝,杨小强,等.关于双角钢十字组合型截面的填板设计方法探讨[J].工业建筑,2011,41(S1):365-367,312.

[186] 俞登科,李正良,杨隆宇,等. Q420双角钢组合截面偏压构件弹塑性弯曲屈曲[J].土木建筑与环境工程,2012,34(5):12-16.

[187] 李正良,孙波,余周,等.特高压输电塔双角钢组合截面构件的承载力[J].重庆大学学报,2012,35(10):44-50.

[188] TAHIR M M,SHEK P N,SULAIMAN A,et al. Experimental investigation of short cruciform columns using universal beam sections[J].Construction and Building Materials,2009,23(3):1354-1364.

[189] LEKO T. Secondary warping of thin-walled-beams[J]. Journal of Engineering Mechanics-Asce,1983,109(2):639-642.

[190] MAKRIS N. Plastic torsional buckling of cruciform compression members[J]. Journal of Engineering Mechanics-Asce,2003,129(6):689-696.

[191] 《化学化工大辞典》编委会.化学化工大辞典[M].北京:化学工业出版社,2003:1659.

[192] ZAYA P G R. Evaluation of theories for the initial stages of pitting corrosion[D]. Hamilton:McMaster University,1984.

[193] 侯迪,罗永峰.钢结构腐蚀问题研究进展[C]//中国钢结构协会钢结构质量安全检测鉴定专业委员会.绿色建筑与钢结构技术论坛论文集.兰州:工业建筑,2017:141

[194] 刘治国,王海东,贾明明.航空铝合金点蚀形貌对应力集中系数影响量化分析[J].强度与环境,2018,45(1):25-31.

[195] Standard guide for examination and evaluation of pitting corrosion:ASTM G46-94(2013)[S]. West Conshohocken:ASTM International,2013.

[196] 孙冬柏,李静,俞宏英,等. Ca^{2+} 和 Mg^{2+} 对 CO_2 环境中点蚀形貌的影响[J].钢铁研究学报,2001(3):53-56.

[197] 王波,袁迎曙,李富民,等.氯盐锈蚀钢筋的屈服强度退化分析及其概率模型[J].建筑材料学报,2011,14(5):597-603.

[198] 颜力,廖柯熹,蒙东英,等.基于点蚀缺陷分形特征的剩余强度评价[J].

油气储运,2008,27(11):43-45.

[199] 叶继红,申会谦,薛素铎.点蚀孔腐蚀钢构件力学性能劣化简化分析方法[J].哈尔滨工业大学学报,2016,48(12):70-75.

[200] SULTANA S,WANG Y,SOBEY A J,et al. Influence of corrosion on the ultimate compressive strength of steel plates and stiffened panels[J]. Thin-Walled Structures,2015,96:95-104.

[201] SHARIFI Y,TOHIDI S. Ultimate capacity assessment of web plate beams with pitting corrosion subjected to patch loading by artificial neural networks[J]. Advanced Steel Construction,2014,10(3):325-350.

[202] 李自力,刘静,郝宁眉,等.埋地管道点蚀生长的三维元胞自动机模拟[J].化工机械,2012,39(3):338-342,386.

[203] PIDAPARTI R M,FANG L,PALAKAL M J,et al. Computational simulation of multi-pit corrosion process in materials[J]. Computational Materials Science,2008,41(3):255-265

[204] VELÁZQUEZ J C,WEIDE J A M V D,HERNANDEZ E,et al. Statistical Modelling of Pitting Corrosion：Extrapolation of the Maximum Pit Depth-Growth[J]. International journal of electrochemical science,2014,9(8):4129-4143.

[205] VALOR A,CALEYO F,RIVAS D,et al. Stochastic approach to pitting-corrosion-extreme modelling in low-carbon steel[J]. Corrosion Science,2010,52(3):910-915.

[206] 徐善华,李晗,王玉娇.钢材表面多重分形随锈蚀龄期的变化规律[J].哈尔滨工业大学学报,2020,52(2):96.

[207] 梁彩凤,侯文泰.碳钢、低合金钢16年大气暴露腐蚀研究[J].中国腐蚀与防护学报,2005(1):2-7.

[208] XU S H,WANG H,LI A B,et al. Effects of corrosion on surface characterization and mechanical properties of butt-welded joints[J]. Journal of Constructional Steel Research,2016,126:50.

[209] 王燕舞,黄小平,崔维成.船舶结构钢海洋环境点蚀模型研究之一:最大点蚀深度时变模型[J].船舶力学,2007(4):577-586.

[210] MELCHERS R E. A review of trends for corrosion loss and pit depth in longer-term exposures[J]. Corrosion and Materials Degradation,2018,1(1):42.

[211] ASADI Z S,MELCHERS R E. Clustering of corrosion pit depths for buried cast iron pipes[J]. Corrosion Science,2018,140:92-98.

[212] MELCHERS R E. Extreme value statistics and long-term marine pit-

ting corrosion of steel[J]. Probabilistic Engineering Mechanics,2008,23(4):482.

[213]　赵伟,杨永增,于卫东,等.长期极值统计理论及其在海洋环境参数统计分析中的应用[J].海洋科学进展,2003(4):471-476.

[214]　BURSTEIN G,PISTORIUS T. The nucleation and growth of corrosion pits on stainless steel[J]. Corrosion Science,1993,35(1):57.

[215]　SZKLARSKA S Z. Pitting corrosion of aluminum[J]. Corrosion Science,1999,41(9):1743.

[216]　施兴华,王鹏翔,江小龙,等.轴向压力下含点蚀损伤加筋板极限强度研究[J].江苏科技大学学报(自然科学版),2017,31(4):418-426.

[217]　何剑侠.随机点蚀圆钢管构件力学性能劣化的数值分析[D].南京:东南大学,2018.

[218]　张占杰,王欣,冯超群,等.海上平台起重机臂架点腐蚀应力分析与研究[J].机械设计与制造,2015(6):30-33.

[219]　崔铭伟,封子艳,韩建红,等.不同尺寸双点蚀缺陷管道剩余强度分析[J].石油矿场机械,2015,44(2):14-21,31.

[220]　马厚标.考虑点蚀损伤海洋平台钢材的力学性能研究[D].大连:大连理工大学,2018.

[221]　刘博.腐蚀形貌对井架底座主承载梁应力影响规律研究[J].钢结构,2018,33(3):118-122.

[222]　亓云飞,董彩常,李超.点状腐蚀对铝壳船船体板材力学性能影响研究[J].装备环境工程,2019,16(1):98-101.

[223]　何伟南,何建胜,张征文,等.点蚀钢梁承载力试验与有限元分析[J].钢结构,2017,32(5):106-109.

[224]　江晓俐,吴卫国,梁志勇,等.点腐蚀作用下非穿透低碳钢板的极限抗压承载能力数值分析[J].武汉理工大学学报(交通科学与工程版),2009,33(6):1167-1170.

[225]　王仁华,方媛媛,窦培林,等.点蚀损伤下桩基式平台腿柱轴压极限承载力研究[J].海洋工程,2015,33(3):29-35.

[226]　王仁华,郭海超.局部随机点蚀下圆管截面极限强度退化规律[J].海洋工程,2019,37(3):111-119.

[227]　陈跃良,谭晓明,段成美.孔蚀对飞机结构静强度影响规律研究[J].机械强度,2004(S1):70-73.

[228]　姚远.船板的损伤识别及点蚀对力学性能影响的研究[D].大连:大连理工大学,2019.

[229] 施兴华,王鹏翔,江小龙,等.轴向压力下含点蚀损伤加筋板极限强度研究[J].江苏科技大学学报(自然科学版),2017,31(4):418-426.

[230] 张婧,闫岩,徐烁硕,等.点蚀、裂纹损伤对船用加筋板剩余极限强度的影响[J].中国舰船研究,2018,13(1):38-45.

[231] 郭峻利.点蚀损伤对海洋平台钢材的力学性能影响研究[D].大连:大连理工大学,2019.

[232] 滑林,吴梵,张静,等.一种新的点蚀损伤下船体结构极限强度计算方法[J].海军工程大学学报,2017,29(3):65-69.

[233] 管昌生,胡国平.基于 ABAQUS 的锈蚀平面钢框架数值模拟方法[J].武汉理工大学学报(交通科学与工程版),2019,43(5):800-804.

[234] NOURI Z H M E,KHEDMATI M R,SADEGHIFARD S. An effective thickness proposal for strength evaluation of one-side pitted steel plates under uniaxial compression[J]. Latin American Journal of Solids and Structures,2019,9(4):475-496.

[235] PAIK J K,LEE J M,PARK Y Ⅱ,et al. Time-variant ultimate longitudinal strength of corroded bulk carriers[J]. Marine Structures, 2003, 16 (8): 567-600.

[236] LEE H S,CHO Y S. Evaluation of the mechanical properties of steel reinforcement embedded in concrete specimen as a function of the degree of reinforcement corrosion[J]. International Journal of Fracture,2009,157(1):81-88.

[237] 胡康,杨平,杜晶晶,等.含点蚀损伤船体加筋板在纵向压力下的极限强度[J].船舶工程,2018,40(7):88-94,99.

[238] 余建星,金成行,余杨,等.含内部随机点蚀的 2D 圆环管道模型屈曲研究[J].天津大学学报(自然科学与工程技术版),2019,52(12):1219-1226.

[239] OK D,PU Y C,INCECIK A. Computation of ultimate strength of locally corroded unstiffened plates under uniaxial compression[J]. Marine Structures,2007,20:100-114.

[240] 杜晶晶,杨平,崔冲,等.点蚀板在纵向压力下的极限强度研究[J].船舶工程,2016,38(9):89-94.

[241] 张岩,黄一.点蚀损伤船体板格单轴压缩极限强度[J].天津大学学报(自然科学与工程技术版),2016,49(4):429-436.

2 角钢截面压弯构件塑性性能研究

对钢构件进行设计时,考虑截面的塑性发展能够取得较好的经济效果[1-5],但是塑性深入发展形成塑性铰后,从理论上来说会造成试件挠度的无限增长,这会极大威胁结构的安全。为了充分利用钢材的塑性性能,《钢结构设计标准》(GB 50017—2017)规定在对压弯构件进行设计时,允许进行塑性设计,但是为了避免塑性发展过于深入而引起较大变形,在设计时通常会限制构件塑性发展的程度,要求塑性发展深度不超过截面高度的1/8,即将截面部分进入塑性的弹塑性工作状态作为构件的极限状态,这样既可以利用截面的塑性性能达到较好的经济效果,又能充分保证构件的安全性。该规范中采用截面塑性发展系数 γ 来表征压弯构件的塑性性能,根据压弯构件组成板件的宽厚比将压弯构件分成了 S1~S5 五种等级,以表征其塑性转动能力,并给出 H 形、箱形和圆钢管截面板件宽厚比等级及限值以供设计使用,但并未涉及角钢截面,从而导致承受轴力和弯矩共同作用的角钢截面在设计时难以利用角钢截面的塑性性能,这样的设计方法往往不够经济。

因此,本章采用理论分析的方法,对角钢截面压弯构件的塑性性能进行分析,首先对角钢截面的全塑性性能进行研究,推导截面完全进入塑性时轴力和弯矩的相关方程。然后,采用《钢结构设计标准》(GB 50017—2017)中压弯构件截面塑性发展系数的推导方法,对角钢截面压弯构件的塑性发展系数计算公式进行推导,分别对大角钢和常规截面角钢的塑性发展系数进行了计算,并给出了大角钢截面塑性发展系数的建议值。

2.1 角钢截面的全塑性分析

2.1.1 截面简化

角钢的肢厚 t 相对于肢宽 b 来说较小,根据《热轧型钢》(GB/T 706—2016)[6]中的角钢截面规格表可知,常规截面角钢($b<220$mm)宽厚比b/t的范围为$5.0\sim18.8$,而大角钢($b\geqslant220$mm)的宽厚比范围为$7.1\sim13.9$。因此,为了能够更好地对角钢截面进行受力分析,对角钢截面进行简化,假设角钢截面的材料集中在截面的中心线上,将角钢的两肢等效为两条相交直线,肢厚均为t,并且将实际的圆角用尖角代替[7-10],截面的简化结果如图2-1所示。在分析时,假定角钢的横截面在构件受拉伸、压缩或弯曲而变形后仍然为平面,并且与变形后构件的轴线垂直,钢材的性能为理想弹塑性,在弹性阶段遵循胡克定律,在塑性阶段假设整个截面都可以进入塑性阶段。分析过程中取拉为正,压为负。简化后的角钢截面的肢宽变为$b'=b-t/2$,从而造成在简化的过程中由于肢宽取值不同引起角钢截面的面积出现偏差。对于常规截面角钢来说,肢宽取为b时按照式(2-4)计算角钢截面面积,比《热轧型钢》(GB/T 706—2016)中给定名义值平均高3.23%,而采用b'时低于规范中名义值6.91%;而对于大角钢来说,肢宽取为b时按照式(2-4)计算角钢截面面积,比《热轧型钢》(GB/T 706—2016)中给定名义值平均高4.47%,而采用b'时低于该规范中名义值8.35%,且简化截面强轴(u轴)和弱轴(v轴)的惯性矩比该规范中的名义值分别高0.92%和0.13%。在后文关于角钢截面压弯构件的受力分析中,所涉及的计算公式对于b和b'均适用,表明采用简化截面进行分析时所产生的误差是允许的,故在后续的分析中角钢肢宽均按照b进行分析。

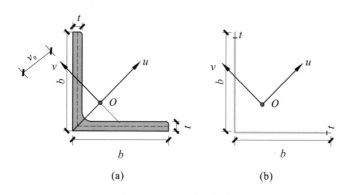

(a)   (b)

图 2-1　角钢截面的简化

(a)实际截面;(b)简化截面

2.1.2　全塑性受力分析

对简化后的角钢截面进行研究,讨论角钢截面在轴向力N和双向弯矩(M_u和M_v)共同作用下的受力性能,推导截面完全进入塑性时轴力和弯矩的相关方程。假定角钢截面的应力被分为受压区和受拉区两个区域,根据中性轴(NA轴)位置的不同,将角钢截面的应力分布分为以下四种情况:中性轴与角钢两肢相交,肢背受压而肢尖受拉[图 2-2(a)];中性轴与角钢下肢相交[图 2-2(b)];中性轴与角钢两肢相交,肢背受拉而肢尖受压[图 2-2(c)];中性轴与角钢上肢相交[图 2-2(d)]。

　　分别针对不同的受力情况对角钢截面进行受力分析,当截面出现塑性铰时,认为达到了其极限承载力,角钢截面的全塑性几何参数如下所示:

$$N_p = A \cdot f_y \tag{2-1}$$

$$M_{up} = W_{up} \cdot f_y \tag{2-2}$$

$$M_{vp} = W_{vp} \cdot f_y \tag{2-3}$$

$$A = 2 \cdot b \cdot t \tag{2-4}$$

式中,A 为截面面积;f_y 为屈服强度;N_p 塑性轴向承载力;W_{up},W_{vp} 分别为强轴和弱轴的塑形截面模量;M_{up},M_{vp} 分别为强轴和弱轴的塑性弯矩。

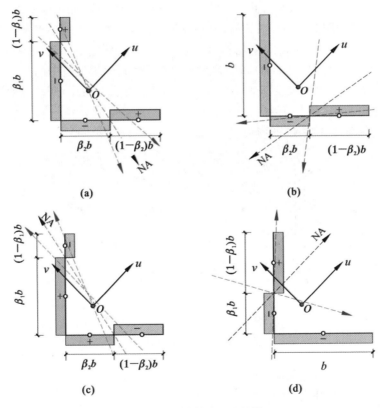

图 2-2　中性轴的不同位置

(a)中性轴与角钢两肢相交(肢背受压);(b)中性轴与角钢下肢相交;
(c)中性轴与角钢两肢相交(肢背受拉);(d)中性轴与角钢上肢相交

（1）中性轴与角钢两肢相交（肢背受压）

对图 2-2(a) 中角钢截面的应力分布进行分析，$\beta_1 b$ 和 $\beta_2 b$ 分别为中性轴与角钢截面两肢交点到肢背的距离，为了满足角钢截面上力的平衡，β_1 和 β_2 要满足式(2-5)的关系。

$$\frac{N}{N_p} = 1 - (\beta_1 + \beta_2) \tag{2-5}$$

对强轴（u 轴）的弯矩：

$$M_u = bt f_y \left[\frac{(1+\beta_1)b}{2\sqrt{2}}(1-\beta_1) - \frac{\beta_1 b}{2\sqrt{2}}\beta_1 + \frac{\beta_2 b}{2\sqrt{2}}\beta_2 - \frac{(1+\beta_2)b}{2\sqrt{2}}(1-\beta_2) \right] \tag{2-6}$$

整理后得：

$$M_u = \frac{(\beta_2 + \beta_1)(\beta_2 - \beta_1)}{\sqrt{2}} b^2 t f_y \tag{2-7}$$

对强轴的塑性弯矩：

$$M_{up} = 2 \cdot \frac{b}{2\sqrt{2}} bt f_y = \frac{1}{\sqrt{2}} b^2 t f_y \tag{2-8}$$

对弱轴（v 轴）的弯矩：

$$M_v = bt f_y \left[-\frac{\beta_1 b}{2\sqrt{2}}(1-\beta_1) - \frac{(1-\beta_1)b}{2\sqrt{2}}\beta_1 - \frac{(1-\beta_2)b}{2\sqrt{2}}\beta_2 - \frac{\beta_2 b}{2\sqrt{2}}(1-\beta_2) \right]$$

$$\tag{2-9}$$

整理后得：

$$M_v = \frac{(\beta_1^2 + \beta_2^2) - (\beta_1 + \beta_2)}{\sqrt{2}} b^2 t f_y \tag{2-10}$$

对弱轴的塑性弯矩：

$$M_{vp} = 4 \cdot \frac{1}{2} \cdot \frac{b}{2\sqrt{2}} \cdot \frac{1}{2} bt f_y = \frac{1}{2\sqrt{2}} b^2 t f_y \tag{2-11}$$

由式(2-5)～式(2-11)可得到角钢截面在轴力和双向弯矩共同作用下的全截面塑性相关方程，如下式：

$$\left(\frac{N}{N_p} \right)^2 - \frac{M_v}{M_{vp}} + \left(\frac{M_u / M_{up}}{1 - N/N_p} \right)^2 = 1 \tag{2-12}$$

（2）中性轴与角钢下肢相交

对图 2-2(b) 中角钢截面的应力分布进行分析，$\beta_2 b$ 为中性轴与角钢截面下肢交点到肢背的距离，参数 β_2 与截面所受的轴力相关，即：

$$\beta_2 = -\frac{N}{N_p} \tag{2-13}$$

对强轴的弯矩：

$$M_u = btf_y \left[-\frac{b}{2\sqrt{2}} + \frac{\beta_2 b}{2\sqrt{2}}\beta_2 - \frac{(1+\beta_2)b}{2\sqrt{2}}(1-\beta_2) \right] \qquad (2\text{-}14)$$

整理后得:

$$M_u = \frac{(\beta_2^2 - 1)}{\sqrt{2}} b^2 t f_y \qquad (2\text{-}15)$$

对强轴的塑性弯矩:

$$M_{up} = 2 \cdot \frac{b}{2\sqrt{2}} btf_y = \frac{1}{\sqrt{2}} b^2 t f_y \qquad (2\text{-}16)$$

由式(2-13)~式(2-16)可得到角钢截面在强轴的轴力和弯矩作用下的全截面塑性相关方程,如式(2-17)所示:

$$\left(\frac{N}{N_p} \right)^2 - \frac{M_u}{M_{up}} = 1 \qquad (2\text{-}17)$$

对弱轴的弯矩:

$$M_v = btf_y \left[-\frac{(1-\beta_2)b}{2\sqrt{2}}\beta_2 - \frac{\beta_2 b}{2\sqrt{2}}(1-\beta_2) \right] \qquad (2\text{-}18)$$

整理后得:

$$M_v = \frac{-\beta_2(1-\beta_2)}{\sqrt{2}} b^2 t f_y \qquad (2\text{-}19)$$

对弱轴的塑性弯矩:

$$M_{vp} = 4 \cdot \frac{1}{2} \cdot \frac{b}{2\sqrt{2}} \cdot \frac{1}{2} btf_y = \frac{1}{2\sqrt{2}} b^2 t f_y \qquad (2\text{-}20)$$

由式(2-13)、式(2-19)、式(2-20)可得到角钢截面在弱轴的轴力和弯矩作用下的全截面塑性相关方程,如式(2-21)所示:

$$2\left(\frac{N}{N_p} + \frac{N^2}{N_p^2} \right) - \frac{M_v}{M_{vp}} = 0 \qquad (2\text{-}21)$$

(3)中性轴与角钢两肢相交(肢背受拉)

对图 2-2(c)中角钢截面的应力分布进行分析,$\beta_1 b$ 和 $\beta_2 b$ 为中性轴与角钢截面两肢交点到肢背的距离,为了满足角钢截面上力的平衡,β_1 和 β_2 要满足式(2-22)的关系。

$$\frac{N}{N_p} = 1 - (\beta_1 + \beta_2) \qquad (2\text{-}22)$$

对强轴的弯矩:

$$M_u = btf_y \left[-\frac{(1+\beta_1)b}{2\sqrt{2}}(1-\beta_1) + \frac{\beta_1 b}{2\sqrt{2}}\beta_1 - \frac{\beta_2 b}{2\sqrt{2}}\beta_2 + \frac{(1+\beta_2)b}{2\sqrt{2}}(1-\beta_2) \right]$$

$$(2\text{-}23)$$

整理后得：

$$M_u = \frac{(\beta_1 + \beta_2)(\beta_1 - \beta_2)}{\sqrt{2}} b^2 t f_y \tag{2-24}$$

对强轴的塑性弯矩：

$$M_{up} = 2 \cdot \frac{b}{2\sqrt{2}} bt f_y = \frac{1}{\sqrt{2}} b^2 t f_y \tag{2-25}$$

对弱轴的弯矩：

$$M_v = bt f_y \left[\frac{\beta_1 b}{2\sqrt{2}}(1 - \beta_1) + \frac{(1 - \beta_1)b}{2\sqrt{2}}\beta_1 + \frac{(1 - \beta_2)b}{2\sqrt{2}}\beta_2 + \frac{\beta_2 b}{2\sqrt{2}}(1 - \beta_2) \right] \tag{2-26}$$

整理后得：

$$M_v = \frac{(\beta_1 + \beta_2) - (\beta_1^2 + \beta_2^2)}{\sqrt{2}} b^2 t f_y \tag{2-27}$$

对弱轴的塑性弯矩：

$$M_{vp} = 4 \cdot \frac{1}{2} \cdot \frac{b}{2\sqrt{2}} \cdot \frac{1}{2} bt f_y = \frac{1}{2\sqrt{2}} b^2 t f_y \tag{2-28}$$

由式(2-22)~式(2-28)可得到角钢截面在轴力和双向弯矩共同作用下的全截面塑性相关方程，如式(2-29)所示：

$$\left(\frac{N}{N_p} \right)^2 + \frac{M_v}{M_{vp}} + \left(\frac{M_u / M_{up}}{1 + N/N_p} \right)^2 = 1 \tag{2-29}$$

(4)中性轴与角钢上肢相交

对图 2-2(d)中角钢截面的应力分布进行分析，参数 β_1 与截面所受的轴力相关，即：

$$\beta_1 = -\frac{N}{N_p} \tag{2-30}$$

对强轴的弯矩：

$$M_u = bt f_y \left[\frac{b}{2\sqrt{2}} - \frac{\beta_1 b}{2\sqrt{2}}\beta_1 + \frac{(1 + \beta_1)b}{2\sqrt{2}}(1 - \beta_1) \right] \tag{2-31}$$

整理后得：

$$M_u = \frac{(1 - \beta_1^2)}{\sqrt{2}} b^2 t f_y \tag{2-32}$$

对强轴的塑性弯矩：

$$M_{up} = 2 \cdot \frac{b}{2\sqrt{2}} bt f_y = \frac{1}{\sqrt{2}} b^2 t f_y \tag{2-33}$$

由式(2-30)～式(2-33)可得到角钢截面在强轴的轴力和弯矩作用下的全截面塑性相关方程,如式(2-34)所示:

$$\left(\frac{N}{N_p}\right)^2 + \frac{M_u}{M_{up}} = 1 \tag{2-34}$$

对弱轴的弯矩:

$$M_v = btf_y\left[-\frac{\beta_1 b}{2\sqrt{2}}(1-\beta_1) - \frac{(1-\beta_1)b}{2\sqrt{2}}\beta_1\right] \tag{2-35}$$

整理后得:

$$M_v = \frac{-\beta_1(1-\beta_1)}{\sqrt{2}}b^2tf_y \tag{2-36}$$

对弱轴的塑性弯矩:

$$M_{vp} = 4 \cdot \frac{1}{2} \cdot \frac{b}{2\sqrt{2}} \cdot \frac{1}{2}btf_y = \frac{1}{2\sqrt{2}}b^2tf_y \tag{2-37}$$

由式(2-30)、式(2-36)、式(2-37)可得到角钢截面在弱轴的轴力和弯矩作用下的全截面塑性相关方程,如式(2-38)所示:

$$2\left(\frac{N}{N_p} + \frac{N^2}{N_p^2}\right) - \frac{M_v}{M_{vp}} = 0 \tag{2-38}$$

2.1.3 全塑性轴力和弯矩的相关方程

为了进一步分析角钢截面全塑性轴力和弯矩的相关方程,下面令 $n = N/N_p$, $m_u = M_u/M_{up}$, $m_v = M_v/M_{vp}$,可以将式(2-12)、式(2-17)、式(2-21)、式(2-29)、式(2-34)、式(2-38)等角钢截面全塑性轴力和弯矩的相关方程整理如下:

图 2-2(a)中性轴与角钢两肢相交(肢背受压)的全塑性相关方程为

$$n^2 - m_v + \left(\frac{m_u}{1-n}\right)^2 = 1 \tag{2-39}$$

图 2-2(b)中性轴与角钢下肢相交的全塑性相关方程

$$m_u = n^2 - 1 \tag{2-40}$$

$$m_v = 2(n^2 + n) \tag{2-41}$$

图 2-2(c)中性轴与角钢两肢相交(肢背受拉)的全塑性相关方程为

$$n^2 + m_v + \left(\frac{m_u}{1+n}\right)^2 = 1 \tag{2-42}$$

图 2-2(d)中性轴与角钢上肢相交的全塑性相关方程为

$$m_u = 1 - n^2 \tag{2-43}$$

$$m_v = 2(n^2 + n) \tag{2-44}$$

式(2-39)～式(2-44)中 n 取不同值时的全塑性相关方程的关系曲线如图 2-3 所示。

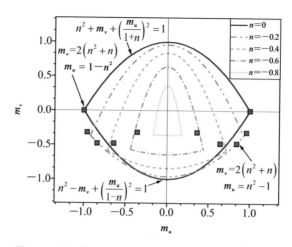

图 2-3　角钢截面压弯构件全塑性相关方程关系曲线

从图 2-3 中可以看出,全塑性相关方程曲线为外凸的曲线形式,对于 n 取固定值时,式(2-39)和式(2-42)分别组成曲线的下半部分和上半部分,而式(2-40)、式(2-41)、式(2-43)、式(2-44)为图中小方块标出的角点,这些角点并不在曲线上,因此需要对全塑性相关方程进行修正。图 2-2(b)、(d)中性轴与角钢的单肢相交,尽管中性轴可以有较大范围的转动,但为了满足角钢截面上力的平衡条件,其受拉区和受压区的长度需要保持不变,故在中性轴旋转的过程中图 2-2(b)、(d)都仅对应全塑性相关方程关系曲线上的一个点,即图 2-3 中小方块标出的角点,而且这两种情况下中性轴和角钢的肢之间为垂直(或几乎垂直)相交,从而使简化的角钢截面与实际截面的应力分布非常相似,特别地,当 $v_0 \approx \dfrac{b}{2\sqrt{2}}$($v_0$ 为图 2-1 中形心 O 到肢背交点的距离)时,可以认为角钢简化截面与实际截面的形心是相同的,因此可利用这些角点对曲线进行修正。

引进修正系数 ρ_1 和 ρ_2 并将式(2-39)和式(2-42)改写为

$$n^2 - m_v + \rho_1 \left(\frac{m_u}{1-n} \right)^2 = 1 \tag{2-45}$$

$$n^2 + m_v + \rho_2 \left(\frac{m_u}{1+n} \right)^2 = 1 \tag{2-46}$$

分别将式(2-40)和式(2-41)代入式(2-45),式(2-43)、式(2-44)代入式(2-46)中,可得:

$$\rho_1 = 1 \tag{2-47}$$

$$\rho_2 = \frac{(1+n)(1-3n)}{(1-n)^2} \qquad (2\text{-}48)$$

将 ρ_1、ρ_2 的计算结果代入式(2-45)和式(2-46)中,得到式(2-49)和式(2-50),并绘制不同 n 值下的角钢截面全塑性的相关方程关系,如图 2-4 所示。

$$n^2 - m_v + \left(\frac{m_u}{1-n}\right)^2 = 1 \qquad (2\text{-}49)$$

$$n^2 + m_v + \frac{(1+n)(1-3n)}{(1-n)^2}\left(\frac{m_u}{1+n}\right)^2 = 1 \qquad (2\text{-}50)$$

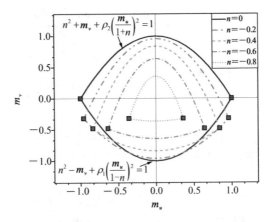

图 2-4　角钢截面压弯构件全塑性相关方程关系修正曲线

从图 2-4 中可以看到,相关方程关系曲线仍为外凸的曲线,式(2-49)为曲线的下半部分,式(2-50)为曲线的上半部分,并且同时包含了图 2-3 中的角点,表明式(2-49)和式(2-50)可作为角钢截面压弯构件的全塑性相关方程。

《钢结构设计标准》(GB 50017—2017)中,为了便于设计,还考虑了一些不利因素的影响,将承受双向弯矩的拉弯或压弯试件的强度设计公式取为线性的形式,如式(2-51)所示。

$$\frac{N}{N_p} \pm \frac{M_x}{M_{px}} \pm \frac{M_y}{M_{py}} \leqslant 1 \qquad (2\text{-}51)$$

式中,$N_p = A_n f_y$,$M_{px} = \gamma_x W_{nx} f_y$,$M_{py} = \gamma_y W_{ny} f_y$;$A_n$ 为净截面面积;W_{nx} 和 W_{ny} 分别为 x 轴和 y 轴净截面模量;γ_x 和 γ_y 分别为 x 轴和 y 轴截面塑性发展系数。

将推导出的角钢截面压弯构件的全塑性公式的关系曲线与《钢结构设计标准》(GB 50017—2017)中双向压弯构件的强度设计公式的关系曲线进行对比,如图 2-5 所示。从图 2-5 中可以看到,全塑性公式是外凸的曲线,而《钢结构设计标准》(GB 50017—2017)设计公式是线性的关系,同时,《钢结构设计标准》(GB 50017—2017)设计公式的关系曲线相对于全塑性公式的关系曲线较为保守,这是由于《钢结构设计标准》(GB 50017—2017)中对于双向压弯试件的强度设计采用线性的简化公式,通过截面塑性发展系数 γ 以限制截面塑性发展的深度,使得压弯构件在利用截面的塑性性能的同时,又留有足够的安全裕度,充分发挥了材料的性能。因此,考虑到结构设计的安全性,也可参考《钢结构设计标准》(GB 50017—2017)中的线性相关方程,对反映角钢截面塑性性能的截面塑性发展系数 γ 的取值进行讨论。

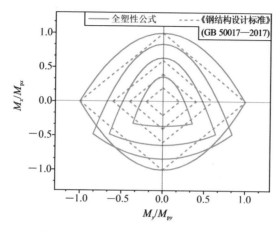

图 2-5 压弯构件相关方程关系曲线对比

2.2 截面塑性发展系数计算方法研究

2.2.1 截面形状系数

塑性截面模量 W_p 和弹性截面模量 W_e 的比值为截面的形状系数 γ_F,该系数能够反映出截面的全塑性能力。分别对《热轧型钢》(GB/T 706—2016)中的常规截面角钢(肢宽为 100mm 和 150mm)和大角钢(肢宽为 220mm 和 250mm)在不同宽厚比下,角钢关于强轴的截面形状系数 γ_{Fu} 和弱轴的截面形状系数 γ_{Fv} 进行计算,结果如图 2-6 所示。

从图 2-6 中可以看出,角钢肢宽为 100mm 的强轴截面形状系数 γ_{Fu} 为 1.65~1.93,弱轴截面形状系数 γ_{Fv} 为 1.67~2.21;肢宽为 150mm 的强轴截面形状系数 γ_{Fu} 为 1.63~1.78,弱轴截面形状系数 γ_{Fv} 为 1.67~1.96;肢宽为 220mm 大角钢的强轴截面形状系数 γ_{Fu} 为 1.64~1.71,弱轴截面形状系数 γ_{Fv} 为 1.73~1.91;而肢宽为 250mm 大角钢的强轴截面形状系数 γ_{Fu} 为 1.64~1.75,弱轴截面形状系数 γ_{Fv} 为 1.73~1.98。这表明无论是常规截面角钢还是大角钢绕弱轴的截面形状系数均大于

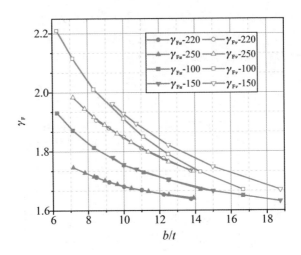

图 2-6　角钢的截面形状系数对比

绕强轴的截面形状系数,该结论与工字型双轴对称截面保持一致,进一步验证了本书关于角钢截面的分析是正确的。整体上来看,不论是强轴和弱轴,角钢的截面形状系数受肢宽影响较小,尤其对大角钢来说,肢宽不同的两种角钢的截面形状系数的变化规律几乎保持一致。角钢的截面形状系数与其宽厚比有关,随着宽厚比的增加,角钢的截面形状系数逐渐变小,表明宽厚比较大的角钢的塑性能力有所降低。此外,大角钢的截面形状系数小于常规截面的截面形状系数,表明常规截面角钢的全塑性能力要高于大角钢。

2.2.2　截面塑性发展系数

截面的塑性发展系数 γ 与其截面形式、塑性发展深度 μb、应力状态等因素息息相关,本节参考《钢结构设计标准》(GB 50017—2017)对 H 形截面塑性发展系数的推导方法,对角钢截面的塑性发展系数计算方法进行研究[11-13]。分析时将角钢的应力状态分为四种,截面的肢尖和肢背同时出现压应力塑性区和拉应力塑性区(应力状态1),截面的肢尖出现压应力塑性区(应力状态2),截面的肢背出现拉应力塑性区(应力状态3),截面的肢尖和肢背同时出现拉应力塑性区和压应力塑性区(应力状态4),其应力状态分布如图 2-7 所示。其中,σ_1 为应力状态 2 中肢背的拉应力,σ_2 为应力状态 3 中肢尖的拉应力,α 为弱轴与单肢交点到肢背距离与肢宽的比值(简称肢宽比),f_y 为屈服应力,σ_0 为等效应力。

下面对不同的应力状态进行分析:

(1)应力状态 1

对应力状态 1 截面的塑性发展系数进行分析,如图 2-7(a)所示,对强轴来说,根

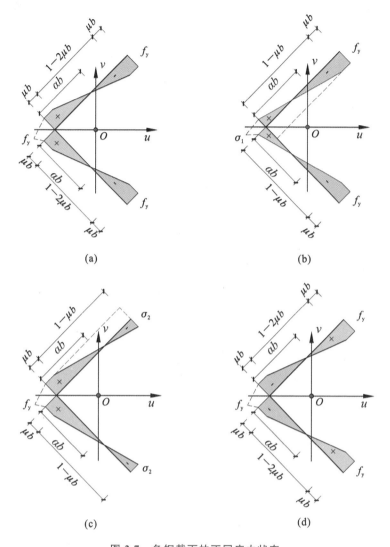

图 2-7 角钢截面的不同应力状态

(a)应力状态 1;(b)应力状态 2;(c)应力状态 3;(d)应力状态 4

据力的平衡条件可得:

$$N = 0 \tag{2-52}$$

$$M_{1u} = \left[\mu b \left(b - \frac{\mu b}{2} \right) - \mu b \frac{\mu b}{2} \right] \frac{1}{\sqrt{2}} b t f_y \cdot 2 + \left\{ \frac{(1-2\mu) b}{2} \left[b - \mu b - \frac{(1-2\mu) b}{3} \right] \frac{1}{\sqrt{2}} \right.$$

$$\left. - \frac{(1-2\mu) b}{2} \left[\mu b + \frac{(1-2\mu) b}{3} \right] \frac{1}{\sqrt{2}} \right\} b t f_y \cdot 2 \tag{2-53}$$

整理后得：

$$M_{1u} = \frac{1 + 2\mu(1-\mu)}{3\sqrt{2}} b^2 t f_y \qquad (2\text{-}54)$$

当 $\mu = 0$ 时，可得

$$M_{1ue} = \frac{1}{3\sqrt{2}} b^2 t f_y \qquad (2\text{-}55)$$

因此，

$$\gamma_{1u} = \frac{M_{1u}}{M_{1ue}} = 1 + 2\mu(1-\mu) \qquad (2\text{-}56)$$

对弱轴来说，根据力的平衡条件，可得

$$N = 0 \qquad (2\text{-}57)$$

$$\begin{aligned}
M_{1v} = & \left\{ \mu b \left[(1-\alpha)b - \frac{\mu b}{2} \right] \frac{1}{\sqrt{2}} + \mu b \left[\alpha b - \frac{\mu b}{2} \right] \frac{1}{\sqrt{2}} \right\} b t f_y \cdot 2 \\
& + \left\{ \frac{(1-2\mu)b}{2} \left[(1-\alpha b) - \mu b - \frac{(1-2\mu)b}{3} - \left(\alpha b - \frac{b}{2} \right) \right] \frac{1}{\sqrt{2}} \right. \\
& \left. + \frac{(1-2\mu)b}{2} \left[\alpha b - \mu b - \frac{(1-2\mu)b}{3} \right] \frac{1}{\sqrt{2}} \right\} b t f_y \cdot 2 \qquad (2\text{-}58)
\end{aligned}$$

整理后得：

$$M_{1v} = \frac{2[1 + 2\mu(1-\mu)] - 3(1-2\mu)(2\alpha-1)}{6\sqrt{2}} b^2 t f_y \qquad (2\text{-}59)$$

当 $\mu = 0$ 时，可得

$$M_{1ve} = \frac{2 - 3(2\alpha-1)}{6\sqrt{2}} b^2 t f_y \qquad (2\text{-}60)$$

因此，

$$\gamma_{1v} = \frac{M_{1v}}{M_{1ve}} = \frac{2[1 + 2\mu(1-\mu)] - 3(1-2\mu)(2\alpha-1)}{2 - 3(2\alpha-1)} \qquad (2\text{-}61)$$

（2）应力状态 2

对应力状态 2 截面的塑性发展系数进行分析，如图 2-7(b)所示，对强轴来说，根据力的平衡条件可得：

$$N = 2bt\sigma_0 = 2btf_y - \frac{(1-\mu)b}{2} t(f_y + \sigma_1) \cdot 2 \qquad (2\text{-}62)$$

$$M_{2u} = \frac{(1-\mu)b}{2} t \left[b - \frac{(1-\mu)b}{3} \right] \frac{1}{\sqrt{2}} (f_y + \sigma_1) \cdot 2 \qquad (2\text{-}63)$$

则

$$(f_y + \sigma_1) = \left(\frac{2}{1-\mu} \right)(f_y - \sigma_0) \qquad (2\text{-}64)$$

$$M_{2u} = \left(\frac{1-\mu}{2} \cdot \frac{2+\mu}{3\sqrt{2}}\right)\left(\frac{2}{1-\mu}\right)b^2 t(f_y + \sigma_1) \cdot 2 = \frac{2(2+\mu)}{3\sqrt{2}}b^2 t(f_y - \sigma_0)$$

$$(2-65)$$

当 $\mu = 0$ 时，可得

$$M_{2ue} = \frac{4}{3\sqrt{2}}b^2 t(f_y - \sigma_0)$$

$$(2-66)$$

因此，

$$\gamma_{2u} = \frac{M_{2u}}{M_{2ue}} = \frac{2+\mu}{2}$$

$$(2-67)$$

对弱轴来说，根据力的平衡条件，可得

$$N = 2bt\sigma_0 = 2bt f_y - \frac{(1-\mu)b}{2}t(f_y + \sigma_1) \cdot 2$$

$$(2-68)$$

$$M_{2v} = \frac{(1-\mu)b}{2}t\left[\alpha b - \frac{(1-\mu)b}{3}\right]\frac{1}{\sqrt{2}}(f_y + \sigma_1) \cdot 2$$

$$(2-69)$$

则

$$(f_y + \sigma_1) = \left(\frac{2}{1-\mu}\right)(f_y - \sigma_0)$$

$$(2-70)$$

$$M_{2v} = \left(\frac{1-\mu}{2} \cdot \frac{3\alpha - 1 + \mu}{3\sqrt{2}}\right)\left(\frac{2}{1-\mu}\right)b^2 t(f_y + \sigma_1) \cdot 2 = \frac{2(3\alpha - 1 + \mu)}{3\sqrt{2}}b^2 t(f_y - \sigma_0)$$

$$(2-71)$$

当 $\mu = 0$ 时，可得

$$M_{2ve} = \frac{2(3\alpha - 1)}{3\sqrt{2}}b^2 t(f_y - \sigma_0)$$

$$(2-72)$$

因此，

$$\gamma_{2v} = \frac{M_{2v}}{M_{2ve}} = \frac{3\alpha - 1 + \mu}{3\alpha - 1}$$

$$(2-73)$$

（3）应力状态 3

对应力状态 3 截面的塑性发展系数进行分析，如图 2-7（c）所示，对强轴来说，根据力的平衡条件可得：

$$N = 2bt\sigma_0 = \frac{(1-\mu)b}{2}t(f_y + \sigma_2) \cdot 2 - 2bt f_y$$

$$(2-74)$$

$$M_{3u} = \frac{(1-\mu)b}{2}t\left[b - \frac{(1-\mu)b}{3}\right]\frac{1}{\sqrt{2}}(f_y + \sigma_2) \cdot 2$$

$$(2-75)$$

则

$$(f_y + \sigma_2) = \left(\frac{2}{1-\mu}\right)(f_y - \sigma_0)$$

$$(2-76)$$

$$M_{3u} = \left(\frac{1-\mu}{2} \cdot \frac{2+\mu}{3\sqrt{2}} \right) \left(\frac{2}{1-\mu} \right) b^2 t (f_y - \sigma_0) \cdot 2 = \frac{2(2+\mu)}{3\sqrt{2}} b^2 t (f_y - \sigma_0)$$

$$(2-77)$$

当 $\mu = 0$ 时，可得

$$M_{3ue} = \frac{4}{3\sqrt{2}} b^2 t (f_y - \sigma_0)$$

$$(2-78)$$

因此，

$$\gamma_{3u} = \frac{M_{3u}}{M_{3ue}} = \frac{2+\mu}{2}$$

$$(2-79)$$

对弱轴来说，根据力的平衡条件可得：

$$N = 2bt\sigma_0 = \frac{(1-\mu)b}{2} t (f_y + \sigma_2) \cdot 2 - 2bt f_y$$

$$(2-80)$$

$$M_{3v} = \frac{(1-\mu)b}{2} t \left[(1-\alpha)b - \frac{(1-\mu)b}{3} \right] \frac{1}{\sqrt{2}} (f_y + \sigma_2) \cdot 2$$

$$(2-81)$$

则

$$(f_y + \sigma_2) = \left(\frac{2}{1-\mu} \right) (f_y - \sigma_0)$$

$$(2-82)$$

$$M_{3v} = \left(\frac{1-\mu}{2} \cdot \frac{2+\mu-3\alpha}{3\sqrt{2}} \right) \left(\frac{2}{1-\mu} \right) b^2 t (f_y + \sigma_2) \cdot 2 = \frac{2(2+\mu-3\alpha)}{3\sqrt{2}} b^2 t (f_y - \sigma_0)$$

$$(2-83)$$

当 $\mu = 0$ 时，可得

$$M_{3ve} = \frac{2(2-3\alpha)}{3\sqrt{2}} b^2 t (f_y - \sigma_0)$$

$$(2-84)$$

因此，

$$\gamma_{3v} = \frac{M_{3v}}{M_{3ve}} = \frac{2+\mu-3\alpha}{2-3\alpha}$$

$$(2-85)$$

（4）应力状态 4

对应力状态 4 截面的塑性发展系数进行分析，如图 2-7(d) 所示，对强轴来说，根据力的平衡条件可得：

$$N = 0$$

$$(2-86)$$

$$M_{4u} = \left[\mu b \left(b - \frac{\mu b}{2} \right) - \mu b \frac{\mu b}{2} \right] \frac{1}{\sqrt{2}} bt f_y \cdot 2 + \left\{ \frac{(1-2\mu)b}{2} \left[b - \mu b - \frac{(1-2\mu)b}{3} \right] \frac{1}{\sqrt{2}} \right.$$

$$\left. - \frac{(1-2\mu)b}{2} \left[\mu b + \frac{(1-2\mu)b}{3} \right] \frac{1}{\sqrt{2}} \right\} bt f_y \cdot 2$$

$$(2-87)$$

整理得：

$$M_{4u} = \frac{1 + 2\mu(1 - \mu)}{3\sqrt{2}} b^2 t f_y \qquad (2\text{-}88)$$

当 $\mu = 0$ 时,可得

$$M_{4ue} = \frac{1}{3\sqrt{2}} b^2 t f_y \qquad (2\text{-}89)$$

因此,

$$\gamma_{4u} = \frac{M_{4u}}{M_{4ue}} = 1 + 2\mu(1 - \mu) \qquad (2\text{-}90)$$

对弱轴来说,根据力的平衡条件,可得

$$N = 0 \qquad (2\text{-}91)$$

$$
M_{4v} = \left\{ \mu b \left[(1 - \alpha) b - \frac{\mu b}{2} \right] \frac{1}{\sqrt{2}} + \mu b \left[\alpha b - \frac{\mu b}{2} \right] \frac{1}{\sqrt{2}} \right\} b t f_y \cdot 2
$$
$$
+ \left\{ \frac{(1 - 2\mu) b}{2} \left[(1 - \alpha b) - \mu b - \frac{(1 - 2\mu) b}{3} \right] \frac{1}{\sqrt{2}} \right.
$$
$$
\left. + \frac{(1 - 2\mu) b}{2} \left[\alpha b - \mu b - \frac{(1 - 2\mu) b}{3} - \left(\alpha b - \frac{\mu b}{2} \right) \right] \frac{1}{\sqrt{2}} \right\} b t f_y \cdot 2 \qquad (2\text{-}92)
$$

整理后得:

$$M_{4v} = \left\{ \frac{2[1 + 2\mu(1 - 2\mu)] - 3(1 - 2\mu)(2\alpha - 1)}{6\sqrt{2}} \right\} b^2 t f_y \qquad (2\text{-}93)$$

当 $\mu = 0$ 时,可得

$$M_{4ve} = \frac{2 - 3(2\alpha - 1)}{6\sqrt{2}} b^2 t f_y \qquad (2\text{-}94)$$

因此,

$$\gamma_{4v} = \frac{M_{4v}}{M_{4ve}} = \frac{2[1 + 2\mu(1 - 2\mu)] - 3(1 - 2\mu)(2\alpha - 1)}{2 - 3(2\alpha - 1)} \qquad (2\text{-}95)$$

通过以上分析可得,角钢强轴和弱轴的截面塑性发展系数与 μ 和 α 相关,因此分别在表 2-1 和表 2-2 中列出了不同 μ 值(0.125、0.15、0.20、0.25)和不同 α 值时角钢两个主轴不同应力状态下截面塑性发展系数 γ_u 和 γ_v 的值。其中,表 2-1 中的 α 值取自常规截面角钢中的 $\angle 150 \times 8$、$\angle 150 \times 12$、$\angle 150 \times 16$,即 α 取为 0.532、0.553、0.575。表 2-2 中的 α 值取自大角钢截面中的 $\angle 250 \times 18$、$\angle 250 \times 26$、$\angle 250 \times 35$,即 α 取为 0.547、0.572、0.598。从表 2-1 和表 2-2 中可以看到,随着截面塑性发展深度越大,γ_u 和 γ_v 的值也越大,且弱轴 γ_v 的值大于强轴 γ_u 的值,表明弱轴的塑性发展能力好于强轴,这与前文中的结论相互验证。大角钢与常规截面角钢的强轴塑性发展系数 γ_u 是相同的,而大角钢弱轴的塑性发展系数 γ_v 按照不同的塑性发展深度,与常规截面角钢的平均误差分别为 3.94%($\mu = 0.125$)、-1.72%($\mu = 0.15$)、7.32%($\mu =$

0.20)、3.94%(μ=0.25),表明大角钢和常规截面角钢的塑性发展系数差别不大,在设计时可按照相同的值进行选取,因此本书为便于设计并综合考虑设计的安全裕度,参考我国《钢结构设计标准》(GB 50017—2017)中截面塑性深度不超过截面高度的1/8的规定,将角钢的强轴和弱轴的截面塑性发展系数分别取为 $\gamma_u = 1.05$,$\gamma_v = 1.15$,即该截面塑性发展系数的取值均分别小于表 2-1 和表 2-2 中的最小计算值。

表 2-1 常规截面角钢的截面塑性发展系数

应力状态	μ	0.125			0.15			0.20			0.25		
	α	0.532	0.553	0.575	0.532	0.553	0.575	0.532	0.553	0.575	0.532	0.553	0.575
1	γ_{1u}	1.219			1.255			1.320			1.375		
	γ_{1v}	1.269	1.308	1.354	1.314	1.361	1.415	1.396	1.457	1.528	1.468	1.542	1.628
2	γ_{2u}	1.063			1.075			1.100			1.125		
	γ_{2v}	1.210	1.189	1.173	1.252	1.227	1.207	1.336	1.303	1.276	1.419	1.379	1.345
3	γ_{3u}	1.063			1.075			1.100			1.125		
	γ_{3v}	1.309	1.368	1.453	1.371	1.441	1.543	1.495	1.588	1.725	1.619	1.735	1.906
4	γ_{4u}	1.219			1.255			1.320			1.375		
	γ_{4v}	1.269	1.308	1.354	1.314	1.361	1.415	1.396	1.457	1.528	1.468	1.542	1.628

表 2-2 大角钢的截面塑性发展系数

应力状态	μ	0.125			0.15			0.20			0.25		
	α	0.547	0.572	0.598	0.547	0.572	0.598	0.547	0.572	0.598	0.547	0.572	0.598
1	γ_{1u}	1.219			1.255			1.320			1.375		
	γ_{1v}	1.296	1.348	1.415	1.347	1.408	1.487	1.439	1.518	1.622	1.519	1.616	1.741
2	γ_{2u}	1.063			1.075			1.100			1.125		
	γ_{2v}	1.195	1.175	1.157	1.234	1.209	1.189	1.312	1.279	1.252	1.390	1.349	1.314
3	γ_{3u}	1.063			1.075			1.100			1.125		
	γ_{3v}	1.349	1.440	1.610	1.419	1.528	1.732	1.558	1.704	1.977	1.698	1.880	2.221
4	γ_{4u}	1.219			1.255			1.320			1.375		
	γ_{4v}	1.296	1.348	1.415	1.347	1.296	1.348	1.415	1.347	1.296	1.348	1.415	1.347

将角钢的截面塑性发展系数代入《钢结构设计标准》(GB 50017—2017)中双向压弯试件的强度设计公式中,并与 H 形和箱形截面进行对比,如图 2-8 所示。从

图 2-8 中可以看到,角钢的强度设计公式与 H 形和箱形截面的强度设计公式形式保持一致,角钢的塑性发展能力介于 H 形和箱形截面之间。

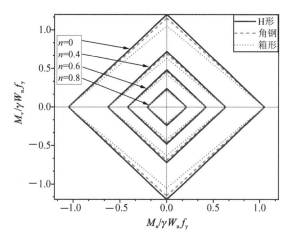

图 2-8　不同截面形式的强度设计公式对比

2.3　角钢压弯构件截面等级分类

试件的塑性转动能力与其组成板件的宽厚比紧密相关,我国《钢结构设计标准》(GB 50017—2017)和欧洲规范 Eurocode 3 对受弯构件和压弯构件设计时,分别根据不同的截面形式,依据组成板件的宽厚比将其分成了不同等级,以表征构件的塑性发展能力,但这些规定并没有涉及角钢。Trahair[14]以设计规范为基础,使用局部屈曲系数对角钢的截面等级分类进行了讨论,将角钢的单肢板件看作热轧工字钢的外伸翼缘,欧洲规范 Eurocode 3 也采用了类似的做法,并依据角钢组成板件的长细比 λ_T ($\lambda_T = \dfrac{b}{t}\sqrt{\dfrac{f_y}{250}}$),将角钢分为了塑性($\lambda_T < \lambda_p$)、紧凑($\lambda_p < \lambda_T \leqslant \lambda_c$)、半紧凑($\lambda_c < \lambda_T \leqslant \lambda_y$)、细长($\lambda_y < \lambda_T$)四种类型,且角钢强轴和弱轴长细比限值也由于局部屈曲系数的不同而取值不同。角钢截面分类中的塑性和紧凑型可以进行塑性设计,半紧凑型可以达到一阶屈服弯矩,而细长型由于局部稳定的限制,需要进行弹性设计,且截面的面积应按照有效面积进行取值。依据文献[6]中的分类方法分别对强度等级为 Q420 的常规截面角钢(肢宽为 100mm 和 150mm)和大角钢(肢宽为 220mm 和 250mm)进行分类并列于表 2-3 和表 2-4 中,λ_p、λ_c、λ_y 分别为长细比的塑性截面分类限值、紧凑型截面分类限值、屈服截面分类限值。

表 2-3　　　　　　　　　　　常规截面角钢的截面分类

计算轴	塑性 λ_p	紧凑 λ_c	半紧凑 λ_y	细长
	12	16	26	>26
强轴	∠100×16、∠100×14、∠100×12、∠100×10、∠150×16、∠150×15	∠100×9、∠100×8、∠150×14、∠150×12	∠100×7、∠100×6、∠150×10、∠150×8	—
	10	14	23	>23
弱轴	∠100×16、∠100×14、∠100×12	∠100×10、∠100×9、∠150×16、∠150×15、∠150×14	∠100×8、∠100×7、∠100×6、∠150×12、∠150×10、∠150×8	—

表 2-4　　　　　　　　　　　大角钢的截面分类

计算轴	塑性 λ_p	紧凑 λ_c	半紧凑 λ_y	细长
	12	16	26	>26
强轴	∠220×26、∠220×24、∠220×22、∠250×35、∠250×32、∠250×30、∠250×28、∠250×26	∠220×20、∠220×18、∠250×24、∠250×22、∠250×20	∠220×16、∠250×18	—
	10	14	23	>23
弱轴	∠220×26、∠250×35、∠250×32、∠250×30	∠220×24、∠220×22、∠220×20、∠250×28、∠250×26、∠250×24、∠250×22	∠220×16、∠220×18、∠250×18、∠250×20	—

从表 2-3 中可以看到,对于常规截面角钢来说,按强轴计算时,除截面∠100×7、∠100×6、∠150×10、∠150×8 外,其余截面均可进行塑性设计;按弱轴计算时,在强轴基础上又增加了截面∠100×8 和∠150×12,不能按照塑性设计。从表 2-4 中可以看到,对于大角钢,按强轴计算时,除截面∠220×16、∠250×18 外,其余截面均可进行塑性设计;按弱轴计算时,同样地,在强轴的基础上增加了截面∠220×18 和∠250×20,不能按照塑性进行设计,表明按照强轴计算时,能够按照塑性设计的角钢截面多于弱轴,且未有任何角钢截面分布于细长型截面中,表明该分类方法略显激进。

为了便于设计,本书也将角钢单肢板件看作热轧工字钢的外伸翼缘,并参考我国的《钢结构设计标准》(GB 50017—2017)中对工字钢的截面分类方法,对常规截面角钢和大角钢进行了 5 种等级的分类,如表 2-5 和表 2-6 所示。其中,ω 为角钢单肢的外伸长度。该规范中规定截面板件宽厚比等级为 S1～S3 时,按照塑性进行设计;当截面板件宽厚比等级为 S4 或 S5 时,应按弹性进行设计。在分类时并没有按照角钢的不同主轴对角钢的分类方法进行区分,而是直接依据角钢的宽厚比进行分类,通过对比表 2-3、表 2-4 和表 2-5、表 2-6 中关于角钢的截面分类可知,在表 2-5 和表 2-6 中除了新增常规截面角钢∠100×9 和大角钢∠250×22 需要按照弹性设计外,其余按照塑性设计的截面分类相吻合。虽然按照文献[6]的分类方法,将角钢分为了 4 个等级,但是在细长型截面的等级分类中无论是常规截面角钢还是大角钢,都没有相应的截面分布其中,而《钢结构设计标准》(GB 50017—2017)将角钢按照 5 种等级进行分类,常规截面角钢和大角钢在 5 种等级分类中均有分布,即本书关于角钢的截面等级分类相比文献[6]是偏保守的,表明对于角钢来说,采用该标准的分类方法更为合理,可为设计提供更多的安全裕度,在设计中更为安全可靠。

表 2-5   **常规截面角钢截面分类的长细比限值**

截面板件宽厚比等级	S1 级	S2 级	S3 级	S4 级	S5 级
宽厚比 ω/t	$9\varepsilon_k$	$11\varepsilon_k$	$13\varepsilon_k$	$15\varepsilon_k$	20
常规截面角钢截面分类	∠100×16、∠100×14	∠150×16、∠100×12	∠100×10、∠150×15、∠150×14	∠100×9、∠100×8、∠150×12	∠100×6、∠100×7、∠150×10、∠150×8

注:ε_k 为钢号修正系数,$\varepsilon_k = \sqrt{\dfrac{235}{f_y}}$,下表同。

表 2-6   **大角钢截面分类的长细比限值**

截面板件宽厚比等级	S1 级	S2 级	S3 级	S4 级	S5 级
宽厚比 ω/t	$9\varepsilon_k$	$11\varepsilon_k$	$13\varepsilon_k$	$15\varepsilon_k$	20
大角钢截面分类	∠250×35、∠250×32	∠220×26、∠250×30、∠250×28	∠220×24、∠220×22、∠220×20、∠250×26、∠250×24	∠220×18、∠250×22、∠250×20	∠220×16、∠250×18

因此,对角钢截面进行塑性设计时,当截面板件宽厚比等级为 S1～S3 级时,截面塑性发展系数 γ_u 和 γ_v 应分别取 1.05 和 1.15;当截面板件宽厚比等级为 S4 或 S5 级时,截面塑性发展系数 γ_u 和 γ_v 应取 1.0。

2.4　本章小结

本章对角钢截面压弯构件的塑性性能进行了研究,推导了角钢压弯构件截面全塑性轴力和弯矩的相关方程,分析了角钢截面塑性发展能力的影响因素,提出了角钢截面塑性发展系数的计算方法,并得出以下主要结论:

①对角钢压弯构件的截面进行受力分析时,将角钢的两肢等效为两条相交直线,取得的计算结果较好,具有足够的精度。

②提出了角钢压弯构件的全塑性轴力和弯矩的相关方程,并基于角点对公式进行了修正,但该公式没有留出足够的安全裕度,不能直接用于设计。

③角钢绕弱轴的截面形状系数大于绕强轴的截面形状系数,且截面形状系数受肢宽影响较小,受宽厚比的影响较大。宽厚比越大,角钢的截面形状系数越小。

④角钢截面的塑性发展系数与塑性发展深度、应力状态、肢宽比有关,截面塑性发展深度越大,塑性发展系数 γ_u 和 γ_v 的值也越大,且角钢弱轴的塑性发展能力好于强轴。

⑤大角钢和常规截面角钢的塑性发展系数在设计时可以取相同的值,本书将角钢的强轴和弱轴的截面塑性发展系数分别取为 $\gamma_u=1.05$,$\gamma_v=1.15$。

⑥本书参照我国《钢结构设计标准》(GB 50017—2017)中压弯构件的截面分类方法,提出了适用于角钢截面压弯构件的分类等级,可为设计提供更多的安全裕度。

参 考 文 献

[1]　CHEN Y Y, CHENG X, NETHERCOT D A. An overview study on cross-section classification of steel H-sections [J]. Journal of Constructional Steel Research,2013,80:386-393.

[2]　邓长根,张晨辉,周江. 焊接 H 形截面钢柱板组弹塑性相关屈曲和容许宽厚比[J]. 东南大学学报(自然科学版),2016,46(3):523-531.

[3]　解威威,杨绿峰,王建军,等.哑铃形钢管混凝土截面抗弯塑性发展能力研究[J].公路,2020,65(4):93-97.

[4]　陈旭,周东华,章胜平,等.压弯截面的弹塑性弯矩-曲率相关关系的解析法[J].工程力学,2014,31(11):175-182,197.

[5]　陈升平,田晓蓉.混凝土截面抵抗矩塑性影响系数的理论分析[J].湖北工

业大学学报,2006(6):35-36.

[6] 中华人民共和国国家质量监督检验检疫总局,中国国家标准化管理委员会.热轧型钢:GB/T 706—2016[S].北京:中国标准出版社,2016.

[7] 罗邦富.钢构件的截面塑性发展系数[J].钢结构,1991(1):25-33.

[8] 邓长根,张晨辉,周江,等.H形截面压弯钢构件板组弹塑性相关屈曲分析[J].同济大学学报(自然科学版),2016,44(9):1307-1315.

[9] 刘红波,张卓航,陈志华,等.基于截面增大法的扣放角钢焊接加固负载 H型钢的轴压承载力研究[J].天津大学学报(自然科学与工程技术版),2024,57(5):530-543.

[10] 王坤.复杂卷边不等边角形截面冷弯薄壁型钢柱偏压稳定承载力研究[D].郑州:郑州大学,2020.

[11] 杨绿峰,陆振华,戎艳.圆形截面钢管混凝土受弯构件塑性发展系数的双因素计算模型研究[J].混凝土,2024(1):56-63.

[12] 韩忠亮.受弯钢梁整体稳定计算的讨论[J].工程建设与设计,2020(14):19-20.

[13] 邹安宇,刘卫国.本期问题:翼缘和腹板宽厚比等级不一致,如何考虑截面塑性发展系数?[J].钢结构(中英文),2020,35(6):65-66.

[14] TRAHAIR N S. Moment capacities of steel angle sections [J]. Journal of Structural Engineering,2002,128(11):1387-1393.

3　大角钢稳定承载力的试验研究

在设计中,往往将角钢输电杆塔构件两端视作铰接杆单元,实际上杆塔主材会受到次弯矩的影响,而辅材中单肢连接的构件存在构造偏心,这些构件实际上应归属于双向压弯构件,但在设计中弯矩的影响普遍被忽略,由于无法定量估算出双向弯矩对构件承载力的影响,这样的设计可能存在一定的安全隐患。近年来随着高强度大规格角钢(大角钢,屈服强度≥420MPa,肢宽≥220mm,肢厚≥16mm)在杆塔结构中的广泛应用,这种安全隐患也一直困扰着设计人员。相对于常规截面角钢,大角钢承受的荷载更加复杂,应用的场景也更多,这意味着在某些情况下,在进行设计时必须考虑轴力和弯矩对大角钢的共同作用,而关于大角钢压弯构件的相关研究还很少,尤其是没有相关的试验研究数据,因此本章选取输电杆塔中常用的 Q420 大角钢为对象,采用试验研究的方法对 Q420 大角钢的承载力和失稳形态进行研究。国内外相关规范中压弯构件设计公式均由轴向抗力项和抗弯承载力项两部分组成[1-3],其中轴向抗力项中涉及轴压构件的稳定承载力,本章在试验设计时分为轴压试验、单向压弯试验和双向压弯试验,试件均按照输电杆塔结构中常用的长细比进行选取,即本次试验选取试件强度等级为 Q420 的大角钢,分为∠250×24、∠250×26、∠250×28 三种截面规格[《热轧型钢》(GB/T 706—2016)中肢宽最大],对长细比为 30、40、50、60 的共 32根大角钢进行试验。其中,截面规格为∠250×24 和∠250×28 的共 16 根,用作轴压试验;截面规格为∠250×26 的共 16 根,用作偏压试验。

试验条件下的支座约束对轴压构件的稳定承载力有较大的影响[4],多数研究者在进行角钢的轴压试验时,通常忽略支座的转动刚度,将轴压试件的两端均假定为理想铰接,而事实上,在进行轴压试验时,无论采用何种铰支座,试件两端支座不可避免地存在不为 0 的转动刚度[5-7]。在轴压试验中,对试验的支座转动刚度进行了测量,分析支座转动刚度对轴压构件稳定承载力的影响,进而能够得到消除支座约束影响后,试验构件两端为理想铰接的有效长细比,并将消除支座约束影响的试验稳定系数与相关规范中柱子曲线的取值进行对比分析,给出了相应的设计建议,也为后续在有限元模型中建立轴压构件理想铰接模型奠定了基础。

角钢为单轴对称截面,其主轴和几何轴不重合,考虑到目前设计规范和相关研究多是围绕着单边连接角钢展开的,即绕几何轴偏压角钢的研究成果较为丰富,而本章的偏压试验研究是将大角钢按照压弯构件进行分析,本章的偏压试验加载是按照主轴压弯展开的,分为绕强轴单向压弯试验、绕弱轴单向压弯试验和绕主轴双向压弯试验,偏心距按照工程中常用的范围选取,并分析了不同偏心距对偏压构件稳定承载力和失稳模态的影响规律。

本章试验研究中选取的构件的参数取值均是在输电杆塔结构工程实践中具有代表性的长细比、截面规格、偏心距及强度等级,而其他截面规格、长细比、偏心距及强度等级的大角钢的受力性能,需要借助有限元分析的手段来展开研究。即本书将在第 4 章建立与试验研究中相对应的有限元模型,并对有限元模型进行验证,得到可靠的有限元模型,然后在第 5 章利用试验验证后的有限元模型,开展更多的大角钢参数分析,进而基于有限元分析的结果提出适用于大角钢压弯构件的稳定承载力设计公式。

3.1 材性试验研究

试验采用了 Q420 等边大角钢母材制作的试样,试样的制作是按《钢及钢产品力学性能试验取样位置及试样制备》(GB/T 2975—2018)[8] 的要求,从相同的钢材批次中选取,材性试验的试样示意图如图 3-1 所示,试验时用夹具在试样的夹持端进行固定。

对于同种截面规格的大角钢,选取 3 根试样进行拉伸试验,试验时选用 IN-STRON1342 动静态材料试验机作为加载设备。拉伸试验严格按照《金属材料 拉伸试验 第 1 部分:室温试验方法》(GB/T 228.1—2021)[9] 进行,在拉伸试验加载的过程中,加载设备可以自动读取荷载和应变的试验数据,图 3-2 为拉断后的试样。

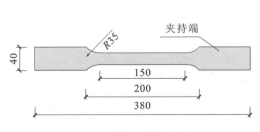

图 3-1 拉伸试样示意图

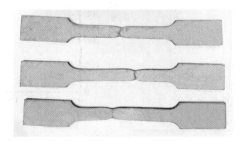

图 3-2 拉断后的试样

通过拉伸试验能够得到试样的屈服强度 f_y、极限抗拉强度 f_u、弹性模量 E、屈强比 f_y/f_u，以用于后续的相关分析。拉伸试验的结果表明，同种截面的 3 根试样的材性数据相差不大，不同截面试验材性数据有较大的差异，将得到的材性试验结果平均值作为该截面规格角钢的材性数据，如表 3-1 所示。

表 3-1　　　　　　　　　　Q420 截面规格试件材性数据平均值

材性试样 母材截面	弹性模量 E/MPa	屈服强度 f_y/MPa	极限抗拉强度 f_u/MPa	屈强比 f_y/f_u
∠250×24	$2.11×10^5$	442	612	0.72
∠250×26	$2.12×10^5$	465	650	0.72
∠250×28	$2.08×10^5$	453	630	0.72

为便于结果显示清晰，取不同截面规格的大角钢应力-应变关系曲线中的一根典型代表绘制于图 3-3 中。从图 3-3 中可以看到，Q420 等级的钢材在非常短暂的屈服平台过渡后立马进入强化阶段，表明 Q420 的大角钢在外荷载作用下，当边缘截面屈服后，会很快地进入强化阶段，从而让试件的承载力有很大提升。在《钢结构设计标准》(GB 50017—2017)中，对于 Q420 钢材，抗力分项系数 γ_R 取为 1.111。该规范同时规定，板厚在 16～35mm 范围的 Q420 材质，其屈服强度设计值为 360MPa，由此可以计算出满足该规范要求的 Q420 轴压试件屈服强度约为 400MPa。从表 3-1 中可以看出，本次材性试验得到的数据满足《钢结构设计标准》(GB 50017—2017)中关于 Q420 等级钢材的要求。

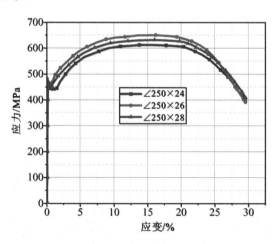

图 3-3　应力-应变关系曲线

3.2 试件初始数据测量

以 Q420 大角钢为研究对象对压弯构件设计方法进行研究,对截面规格为∠250×24、∠250×26、∠250×28 的共 32 根大角钢进行试验。其中,截面规格为∠250×24 和∠250×28 的共 16 根,用作轴压试验,而截面规格为∠250×26 的共 16 根,用作偏压试验,具体如表 3-2 和表 3-3 所示。其中,表 3-3 中偏心距 $e_v = e_u = 0$ 的试件为轴压试件,即偏心距取值为 0 的偏压试验中的对照试件。表 3-3 中 b_o 为截面实际肢宽,t_o 为截面实际肢厚,L_o 为试件实际长度,b 为截面的名义肢宽,t 为截面的名义肢厚,L 为试件的名义长度。在试验前,每根大角钢试件采用弹线法[10]对其初始几何尺寸和初始变形进行测量,即在试件两端拉一条墨线,分别沿着试件肢尖和肢背弹线,然后利用直尺对试件的偏移量进行测量,如图 3-4 所示,x_1 和 y_1 分别为试件中部截面肢背偏移两端截面肢背连线的距离,x_2 和 y_2 分别为试件中部截面肢尖偏移两端截面肢尖连线的距离。中部截面形心相对端部截面形心的偏心量 (x, y) 和转角 (θ) 可以用式(3-1)计算,且各试件的初始变形相对于其杆长的比值 Δ 也可用式(3-1)计算。

表 3-2   **轴压大角钢的几何尺寸**

试件编号	名义尺寸/mm			实测尺寸/mm		
	长度 L	肢宽 b	肢厚 t	长度 L_o	肢宽 b_o	肢厚 t_o
∠250×24-30-1	1221			1221.8	253.5	24.68
∠250×24-30-2	1221			1222.5	254.1	24.01
∠250×24-40-1	1713			1714.2	254.4	24.54
∠250×24-40-2	1713			1712.9	251.3	24.22
∠250×24-50-1	2205	250	24	2206.4	253.8	24.98
∠250×24-50-2	2205			2204.9	251.5	24.99
∠250×24-60-1	2697			2697.2	251.6	24.57
∠250×24-60-2	2697			2696.8	252.2	25.00

续表

试件编号	名义尺寸/mm			实测尺寸/mm		
	长度 L	肢宽 b	肢厚 t	长度 L_o	肢宽 b_o	肢厚 t_o
$\angle 250 \times 28$-30-1	1212			1212.8	251.1	28.77
$\angle 250 \times 28$-30-2				1211.9	252.6	28.46
$\angle 250 \times 28$-40-1	1701			1701.5	253.2	28.07
$\angle 250 \times 28$-40-2		250	28	1702.7	253.9	28.84
$\angle 250 \times 28$-50-1	2190			2189.8	254.1	28.95
$\angle 250 \times 28$-50-2				2191.4	252.6	28.05
$\angle 250 \times 28$-60-1	2679			2678.9	254.3	28.76
$\angle 250 \times 28$-60-2				2678.6	253.1	28.60

表 3-3　　　　　　　　　　　　　偏压大角钢的几何尺寸

试件编号	偏心距/mm		名义尺寸/mm			实测尺寸/mm		
	e_v	e_u	长度 L	肢宽 b	肢厚 t	长度 L_o	肢宽 b_o	肢厚 t_o
$\angle 250 \times 26$-30-E0	0.0	0.0	1215			1217.9	252.3	26.66
$\angle 250 \times 26$-30-E1	15.6	0.0				1217.6	253.2	26.38
$\angle 250 \times 26$-30-E2	35.1	0.0				1218.2	254.2	26.82
$\angle 250 \times 26$-30-E3	50.6	0.0				1217.7	253.2	26.36
$\angle 250 \times 26$-40-E0	0.0	0.0	1705			1708.1	250.3	26.56
$\angle 250 \times 26$-40-E1	0.0	15.6				1706.5	251.5	26.74
$\angle 250 \times 26$-40-E2	0.0	35.1				1707.4	254.8	26.62
$\angle 250 \times 26$-40-E3	0.0	50.6		250	26	1706.2	251.8	26.54
$\angle 250 \times 26$-50-E0	0.0	0.0	2195			2196.6	251.3	26.77
$\angle 250 \times 26$-50-E1	15.6	0.0				2195.2	251.2	26.68
$\angle 250 \times 26$-50-E2	35.1	0.0				2197.7	254.5	26.51
$\angle 250 \times 26$-50-E3	50.6	0.0				2195.1	254.9	26.61
$\angle 250 \times 26$-60-E0	0.0	0.0	2685			2685.8	252.7	26.36
$\angle 250 \times 26$-60-E1	0.0	15.6				2685.1	254.4	26.21
$\angle 250 \times 26$-60-E2	0.0	35.1				2686.3	250.8	26.95
$\angle 250 \times 26$-60-E3	0.0	50.6				2686.2	253.4	26.58

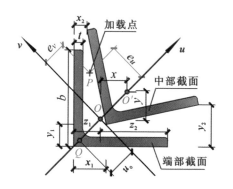

图 3-4   几何尺寸示意图

图 3-4 中坐标轴 u 轴和 v 轴分别为大角钢的强轴和弱轴，P 是大角钢截面上荷载的任意加载点，Q 为大角钢截面的剪心，e_u 和 e_v 分别为加载点相对强轴和弱轴的偏心距，z_1 及 z_2 为大角钢截面形心坐标，u_o 为剪心到形心的距离。大角钢几何尺寸的测量结果也均列于表 3-2 和表 3-3 中。表 3-2 中的试件编号以下例进行解释：$\angle 250 \times 24$-30-1 表示名义肢宽为 250mm、名义肢厚为 24mm、名义长细比为 30 的第 1 根轴压试件。表 3-3 中的试件编号以下例进行解释：$\angle 250 \times 26$-30-E1 表示名义肢宽为 250mm、名义肢厚为 26mm、名义长细比为 30 的第 1 根偏压试件，而 $\angle 250 \times 26$-30-E0 则代表的是偏压试验中偏心距为 0 的试件，其余长细比的试件以此类推。在试件设计时，表 2-2 和表 2-3 中各试件长度均扣除加载机底部支座和顶部支座转动中心与加载端板间的距离，共 255.0mm。轴压大角钢和偏压大角钢的初始变形测量结果如表 3-4 和表 3-5 所示。

$$\begin{cases} x = \dfrac{z_2 \cdot x_1 + z_1 \cdot x_2}{b} \\[2mm] y = \dfrac{z_2 \cdot y_1 + z_1 \cdot y_2}{b} \\[2mm] \Delta = \dfrac{\sqrt{x^2 + y^2}}{L} \\[2mm] \theta = \dfrac{(x_2 - x_1) + (y_2 - y_1)}{2b} \end{cases} \tag{3-1}$$

表 3-4   **轴压大角钢的变形测量**

试件编号	实测偏移/mm				形心偏移/mm		Δ/‰	θ/rad
	x_1	x_2	y_1	y_2	x	y		
$\angle 250 \times 24$-30-1	0.2	0.1	0.4	0.6	0.2	0.5	0.41	0.0002
$\angle 250 \times 24$-30-2	−0.5	−0.4	−0.5	−0.8	−0.5	−0.6	0.64	−0.0004

试件编号	实测偏移/mm				形心偏移/mm		$\Delta/‰$	θ/rad
	x_1	x_2	y_1	y_2	x	y		
∠250×24-40-1	0.9	0.2	0.4	0.0	0.7	0.3	0.45	−0.0020
∠250×24-40-2	−1.0	0.5	−0.5	1.0	−0.6	−0.1	0.36	0.0059
∠250×24-50-1	0.4	0.4	0.1	0.8	0.4	0.3	0.22	0.0015
∠250×24-50-2	0.4	0.3	1.0	1.0	0.3	1.0	0.48	−0.0001
∠250×24-60-1	0.9	1.0	0.8	0.4	0.9	0.7	0.43	−0.0005
∠250×24-60-2	0.9	0.4	0.6	0.5	0.8	0.6	0.36	−0.0012
∠250×28-30-1	−0.9	0.4	−0.2	−0.9	−0.5	−0.4	0.51	0.0011
∠250×28-30-2	0.6	−1.0	−1.0	0.9	0.1	−0.5	0.39	0.0005
∠250×28-40-1	1.0	0.6	0.5	0.2	0.9	0.4	0.59	−0.0015
∠250×28-40-2	0.1	−1.0	−0.5	0.0	−0.2	−0.3	0.22	−0.0012
∠250×28-50-1	0.0	0.7	0.7	0.6	0.2	0.7	0.31	0.0010
∠250×28-50-2	−0.8	−0.9	1.0	0.8	−0.8	0.9	0.58	−0.0007
∠250×28-60-1	0.9	0.8	0.6	0.9	0.8	0.7	0.41	0.0004
∠250×28-60-2	−0.9	−0.5	0.1	−0.2	−0.8	0.0	0.30	0.0004

表 3-5 　　　　　　　　　　偏压大角钢的变形测量

试件编号	实测偏移/mm				形心偏移/mm		$\Delta/‰$	θ/rad
	x_1	x_2	y_1	y_2	x	y		
∠250×26-30-E0	−1.0	0.4	1.0	0.1	−0.6	0.7	0.77	0.0009
∠250×26-30-E1	0.1	0.5	0.3	1.0	0.2	0.5	0.47	0.0022
∠250×26-30-E2	0.1	0.9	−0.7	0.1	0.3	−0.5	0.50	0.0031
∠250×26-30-E3	−0.8	0.9	0.5	1.0	−0.3	0.6	0.57	0.0045
∠250×26-40-E0	0.5	0.1	0.4	0.7	0.4	0.5	0.37	−0.0001
∠250×26-40-E1	0.3	0.2	0.6	0.1	0.2	0.5	0.31	−0.0013
∠250×26-40-E2	0.5	0.3	0.7	0.7	0.5	0.8	0.55	−0.0008
∠250×26-40-E3	−1.0	1.0	0.5	0.7	−0.4	0.5	0.38	0.0045
∠250×26-50-E0	0.8	0.4	−0.8	0.8	0.7	−0.4	0.36	0.0026
∠250×26-50-E1	0.2	0.8	0.7	0.3	0.4	0.6	0.32	0.0005

试件编号	实测偏移/mm				形心偏移/mm		$\Delta/‰$	θ/rad
	x_1	x_2	y_1	y_2	x	y		
∠250×26-50-E2	0.8	0.3	0.3	1.0	0.7	0.5	0.37	0.0004
∠250×26-50-E3	−0.8	0.5	0.6	0.3	−0.4	0.5	0.30	0.0020
∠250×26-60-E0	0.9	0.1	0.9	0.7	0.7	0.5	0.41	−0.0021
∠250×26-60-E1	0.8	0.3	−0.6	0.3	0.7	−0.4	0.29	0.0009
∠250×26-60-E2	1.0	−0.3	1.0	0.2	0.6	0.7	0.36	−0.0041
∠250×26-60-E3	0.4	0.3	−0.8	0.1	0.4	−0.6	0.25	0.0015

从表 3-2～表 3-5 中可以看出大角钢实测的肢宽和肢厚比名义值分别平均高 1.12％和 2.09％，最大的初始变形与杆长的比值为 0.77‰，小于《钢结构工程施工质量验收标准》(GB 50205—2020)[11]中规定的 1‰，表明本章试验的大角钢的加工质量较好，试件的初始变形满足规范要求。

3.3　轴压试验研究

3.3.1　支座转动刚度测量

轴心受压构件的计算长度，是对轴压杆整体稳定性能进行分析的重要参数，不论是适用于理想弹性轴压杆的欧拉公式，还是多部设计规范采用的柏利公式，首先需要得到轴压杆的实际计算长度，然后才能精确计算轴压杆极限稳定承载力。同时，每当对新型材料或新型组合材料的构件力学性能进行研究时，开展轴压稳定试验研究几乎成为一项必备工作。然而，即便是实验室中的轴心受压试件，其两端支座也不可避免地存在不为 0、亦不为无穷大的转动、平动刚度；实际工程结构中的压杆，则更难具备理想的力学支座。在这种情况下，轴压柱的计算长度系数 μ，并不能简单地取为 1.0、0.5 或 0.7，而是应根据实际支座情况与轴压杆自身刚度进行修正。因此，对实际试验中支座刚度对轴压杆计算长度的影响进行研究，进而精确计算轴压杆的计算长度，对更精确、更可靠地开展相关研究及应用工作是十分必要的。目前，对刚架柱的计算长度系数的计算方法已有较多研究，相关研究成果已被编入各国家和地区的设计规范中。文献[12]为研究梁柱刚接的无侧移多层多跨刚架柱的计算长度系数，曾在假定刚架柱同时屈曲、同层横梁转角同值反向、节点力矩按线刚度分配、各柱抗

弯刚度系数相同、不计横梁轴力等 5 项前提下,得出无侧移刚架柱的屈曲方程为:

$$\left(\frac{\pi}{\mu}\right)^2 + 2(K_1 + K_2)\left[1 - \frac{\dfrac{\pi}{\mu}}{\tan\dfrac{\pi}{\mu}}\right] + \frac{8K_1 K_2 \dfrac{\tan\pi}{2\mu}}{\dfrac{\pi}{\mu}} - 4K_1 K_2 = 0 \qquad (3\text{-}2)$$

式中,μ 为刚架柱的计算长度系数;K_1,K_2 分别为相交于柱上端、下端的横梁线刚度之和与柱线刚度之和的比值。

而对于有侧移刚架,除将两端转角等值反向的假定修改为等值同向并假定柱中轴力不发生改变外,其余假定与无侧移刚架相同。在此基础上,得出有侧移刚架柱的屈曲方程[13]为:

$$\left[36K_1 K_2 - \left(\frac{\pi}{\mu}\right)^2\right]\tan\left(\frac{\pi}{\mu}\right) + 6(K_1 + K_2)\frac{\pi}{\mu} = 0 \qquad (3\text{-}3)$$

通过数值算法求解不同 K_1、K_2 下,式(3-2)、式(3-3)中 μ 的最大解,得到了 μ 的实用拟合计算式。

对于无侧移刚架:

$$\mu = \frac{0.64K_1 K_2 + 1.4(K_1 + K_2) + 3}{1.28K_1 K_2 + 2(K_1 + K_2) + 3} \qquad (3\text{-}4)$$

对于有侧移刚架:

$$\mu = \sqrt{\frac{7.5K_1 K_2 + 4(K_1 + K_2) + 1.52}{7.5K_1 K_2 + K_1 + K_2}} \qquad (3\text{-}5)$$

式(3-4)和式(3-5)最早于 1966 年被法国钢结构设计规范采用,后于 1978 年又被欧洲钢铁工业协会推荐。1992 年,Dumonteil[14]证实该公式足够精确且便于计算。Chen 等[15]考虑现行刚架柱计算长度系数 μ 的计算公式的推导过程中存在一些不甚合理的假设,于是在假定刚架柱不同时屈曲、不同刚架柱间轴力存在变化的前提下,重新推导出了刚架柱计算长度系数 μ 的计算公式。Webber 等[16]考虑上下柱对转动刚度的影响、同层柱对侧移刚度的影响,对计算长度系数 μ 的计算公式进行了改进。除钢结构刚架外,Tikka 等[17]还对钢筋混凝土框架结构中的柱计算长度系数进行了研究。通过上述内容可以得知,通过现有研究获得的 μ 值计算方法仅适用于框架结构中的刚架柱。在实际计算中,需首先求解出与柱相连的横梁及上下柱的线刚度,方可对目标刚架柱的计算长度系数进行求解。然而,由于现有刚架柱计算长度系数 μ 的前提假定过多,通过现有方法不能直接计算出给定支座刚度情况下的轴压试件计算长度系数 μ。因此,有必要对试验条件下轴压杆的计算长度系数 μ 进行研究,并分析当理想支座不能实现时轴压杆极限稳定承载力的计算结果受到的影响。

在轴压试件的加载过程中,轴压试件、加载设备共同形成一个平衡的体系,在轴压试件的底、顶端支座节点处,加载设备与试件具有相同的平动位移 Δ_a 与 Δ_b,且试

件承受的轴力 P 的方向也将随之自行调整改变,如图 3-5 所示,使得轴力转角 ψ
满足:

$$\psi = \frac{\Delta_b - \Delta_a}{L(1-\varepsilon)} \tag{3-6}$$

其中,ε 为轴力 P 作用下的压杆轴向压应变;L 为轴压杆杆长。

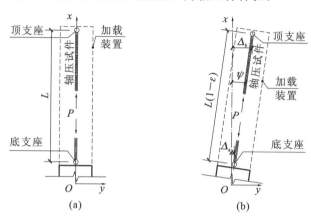

图 3-5　加载体系变形图

(a)变形前;(b)变形后

此时可以认为试件两端支座的平动自由度受到了限制,而转动自由度则受底、顶端的弹簧铰(具有一定转动刚度的固定铰支座)R_a、R_b 约束,如图 3-6 所示。因此,仅对图 3-6 所示的两端由固定弹簧铰约束的轴压杆计算长度系数进行研究。

两端由固定弹簧铰约束的轴压杆力学模型见图 3-6 及图 3-7。

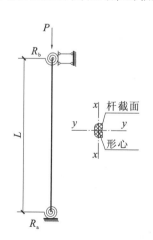

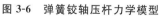

图 3-6　弹簧铰轴压杆力学模型

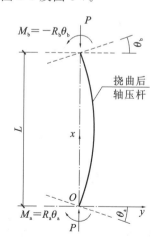

图 3-7　挠曲后压杆受力简图

所研究轴压杆力学模型中:杆长为 L;轴压试件底部、顶部支座的转动刚度分别

为 R_a、R_b;轴压杆为等截面杆,绕弱主轴惯性矩为 I;轴压杆材性遵循胡克定律,弹性模量为 E;轴压杆承受沿纵轴线的轴心压力荷载 P。

为方便描述,现结合图 3-7 对轴压杆的内力方向做出如下约定:

①顺时针方向的转动及向右方向的位移,为正值。

②当柱端弯矩与柱端转角方向相同时,约定该弯矩为正值。

③轴压杆中,压力为正值。

现取轴压杆微元脱离体,如图 3-8 所示。

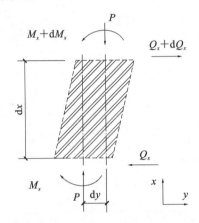

图 3-8 轴压杆微元脱离体

由 y 方向剪力平衡可列方程:

$$\left(Q_x + \frac{\mathrm{d}Q_x}{\mathrm{d}x}\mathrm{d}x\right) - Q_x = 0 \tag{3-7}$$

由式(3-7)可得:

$$\mathrm{d}Q_x = 0 \tag{3-8}$$

由力矩平衡,可列方程:

$$M_x + Q_x \cdot \mathrm{d}x + P \cdot \mathrm{d}y - \left(M_x + \frac{\mathrm{d}M_x}{\mathrm{d}x} \cdot \mathrm{d}x\right) = 0 \tag{3-9}$$

由此可得:

$$Q_x = \frac{\mathrm{d}M_x}{\mathrm{d}x} - P \cdot \frac{\mathrm{d}y}{\mathrm{d}x} \tag{3-10}$$

联立式(3-8)及式(3-10),有:

$$\frac{\mathrm{d}^2 M_x}{\mathrm{d}x^2} - P \cdot \frac{\mathrm{d}^2 y}{\mathrm{d}x^2} = 0 \tag{3-11}$$

在小变形假定的前提下,微元体弯矩 M_x 和压杆曲率 φ 满足:

$$M_x = -EI \cdot \varphi = -EI \cdot \frac{\mathrm{d}^2 y}{\mathrm{d}x^2} = 0 \tag{3-12}$$

联立联立式(3-11)及式(3-12),可得到:

$$\frac{\mathrm{d}^4 y}{\mathrm{d}x^4} + \frac{P}{EI} \cdot \frac{\mathrm{d}^2 y}{\mathrm{d}x^2} = 0 \qquad (3\text{-}13)$$

为简化公式,设定:

$$k = \sqrt{\frac{P}{EI}} \qquad (3\text{-}14)$$

则式(3-13)可改写为:

$$\frac{\mathrm{d}^4 y}{\mathrm{d}x^4} + k^2 \cdot \frac{\mathrm{d}^2 y}{\mathrm{d}x^2} = 0 \qquad (3\text{-}15)$$

式(3-15)即为 4 阶常系数微分方程,易求得式(3-15)的通解为:

$$y = A \cdot \sin kx + B \cdot \cos kx + C \cdot x + D \qquad (3\text{-}16)$$

式中,A,B,C,D 为待定系数,可根据压杆边界条件进行确定。

式(3-16)即为两端弹簧铰约束下轴压杆的挠曲方程。

可列压杆边界条件方程组:

$$\begin{cases} y(0) = 0 \\ y(l) = 0 \\ \theta_a = \theta(0) = y'(0) \\ \theta_b = \theta(l) = y'(l) \end{cases} \qquad (3\text{-}17)$$

由方程组(3-17)可以看出,该方程组包含 4 个方程,而由于 θ_a、θ_b 均为未知量,使得方程组仅有 2 个已知量,无法求解。

因此,根据支座边界条件,补充弹簧铰刚度方程如下:

$$\begin{cases} M_a = R_a \cdot \theta_a \\ M_b = -R_b \cdot \theta_b \end{cases} \qquad (3\text{-}18)$$

将式(3-18)进一步写为:

$$\begin{cases} -EI \dfrac{\mathrm{d}^2 y}{\mathrm{d}x^2} = R_a \cdot \theta_a \\ -EI \dfrac{\mathrm{d}^2 y}{\mathrm{d}x^2} = -R_b \cdot \theta_b \end{cases} \qquad (3\text{-}19)$$

采用式(3-19)替换方程组(3-17)中的后两式,可得:

$$\begin{cases} y(0) = 0 \\ y(l) = 0 \\ -EIy''(0) = R_a \cdot y'(0) \\ -EIy''(l) = -R_b \cdot y'(l) \end{cases} \qquad (3\text{-}20)$$

可将方程组更进一步详细写为:

$$\begin{cases} B \mid D = 0 \\ \sin kl \cdot A + \cos kl \cdot B + l \cdot C + D = 0 \\ R_a k \cdot A - EIk^2 \cdot B + R_a \cdot C = 0 \\ (EIk^2 \sin kl + R_b k \cos kl) \cdot A + (EIk^2 \cos kl - R_b k \sin kl) \cdot B + R_b \cdot C = 0 \end{cases}$$
$$(3\text{-}21)$$

通过方程组(3-21)，即可获得式(3-16)中的各项位置常量，从而获得弹簧铰轴压杆挠度方程。方程组(3-21)具有非零解的条件是方程组的系数矩阵 $\boldsymbol{C} = \boldsymbol{0}$，即有：

$$\boldsymbol{C} = \begin{bmatrix} 0 & 1 & 0 & 1 \\ \sin kl & \cos kl & l & 1 \\ R_a k & -EIk^2 & R_a & 0 \\ EIk^2 \sin kl + R_b k \cos kl & EIk^2 \cos kl - R_b k \sin kl & R_b & 0 \end{bmatrix} = \boldsymbol{0} \quad (3\text{-}22)$$

式(3-22)等同于：

$$\big[R_a R_b kl - (R_a + R_b)EIk - (EIk)^2 kl \big] \sin kl +$$
$$\big[2R_a R_b + (R_a + R_b)EIk^2 l \big] \cos kl - 2R_a R_b = 0 \quad (3\text{-}23)$$

上式中，变量 k 即为轴力 P 的函数。考虑到欧拉公式，计算长度为 l_0 的轴压杆，当 P 达到临界力 P_{cr} 的时候，有：

$$P_{cr} = \frac{\pi^2 EI}{l_0^2} = \frac{\pi^2 EI}{(\mu l)^2} \quad (3\text{-}24)$$

结合式(3-14)及式(3-24)，可得：

$$k = \sqrt{\frac{P_{cr}}{EI}} = \sqrt{\frac{1}{EI} \cdot \frac{\pi^2 EI}{(\mu l)^2}} = \frac{\pi}{\mu l} \quad (3\text{-}25)$$

将其改写为含有压杆计算长度系数 μ 的方程式：

$$\left[R_a R_b \frac{\pi}{\mu} + (R_a + R_b) \frac{EI}{l} \cdot \frac{\pi}{\mu} - \left(\frac{EI}{l} \cdot \frac{\pi}{\mu} \right)^2 \frac{\pi}{\mu} \right] \sin \frac{\pi}{\mu} +$$
$$\left[2R_a R_b - (R_a + R_b) \frac{EI}{l} \cdot \left(\frac{\pi}{\mu} \right)^2 \right] \cos \frac{\pi}{\mu} - 2R_a R_b = 0 \quad (3\text{-}26)$$

在对大角钢进行轴压试验时，所建立的测量轴压杆支座刚度的力学模型示意图如图 3-9 所示，式(3-26)为依据力学模型得到含有计算长度系数 μ 的方程，只要测得支座的转动刚度 R_a 和 R_b 便能够得到试验条件下的试件计算长度系数，进而分析支座刚度对轴压杆稳定承载力的影响。在试验时，将球铰支座换成了与其力学模型相对应的单向铰支座(详见图 3-10 中的支座转动刚度的测量图)，通过单向铰支座，能够消除扭转带来的影响，以提高公式的适用性。同时，试验中采用了倾角传感器对支座转角进行测量，不但简化了试验操作流程，也提高了试验精度。

图 3-10 为支座转动刚度测量方法图解，试验时大角钢两端的支座采用单向铰支

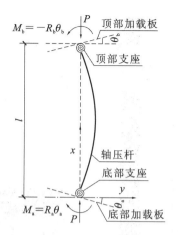

图 3-9　力学模型示意图

座,如图 3-10(a)的加载装置示意图,对支座转动刚度测量时,大角钢的弱轴($v—v$)与单向铰支座的滚动轴对齐,在大角钢试件的上、下端部各设置 6 处应变测点(S-A~S-F),用以测量大角钢端部截面内的应力分布,图 3-10(b)为大角钢下端部截面的应变测点和倾角传感器布置位置示意图。在支座的上、下端部,沿大角钢试件的强轴($u—u$),各布置一个双轴数字型倾角传感器 HVT120T,该倾角传感器可以实时监测和记录加载过程中支座的转动角度 θ,图 3-10(c)为大角钢下端部支座转动刚度的实测图。

试验现场照片如图 3-11 所示。

通过应变片获得大角钢下端部截面各应变测点的应变值 $\varepsilon_A \sim \varepsilon_F$,并根据胡克定律计算出各测点的应力值 $\sigma_A \sim \sigma_F$,并按图 3-12 确定下端部截面的应力分布。

在轴向压力 P 与截面弯矩 M 共同作用下,截面边缘应力 σ_{max} 及 σ_{min} 满足:

$$\sigma_{max} = E\varepsilon_{max} = \frac{P}{A} + \frac{M}{W_v} \qquad (3-27)$$

$$\sigma_{min} = E\varepsilon_{min} = \frac{P}{A} - \frac{M}{W_v} \qquad (3-28)$$

式中,W_v 为大角钢截面绕弱轴($v—v$)的截面抗弯抵抗矩。

用式(3-28)减去式(3-27),可得:

$$M = \frac{2(\varepsilon_C + \varepsilon_D) - (\varepsilon_A + \varepsilon_B + \varepsilon_E + \varepsilon_F)}{4} \cdot EW_v \qquad (3-29)$$

由此可计算出下端部支座的转动刚度为:

$$R_a = \frac{M}{\theta} \qquad (3-30)$$

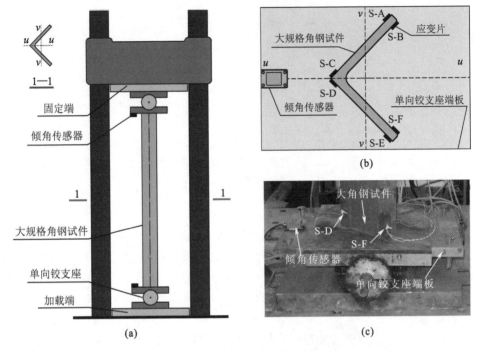

图 3-10　支座转动刚度的测量

(a)加载装置示意图；(b)支座刚度测量简图；(c)支座刚度实测图

图 3-11　支座转动刚度的测量现场图

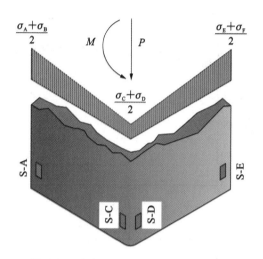

图 3-12 大角钢下端部截面的应力分布

即：

$$R_a = \frac{2(\varepsilon_E + \varepsilon_F) - (\varepsilon_A + \varepsilon_B + \varepsilon_C + \varepsilon_D)}{4\theta} \cdot EW_v \tag{3-31}$$

采用相同的方法可以得到上端部支座的转动刚度 R_b。

试验过程中对试件∠250×24-30-1、∠250×24-30-2、∠250×28-40-1、∠250×28-50-1 共 4 根轴压试验试件的支座转动刚度进行了测量,通过实测获得轴压试件下端部和上端部转动刚度 R_a、R_b 随轴力加载值 P 的变化规律,如图 3-13 中的散点所示。从图 3-13 中可以看出,试验所采用加载设备的支座转动刚度 R_a、R_b 实测计算点较为离散。当支座转动刚度较大时,轴压试件的计算长度系数 μ 较小,那么据此计算出的稳定系数将较大。因此,采用曲线拟合的方法,将略高于试验实测值的曲线作为本次试验测得的转动刚度值,如图 3-13 中的曲线所示。通过对拟合曲线进行分析和计算,采用幂函数的形式得到拟合曲线的方程,如式(3-32)和式(3-33)所示。各大角钢试件的最高极限承载力预估值约为 6500kN,因此将轴力 $P=6500$kN 时,利用拟合曲线方程计算出的支座转动刚度 R_a 及 R_b 作为试验中加载设备支座转动刚度的取值,即：

$$R_a = 4714.03\text{kN} \cdot \text{m/rad} \tag{3-32}$$

$$R_b = 4854.76\text{kN} \cdot \text{m/rad} \tag{3-33}$$

$$R_a = 3092.95 \cdot P^{0.048} \tag{3-34}$$

$$R_b = 3185.28 \cdot P^{0.048} \tag{3-35}$$

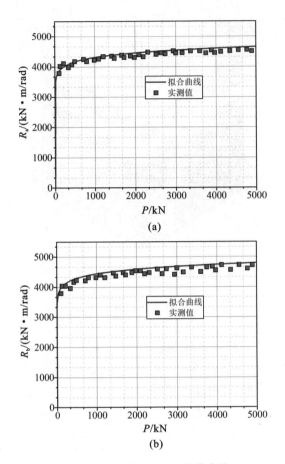

图 3-13　支座转动刚度-荷载曲线

(a)下端部支座转动刚度-荷载(R_a-P)曲线；(b)上端部支座转动刚度-荷载(R_b-P)曲线

　　通过计算得出的支座转动刚度 R_a 及 R_b，可对各试件的计算长度系数进行求解，将得到的计算长度系数和修正长细比列于表 3-6 中，λ_0 为修正长细比，而 λ_{ave} 为修正长细比的平均值。从表 3-6 中可以看出修正后的长细比平均小于名义长细比 15.20%，标准差为 2.08，表明支座转动刚度对轴压试件的长细比有较大的影响，后续可将利用修正后的长细比和名义长细比得到的轴压稳定系数进行对比，以分析考虑支座转动刚度后试件的稳定承载力。本章试验中测得的计算长度系数在相同长细比下平均小于文献[18]中的实测值 2.52%，表明单向铰支座比球铰支座对轴压试件端部的约束力更强。

表 3-6 轴压大角钢试件的计算长度系数和修正长细比

截面类型		名义长细比 λ			
		30	40	50	60
∠250×24	实测值 μ	0.8832	0.8516	0.8252	0.8029
∠250×28		0.8953	0.8657	0.8406	0.8190
∠250×24	修正长细比 λ_0	26.50	34.06	41.26	48.17
∠250×28		26.86	34.63	42.03	49.14
λ_{ave}		26.68	34.35	41.65	48.66
$(\lambda-\lambda_{ave})/\lambda$		11.07%	14.13%	16.71%	18.91%
平均值		15.20%			
标准差		2.08			

3.3.2 轴压试验装置及测点的布置

本试验的加载设备为 3000t 液压伺服加载机,能够满足试验中各试件最大荷载的要求。采用单向铰支座对大角钢的两端进行约束,试验的加载装置示意图见图 3-10(a),在测量支座转动刚度时,需在单向铰支座端板上布置倾角传感器,见图 3-10(b)和图 3-10(c),分别在试件上、下端的单向铰支座端板上各布置一个倾角传感器,应保证倾角传感器固定牢固,避免试验过程中脱落,影响试验结果。加载机下端有一可移动的小车,可方便试件在加载机之外吊装。试验中的荷载是由加载机下端部的液压千斤顶施加的,而加载机的上端部为可调节的横梁,可满足不同长细比试件的加载需求,且横梁固定后可为试件提供相应的位移约束,试验的加载装置如图 3-14 所示。

在试验加载中,对试件在荷载作用下的变形、截面应力分布情况进行测量。可通过综控室的控制台控制和记录试验过程中加载机所施加荷载的大小和竖向位移大小。而大角钢试件的横向位移则通过布置位移计进行记录,沿着大角钢试件的长度方向,以等间距布置位移计,位移计均沿水平方向,指向试件横截面形心位置。在每根试件的中部横截面的肢尖、肢背边缘处布置应变片,用以测量各试件中部截面的应力分布。采用 DH3815N 应变箱进行应变数据的测量与采集。试件中部截面位移及应变测点布置如图 3-15 所示。

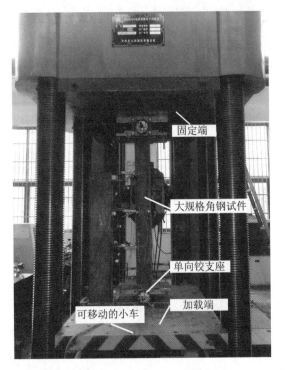

图 3-14 试验加载装置

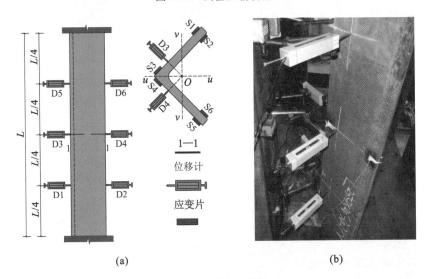

（a）   （b）

图 3-15 测点布置图

（a）示意图；（b）实测图

3.3.3 轴压试验加载方案

由于试验所采用的加载设备承载力较高且试验试件较大,因此在试验过程中不但要保证试验测量结果的准确性,还要严格落实试验的安全管理措施,为保证试验的顺利进行。试验具体加载方案如下:

①加载机开机后,应根据试件的预计承载力调节加载的油压,以保证加载机能够满足试件极限承载力的需要,避免出现油压施加不上的问题。

②在加载前应将应变箱连接的电脑、倾角仪连接的电脑(倾角仪需要两台电脑记录数据)和试验机连接的电脑的绝对时间调成一致,实现加载过程中对试验加载数据的同步实时监测,并有利于试验结束后对试验数据的处理。

③在加载前需对试件进行对中和找平,需要提前在单向铰支座上定位出大角钢的形心线及轴线,将大角钢试件沿轴线对齐放置,使大角钢试件形心、加载机施力端重合。需要注意的是,应提前用垫块将单向铰支座垫平,然后才能将大角钢放置于支座上,利用水准尺和垫块对单向铰支座进行找平。对于长细比较大的试件,将小车推进加载机后,应当在试件上端套上麻绳,以保证在找平过程中试件的安全。

④找平完成后,将试件预定位置贴好的应变片与应变箱连线,并完成位移计和倾角传感器的安装和连线,然后升高小车至试件与上部单向铰支座充分接触但没有施加荷载的状态,然后缓慢移出下部铰支座的平衡垫块。

⑤接下来进行精确对中。采用预加载的方法,通过控制试件中部截面应变的变化,对试件进行精确对中,从而使试件更为接近理想的受力状态,以减少试验的误差。具体操作如下:a.预加载。考虑到残余应力的存在,使用试验机将轴向荷载缓慢增至试件预计极限荷载的五分之一左右即停止。此时,整个大角钢试件处于弹性状态,不会出现塑性区。b.对各个测点的应变值进行采样。应变值与测点的应力具有对应关系,由各个测点应变值的大小相对关系,可以确定试件截面弯矩的方向,即加载中心线相对于试件截面上的偏心方向。c.确定偏心方向后,缓慢卸掉施加于试件上的荷载。使用铁锤轻敲底部垫板及大角钢试件,修正试件位置,以逐步减小偏心。调整完成后,继续进行预加载,开展下一次的精确对中工作。d.重复进行a~c的加载、采样、卸载、调整工作,当试件各个测点应变值之间的差值减小到 5% 以内时,说明试件对中情况良好,满足加载条件。此时可以缓慢卸载,准备下一步的试验工作。e.对中符合要求后,将施加于试件上的荷载卸至 10kN 左右即可,以避免完全卸载后试件出现晃动。

⑥对中工作完成后,采用逐级加载的方法对大角钢进行正式加载。逐级加载时每级荷载的选取和加载的级数需依据每根试件的预估承载力进行确定,可分为三个阶段。当荷载为 $0\sim2000\mathrm{kN}$,加载速度为 $4\mathrm{kN/s}$;当荷载达到 $2000\mathrm{kN}\sim0.8P_\mathrm{u}$ 时,加

载速度降为2kN/s;当荷载超过$0.8P_u$时,加载速度降为0.8kN/s,保持该加载速度不变,直至达到试件的极限承载力。具体加载方案如表3-7所示。

表3-7　　　　　　　　　　　　逐级加载方案

荷载区间	荷载增量/kN
0~2000kN	200
2000kN~$0.8P_u$	100
>$0.8P_u$	50

注:P_u为极限承载力。

⑦加载的过程中需对应变测点和位移测点的监测数据进行实时读取和记录,当发现加载机荷载有所回落,则停止加载,然后缓慢卸载,取加载过程中的荷载最大值作为试件的极限承载力。加载过程中的极限承载力按如下步骤进行判定:a.试件表面的铁锈会因钢材应变过大而剥落,并发出密密麻麻的响声。铁锈剥落如图3-16所示。b.位移表的指针难以稳定。即使停止增加荷载,位移表的指针仍持续不断地变化。c.应变采集测点出现过大的应变或溢出。d.试件产生肉眼可见的明显变形。e.加载机显示荷载卸载。

⑧卸载完毕后,将加载端下降到试件和支座刚刚接触,在铰支座空隙处塞入平衡垫块,然后将位移降到0,开出小车,将原试件移出,清场完毕后,重新吊装新试件,进行下一根试件的加载。

在整个试验过程中,如果出现意外状况,比如荷载在短时间内急剧增大,需紧急处理,要迅速按下急停。当使用不同长细比试件时,在试验之前,需要对横梁的位置进行调整,在调整的过程中需要保证试验机侧向约束已经解除。

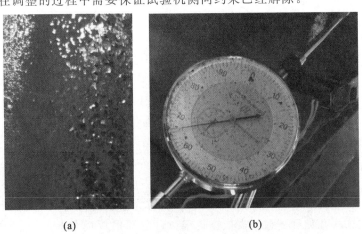

(a)　　　　　　　　　　　　　　　(b)

图3-16　极限承载力的判别

(a)钢材表面"起皮";(b)位移表表盘上剥落的铁屑

3.3.4 轴压试验结果

通过对试件进行轴压试验,可以得到各个试件的极限承载力和失稳形态,各试件的极限承载力如表 3-8 所示。

表 3-8 大角钢轴压试验承载力

试件编号	名义长细比 λ	修正长细比 λ_0	极限承载力 P_u/kN	平均极限承载力 P_{uave}/kN
∠250×24-30-1	30	26.50	4952	4904
∠250×24-30-2			4855	
∠250×24-40-1	40	34.06	4674	4688
∠250×24-40-2			4701	
∠250×24-50-1	50	41.26	4460	4425
∠250×24-50-2			4389	
∠250×24-60-1	60	48.17	4214	4116
∠250×24-60-2			4017	
∠250×28-30-1	30	26.86	6042	5917
∠250×28-30-2			5792	
∠250×28-40-1	40	34.63	5542	5586
∠250×28-40-2			5630	
∠250×28-50-1	50	42.03	5434	5371
∠250×28-50-2			5307	
∠250×28-60-1	60	49.14	4862	5061
∠250×28-60-2			5260	

将表 3-8 中具有相同名义几何尺寸的 2 根试件平均极限承载力 P_{uave} 与修正长细比 λ_0 的关系,采用直方图的形式列于图 3-17 中,可以看出,轴压试件的平均极限承载力 P_{uave} 随着修正长细比 λ_0 的增加而呈下降的趋势,表明轴压试验的结果较好,能够充分反映轴压试件稳定承载力的分布规律。

分别将截面规格为 ∠250×24 和 ∠250×28 中试件的试验结果进行汇总,分析荷载-应变的变化规律。图 3-18 为试件 ∠250×24-30-2 的轴压试验结果。从图 3-18 (a) 中可以看到,在初始加载阶段,试件中部截面的 6 个应变测点的应变值变化规律基本相同。但随着荷载的增加,测点 S-1、S-2(肢尖)与测点 S-5、S-6(另一侧肢尖)和

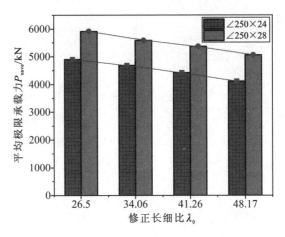

图 3-17　轴压试验承载力直方图

测点 S-3、S-4(肢背)这 4 个测点的应变值开始逐步出现差异,表明大角钢试件发生了一定程度的扭转变形。当临近极限荷载时,应变测点 S-1 和 S-2 的应变值逐渐变小,而应变测点 S-3、S-4、S-5 和 S-6 的应变值显著增大,呈无限扩大的趋势,试件最终发生弯扭失稳。试件的失稳形态如图 3-18(b)所示,可以看到大角钢试件的扭转变形不是很明显,但是从荷载-应变关系曲线中能看到构件发生了弯扭失稳,表明大角钢试件有较强的抗扭刚度。

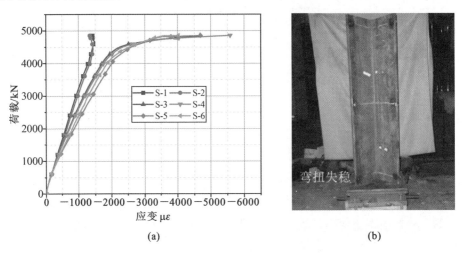

(a)　　　　　　　　　　　　　　　　　　　　(b)

图 3-18　试件∠250×24-30-2 的轴压试验结果

(a)荷载-应变关系曲线;(b)失稳形态

图 3-19 为试件∠250×24-40-1 的轴压试验结果。从图 3-19(a)中可以看到,当轴力 P 较小时,试件中部截面的 6 个应变测点应变值的变化规律相同。随着荷载的增加,应变值逐渐增大,但位于肢尖的应变测点(S-1、S-2、S-5 和 S-6)与位于肢背的应变测点(S-3 和 S-4)的变化规律开始出现差异。随着荷载的继续增大,肢尖和肢背应变测点的差异越来越大,在临近极限荷载时,肢尖和肢背应变测点的差异性急剧增加;当大角钢试件失稳时,肢尖和肢背的应变值朝着相反的方向呈无限扩大的趋势,试件最终发生弯曲失稳。试件的失稳形态如图 3-19(b)所示,可以看到大角钢试件有比较明显的弯曲变形。

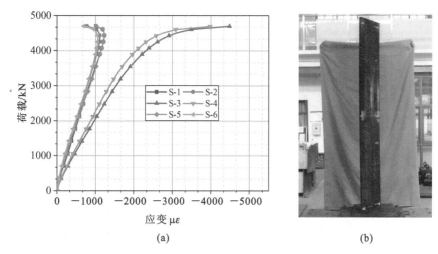

(a)　　　　　　　　　　　　　(b)

图 3-19　试件∠250×24-40-1 的轴压试验结果

(a)荷载-应变关系曲线;(b)失稳形态

图 3-20 为试件∠250×24-50-1 的轴压试验结果。从图 3-20(a)中可以看到,当轴力 P 较小时,试件中部截面的 6 个应变测点应变值的变化规律相同。随着荷载的增加,应变值逐渐增大,但位于肢尖的应变测点(S-1、S-2、S-5 和 S-6)与位于肢背的应变测点(S-3 和 S-4)的变化规律开始出现差异。随着荷载的继续增大,肢尖和肢背的应变测点的差异越来越大,当大角钢试件失稳时,肢尖和肢背的应变值朝着相反的方向呈无限扩大的趋势,试件最终发生弯曲失稳。试件的失稳形态如图 3-20(b)所示,可以看到大角钢试件有比较明显的弯曲变形。

图 3-21 为试件∠250×24-60-2 的轴压试验结果。从图 3-21(a)中可以看到,当轴力 P 较小时,试件中部截面的 6 个应变测点应变值的变化规律相同。随着荷载的增加,应变值逐渐增大,但位于肢尖的应变测点(S-1、S-2、S-5 和 S-6)与位于肢背的应变测点(S-3 和 S-4)的变化规律开始出现差异。随着荷载的继续增大,肢尖和肢背的应变测点的差异越来越大,在临近极限荷载时,肢背测点应变值也出现了波动,当大

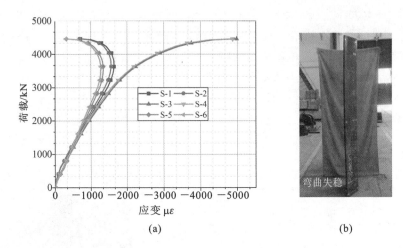

(a)   (b)

图 3-20　试件∠250×24-50-1 的轴压试验结果

(a)荷载-应变关系曲线;(b)失稳形态

角钢试件失稳时,肢尖和肢背的应变值朝着相反的方向呈无限扩大的趋势,试件最终发生弯曲失稳。试件的失稳形态如图 3-21(b)所示,可以看到大角钢试件有比较明显的弯曲变形。

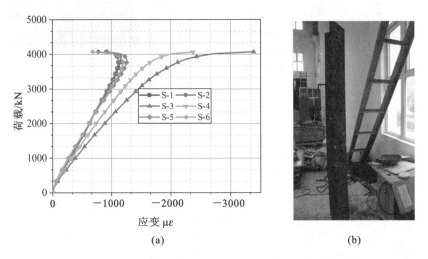

(a)   (b)

图 3-21　试件∠250×24-60-2 的轴压试验结果

(a)荷载-应变关系曲线;(b)失稳形态

图 3-22 为试件∠250×28-30-1 的轴压试验结果。从图 3-22(a)中可以看到,和试件∠250×24-30-2 一样,在初始加载阶段,试件中部截面的 6 个应变测点的应变值变化规律也均相同。但随着荷载的增加,测点 S-1、S-2(肢尖)与测点 S-5、S-6(另一侧肢尖)和测点 S-3、S-4(肢背)这 4 个测点的应变值开始逐步出现差异,表明大角钢试

件发生了一定程度的扭转变形。当临近极限荷载时,应变测点 S-1 和 S-2 的应变值逐渐变小,而应变测点 S-3、S-4、S-5 和 S-6 的应变值显著增大,呈无限扩大的趋势,试件最终发生弯扭失稳。试件的失稳形态如图 3-22(b)所示。

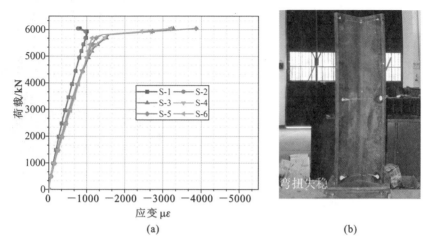

(a)　　　　　　　　　　　　　　(b)

图 3-22　试件∠250×28-30-1 的轴压试验结果

(a)荷载-应变关系曲线;(b)失稳形态

图 3-23 为试件∠250×28-40-1 的轴压试验结果。从图 3-23(a)中可以看到,当轴力 P 较小时,试件中部截面的 6 个应变测点的应变值变化规律相同。随着荷载的增加,应变值逐渐增大,但位于肢尖的应变测点(S-1、S-2、S-5 和 S-6)与位于肢背的应变测点(S-3 和 S-4)的变化规律开始出现差异。荷载继续增大,肢尖和肢背应变测点的差异越来越大,当大角钢试件失稳时,肢尖和肢背的应变值朝着相反的方向均呈无限扩大的趋势,试件最终发生弯曲失稳。试件的失稳形态如图 3-23(b)所示,可以看到大角钢试件有比较明显的弯曲变形。

图 3-24 为试件∠250×28-50-1 的轴压试验结果。从图 3-24(a)中可以看到,当轴力 P 较小时,试件中部截面的 6 个应变测点的应变值变化规律相同。随着荷载的增加,应变值逐渐增大,但位于肢尖的应变测点(S-1、S-2、S-5 和 S-6)与位于肢背的应变测点(S-3 和 S-4)的变化规律开始出现差异。荷载继续增大,肢尖和肢背应变测点的差异越来越大,当大角钢试件失稳时,肢尖和肢背的应变值朝着相反的方向均呈无限扩大的趋势,虽然各个应变测点的变化规律有所波动,但是试件最终发生弯曲失稳。试件的失稳形态如图 3-24(b)所示,可以看到大角钢试件有比较明显的弯曲变形。

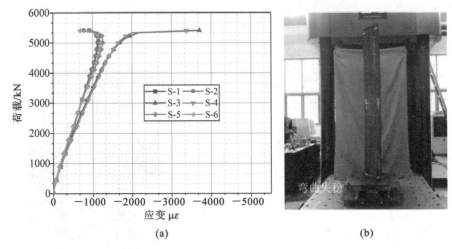

(a)   (b)

图 3-23   试件∠250×28-40-1 的轴压试验结果

(a)荷载-应变关系曲线;(b)失稳形态

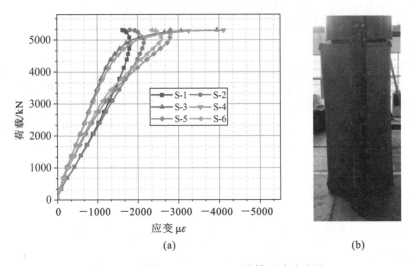

(a)   (b)

图 3-24   试件∠250×28-50-1 的轴压试验结果

(a)荷载-应变关系曲线;(b)失稳形态

图 3-25 为试件∠250×28-60-2 的轴压试验结果。从图 3-21(a)中可以看到,当轴力 P 较小时,试件中部截面的 6 个应变测点的应变值变化规律相同。随着荷载的增加,应变值逐渐增大,但位于肢尖的应变测点(S-1、S-2、S-5 和 S-6)与位于肢背的应变测点(S-3 和 S-4)的变化规律开始出现差异。荷载继续增大,肢尖和肢背应变测点的差异越来越大,当大角钢试件失稳时,肢尖和肢背的应变值朝着相反的方向均呈无限扩大的趋势,试件最终发生弯曲失稳。试件的失稳形态如图 3-25(b)所示,可以看

到大角钢试件有比较明显的弯曲变形。

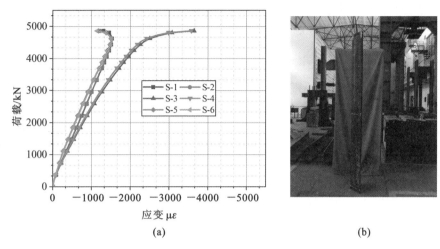

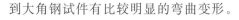

(a)   (b)

图 3-25 试件∠250×28-60-2 的轴压试验结果

(a)荷载-应变关系曲线；(b)失稳形态

对轴压试件中部截面横向位移与荷载的关系进行分析,选取试件中部截面测点 D-3 和 D-4 的荷载-位移曲线进行分析。试件∠250×28-30-1 是发生弯扭失稳的典型代表,图 3-26 为试件∠250×28-30-1 中部截面的荷载-位移曲线关系图。

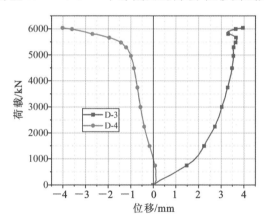

图 3-26 试件∠250×28-30-1 中部截面的荷载-位移曲线

从图 3-26 中可以看到,从加载开始,位移测点 D-3 和 D-4 的变化趋势就存在差异,两个测点的位移变化趋势朝着相反的方向发展。在加载初期,由于试验加载装置的影响,荷载-位移曲线中存在斜率较小的阶段,其中测点 D-3 比 D-4 的斜率要小得多。随着荷载的增加,荷载-位移曲线出现近似直线变化的阶段,但测点 D-3 和 D-4 朝着相反方向变化的趋势越来越明显,且两者的差值逐渐增大。在临近极限荷载时,荷载-位移曲线的斜率均逐渐变小,位移测点 D-3 和 D-4 的位移差值增长显著,表明大角钢的两肢发生绕纵轴的同向转动变形,试件最终发生弯扭失稳破坏。

试件∠250×28-40-1 是发生弯曲失稳的典型代表,图 3-27 为试件∠250×28-40-1 中部截面的荷载-位移曲线图。从图 3-27 中可以看到,在加载初期,位移测点 D-3 和 D-4 的荷载位移曲线变化规律具有一致性;试验加载装置和试件的接触不紧密导致曲线在一开始存在斜率较小的阶段。随着荷载的增大,荷载-位移曲线呈现出近似直线变化的状态,且两者的变化规律依然保持一致,表明试件处于弹性变形状态。在临近极限荷载时,荷载-位移曲线的斜率逐渐变小,其位移增长显著,表明试件进入弹塑性阶段,此时测点 D-3 和 D-4 的数值虽有所不同,但是荷载-位移曲线的变化趋势仍然保持一致。当达到极限荷载时,位移测点 D-3 和 D-4 的位移增量显著,试件发生了绕大角钢弱轴的弯曲失稳破坏。

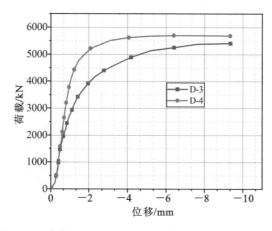

图 3-27　试件∠250×28-40-1 中部截面的荷载-位移曲线

对试验后的轴压大角钢的失稳形态进行了统计并列于表 3-9 中,表中 FTB 代表是弯扭失稳,FB 代表是弯曲失稳。从表 3-9 中可以看出,名义长细比 $\lambda=30$ 的大角钢试件均发生弯扭失稳,名义长细比 $\lambda>30$ 的大角钢试件发生弯曲失稳。

按下式求解出各试件的正则化长细比 λ_n,如表 3-9 所示。

$$\lambda_n = \frac{\lambda}{\pi}\sqrt{\frac{f_y}{E}} \tag{3-36}$$

表 3-9　　　　　　　　　　　**大角钢轴压试验结果汇总**

试件编号	λ	λ_0	λ_n	P_u	P_{uave}	φ_t	φ_{tave}	失稳形态
∠250×24-30-1	30	26.50	0.391	4952	4904	0.962	0.953	FTB
∠250×24-30-2				4855		0.944		FTB

试件编号	λ	λ_0	λ_n	P_u	P_{uave}	φ_t	φ_{tave}	失稳形态
∠250×24-40-1	40	34.06	0.502	4674	4688	0.909	0.911	FB
∠250×24-40-2				4701		0.913		FB
∠250×24-50-1	50	41.26	0.608	4460	4425	0.868	0.861	FB
∠250×24-50-2				4389		0.854		FB
∠250×24-60-1	60	48.17	0.710	4214	4116	0.819	0.800	FB
∠250×24-60-2				4017		0.782		FB
∠250×28-30-1	30	26.86	0.401	6042	5917	0.991	0.970	FTB
∠250×28-30-2				5792		0.950		FTB
∠250×28-40-1	40	34.63	0.517	5542	5586	0.909	0.916	FB
∠250×28-40-2				5630		0.923		FB
∠250×28-50-1	50	42.03	0.627	5434	5371	0.891	0.880	FB
∠250×28-50-2				5307		0.869		FB
∠250×28-60-1	60	49.14	0.733	4862	5061	0.798	0.830	FB
∠250×28-60-2				5260		0.862		FB

通过对 16 根大角钢轴压试件的试验现象进行记录与统计,发现在试验中,各大角钢试件在整体失稳发生前均未出现局部失稳,仅个别试件在轴向压力达到极限承载力 P_u 后出现局部失稳的现象。这说明试验中各试件的局部稳定性能较好。轴压试件的局部稳定是研究轴压构件整体稳定承载力时不得不考虑的问题。

国内外现行各设计规范通过控制试件的宽厚比来保证轴压试件局部稳定性。其中,不同规范对角钢压杆宽厚比的定义、宽厚比限值的规定并不相同。现对我国《钢结构设计标准》(GB 50017—2017),美国 AISC 推荐规范 ANSI/AISC 360-16、美国 ASCE 推荐规范 ASCE 10-2015,欧洲钢结构协会推荐规范 Eurocode 3 中角钢压杆宽厚比限值的相关内容进行介绍,并对试验中各大角钢试件的宽厚比进行分析。如图 3-28 所示分别为定义角钢截面宽厚比的两种方式,即采用角肢自由悬伸长度 w 或角肢总长度 b 作为试件宽度,进行截面宽厚比的计算。其中,采用前者的规范有我国《钢结构设计标准》(GB 50017—2017)、美国 ASCE 10-2015,采用后者的设计规范包括美国 ANSC/AISC 360-16、欧洲 Eurocode 3。

(1)我国《钢结构设计标准》(GB 50017—2017)

我国《钢结构设计标准》(GB 50017—2017)中,为保证轴压构件的局部稳定,采

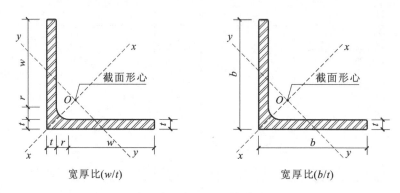

图 3-28 宽厚比限值

用角肢自由悬伸长度 w 作为计算宽厚比的依据,对角钢轴压构件的宽厚比限值规定为:

$$\left(\frac{w}{t}\right)_{\text{lim}} = (10 + 0.1\lambda)\sqrt{\frac{235}{f_y}} \qquad (3\text{-}37)$$

式中,λ 为压杆的长细比,取值范围为 $30\sim100$;f_y 为钢材屈服强度。

(2)美国 ANSI/AISC 360-16

ANSI/AISC 360-16 中,采用角钢角肢总长 b 作为计算截面宽厚比的角钢宽度取值,并使宽厚比满足下式:

$$\left(\frac{b}{t}\right)_{\text{lim}} = 0.45\sqrt{\frac{E}{f_y}} \qquad (3\text{-}38)$$

式中,E 为钢材弹性模量。

(3)欧洲 ASCE 10-2015

ASCE 10-2015 中,采用角肢自由悬伸长度 w 作为计算宽厚比的依据,并使宽厚比满足下式:

$$\left(\frac{w}{t}\right)_{\text{lim}} = \frac{80\psi}{\sqrt{f_y}} = \frac{80 \times 2.62}{\sqrt{f_y}} = \frac{209.6}{\sqrt{f_y}} \qquad (3\text{-}39)$$

(4)欧洲 Eurocode 3

欧洲钢结构协会推荐规范 Eurocode 3 中,取角肢总长 b 作为计算宽厚比的依据,并使宽厚比满足下式:

$$\left(\frac{b}{t}\right)_{\text{lim}} = 15\varepsilon = 15\sqrt{\frac{235}{f_y}} \qquad (3\text{-}40)$$

将依据上述规范计算的各角钢截面的宽厚比及其限值列于表 3-10 中。

表 3-10 按不同规范计算的角钢截面宽厚比及其限值

截面规格	E/MPa	f_y/MPa	GB 50017—2017		ANSI/AISC 360-16		ASCE 10-2015		Eurocode 3	
			w/t	$(w/t)_{lim}$	b/t	$(b/t)_{lim}$	w/t	$(w/t)_{lim}$	b/t	$(b/t)_{lim}$
∠220×24	$2.11×10^5$	436	7.3	9.9	8.3	9.9	7.3	10.0	8.3	11.0
∠250×28	$2.12×10^5$	465	7.1	9.6	8.9	9.6	7.1	9.7	8.9	10.7

由表 3-10 可以看出,试验中各试件宽厚比(b/t 或 w/t)均小于国内外各规范中的宽厚比限值[$(b/t)_{lim}$ 或 $(w/t)_{lim}$]。较小的宽厚比,意味着高强轴压角钢构件的局部稳定性较好。这与各试件在整体失稳前未发生局部失稳的试验现象是相一致的。

通过对大角钢轴压试件整体、局部失稳形态的记录与统计,可以发现大角钢轴压构件中发生弯扭失稳的试件所占比例很小,且发生弯扭失稳的各试件中,其扭转变形分量并不显著。同时,所有试件在整体失稳发生前,均未产生局部失稳。目前,工程界计算轴压构件弯扭屈曲的实用方法是,在弹性稳定理论的基础上,将弯扭屈曲临界力 N_{xz} 换算成更为细长的杆件的弯曲临界力 N_{Ex},再根据更细长的轴压杆的长细比,按弯曲失稳求解其临界力。虽然换算过程是基于弹性假定进行的,但在按照弯曲失稳求解试件的临界力时,已经考虑试件的初变形、残余应力等初始缺陷,相当于考虑了实际构件的非弹性和初始缺陷。这样的做法虽然不够严谨,却是目前工程界普遍认同的做法,我国《钢结构设计标准》(GB 50017—2017)以及《冷弯薄壁型钢结构技术规范》(GB 50018—2002)均采用这一做法。

结合图 3-29,在弹性假定下,由弹性稳定理论可得,单轴对称截面绕对称轴(本章中为 y—y 轴)的弯扭屈曲临界力 N_{xz}、弯曲屈曲临界力 N_{Ex}、扭转屈曲临界力 N_z 之间满足关系:

$$(N_{Ex} - N_{xz})(N_z - N_{xz}) - \frac{e_0^2}{i_0^2}N_{xz}^2 = 0 \tag{3-41}$$

式中,e_0 为截面形心与剪切中心的距离;i_0 为截面对于剪切中心的极回转半径。

$$i_0^2 = e_0^2 + i_x^2 + i_y^2 \tag{3-42}$$

式中,i_x 和 i_y 分别为截面绕主轴 x 轴和 y 轴的回转半径。

扭转屈曲临界力 N_z 按式(3-43)计算:

$$N_z = \frac{1}{i_0^2}\left(GI_t + \frac{\pi^2 EI_\omega}{l_\omega^2}\right) \tag{3-43}$$

式中,I_t 为截面抗扭惯性矩;I_ω 为截面扇形惯矩;l_ω 为扭转屈曲的计算长度;G 为剪切模量。

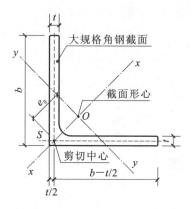

图 3-29 大角钢截面扇形惯矩的计算

将式(3-43)进一步写成欧拉公式的形式,并引入扭转屈曲长细比 λ_z 的概念,可以得到:

$$N_z = \frac{1}{i_0^2}\left(GI_t + \frac{\pi^2 EI_\omega}{l_\omega^2}\right) = \frac{\pi^2 EA}{\lambda_z^2} \tag{3-44}$$

则扭转屈曲长细比 λ_z 为:

$$\lambda_z = \frac{i_0^2 A}{\dfrac{I_t}{25.7} + \dfrac{I_\omega}{l_\omega^2}} \tag{3-45}$$

弯曲临界力 N_{Ex} 可由欧拉公式确定,而弯扭屈曲临界力 N_{xz} 亦可写成欧拉公式的形式,从而获得弯扭屈曲换算长细比 λ_{xz}, λ_x 为绕弱轴长细比。

$$N_{Ex} = \frac{\pi^2 EA}{\lambda_x^2} \tag{3-46}$$

$$N_{xz} = \frac{\pi^2 EA}{\lambda_{xz}^2} \tag{3-47}$$

将式(3-44)、式(3-46)、式(3-47),代入式(3-41)可得弯扭屈曲长细比 λ_{xz} 的计算公式:

$$\lambda_{xz}^2 = \frac{1}{2}\left[(\lambda_x^2 + \lambda_z^2) + \sqrt{(\lambda_x^2 + \lambda_z^2)^2 - 4\left(1 - \frac{e_0^2}{i_0^2}\right)\lambda_x^2\lambda_z^2}\right] \tag{3-48}$$

式(3-48)即我国《钢结构设计标准》(GB 50017—2017)中单轴对称截面弯扭屈曲换算长细比(计及扭转效应的换算长细比)λ_{xz} 的计算方法。

然而,当前依照我国《钢结构设计标准》(GB 50017—2017)进行等边角钢的工程设计时,对等边角钢的弯扭屈曲换算长细比 λ_{xz} 的计算做了大量简化,包括对主轴回转半径 i_x、i_y,剪切中心坐标 e_0 的简化计算等,其中与大角钢截面相关的最重要简化,是认为角钢截面的扇形惯性矩 $I_\omega = 0$。

这样的假定适用于壁厚较薄的角钢截面。这是因为，对于若干相交于一点的直线段组成的截面，其剪切中心位于各线段的交点处，具体到等边角钢，其截面剪切中心将位于截面肢背处。若忽略角钢截面倒角带来的微弱影响，则通过计算获得的截面扇形惯性矩 $I_\omega = 0$。

然而，值得说明的是，上述计算基于壁厚较薄的情况，此时可认为构件截面在扭矩的作用下，其截面翘曲变形不沿厚度方向发生改变。而文献[19]表明，当角钢壁厚较大时，截面翘曲应力将沿厚度方向发生改变，从而使角钢截面具备次翘曲扇形惯性矩 I_ω^n。此时截面总扇形惯性矩为 $I_\omega + I_\omega^n$。

值得说明的是，不同于薄壁截面，当考虑厚壁截面的次翘曲扇形惯性矩 I_ω^n 时，角钢截面的剪切中心并不处于板件形心线的交点，存在一定偏移。然而文献[20]的进一步研究表明，该偏移距离很小，可以忽略不计。因此，考虑次翘曲的大角钢截面次翘曲扇形惯性矩可按下式计算：

$$I_\omega^n = \frac{t^3(b - t/2)^3}{18} \tag{3-49}$$

式中，b 为角肢肢宽；t 为壁厚。

为量化分析次翘曲扇形惯性矩 I_ω^n 的影响，分别对不计入 I_ω^n 和计入 I_ω^n 时大角钢计及扭转效应的弯扭屈曲换算长细比 λ_{xz} 进行计算，计算结果列于表 3-11 中。表 3-11 中带有下标"-0"的各项参数，表示未计入 I_ω^n 的计算结果；带有下标"-1"的各项参数，表示计入 I_ω^n 的计算结果。

表 3-11　　　　大角钢轴压试件弯扭屈曲换算长细比 λ_{xz} 计算结果表

试件规格	绕 x 轴 μ 值	λ_x	$e_0/$ mm	$i_0/$ mm	不计入 I_ω^n			计入 I_ω^n			$\dfrac{\lambda_{xz-1}}{\lambda_{xz-0}}$
					$I_t/$ mm⁴	λ_{z-0}	λ_{xz-0}	$I_\omega^n/$ mm⁴	λ_{z-1}	λ_{xz-1}	
∠220×20-35	0.9423	16.80	73.26	120.45	113.01	52.9	53.9	4116	51.7	52.8	0.979
∠220×20-40	0.9354	19.06	73.26	120.45	113.01	52.9	54.2	4116	52.0	53.4	0.984
∠220×20-45	0.9289	21.29	73.26	120.45	113.01	52.9	54.6	4116	52.1	53.9	0.987
∠220×20-50	0.9226	23.50	73.26	120.45	113.01	52.9	55.0	4116	52.3	54.4	0.990
∠220×20-55	0.9166	25.68	73.26	120.45	113.01	52.9	55.5	4116	52.4	55.0	0.991
∠220×22-35	0.9463	16.87	72.97	119.93	149.60	47.9	49.0	5401	46.8	48.0	0.979
∠220×22-40	0.9399	19.15	72.97	119.93	149.60	47.9	49.4	5401	47.0	48.6	0.984
∠220×22-45	0.9337	21.40	72.97	119.93	149.60	47.9	49.8	5401	47.2	49.2	0.987
∠220×22-50	0.9277	23.63	72.97	119.93	149.60	47.9	50.3	5401	47.3	49.8	0.990
∠220×22-55	0.9220	25.83	72.97	119.93	149.60	47.9	50.7	5401	47.4	50.2	0.992
∠220×26-35	0.9526	17.05	72.27	118.93	243.95	40.2	41.6	8661	39.3	40.8	0.980

续表

试件规格	绕 x 轴 μ 值	λ_x	$e_0/$ mm	$i_0/$ mm	不计入 I_ω^n			计入 I_ω^n			$\dfrac{\lambda_{xz-1}}{\lambda_{xz-0}}$
					I_t/mm^4	λ_{z-0}	λ_{xz-0}	I_ω^n/mm^4	λ_{z-1}	λ_{xz-1}	
∠220×26-40	0.9468	19.36	72.27	118.93	243.95	40.2	42.1	8661	39.5	41.5	0.985
∠220×26-45	0.9412	21.66	72.27	118.93	243.95	40.2	42.7	8661	39.6	42.2	0.988
∠220×26-50	0.9357	23.92	72.27	118.93	243.95	40.2	43.3	8661	39.7	42.9	0.991
∠220×26-55	0.9305	26.17	72.27	118.93	243.95	40.2	44.0	8661	39.8	43.7	0.993
∠250×26-35	0.9629	17.17	82.73	136.01	279.76	45.9	47.2	12998	45.0	46.3	0.980
∠250×26-40	0.9582	19.52	82.73	136.01	279.76	45.9	47.7	12998	45.2	46.9	0.985
∠250×26-45	0.9536	21.86	82.73	136.01	279.76	45.9	48.1	12998	45.3	47.5	0.988
∠250×26-50	0.9491	24.17	82.73	136.01	279.76	45.9	48.6	12998	45.4	48.2	0.991
∠250×26-55	0.9448	26.47	82.73	136.01	279.76	45.9	49.3	12998	45.5	48.9	0.992
∠250×28-35	0.9649	17.24	82.31	135.44	347.63	42.5	43.9	16030	41.6	43.0	0.980
∠250×28-40	0.9605	19.61	82.31	135.44	347.63	42.5	44.3	16030	41.8	43.7	0.985
∠250×28-45	0.9561	21.97	82.31	135.44	347.63	42.5	44.9	16030	41.9	44.4	0.988
∠250×28-50	0.9518	24.29	82.31	135.44	347.63	42.5	45.5	16030	42.0	45.1	0.991
∠250×28-55	0.9477	26.61	82.31	135.44	347.63	42.5	46.2	16030	42.1	45.9	0.993
∠250×30-35	0.9668	17.29	82.02	135.02	425.42	39.5	41.1	19467	38.7	40.3	0.981
∠250×30-40	0.9625	19.67	82.02	135.02	425.42	39.5	41.6	19467	38.9	41.0	0.986
∠250×30-45	0.9583	22.04	82.02	135.02	425.42	39.5	42.2	19467	39.0	41.7	0.989
∠250×30-50	0.9542	24.38	82.02	135.02	425.42	39.5	42.9	19467	39.1	42.5	0.991
∠250×30-55	0.9503	26.71	82.02	135.02	425.42	39.5	43.7	19467	39.2	43.4	0.993
平均值	—	—	—	—	—	—	—	—	—	—	0.987
标准差	—	—	—	—	—	—	—	—	—	—	0.005

由表 3-11 可以看出，当考虑角钢截面次翘曲扇形惯性矩 I_ω^n 时，大角钢轴压试件的弯扭屈曲换算长细比 λ_{xz-1} 将有所降低，比不考虑次翘曲时的弯扭屈曲换算长细比 λ_{xz-0} 平均降低约 1.3%。这一现象表明，对于大规格截面角钢轴压试件，考虑实际情况记入截面次翘曲扇形惯性矩 I_ω^n 时，可降低其弯扭屈曲换算长细比，从而使其抗扭刚度有所提高。这可能也是大角钢轴压试件基本失稳形态为弯曲失稳的一项重要原因。当考虑次翘曲扇形惯性矩 I_ω^n 时，弯扭屈曲换算长细比 λ_{xz} 的降低程度在小长细比试件中更为明显；而当长细比逐渐增大时，次弯扭屈曲翘曲扇形惯性矩 I_ω^n 对弯扭屈曲换算长细比的影响则逐渐降低。表 3-11 还反映一种现象，即大角钢轴压试件的弯扭屈曲换算长细比 λ_{xz} 存在大于试件绕强主轴长细比 λ_x 的情况。现对每一种规格

大角钢试件的 λ_y（绕弱轴长细比）、λ_{xz-0} 及 λ_{xz-1} 进行对比计算，对比结果见如表 3-12 所示。

表 3-12　大角钢轴压试件绕弱主轴长细比 λ_y 与弹性弯扭屈曲换算长细比 λ_{xz} 对比表

试件规格	绕弱主轴长细比 λ_y	绕强主轴长细比 λ_x	λ_{xz-0}	λ_{xz-1}	λ_y/λ_{xz-0}	λ_y/λ_{xz-1}
∠220×20-35	30.25	16.80	53.9	52.8	0.56	0.57
∠220×20-40	34.00	19.06	54.2	53.4	0.63	0.64
∠220×20-45	37.67	21.29	54.6	53.9	0.69	0.70
∠220×20-50	41.28	23.50	55.0	54.4	0.75	0.76
∠220×20-55	44.84	25.68	55.5	55.0	0.81	0.82
∠220×22-35	30.52	16.87	49.0	48.0	0.62	0.64
∠220×22-40	34.32	19.15	49.4	48.6	0.69	0.71
∠220×22-45	38.04	21.40	49.8	49.2	0.76	0.77
∠220×22-50	41.70	23.63	50.3	49.8	0.83	0.84
∠220×22-55	45.30	25.83	50.9	50.4	0.89	0.90
∠220×26-35	30.94	17.05	41.6	40.8	0.74	0.76
∠220×26-40	34.82	19.36	42.1	41.5	0.83	0.84
∠220×26-45	38.63	21.66	42.7	42.2	0.90	0.92
∠220×26-50	42.37	23.92	43.3	42.9	0.98	0.99
∠220×26-55	46.05	26.17	44.0	43.7	1.05	1.05
∠250×26-35	31.61	17.17	47.2	46.3	0.67	0.68
∠250×26-40	35.65	19.52	47.6	46.9	0.75	0.76
∠250×26-45	39.62	21.86	48.1	47.5	0.82	0.83
∠250×26-50	43.60	24.17	48.6	48.2	0.90	0.90
∠250×26-55	47.36	26.47	49.3	48.9	0.96	0.97
∠250×28-35	31.77	17.24	43.9	43.0	0.72	0.74
∠250×28-40	35.92	19.61	44.3	43.7	0.81	0.82
∠250×28-45	39.86	21.97	44.9	44.4	0.89	0.90
∠250×28-50	43.80	24.29	45.5	45.1	0.96	0.97
∠250×28-55	47.68	26.61	46.2	45.9	1.03	1.04
∠250×30-35	31.92	17.29	41.1	40.3	0.78	0.79
∠250×30-40	36.04	19.67	41.6	41.0	0.87	0.88
∠250×30-45	40.08	22.04	42.2	41.7	0.95	0.96
∠250×30-50	44.06	24.38	42.9	42.5	1.03	1.04
∠250×30-55	47.97	26.71	43.7	43.4	1.10	1.11

由表 3-12 可以看出,不论是否考虑大角钢截面次翘曲扇形惯性矩 I_n^n 的影响,截面绕弱主轴长细比 λ_y 低于弯扭屈曲换算长细比 λ_{xz} 的比率约为 86.7%,即大多数轴压试件的最不利长细比为弯扭屈曲换算长细比 λ_{xz};换言之,按照对比结果,大部分大角钢试件的失稳形态应为弯扭失稳。然而,这一推论与试验现象并不相符:90% 的大角钢轴压试件发生弯曲失稳,且另 10% 发生弯扭失稳的大角钢试件中,其扭转变形并不明显。显然,按《钢结构设计标准》(GB 50017—2017)计算获得的大角钢轴压构件弯扭失稳换算长细比 λ_{xz} 与真实稳定承载力并不对应,而是会低估试件的承载能力,且误判试件的失稳形态。这是因为该规范弯扭屈曲换算长细比 λ_{xz} 的计算方法是以弹性屈曲假定为前提进行的[21],而本试验中各大角钢试件的长细比均较小,其失稳阶段均为弹塑性阶段失稳。虽然计算轴压试件稳定系数的柱子曲线已经考虑了材料塑性、初始缺陷等的影响,但按照弹性稳定理论,对弹塑性失稳的大角钢弯扭屈曲换算长细比进行换算可能不够严谨[22]。因此,对于大角钢轴压试件,按照《钢结构设计标准》(GB 50017—2017)对其弯扭屈曲换算长细比进行换算是不够精确的。而试验结果表明,对于高强度大规格角钢轴压构件,可考虑其失稳形式为绕弱主轴的弯曲失稳,以此计算其轴压稳定承载力。

3.3.5　国内外相关规范中的柱子曲线

《钢结构设计标准》(GB 50017—2017)和《架空输电线路杆塔结构设计技术规定》(DL/T 5154—2012)中,对轴压构件进行稳定性设计时,均采用了相同的 4 类柱子曲线,即 a 类、b 类、c 类、d 类。对于角钢构件来说,两个规范所取的曲线有所不同,在《架空输电线路杆塔结构设计技术规定》(DL/T 5154—2012)中,采用 b 类柱子曲线,而在《钢结构设计标准》(GB 50017—2017)中将强度等级为 Q420 及以上角钢构件的柱子曲线取为 a 类。因此,本书试验中的大角钢试件应该取 a 类曲线进行设计。《钢结构设计标准》(GB 50017—2017)中柱子曲线的计算公式如式(3-52)和式(3-53)所示,由计算公式绘制的柱子曲线如图 3-30 所示。

当 $\lambda_n \leqslant 0.215$ 时,

$$\varphi = 1 - \alpha_1 \lambda_n^2 \tag{3-50}$$

当 $\lambda_n > 0.215$ 时,

$$\varphi = \frac{1}{2\lambda_n^2}\left[(\alpha_2 + \alpha_3\lambda_n + \lambda_n^2) - \sqrt{(\alpha_2 + \alpha_3\lambda_n + \lambda_n^2) - 4\lambda_n^2}\right] \tag{3-51}$$

式中,λ_n 为正则化长细比,$\alpha_1, \alpha_2, \alpha_3$ 为计算系数,如表 3-13 所示。

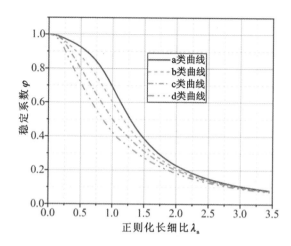

图 3-30 《钢结构设计标准》(GB 50017—2017)的柱子曲线

表 3-13 　　　《钢结构设计标准》(GB 50017—2017)中柏利公式系数取值

截面类别		α_1	α_2	α_3
a 类		0.41	0.986	0.152
b 类		0.65	0.965	0.300
c 类	$\lambda_n \leqslant 1.05$	0.73	0.906	0.595
	$\lambda_n > 1.05$		1.216	0.302
d 类	$\lambda_n \leqslant 1.05$	1.35	0.868	0.915
	$\lambda_n > 1.05$		1.375	0.432

　　美国规范 ASCE 10-2015 将稳定承载力 F_a 和屈服承载力 F_y 比值的力学意义看作是稳定系数 φ，其计算公式如式(3-52)～式(3-56)所示，由计算公式绘制的柱子曲线如图 3-31 所示。

　　当 $\lambda \leqslant \pi\sqrt{\dfrac{2E}{F_y}}$，或 $\lambda_n \leqslant 1.414$ 时，

$$\varphi = \frac{F_a}{F_y} = 1 - \frac{1}{2}\left(\frac{\lambda}{C_c}\right)^2 \tag{3-52}$$

　　当 $\lambda > \pi\sqrt{\dfrac{2E}{F_y}}$，或 $\lambda_n > 1.414$ 时，

$$\varphi = \frac{1}{F_y} \cdot \frac{\pi^2 E}{\lambda^2} \tag{3-53}$$

其中

$$C_c = \pi \sqrt{\frac{2E}{F_y}} \tag{3-54}$$

利用正则化长细比 λ_n 对式(3-52)和式(3-53)进行改写：

当 $\lambda_n \leqslant 1.414$ 时，

$$\varphi = 1 - \frac{\lambda_n^2}{4} \tag{3-55}$$

当 $\lambda_n > 1.414$ 时，

$$\varphi = \frac{1}{\lambda_n^2} \tag{3-56}$$

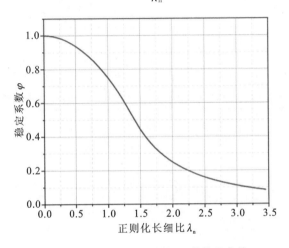

图 3-31 规范 ASCE 10-2015 的柱子曲线

美国规范 ANSI/AISC 360-16 中，将轴压试件临界状态稳定平均应力 F_{cr} 与屈服强度 F_y 比值的力学意义看作是稳定系数 φ，其计算公式如式(3-57)～式(3-61)所示，由计算公式绘制的柱子曲线如图 3-32 所示。

当 $\lambda \leqslant 4.71 \sqrt{\dfrac{E}{F_y}}$，或 $\lambda_n \leqslant 1.5$ 时，

$$\varphi = \frac{F_{cr}}{F_y} = 0.658^{\frac{F_y}{F_e}} \tag{3-57}$$

当 $\lambda > 4.71 \sqrt{\dfrac{E}{F_y}}$，或 $\lambda_n > 1.5$ 时，

$$\varphi = \frac{F_{cr}}{F_y} = \frac{0.877 F_e}{F_y} \tag{3-58}$$

其中，欧拉临界应力 F_e 为：

$$F_e = \frac{\pi^2 E}{\lambda_0^2} \tag{3-59}$$

利用正则化长细比 λ_n 对式(3-57)和式(3-58)进行改写：

当 $\lambda_n \leqslant 1.5$ 时，

$$\varphi = 0.658^{\lambda_n^2} \tag{3-60}$$

当 $\lambda_n > 1.5$ 时，

$$\varphi = \frac{0.877}{\lambda_n^2} \tag{3-61}$$

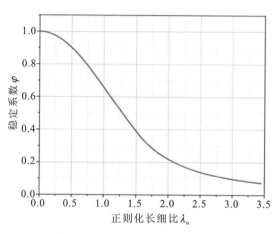

图 3-32 规范 ANSI/AISC 360-16 的柱子曲线

欧洲规范 Eurocode 3 中，有 5 类柱子曲线，即 a^0 类、a 类、b 类、c 类、d 类，其采用了轴向承载力折减系数 χ 作为轴压稳定系数，其计算公式如式(3-62)所示，由计算公式绘制的柱子曲线如图 3-33 所示。

$$\chi = \frac{1}{\varphi + \sqrt{\varphi^2 - \lambda_n^2}} \tag{3-62}$$

其中：

$$\varphi = 0.5[1 + \alpha(\lambda_n - 0.2) + \lambda_n^2] \tag{3-63}$$

式中，α 为系数，按表 3-14 进行取值。

表 3-14 　　　　　　　　　　　**Eurocode 3 中系数 α 取值表**

柱子曲线类别	a^0	a	b	c	d
α	0.13	0.21	0.34	0.49	0.76

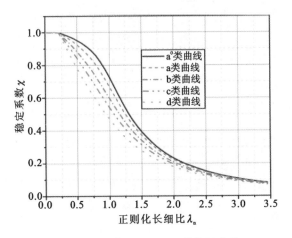

图 3-33　规范 Eurocode 3 的柱子曲线

3.3.6　轴压试验结果与相关规范的对比

为了综合评价大角钢的轴压试验结果,分别对修正长细比得到的试验稳定系数和名义长细比得到的试验稳定系数进行讨论,以分析支座转动刚度对轴压稳定系数的影响。图 3-34 为修正长细比的稳定系数与各国规范中柱子曲线的对比结果。从图 3-34(a)与《钢结构设计标准》(GB 50017—2017)中柱子曲线对比的结果中可以发现,试验结果的稳定系数均高于 b 类曲线,除少数长细比较小的试件外,均小于 a 类曲线,经分析平均高于 b 类曲线 4.77%,平均小于 a 类曲线 2.21%。从图 3-34(b)与 ASCE 10-2015 对比的结果中可以发现,试验结果绝大多数小于该规范中的柱子曲线,平均小于规范中柱子曲线 3.59%。从图 3-34(c)与规范 ANSI/AISC 360-16 对比的结果来看,试验结果与柱子曲线十分接近,平均高于规范值 1.16%。欧洲规范 Eurocode 3 与我国《钢结构设计标准》(GB 50017—2017)一样,采用多条柱子曲线,而且将角钢的设计曲线取为 b 类。从图 3-34(d)与规范 Eurocode 3 的对比结果来看,试验结果中的稳定系数也均高于 b 类曲线,绝大多数小于 a 类曲线,而且均小于适用于高强钢压杆的 a^0 类曲线,经过分析可得,稳定系数平均大于 b 类曲线 3.50%,小于 a 类曲线 1.75%,小于 a^0 类曲线 5.12%。上述结果表明考虑支座约束影响时,《钢结构设计标准》(GB 50017—2017)和 ASCE 10-2015 偏激进,规范 ANSI/AISC 360-16 与试验结果吻合较好,而规范 Eurocode 3 偏保守。

图 3-35 为名义长细比的稳定系数与各国规范中的柱子曲线的对比结果。从图 3-35(a)与《钢结构设计标准》(GB 50017—2017)中的柱子曲线对比的结果中,可以发现试验结果中的稳定系数不仅均高于 b 类曲线,还高于 a 类曲线,经分析得到平均高于 b 类曲线 11.93%,高于 a 类曲线 2.33%。从图 3-35(b)与 ASCE 10-2015 对

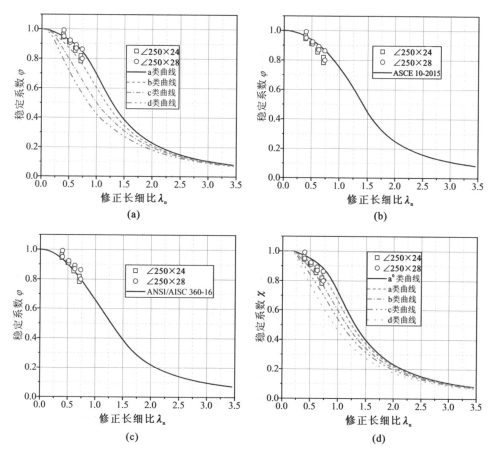

图 3-34 修正长细比的试验结果与各规范的对比

(a)GB 50017—2017 对比结果；(b)ASCE 10-2015 对比结果；

(c)ANSI/AISC 360-16 对比结果；(d)Eurocode 3 对比结果

比的结果中，可以发现试验结果与该规范中的柱子曲线十分接近，经分析可得平均高于该规范中柱子曲线 0.14%。从图 3-35(c)与规范 ANSI/AISC 360-16 对比的结果来看，试验结果均高于柱子曲线，平均高于规范值 7.05%。从图 3-35(d)与规范 Eurocode 3 的对比结果来看，可以看到试验结果中的稳定系数也均高于 a 类和 b 类曲线，但均小于 a⁰ 类曲线，经过分析可得平均高于 b 类曲线 11.10%，高于 a 类曲线 3.68%，小于 a⁰ 类曲线 1.28%。上述结果表明不考虑支座约束影响时，大角钢稳定系数与《钢结构设计标准》(GB 50017—2017)中 a 类曲线、ASCE 10-2015 中柱子曲线吻合较好，而规范 ANSI/AISC 360-16 和规范 Eurocode 3 偏保守。

通过以上分析可知，当考虑支座约束的影响时，试验得到的大角钢稳定系数小于不考虑支座约束影响的稳定系数。因此对于设计人员来说，当不考虑支座约束影响

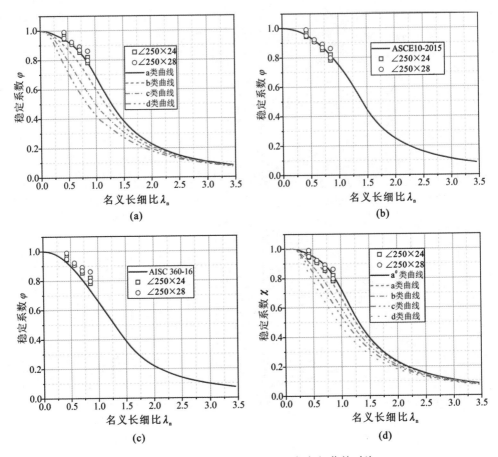

图3-35 名义长细比的试验结果与各规范的对比

(a)与 GB 50017—2017 对比结果；(b)与 ASCE 10-2015 对比结果；

(c)与 ANSI/AISC 360-16 对比结果；(d)与 Eurocode 3 对比结果

时，建议按照《钢结构设计标准》(GB 50017—2017)的 a 类曲线进行设计；当考虑支座约束影响时，需要对试件进行偏保守的设计，可采用该规范 b 类曲线进行设计。而在压弯构件设计公式中的轴力项分母中，按照轴压构件的稳定承载力进行取值，即在轴力项中考虑支座约束对构件稳定承载力的影响，同时，为了便于分析和对比，本书后续对大角钢一系列的有限元分析和大角钢偏压分析中涉及的轴压稳定系数的选取均按照不考虑支座约束的情况进行分析和讨论，即将大角钢的轴压稳定系数按照《钢结构设计标准》(GB 50017—2017)中的 a 类曲线进行取值。

3.4 偏压试验研究

3.4.1 偏压试验装置及测点的布置

对截面规格为∠250×26的大角钢分别以不同偏心距绕强轴或弱轴进行加载，其中长细比为 40 和 60 的试件，所施加的偏心距使试件绕强轴单向压弯，偏心距 e_u 取为 0～50.6mm，即偏心率 e_{uo} 为 0～0.65，其中 e_{uo} 为偏心距 e_u 与 u_o 的比值；长细比为 30 和 50 的试件，所施加的偏心距使试件绕弱轴单向压弯，偏心距 e_v 取为 0～50.6mm，即偏心率 e_{vo} 为 0～0.65，其中 e_{vo} 为偏心距 e_v 与 u_o 的比值，$e_u=e_v=0$ 的试件为轴心受压试件，大角钢偏压加载位置示意图如图 3-36 所示。

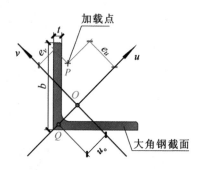

图 3-36 偏压加载位置示意图

偏压试验所采用的加载装置和轴压试验一样，为 3000t 液压伺服加载机，加载机中的施力端仍为液压千斤顶，位于试件下端部，而上端部则由可调节高度的横梁提供轴向位移约束。和轴压试验一样，试件两端采用的是单向铰支座，在加载前会对单向铰支座的滚轴涂抹黄油以减少滚轴的摩擦，使滚轴能够自由地转动，从而使试验结果更加精确。试验时分别按照预定偏心加载位置进行加载。绕强轴单向压弯的试件，荷载是沿弱轴施加相应的偏心距 e_u；绕弱轴单向压弯的试件，荷载是沿强轴施加一定的偏心距 e_v，图 3-37 为偏压试验加载装置图。

相对于轴压加载来说，偏压加载试验由于不同偏心距的施加增加了试验难度，因此更加需要注意加载过程中的安全问题，以保障试验的顺利进行。偏压加载试验加载方案基本和轴压加载试验一样，但在加载前对构件进行对中、找平的过程中要格外注意。具体方案如下：首先，需要在单向铰支座上按照预定的偏心位置定位出大角钢试件的形心线及轴线。绕强轴单向压弯的试件，大角钢在单向铰支座放置时，应让其强轴与单向铰支座的滚轴保持平行，然后按需要的距离移动位置，使荷载是沿弱轴施

加一定的偏心距 e_u，如图 3 37(a)、(c)所示；绕弱轴单向压弯的试件，大角钢试件在单向铰支座上放置时，应将其强轴与单向铰支座的滚轴保持垂直，然后按需要的距离移动位置，使荷载沿强轴施加一定的偏心距 e_v，如图 3-37(a)、(d)所示。由于试件在单向铰支座上以不同的偏心距放置，因此单向铰支座的垫平工作尤其重要，不能出现任何差错，且对于长细比较大的试件，在吊装上支座后，不能解除吊装的绳子，直到将小车推进加载机并用另外一根绳子固定试件后，方可解除吊装用的绳子，保证找平过程中试件的安全。

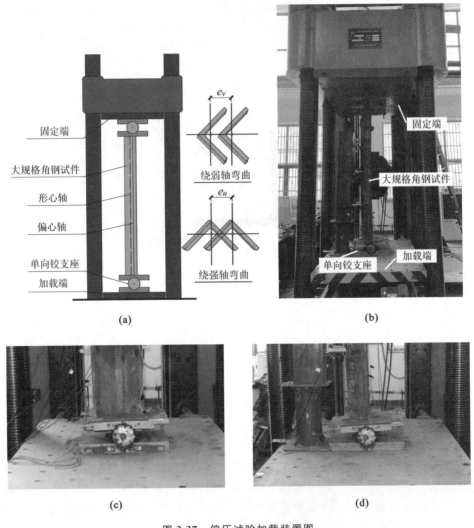

图 3-37　偏压试验加载装置图

(a)加载装置示意图；(b)加载装置实物图；(c)绕强轴单向压弯；(d) 绕弱轴单向压弯

和轴压加载一样,在偏压加载中需要对试件的变形、截面应力分布进行测量,大角钢试件的竖向位移通过试验加载机记录,试件的横向位移则通过布置位移计进行记录,试件截面的应力变化情况通过布置应变片进行记录。偏压试验的位移计和应变片的布置位置和轴压试验的情况相似,即沿着大角钢试件的长度方向以等间距布置位移计,位移计均沿水平方向指向试件横截面形心位置。在每根大角钢试件中部横截面的肢尖、肢背边缘处设置应变片,用以测量各试件中部截面的应力分布。采用DH3815N 应变箱进行应变数据的测量与采集。试件位移及中部截面应变测点布置图如图 3-38 所示。

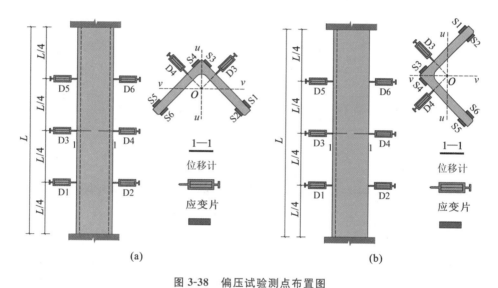

图 3-38　偏压试验测点布置图

(a)绕强轴单向压弯;(b)绕弱轴单向压弯

3.4.2　偏压试验结果

通过对大角钢不同偏心距的加载试验,可以得到各个试件在偏压荷载下的极限承载力和失稳形态,各试件的极限承载力 P_e 如表 3-15 所示。在表 3-15 中,分别将绕强轴单向压弯和绕弱轴单向压弯的试验结果归类,以方便后续的相关分析。

表 3-15　　　　　　　　　　　　大角钢偏压试验极限承载力

试件编号		e_v/mm	e_u/mm	e_{u0}或e_{v0}	P_e/kN
强轴弯曲	∠250×26-40-E0	0.0	0.0	0	5378
	∠250×26-40-E1	0.0	15.6	0.20	4849
	∠250×26-40-E2	0.0	35.1	0.45	3883

试件编号		e_v/mm	e_u/mm	e_{u0} 或 e_{v0}	P_e/kN
强轴弯曲	∠250×26-40-E3	0.0	50.6	0.65	3420
	∠250×26-60-E0	0.0	0.0	0	4734
	∠250×26-60-E1	0.0	15.6	0.20	4528
	∠250×26-60-E2	0.0	35.1	0.45	3712
	∠250×26-60-E3	0.0	50.6	0.65	3271
弱轴弯曲	∠250×26-30-E0	0.0	0.0	0	5589
	∠250×26-30-E1	15.6	0.0	0.20	4017
	∠250×26-30-E2	35.1	0.0	0.45	2985
	∠250×26-30-E3	50.6	0.0	0.65	2467
	∠250×26-50-E0	0.0	0.0	0	5112
	∠250×26-50-E1	15.6	0.0	0.20	3682
	∠250×26-50-E2	35.1	0.0	0.45	2838
	∠250×26-50-E3	50.6	0.0	0.65	2366

　　将表 3-15 中的绕强轴单向压弯和绕弱轴单向压弯的极限承载力 P_e 与偏心率 e_{u0} 和 e_{v0} 的关系采用直方图的形式列于图 3-39 中。

　　从图 3-39 中可以看出,对于绕强轴单向压弯的偏压试件,极限承载力 P_e 随着偏心率 e_{u0} 的增长而呈下降的趋势,当偏心率从 0 增大到 0.65 时,$\lambda=40$ 和 $\lambda=60$ 绕强轴单向压弯试件的承载力的下降幅度分别为 36.4% 和 30.9%,表明偏心的存在对大角钢的极限承载力有较大程度的削弱。偏心率较小时,在相同偏心率下降幅度的情况下,$\lambda=40$ 和 $\lambda=60$ 绕强轴单向压弯试件承载力下降的幅度是不同的,即偏心率从 0 增大到 0.2 的过程中,$\lambda=40$ 的试件极限承载力下降了 9.8%,而 $\lambda=60$ 的试件极限承载力下降了 4.4%,表明绕强轴单向压弯试件的极限承载力下降幅度与长细比和偏心率均有关。

　　对于绕弱轴单向压弯的偏压试件,极限承载力 P_e 随着偏心率 e_{v0} 的增长也呈下降的趋势,当偏心率从 0 增大到 0.65 时,$\lambda=30$ 和 $\lambda=50$ 绕弱轴单向压弯试件极限承载力的下降幅度分别为 55.9% 和 53.7%,相比绕强轴单向压弯试件,其下降的幅度有所增大,表明偏心的存在对大角钢绕弱轴单向压弯极限承载力的削弱更明显。当偏心率从 0 增大到 0.2 的过程中,$\lambda=30$ 的试件极限承载力下降了 28.1%,而 $\lambda=50$ 的试件极限承载力下降了 28.0%,表明绕弱轴单向压弯试件极限承载力的下降幅度

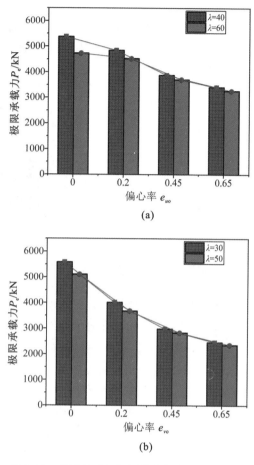

图 3-39 偏压试验极限承载力与偏心率直方图

(a)绕强轴单向压弯;(b)绕弱轴单向压弯

变化规律与绕强轴单向压弯是有差异的,后续的有限元分析将对这种差异性进行详细的讨论。

下面对绕强轴单向压弯和绕弱轴单向压弯的试件荷载-应变关系进行分析。

(1)λ＝40 绕强轴单向压弯的试件

图 3-40 为偏压试件∠250×26-40-E0 绕强轴单向压弯的试验结果,其偏心率为0,即为轴压试件。从荷载-应变关系曲线中可以看到,当荷载较小时,试件中部截面的6 个应变测点的应变值变化规律相同。随着荷载的增加,位于肢尖的应变测点(S-1、S-2、S-5 和 S-6)与位于肢背的应变测点(S-3 和 S-4)的变化规律开始出现差异,当大角钢试件失稳时,肢尖和肢背的应变值朝着相反的方向均呈无限扩大的趋势,试件最终发生弯曲失稳,试件的失稳形态如图 3-40(b)所示,可以看到试件朝肢背方向有明

显的弯曲变形。

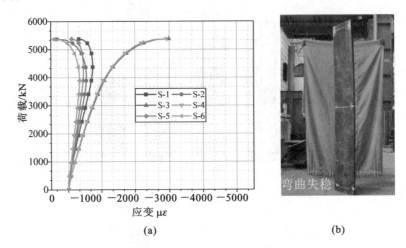

图 3-40　偏压试件∠250×26-40-E0 绕强轴单向压弯
(a)荷载-应变关系曲线；(b)失稳形态

图 3-41 为偏压试件∠250×26-40-E1 绕强轴单向压弯的试验结果，其偏心率为 0.2。从图 3-41(a)中可以看到，当荷载较小时，由于偏心距的存在，中部截面的 6 个应变测点的应变变化规律已经出现差异。位于肢尖的应变测点(S-1、S-2、S-5 和 S-6)与位于肢背的应变测点(S-3 和 S-4)朝着相反的方向发展。随着荷载的继续增大，肢尖和肢背的应变值差异越来越大；当临近极限承载力时，肢尖和肢背应变测点的差异更加明显了，试件最终发生弯曲失稳，试件的失稳形态如图 3-41(b)所示，可以看到试件朝肢背方向有明显的弯曲变形。

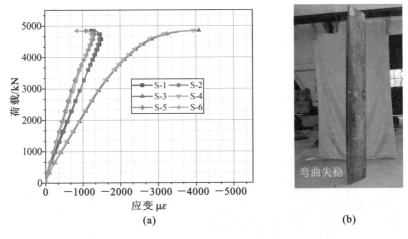

图 3-41　偏压试件∠250×26-40-E1 绕强轴单向压弯
(a)荷载-应变关系曲线；(b)失稳形态

图 3-42 为偏压试件∠250×26-40-E2 绕强轴单向压弯的试验结果,其偏心率为 0.45。从图 3-42(a)中可以看到,由于偏心距的进一步增大,当荷载较小时,试件中部截面的 6 个应变测点的应变变化规律已经出现差异。肢尖测点 S-5、S-6 和肢背测点 S-3、S-4 这 4 个测点与另一侧肢尖测点 S-1、S-2 的应变值朝着相反的方向发展。随着荷载的继续增大,肢尖测点 S-1、S-2 与另外 4 个测点的应变值差异越来越大,当大角钢试件临近极限荷载时,应变测点 S-1 和 S-2 的应变值逐渐变小,并且产生了拉应变,而应变测点 S-3、S-4、S-5 和 S-6 的应变值显著增大,试件最终发生弯扭失稳。试件的失稳形态如图 3-42(b)所示,可以看到试件在弯曲变形的同时有一定程度的扭转变形。

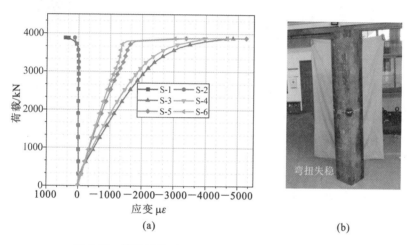

(a)   (b)

图 3-42 偏压试件∠250×26-40-E2 绕强轴单向压弯

(a)荷载-应变关系曲线;(b)失稳形态

图 3-43 为偏压试件∠250×26-40-E3 绕强轴单向压弯的试验结果,其偏心率为 0.65。从图 3-43(a)中可以看到,与试件∠250×26-40-E2 一样,当荷载较小时,中部截面的 6 个应变测点的应变值变化规律已经出现差异。肢尖测点 S-5、S-6 和肢背测点 S-3、S-4 这 4 个测点与另一侧肢尖测点 S-1、S-2 的应变值朝着相反的方向发展,随着荷载的继续增大,肢尖测点 S-1、S-2 与另外 4 个测点的应变值差异越来越大,临近极限荷载时,这种差异也更加明显,试件最终也发生弯扭失稳,试件的失稳形态如图 3-43(b)所示。

从以上分析可以看出,由于偏心距的存在,对于 $\lambda=40$ 绕强轴单向压弯的试件,随着偏心距的增大,试件的失稳形态由弯曲失稳转变为弯扭失稳,即偏心距的变化也会导致试件的失稳形态发生变化。

(2)$\lambda=60$ 绕强轴单向压弯的试件

图 3-44 为偏压试件∠250×26-60-E0 绕强轴单向压弯的试验结果,其偏心率为

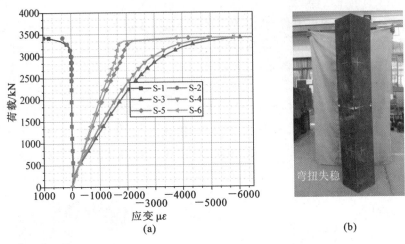

(a)　　　　　　　　　(b)

图 3-43　偏压试件∠250×26-40-E3 绕强轴单向压弯

(a)荷载-应变关系曲线；(b)失稳形态

0。从图 3-44(a)中可以看到，当荷载较小时，试件中部截面的 6 个应变测点的应变值变化规律相同。随着荷载的增加，位于肢尖的应变测点(S-1、S-2、S-5 和 S-6)与位于肢背的应变测点(S-3 和 S-4)的变化规律开始出现差异，表明大角钢试件中部截面已经产生了二阶弯矩。随着荷载的继续增大，肢尖和肢背的应变测点的差异越来越大，当大角钢试件失稳时，肢尖和肢背的应变值朝着相反的方向均呈无限扩大的趋势，试件最终发生弯曲失稳，试件的失稳形态如图 3-44(b)所示，可以看到试件朝肢背方向有明显的弯曲变形。

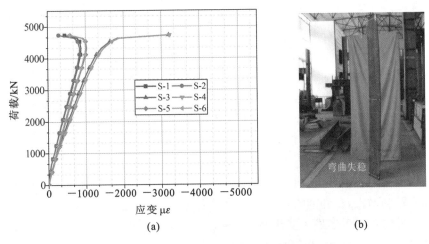

(a)　　　　　　　　　(b)

图 3-44　偏压试件∠250×26-60-E0 绕强轴单向压弯

(a)荷载-应变关系曲线；(b)失稳形态

图 3-45 为偏压试件∠250×26-60-E1 绕强轴单向压弯的试验结果,其偏心率为 0.2。从图 3-45(a)中可以看到,当荷载较小时,由于偏心距的存在,中部截面的 6 个应变测点的应变值变化规律已经出现差异。位于肢尖的应变测点(S-1、S-2、S-5 和 S-6)与位于肢背的应变测点(S-3 和 S-4)朝着相反的方向发展。随着荷载的继续增大,肢尖和肢背的应变值差异越来越大,试件最终发生弯曲失稳,试件的失稳形态如图 3-45(b)所示,可以看到试件朝肢背方向有明显的弯曲变形。

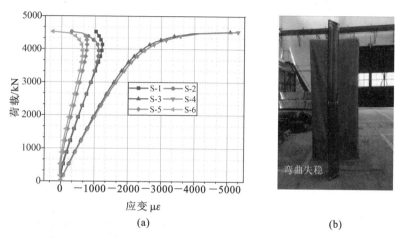

(a)   (b)

图 3-45   偏压试件∠250×26-60-E1 绕强轴单向压弯
(a)荷载-应变关系曲线;(b)失稳形态

图 3-46 为偏压试件∠250×26-60-E2 绕强轴单向压弯的试验结果,其偏心率为 0.45。从图 3-46(a)中可以看到,由于偏心距的进一步增大,当荷载较小时,试件中部截面的 6 个应变测点的应变变化规律已经出现差异。肢尖测点 S-1、S-2 和肢背测点 S-3、S-4 这 4 个测点与另一侧肢尖测点 S-5、S-6 的应变值朝着相反的方向发展。随着荷载的继续增大,肢尖测点 S-5、S-6 与另外 4 个测点的应变值差异越来越大,当大角钢试件临近极限荷载时,应变测点 S-5 和 S-6 的应变值逐渐变小,并且产生了拉应变,而应变测点 S-3、S-4、S-1 和 S-2 的应变值增大,试件最终发生弯扭失稳。试件的失稳形态如图 3-46(b)所示,可以看到大角钢试件在弯曲变形的同时有一定的扭转变形。

图 3-47 为偏压试件∠250×26-60-E3 绕强轴单向压弯的试验结果,其偏心率为 0.65,从图 3-47(a)中可以看到,当荷载较小时,试件中部截面的 6 个应变测点的应变值变化规律已经出现差异。肢尖测点 S-1、S-2 与肢背测点 S-3、S-4 这 4 个测点和另一侧肢尖测点 S-5、S-6 的应变值朝着相反方向发展,随着荷载的继续增大,肢尖和测点 S-5、S-6 与另外 4 个测点的应变值差异越来越大,试件最终也发生弯扭失稳,试件的失稳形态如图 3-47(b)所示。

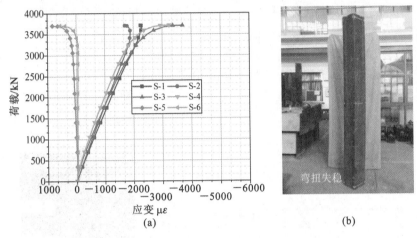

图 3-46　偏压试件∠250×26-60-E2 绕强轴单向压弯

(a)荷载-应变关系曲线；(b)失稳形态

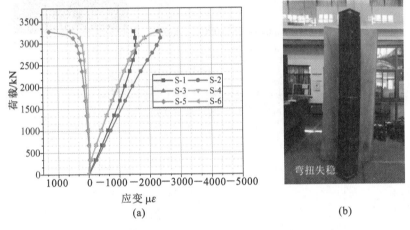

图 3-47　偏压试件∠250×26-60-E3 绕强轴单向压弯

(a)荷载-应变关系曲线；(b)失稳形态

　　从以上分析可以看出，对于 λ＝60 绕强轴单向压弯的试件，随着偏心距的增大，试件的失稳形态由弯曲失稳转变为弯扭失稳。

　　(3)λ＝30 绕弱轴单向压弯的试件

　　图 3-48 为偏压试件∠250×26-30-E0 绕弱轴单向压弯的试验结果，其偏心率为 0。如图 3-48(a)所示，当荷载较小时，试件中部截面的 6 个应变测点的应变值变化规律相同。随着荷载的增加，各测点应变值逐渐增大，肢尖测点 S-1，S-2 与另一侧肢尖测点 S-5，S-6 这 4 个测点和肢背测点 S-3，S-4 的应变值开始逐步出现差异，表明大角钢试件发生了一定程度的扭转变形。当临近极限荷载时，应变测点 S-1 和 S-2 的应

变值逐渐变小,而应变测点 S-3、S-4、S-5 和 S-6 的应变值显著增大,试件最终发生弯扭失稳。试件的失稳形态如图 3-48(b)所示,可以看到试件在弯曲变形的同时有扭转变形。

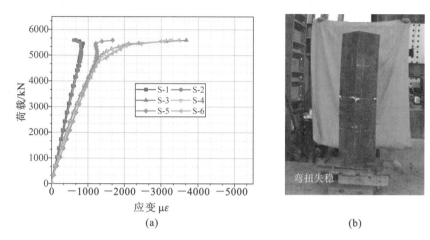

(a)   (b)

图 3-48　偏压试件∠250×26-30-E0 绕弱轴单向压弯
(a)荷载-应变关系曲线;(b)失稳形态

图 3-49 为偏压试件∠250×26-30-E1 绕弱轴单向压弯的试验结果,其偏心率为 0.2。从图 3-49(a)中可以看到当荷载较小时,由于偏心距的存在,试件中部截面的 6 个应变测点的应变值变化规律已经出现差异。肢尖测点 S-1、S-2 与另一侧肢尖测点 S-5、S-6 这 4 个侧点和肢背测点 S-3、S-4 的应变值朝着相反的方向发展。随着荷载的继续增大,这种差异也越来越大。表明大角钢试件发生了一定程度的扭转变形。当临近极限荷载时,应变测点 S-1 和 S-2 的应变值逐渐变小,而应变测点 S-3、S-4、S-5 和 S-6 的应变值显著增大,呈无限扩大的趋势,试件最终发生弯扭失稳。试件的失稳形态如图 3-49(b)所示,可以看到试件在弯曲变形的同时有扭转变形。

图 3-50 为偏压试件∠250×26-30-E2 绕弱轴单向压弯的试验结果,其偏心率为 0.45。从图 3-50(a)中可以看到,由于偏心距的进一步增大,当荷载较小时,试件中部截面的 6 个应变测点的应变值变化规律已经出现差异。位于肢尖的应变测点(S-1、S-2、S-5 和 S-6)与位于肢背的应变测点(S-3 和 S-4)朝着相反的方向发展。随着荷载的继续增大,肢尖和肢背的应变值差异越来越大,当大角钢试件失稳时,肢尖和肢背的应变值朝着相反的方向均呈无限扩大的趋势,试件最终发生弯曲失稳。试件的失稳形态如图 3-50(b)所示,可以看到试件朝肢尖方向有明显的弯曲变形。

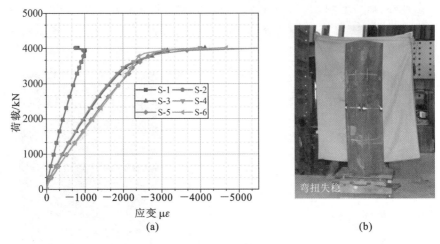

(a) (b)

图 3-49   偏压试件∠250×26-30-E1 绕弱轴单向压弯

（a）荷载-应变关系曲线；（b）失稳形态

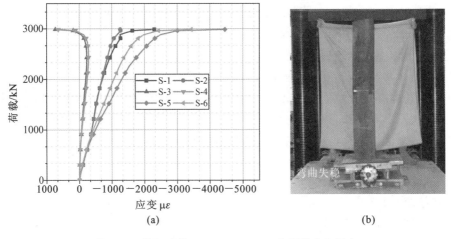

(a) (b)

图 3-50   偏压试件∠250×26-30-E2 绕弱轴单向压弯

（a）荷载-应变关系曲线；（b）失稳形态

图 3-51 为偏压试件∠250×26-30-E3 绕弱轴单向压弯的试验结果，其偏心率为 0.65。从图 3-51(a)中可以看到，当荷载较小时，试件中部截面的 6 个应变测点的应变变化规律已经出现差异。肢尖的应变测点(S-1、S-2、S-5 和 S-6)与肢背的应变测点(S-3 和 S-4)朝着相反的方向发展。随着荷载的继续增大，肢尖和肢背的应变值差异越来越大，当大角钢试件失稳时，肢尖和肢背的应变值朝着相反的方向均呈无限扩大的趋势，试件最终发生弯曲失稳。试件的失稳形态如图 3-51(b)所示，可以看到试件朝肢尖方向有明显的弯曲变形。

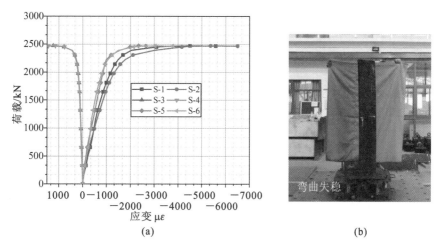

(a)　　　　　　　　　　　　　　(b)

图 3-51　偏压试件∠250×26-30-E3 绕弱轴单向压弯

(a)荷载-应变关系曲线；(b)失稳形态

从以上分析可以看出,偏心距的存在会改变试件的失稳形态,即对于 λ＝30 的绕弱轴单向压弯的试件,随着偏心距的增大,试件的失稳形态由弯扭失稳转变为弯曲失稳。

(4)λ＝50 绕弱轴单向压弯的试件

图 3-52 为偏压试件∠250×26-50-E0 绕弱轴单向压弯的试验结果,其偏心率为0。如图 3-52(a)所示,当荷载较小时,试件中部截面的 6 个应变测点的应变值变化规律相同。随着荷载的增加,各测点应变值逐渐增大,位于肢尖的应变测点(S-1、S-2、S-5 和 S-6)与位于肢背的应变测点(S-3 和 S-4)朝着相反的方向发展。随着荷载的继续增大,肢尖和肢背的应变值差异越来越大,当大角钢试件失稳时,肢尖和肢背的应变值朝着相反的方向均呈无限扩大的趋势,试件最终发生弯曲失稳。试件的失稳形态如图 3-52(b)所示,可以看到试件朝肢背方向有明显的弯曲变形。

图 3-53 为偏压试件∠250×26-50-E1 绕弱轴单向压弯的试验结果,其偏心率为0.2。从图 3-53(a)中可以看到,当荷载较小时,试件中部截面的 6 个应变测点的应变值变化规律已经出现差异。肢尖的应变测点(S-1、S-2、S-5 和 S-6)与位于肢背的应变测点(S-3 和 S-4)朝着相反方向发展。随着荷载的继续增大,肢尖和肢背应变值的差异越来越大,当大角钢试件失稳时,肢尖和肢背的应变值朝着相反的方向均呈无限扩大的趋势,试件最终发生弯曲失稳,试件的失稳形态如图 3-53(b)所示。

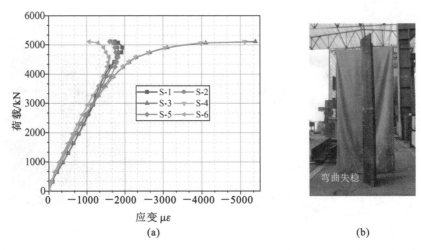

(a)　　　　　　　　　　　　(b)

图 3-52　偏压试件∠250×26-50-E0 绕弱轴单向压弯

(a)荷载-应变关系曲线;(b)失稳形态

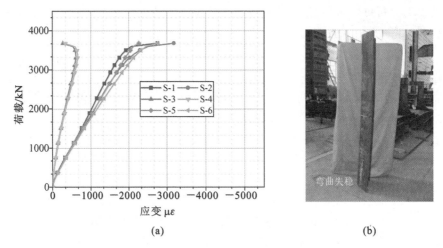

(a)　　　　　　　　　　　　(b)

图 3-53　偏压试件∠250×26-50-E1 绕弱轴单向压弯

(a)荷载-应变关系曲线;(b)失稳形态

　　图 3-54 为偏压试件∠250×26-50-E2 绕弱轴单向压弯的试验结果,其偏心率为0.45。从图 3-54(a)中可以看到,由于偏心距的进一步增大,当荷载较小时,试件中部截面的 6 个应变测点的应变变化规律已经出现差异。位于肢尖的应变测点(S-1、S-2、S-5 和 S-6)与位于肢背的应变测点(S-3 和 S-4)朝着相反的方向发展。随着荷载的继续增大,肢尖和肢背的应变值差异越来越大,当大角钢试件失稳时,肢尖和肢背的应变值朝着相反的方向均呈无限扩大的趋势,试件最终发生弯曲失稳。试件的失稳形态如图 3-54(b)所示,可以看到试件朝肢尖方向有明显的弯曲变形。

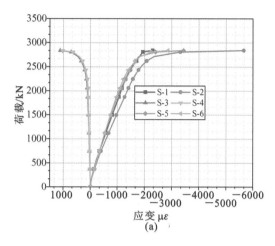

(a)　　　　　　　　　　　　(b)

图 3-54　偏压试件∠250×26-50-E2 绕弱轴单向压弯

(a)荷载-应变关系曲线；(b)失稳形态

图 3-55 为偏压试件∠250×26-50-E3 绕弱轴单向压弯的试验结果，其偏心率为 0.65。从图 3-55(a)中可以看到，随着偏心距的增大，当荷载较小时，试件中部截面的 6 个应变测点的应变值变化规律已经出现差异。肢尖的应变测点(S-1、S-2、S-5 和 S-6)与肢背的应变测点(S-3 和 S-4)朝着相反的方向发展。随着荷载的继续增大，肢尖和肢背的应变值差异越来越大，当大角钢试件失稳时，肢尖和肢背的应变值朝着相反的方向均呈无限扩大的趋势，试件最终发生弯曲失稳。试件的失稳形态如图 3-55 (b)所示，可以看到试件朝肢尖方向有明显的弯曲变形。

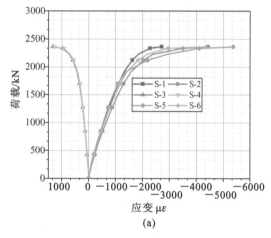

(a)　　　　　　　　　　　　(b)

图 3-55　偏压试件∠250×26-50-E3 绕弱轴单向压弯

(a)荷载-应变关系曲线；(b)失稳形态

从以上分析可以看出,对于 $\lambda-50$ 的绕弱轴单向压弯的试件,随着偏心距的增大,试件的失稳形态依然为弯曲失稳,但是弯曲的方向发生了改变,即试件由朝着肢背弯曲变为了朝肢尖弯曲,表明对于长细比较大、绕弱轴单向压弯的试件,偏心距的增加并不会改变试件的失稳形态,但是会改变试件的弯曲方向。

下面对偏压试件中部截面的横向位移与荷载间的关系进行讨论分析,仅选取各个偏压试件中部截面的测点 D-3 和 D-4 荷载-位移曲线进行分析。

(1)$\lambda=40$ 绕强轴单向压弯的试件

图 3-56 为 $\lambda=40$ 的试件在不同偏心距作用下的中部截面测点荷载-位移关系曲线。从图 3-56 中可以看到,当 $e_u=0$ 时,在加载初期,截面中部的两个位移测点的位移变化规律具有一致性。随着荷载的增大,曲线呈现出近似直线变化的状态,且二者的变化规律基本保持一致。在临近极限荷载时,曲线的斜率逐渐变小,此时两个测点的位移虽在数值上有差异,但是曲线变化趋势仍然保持一致。当达到极限荷载时,两个位移测点的位移趋于一致,试件发生了绕大角钢强轴的弯曲失稳。

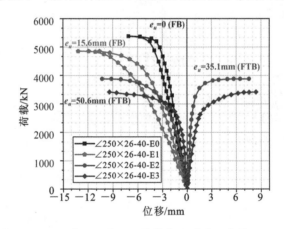

图 3-56 不同偏心距作用下的荷载-位移关系曲线($\lambda=40$)

注:图中 FTB 代表弯扭失稳,FB 代表弯曲失稳。

当 $e_u=15.6\text{mm}$ 时,在加载初期,由于偏心距的存在,截面中部的两个位移测点的变化规律出现差异。随着荷载的增大,二者的位移值差异逐渐变大。当达到极限荷载时,两个位移测点的位移趋于一致,试件发生了绕大角钢强轴的弯曲失稳。

当 $e_u=35.1\text{mm}$ 时,随着偏心距的进一步增大,从加载开始,截面中部的两个位移测点变化趋势就存在差异,朝着相反的方向发展。随着荷载的增加,二者的差值逐渐增大。在临近极限荷载时,两个位移测点的位移差值增长显著,表明大角钢的两肢发生绕强轴的同向转动变形,试件最终发生了弯扭失稳破坏。

当 $e_u=50.6\text{mm}$ 时,从加载一开始,截面中部的两个位移测点变化趋势就存在差异,朝着相反的方向发展。随着荷载的增加,两个测点朝着相反的变化趋势越来越明显。在临近极限荷载时,曲线的斜率逐渐变小,两个测点的位移差值增长显著,试件最终发生了弯扭失稳破坏。

(2)$\lambda=60$ 绕强轴单向压弯的试件

图 3-57 为 $\lambda=60$ 的试件在不同偏心距作用下的中部截面测点荷载-位移关系曲线。从图 3-57 中可以看到,当 $e_u=0$ 时,在加载初期,截面中部的两个位移测点的变化规律具有一致性。随着荷载的增大,荷载-位移曲线呈现出近似直线变化的状态。在临近极限荷载时,荷载位移曲线的斜率逐渐变小,此时两个测点曲线的变化趋势仍然保持一致。当达到极限荷载时,两个位移测点的位移趋于一致,试件发生了绕大角钢强轴的弯曲失稳破坏。

当 $e_u=15.6\text{mm}$ 时,在加载初期,由于偏心距的存在,截面中部的两个位移测点的变化规律出现差异,随着荷载的增大,二者位移值的差异也越来越大。当达到极限荷载时,两个位移测点的位移趋于一致,试件发生绕大角钢强轴的弯曲失稳破坏。

当 $e_u=35.1\text{mm}$ 时,随着偏心距的进一步增大,从加载开始,截面中部的两个位移测点变化趋势就存在差异,朝着相反的方向发展。在临近极限荷载时,曲线的斜率逐渐变小,两个位移测点的位移差值增长显著,表明大角钢的两肢发生绕强轴的同向转动变形,试件最终发生了弯扭失稳破坏。

当 $e_u=50.6\text{mm}$ 时,从加载一开始,截面中部的两个位移测点变化趋势就存在差异,朝着相反的方向发展。随着荷载的增加,两个测点的位移差值增长显著,表明大角钢试件最终发生了弯扭失稳破坏。

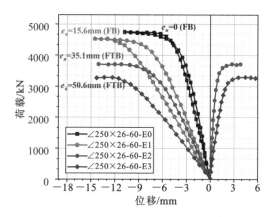

图 3-57 不同偏心距作用下的荷载-位移关系曲线($\lambda=60$)

注:图中 FTB 代表弯扭失稳,FB 代表弯曲失稳。

(3)$\lambda=30$ 绕弱轴单向压弯的试件

图 3-58 为 $\lambda=30$ 的试件在不同偏心距作用下的中部截面测点荷载-位移关系曲

线。从图 3-58 中可以看到,当 $e_v=0$ 时,从加载开始,截面中部的两个位移测点的变化趋势就存在差异,朝着相反的方向发展。随着荷载的增加,曲线呈现出近似直线变化的状态,但两个位移测点朝着相反方向变化的趋势越来越明显,且二者的差值逐渐增大。在临近极限荷载时,曲线的斜率逐渐变小,两个位移测点位移差值增长显著,表明大角钢的两肢发生绕弱轴的同向转动变形,试件最终发生了弯扭失稳破坏。

当 $e_v=15.6\text{mm}$ 时,从加载开始,截面中部的两个位移测点的变化趋势就存在差异,但是相比 $e_v=0$ 的试件,这种差异没有那么明显。随着荷载的增加,两个位移测点朝着相反方向变化的趋势越来越明显,且二者的差值逐渐增大。在临近极限荷载时,曲线的斜率逐渐变小,两个位移测点位移差值更大,表明大角钢的两肢发生绕弱轴的同向转动变形,试件最终发生了弯扭失稳破坏。

当 $e_v=35.1\text{mm}$ 时,随着偏心距的进一步增大,截面中部的两个位移测点的变化趋势存在差异。随着荷载的增加,两个位移测点的位移趋于一致,试件发生了绕大角钢弱轴的弯曲失稳破坏。

当 $e_v=50.6\text{mm}$ 时,从加载开始,截面中部的两个位移测点变化趋势的差异性就很小。随着荷载的增加,两个测点的位移变化逐步趋于一致。当达到极限荷载时,试件发生了绕大角钢弱轴的弯曲失稳破坏。

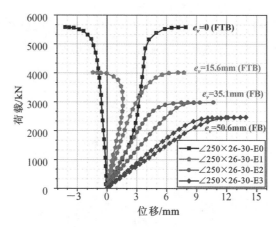

图 3-58　不同偏心距作用下的荷载-位移关系曲线($\lambda=30$)

注:图中 FTB 代表弯扭失稳,FB 代表弯曲失稳。

(4)$\lambda=50$ 绕弱轴单向压弯的试件

图 3-59 为 $\lambda=50$ 的试件在不同偏心距作用下的中部截面测点荷载-位移关系曲线。从图 3-59 中可以看到,当 $e_v=0$ 时,在加载初期,截面中部的两个位移测点的变化规律具有一致性。随着荷载的增大,荷载-位移曲线呈现出近似直线变化的状态,且二者的变化规律基本保持一致。在临近极限荷载时,曲线的斜率逐渐变小,表明试

件进入弹塑性阶段,此时两个位移测点的数值上有所不同,但是曲线的变化趋势仍然保持一致。当达到极限荷载时,两个位移测点的位移趋于一致,试件发生了绕大角钢弱轴的弯曲失稳破坏。

当 $e_v=15.6\mathrm{mm}$ 时,从加载开始,截面中部的两个位移测点的变化趋势就存在差异。在临近极限荷载时,曲线的斜率逐渐变小,两个位移测点的位移趋于一致。在达到极限承载力时,试件发生了绕大角钢弱轴的弯曲失稳破坏。

当 $e_v=35.1\mathrm{mm}$ 时,随着偏心距的进一步增大,从加载开始,截面中部的两个位移测点的变化趋势就存在差异。随着荷载的增加,两个位移测点的位移趋于一致。在达到极限承载力时,试件发生了绕大角钢弱轴的弯曲失稳破坏。

当 $e_v=50.6\mathrm{mm}$ 时,从加载开始,截面中部的两个位移测点的变化趋势就存在差异。随着荷载的增加,两个位移测点的位移差异逐渐变小。在达到极限承载力时,两个位移测点的位移趋于一致,试件发生了绕大角钢弱轴的弯曲失稳破坏。

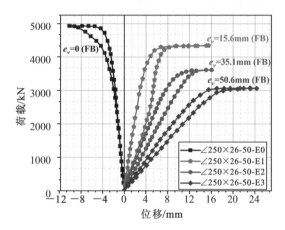

图 3-59 不同偏心距作用下的荷载-位移关系曲线($\lambda=50$)

注:图中 FTB 代表弯扭失稳,FB 代表弯曲失稳。

对试验后的偏压大角钢的失稳形态进行了统计,并列于表 3-16 中,表中 FTB 代表弯扭失稳,FB 代表弯曲失稳。从表 3-16 中可以得出,对于绕强轴单向压弯的长细比为 40 和 60 的偏压试件,随着偏心距的增大,试件的失稳形态由弯曲失稳转变为弯扭失稳。对于绕弱轴单向压弯的长细比为 30 偏压试件,随着偏心距的增加,试件由发生弯扭失稳变为发生弯曲失稳。对于绕弱轴单向压弯的长细比为 50 的偏压试件,试件均为弯曲失稳,表明偏心距的存在会改变试件的失稳形态。

表 3-16　　　　　　　　　　大角钢偏压试验结果汇总

试件编号		e_v/mm	e_u/mm	e_{u0} 或 e_{v0}	P_e/kN	P_e/P_y	失稳形态
强轴弯曲	∠250×26-40-E0	0.0	0.0	0	5378	0.914	FB
	∠250×26-40-E1	0.0	15.6	0.20	4849	0.839	FB
	∠250×26-40-E2	0.0	35.1	0.45	3883	0.672	FTB
	∠250×26-40-E3	0.0	50.6	0.65	3420	0.592	FTB
	∠250×26-60-E0	0.0	0.0	0	4734	0.790	FB
	∠250×26-60-E1	0.0	15.6	0.20	4528	0.784	FB
	∠250×26-60-E2	0.0	35.1	0.45	3712	0.643	FTB
	∠250×26-60-E3	0.0	50.6	0.65	3271	0.566	FTB
弱轴弯曲	∠250×26-30-E0	0.0	0.0	0	5589	0.942	FTB
	∠250×26-30-E1	15.6	0.0	0.20	4017	0.695	FTB
	∠250×26-30-E2	35.1	0.0	0.45	2985	0.517	FB
	∠250×26-30-E3	50.6	0.0	0.65	2467	0.427	FB
	∠250×26-50-E0	0.0	0.0	0	5112	0.869	FB
	∠250×26-50-E1	15.6	0.0	0.20	3682	0.637	FB
	∠250×26-50-E2	35.1	0.0	0.45	2838	0.491	FB
	∠250×26-50-E3	50.6	0.0	0.65	2366	0.410	FB

3.4.3　偏压试验结果与相关规范的对比

根据我国《钢结构设计标准》(GB 50017—2017)中的压弯设计公式,可以得到不同长细比下轴力和弯矩的相关方程曲线,如图 3-60 所示。其中,P/P_y,M/M_y 分别将得到的轴力 P 和弯矩 M 进行了无量纲化,而 $P_y = Af_y$,$M_y = Wf_y$。该规范为了防止截面的塑性发展过于深入,影响构件的安全,利用截面的塑性发展系数来限制截面的塑性发展,即以 γM_y 作为截面的抗弯承载力的边界值,因此 γ 的取值决定了弯矩边界值的大小。在图 3-60 中,将反映截面轴向承载力的稳定系数按照 a 类柱子曲线进行选取,将反映截面的抗弯承载力的塑性发展系数 γ 按照第 2 章中分析的结果选取,而该规范设计公式中的等效弯矩系数、截面影响系数、受弯构件的稳定系数均按照 1 进行取值,后续的其他规范也均按照此方法进行处理。

根据美国钢结构设计规范 ANSI/AISC 360-16 中的压弯构件设计公式,同样可以得到不同长细比下轴力和弯矩的相关方程曲线,如图 3-61 所示。将反映截面轴向承载力的稳定系数按照该规范柱子曲线进行选取,将反映截面的抗弯承载力参数按照该规范的规定取为 1.5,即将 $1.5M_y$ 作为截面的抗弯承载力的边界值。

根据欧洲的钢结构设计规范 Eurocode 3 中的压弯设计公式,同样可以得到不同长细比下轴力和弯矩的相关方程曲线,如图 3-62 所示。将轴压强度折减系数即稳定系数按照 b 类柱子曲线进行选取,为突出全塑性截面模量对角钢承载力的影响,侧扭屈曲折减系数和相互作用系数均取为 1。

为了综合评价大角钢的偏压试验结果,分别对绕强轴单向压弯和绕弱轴单向压弯的试验结果和我国《钢结构设计标准》(GB 50017—2017)、美国规范 ANSI/AISC 360-16、欧洲规范 Eurocode 3 进行对比分析,分析时也将轴力和弯矩分别用 P_y 和 M_y 进行无量纲化,得到轴力和弯矩的相关方程关系曲线,具体分析如下。

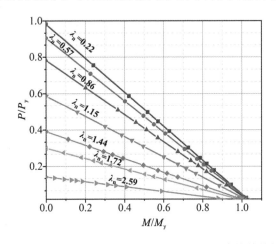

图 3-60　《钢结构设计标准》(GB 50017—2017)中压弯构件的相关曲线

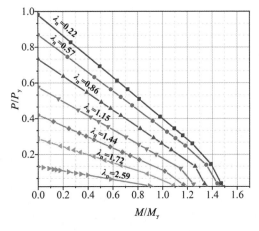

图 3-61　规范 ANSI/AISC 360-16 中压弯构件的相关曲线

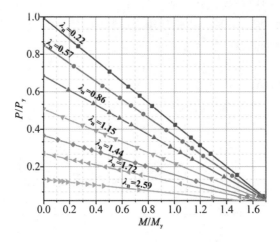

图 3-62　规范 Eurocode 3 中压弯构件的相关曲线

（1）试验结果与《钢结构设计标准》（GB 50017—2017）的对比（强轴）

图 3-63 为大角钢绕强轴单向压弯的试验结果与《钢结构设计标准》（GB 50017—2017）的对比，从图 3-63 中可以看出，试验结果均高于《钢结构设计标准》（GB 50017—2017）的计算值，$\lambda=40$ 和 $\lambda=60$ 的试件分别平均高于规范计算值 15.85% 和 19.96%。当 $P=0$ 时，即试件为轴压构件，试验结果与规范计算值的平均误差为 1.04%，此时大角钢的轴压稳定系数按照 a 类曲线进行取值，表明轴压构件试验结果与该规范计算值整体吻合较好，进一步表明该规范对于大角钢轴压稳定承载力的预测较好。当 $\lambda=40$ 时，试验结果中轴向荷载随着弯矩的增加而减小；而当 $\lambda=60$ 时，试验结果中轴向荷载随着弯矩的增加先是几乎保持不变，而后又随着弯矩的增加而减小，即在 $\lambda=60$ 时，在一定的偏心距内，随着偏心距的增加，构件的承载力并不会下降，当超过该偏心距时，随着偏心距的增加，承载力会出现下降。试验表明绕强轴单向压弯的偏压构件可能存在临界偏心距，只要施加的偏心距在临界偏心距以内，偏心加载的大角钢就可以达到其轴压相同的承载力，且该偏心距可能与长细比相关。整体看来，该规范中并没有反映出大角钢绕强轴单向压弯所表现出的临界偏心距的特征，将其直接用于大角钢压弯构件的设计是不合适的。

（2）试验结果与规范 ANSI/AISC 360-16 的对比（强轴）

图 3-64 为大角钢绕强轴单向压弯的试验结果与规范 ANSI/AISC 360-16 的对比，从图 3-64 中可以看出，试验结果均高于该规范 ANSI/AISC 360-16 的计算值，$\lambda=40$ 和 $\lambda=60$ 的试件分别平均高于该规范计算值 7.43% 和 16.33%。当 $P=0$ 时，即构件为轴压时，轴压试验结果与该规范计算值的平均误差为 6.42%，表明轴压试验结果与规范计算值整体吻合较好。同样地，该规范也未能准确反映出大角钢绕强

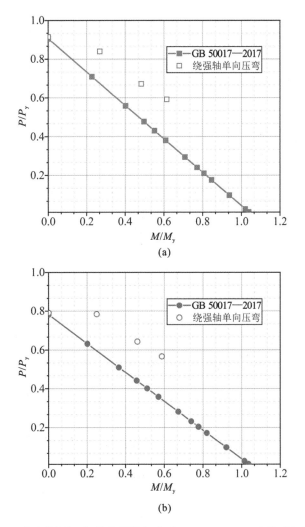

图 3-63　试验结果与《钢结构设计标准》(GB 50017—2017)的对比(强轴)

(a)λ＝40；(b)λ＝60

轴单向压弯的稳定承载力的分布特征。

(3)试验结果与规范 Eurocode 3 的对比(强轴)

图 3-65 为大角钢绕弱轴单向压弯的试验结果与规范 Eurocode 3 的对比,从图 3-65中可以看出,试验结果均高于该规范 Eurocode 3 的计算值,λ＝40 和 λ＝60 的试件分别平均高于规范计算值 8.11％和 19.89％。当 $P＝0$ 时,即构件为轴压时,试验结果与规范计算值的平均误差为 11.45％,此时大角钢的轴压稳定系数按照 b 类曲线进行取值,表明用规范公式计算得到的轴压大角钢的承载力是偏保守的。

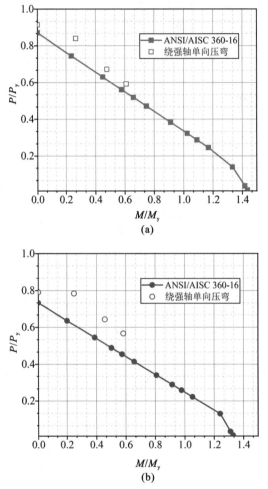

图 3-64　试验结果与规范 ANSI/AISC 360-16 的对比（强轴）

(a)λ＝40；(b)λ＝60

（4）试验结果与《钢结构设计标准》（GB 50017—2017）的对比（弱轴）

图 3-66 为大角钢绕弱轴单向压弯的试验结果与《钢结构设计标准》（GB 50017—2017）的对比，从图 3-66 中可以看出，试验结果均高于《钢结构设计标准》（GB 50017—2017）的计算值，λ＝30 和 λ＝50 的试件分别平均高于规范计算值 18.58％和 17.85％。当 P＝0 时，即构件为轴压时，试验结果与该规范计算值的平均误差为 0.93％，此时大角钢的轴压稳定系数按照 a 类曲线进行取值，表明轴压试验结果与规范计算值整体吻合较好，进一步表明该规范对于大角钢轴压稳定承载力的预测较好。与绕强轴单向压弯不同的是，λ＝30 和 λ＝50 的试件，试验结果中轴向荷载均随着弯矩的增加而减小，即不存在临界偏心距。

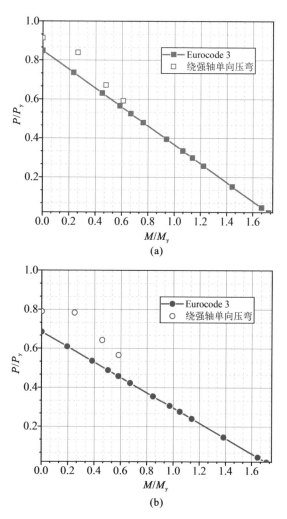

图 3-65　试验结果与规范 Eurocode 3 的对比（强轴）

(a)λ=40；(b)λ=60

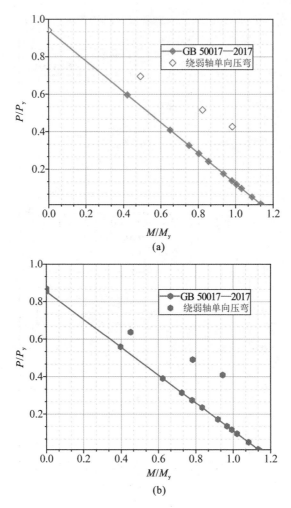

图 3-66　试验结果与 GB 50017—2017 的对比（弱轴）

(a)λ＝30；(b)λ＝50

（5）试验结果与规范 ANSI/AISC 360-16 的对比（弱轴）

图 3-67 为大角钢绕弱轴单向压弯的试验结果与规范 ANSI/AISC 360-16 的对比，从图 3-67 中可以看出，试验结果均高于该规范 ANSI/AISC 360-16 的计算值，λ＝30 和λ＝50 的试件分别平均高于规范计算值 3.81％和 6.99％，表明在长细比较小时，绕弱轴单向压弯的偏压试验结果与该规范计算值整体吻合较好，长细比较大时，相比试验结果，该规范计算值略显保守。

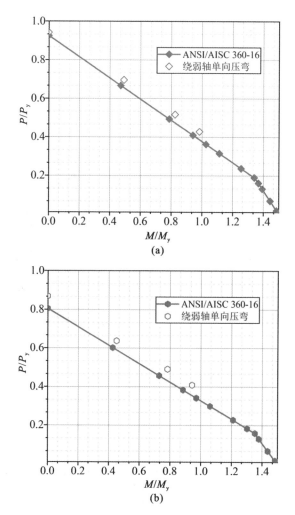

图 3-67　试验结果与规范 ANSI/AISC 360-16 的对比（弱轴）

(a)λ＝30；(b)λ＝50

（6）试验结果与规范 Eurocode 3 的对比（弱轴）

图 3-68 为大角钢绕弱轴单向压弯的试验结果与规范 Eurocode 3 的对比，从图 3-68中可以看出，当 λ＝30 时，试验结果均平均低于规范 Eurocode 3 的计算值 0.05％，虽然此时试验结果与该规范计算值误差很小，但是部分试验结果低于规范中的计算值。当 λ＝50 时，试验结果均平均高于规范 Eurocode 3 的计算值 5.62％。当 P＝0 时，即构件为轴压时，试验结果与该规范计算值的平均误差为 7.76％，此时大

角钢的轴压稳定系数按照 b 类曲线进行取值,表明按照该规范计算轴压大角钢的承载力是偏保守的。

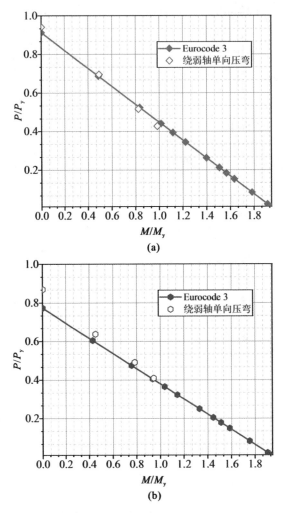

图 3-68　试验结果与规范 Eurocode 3 的对比(弱轴)

(a)λ=30;(b)λ=50

　　通过以上的分析可知,对于绕强轴单向压弯大角钢试件试验得到的结果,均高于目前的相关规范中的计算值,即现有的相关规范均表现出不同程度的保守。此外,绕强轴单向压弯的大角钢偏压试件可能存在临界偏心距,且该偏心距与长细比相关,而目前的相关规范中并未体现出该特点。对于绕弱轴单向压弯的相关大角钢试件试验得到的结果,除了《钢结构设计标准》(GB 50017—2017)较为保守外,其他规范整体吻合较好,即相对于绕强轴单向压弯的大角钢来说,绕弱轴单向压弯的相关规范设计值的保守程度有所减小,且绕弱轴单向压弯的大角钢没有出现临界偏心距的现象。因此,针对大角钢的这一受力特性,后续将通过有限元的手段,对大角钢压弯构件展开参数化分析,并提出大角钢压弯构件相应的承载力计算方法。

3.5 本章小结

本章对《热轧型钢》(GB/T 706—2016)规范中肢宽最大、强度等级为 Q420 的大角钢进行了试验研究,试验加载分为轴压加载和偏压加载。其中,截面规格∠250×24 和∠250×28 的共 16 根,用作轴压试验;而截面规格∠250×26 的共 16 根,用作偏压试验。试验得出以下主要结论:

①轴压试验中,采用了单向铰支座,能够消除扭转带来的影响,提高了轴压试件计算长度系数计算公式的适用性。同时,轴压试验中采用了倾角传感器对支座的转角进行测量,不但简化了试验操作流程,也提高了试验精度。

②对于轴压试件来说,长细比为 30 的大角钢试件均发生弯扭失稳,长细比为 30 以上的大角钢试件发生弯曲失稳。

③当考虑支座约束的影响时,试验得到的大角钢的稳定系数小于不考虑支座约束影响的稳定系数。因此对于大角钢的轴压杆的稳定设计来说,当不考虑支座约束影响时,可按照《钢结构设计标准》(GB 50017—2017)的 a 类曲线进行设计;当考虑支座约束影响时,可采用 b 类曲线进行偏保守的设计。

④对于偏压大角钢来说,偏心的存在对大角钢的承载力有较大的削弱。其中,绕弱轴单向压弯试件承载力比绕强轴单向压弯的削弱更明显,且绕强轴单向压弯试件的承载力下降幅度与长细比和偏心率均相关。

⑤偏心距的存在会改变大角钢试件的失稳形态,对于 $\lambda=40$ 和 $\lambda=60$ 的绕强轴单向压弯的试件,随着偏心距的增大,试件的失稳形态由弯曲失稳转变为弯扭失稳;对于 $\lambda=30$ 的绕弱轴单向压弯的试件,随着偏心距的增大,试件的失稳形态由弯扭失稳转变为弯曲失稳;对于 $\lambda=50$ 的绕弱轴单向压弯的试件,随着偏心距的增大,试件的失稳形态依然为弯曲失稳,但是弯曲的方向发生了改变,即试件由朝着肢背弯曲变为朝肢尖弯曲。

⑥绕强轴单向压弯大角钢试件试验结果均高于相关规范中的计算值,即现有的相关规范均表现出不同程度的保守,而绕弱轴单向压弯的大角钢相关规范设计值的保守程度有所减小。

⑦绕强轴单向压弯的大角钢偏压试件可能存在临界偏心距,且该偏心距与长细比相关。

参 考 文 献

［1］ 中华人民共和国住房和城乡建设部.钢结构设计标准：GB 50017—2017［S］.北京：中国建筑工业出版社,2017.

［2］ Specification for structural steel buildings：ANSI/AISC 360-2016［S］. Chicago：AISC,2016.

［3］ Eurocode3：design of steel structures：part 1-1：General rules and rules for buildings：BS EN 1993-1-1［S］. London：BSI,2005.

［4］ SUN Y,GUO Y J,CHEN H Y,et al. Stability of large-size and high-strength steel angle sections affected by support constraint［J］. International Journal of Steel Structures,2021,21(1)：85-99.

［5］ 施刚,班慧勇,石永久,等. 高强度钢材钢结构研究进展综述［J］. 工程力学,2013,30(1)：1-13.

［6］ BJORHOVDE R. Deterministic and probabilistic approaches to the strength of steel columns［D］. West Bethlehem：Lehigh University,PA,1972.

［7］ GALAMBOS T V. Guide to stability design criteria for metal structures ［M］. 5th ed. New York：John Wiley & Sons,1998.

［8］ 国家市场监督管理总局,国家标准化管理委员会.钢及钢产品 力学性能试验取样位置及试样制备：GB/T 2975—2018［S］. 北京：中国标准出版社,2018.

［9］ 国家市场监督管理总局,国家标准化管理委员会.金属材料 拉伸试验 第1部分：室温试验方法：GB/T 228.1—2021［S］. 北京：中国标准出版社,2021.

［10］ BAN H Y,SHI G,SHI Y J,et al. Overall buckling behavior of 460MPa high strength steel columns：experimental investigation and design method ［J］. Journal of Constructional Steel Research,2012,74(4)：140-150.

［11］ 中华人民共和国住房和城乡建设部.钢结构工程施工质量验收标准：GB 50205—2020［S］. 北京：中国计划出版社,2020.

［12］ CHEN W F,LUI E M. Structural stability：theory and implementation ［M］. Upper Saddle River：PTR Prentice Hall,1987.

［13］ 童根树. 钢结构的平面内稳定［M］. 北京：中国建筑工业出版社,2015.

［14］ DUMONTEIL P. Simple equations for effective length factors［J］. Engineering Journal,AISC,1992,29(3)：111-115.

［15］ CHEN Y Y,CHUAN G H. Modified approaches for calculation of effective length factor of frames [J]. Advanced Steel Construction,2015,11(1)：39-53.

[16] WEBBER A,ORR J J,SHEPHERD P,et al. The effective length of columns in multi-storey frames [J]. Engineering Structures,2015,102：132-143.

[17] TIKKA T K,MIRZA S A. Effective length of reinforced concrete columns in braced frames [J]. International Journal of Concrete Structures and Materials,2014,8(2)：99-116.

[18] CAO K,GUO Y J,XU J. Buckling analysis of columns ended by rotation-stiffness spring hinges[J]. International Journal of Steel Structures,2016,16(1)：1-9.

[19] 吕烈武,沈世钊,沈祖炎,等. 钢结构构件稳定理论[M]. 北京：中国建筑工业出版社,1983.

[20] 郭立湘,饶芝英,童根树. 次翘曲对角钢和 T 形截面剪切中心坐标的影响[J].建筑钢结构进展,2009,11(4)：57-62.

[21] 郭耀杰,方山峰. 钢结构构件弯扭屈曲问题的计算和分析[J]. 建筑结构学报,1990,11(3)：38-44.

[22] 陈绍蕃. 单角钢轴压杆件弹性和非弹性稳定承载力[J]. 建筑结构学报,2012,33(10)：134-141.

4 Q420 大角钢稳定承载力的 有限元分析

通过第 3 章试验研究的结果得知,对于大角钢轴压构件,构件的失稳形态主要为弯曲失稳和弯扭失稳,且失稳形态与长细比有关,由于受试验条件下支座转动刚度的影响,试验得到的稳定系数小于《钢结构设计标准》(GB 50017—2017)[1]中 a 类柱子曲线,规范中的柱子曲线均是按照轴压构件两端理想铰接而建立的,因此,有必要进一步分析大角钢两端理想铰接时的轴压稳定系数,通过对试验条件下支座转动刚度的测量和分析,能够消除试验条件下支座转动约束的影响,得到构件两端为理想铰接的有效计算长度,而采用有限元分析的方法能够模拟试件两端理想铰接的约束条件。对于偏压大角钢来说,偏心的存在对大角钢的承载力有较大的削弱,绕强轴单向压弯试件的承载力下降幅度与长细比和偏心距均有关,同时,偏心距的存在会改变大角钢试件的失稳形态。由于试验研究的对象有限,偏心距对偏压构件稳定承载力的影响规律并不能得出较为明显的结论,故需要更多的参数化分析结果来进行验证。

为进一步分析消除支座约束对轴压构件稳定承载力的影响以及偏心距对大角钢压弯构件稳定承载力的影响规律,本章借助有限元的手段,建立轴压和偏压荷载作用下大角钢的有限元模型,并利用试验结果对有限元模型进行验证,以期得到稳定可靠的有限元模型,并用于第 5 章中更多截面规格、更多长细比的大角钢的参数化分析。目前市面上的大型通用有限元软件有很多,如:ANSYS、ABAQUS、ADINA、SAP等,其中 ANSYS 的 APDL 语言能够非常简单地通过修改相应的命令[2-9],实现参数化建模,而本章数值模拟的目的也是研究更多截面规格、更多长细比、更多荷载工况下的大角钢的受力性能,因此为了提高有限元建模效率,本章选用了有限元软件ANSYS 对大角钢进行数值模拟研究。

4.1 有限元模型的建立

4.1.1 模型的构建

有限元分析中,对于轴心受压构件,当构件发生整体弯曲失稳破坏时,选用梁单元进行分析可得到较好的分析结果,当构件发生弯扭失稳和局部失稳时,应该选取壳单元或实体单元,班慧勇等[10,11]对强度等级为 Q420、肢宽为 125~200mm 的角钢进行有限元建模,试验结果表明试件发生了局部失稳和弯扭失稳,在有限元分析中,其采用了实体单元 SOLID186 对角钢构件进行建模。曹珂[12]采用实体单元 SOLID185对强度等级为 Q420、肢宽为 220mm 和 250mm 的大角钢进行建模,均取得了较好的计算结果。采用壳单元建立角钢的有限元模型能够提高计算效率,但由于大角钢的几何尺寸较大,尤其是肢厚相对常规截面角钢来说比较大,采用壳单元可能会导致有限元的结果不够准确,而采用实体单元虽然在一定程度上增加了计算量,但是更能真实反映大角钢的受力性能,又考虑到本书第 3 章的试验结果表明大角钢的失稳模态既有弯曲失稳又有弯扭失稳,因此本章选用实体单元对大角钢进行建模,基于本书第3 章的试验研究中对支座转动刚度的测量,并利用计算长度系数的相关计算方法消除试件两端支座约束的影响,得到理想铰接试件的有效长度,进而在有限元模型中均按照理想铰接约束进行建模。

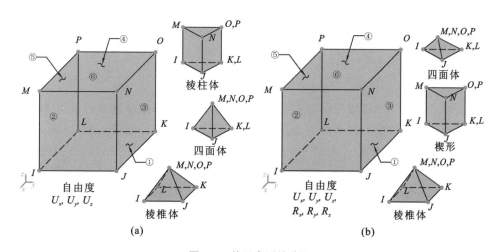

图 4-1 单元类型的选取

(a)SOLID185 单元;(b)SOLID73 单元

SOLID185 是 8 节点六面体 3D 实体单元,如图 4-1(a)所示,该单元具有较高的计算精度,适用于大变形、非线性分析,但该单元每个节点仅有 3 个平动自由度,即 U_x,U_y,U_z。SOLID73 单元也是 8 节点六面体 3D 实体单元[13-16],如图 4-1(b)所示,该单元每个节点具有 6 个自由度,即平动自由度 U_x,U_y,U_z,转动自由度 R_x,R_y,R_z。采用 SOLID185 单元虽然能够获得很好的分析结果,但是其单元节点仅有平动自由度,导致所建立的有限元模型难以在构件端部施加理想铰接约束,仅能施加刚接约束。文献[17]在对大角钢建立有限元模型时,采用的是 SOLID185 单元,其大角钢的力学模型两端设定为刚接的约束,分析时需要将两倍计算长度的刚接有限元模型转化为单倍计算长度的铰接构件模型,此方法虽然从理论上解决了构件两端铰接约束的问题,但是在一定程度上增加了计算量。为了提高计算效率,并且力求所建立的有限元模型与试验中的铰接约束条件一致,本章将大角钢的力学模型设定为两端铰接约束的模型,如图 4-2 所示(左图为将 2 倍长度的刚接等效为 1 倍长度的铰接)。

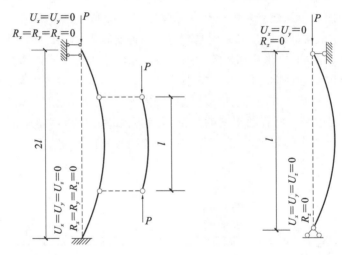

图 4-2 大角钢的铰接力学模型

文献[17]建立的有限元模型如图 4-3 所示,在对大角钢两端施加约束条件时,对构件下端截面即约束下端面的平动自由度(U_x,U_y 和 U_z)进行刚接约束,如图 4-3(b)所示,由于大角钢的形心并未位于端部截面上,而对于构件的上端截面,首先约束 x、y 方向的平动自由度(U_x,U_y),然后通过 CP 耦合命令,使上端截面共用 1 个 z 向平动自由度,从而实现上端截面约束的施加,而荷载也是沿着上端截面进行施加,如图 4-3(c)所示。该约束条件和荷载条件的施加方法有助于轴压大角钢的分析取得较好的计算结果,但是对于偏压构件却难以按照相应偏心位置施加对应的荷载。

文献[18]在对钢板混凝土剪力墙建模时,涉及多种材料、多个构件的相互衔接和温度场与应力场的相互耦合,同时需要考虑多种荷载和约束条件的施加,因此,建立

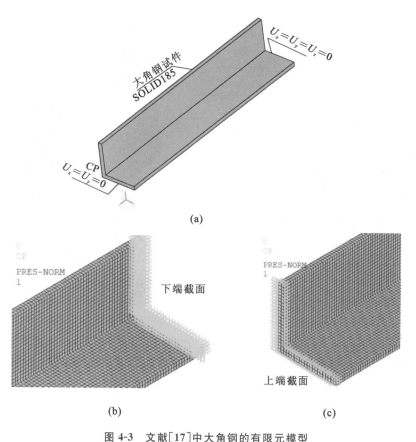

图 4-3 文献[17]中大角钢的有限元模型

(a)有限元模型示意图;(b)下端截面约束的施加;(c)下端截面荷载和约束的施加

有限元模型时在混凝土材料四周建立了刚性板,以解决混凝土包裹钢板的问题,同时也便于荷载和约束条件的施加,所建立的有限元模型如图 4-4(a)所示,有限元的分析结果如图 4-4(b)所示。从图 4-4 中可以看到,该文献中建立有限元模型的方法取得了很好的计算效果。本章受文献[18]中有限元建模方法的启发,在建立大角钢有限元模型时,为了方便对试件施加不同的荷载条件和铰接约束条件,分别在大角钢试件的顶部和底部设置了刚性板,并且选用了具有转动自由度的 SOLID73 单元用于大角钢试件两端刚性板的建模,使荷载和约束条件均在刚性板上施加,不但可以实现大角钢试件两端的理想铰接约束,还能够保证荷载沿着构件端部截面均匀分布,并选用 SOLID185 单元用于大角钢试件的建模,以获得更为精确的非线性计算结果,所建立的有限元模型如图 4-5 所示。大角钢两端的刚性板厚度与角钢的肢厚相同,刚性板的形心与大角钢的形心重合,从而保证施加在刚性板上的荷载和约束与大角钢相协调。

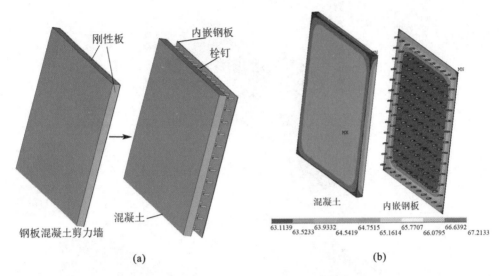

图 4-4 文献[18]中的有限元分析

(a)有限元模型；(b)有限元分析结果

无论是轴压构件还是偏压构件，在有限元模型中约束条件的施加是相同的，即在底部刚性板的形心处约束了刚性板的平动自由度（U_x，U_y 和 U_z）以及绕纵轴的转动自由度（R_z）。在顶部刚性板的形心处，约束了刚性板的平动自由度（U_x 和 U_y）以及绕纵轴的转动自由度（R_z），从而使得模型两端为理想铰接的约束条件。对于轴压试件，荷载沿着顶部刚性板的形心处施加集中力。而偏压试件按照预先设定好的偏心位置，沿着顶部刚性板施加集中力，约束条件和荷载的施加如图 4-5 所示。

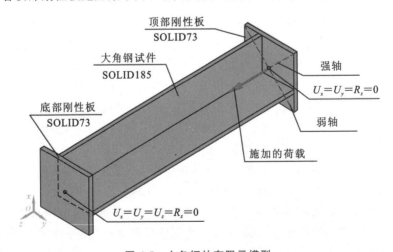

图 4-5 大角钢的有限元模型

网格划分时,在 ANSYS 中采用 SWEEP 命令对有限元模型划分。经过多次试算,发现将刚性板沿着厚度方向划分为 2 层,而角钢试件沿着厚度方向划分为 3 层,能够获得较为稳定且具有足够精度的计算结果。网格划分结果如图 4-6 所示。从图 4-6 中可以看到,本章有限元网格划分得非常规整,且各个网格的尺寸也较为统一,表明本章网格划分具有足够的精度。

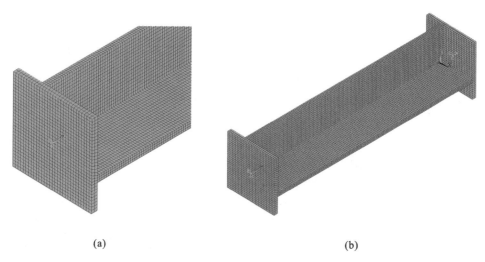

(a)　　　　　　　　　　　　　　(b)

图 4-6　大角钢的网格划分

(a)细部图;(b)整体图

4.1.2　材料参数的选取

在有限元模型中,对于材料参数的定义,要依照材料的本构关系来确定,钢材常用的材料本构关系曲线有 3 种:理想弹塑性本构模型、无屈服平台的多线性本构模型、有屈服平台的多线性本构模型[19]。

(1)理想弹塑性本构模型

该模型中钢材没有达到屈服前是理想的线弹性,钢材屈服后是理想的塑性,其应力-应变关系曲线是由两条线段组成的,其解析式如式(4-1)所示,应力-应变关系曲线如图 4-7 所示。

$$\sigma = \begin{cases} E\varepsilon & (0 < \varepsilon \leqslant \varepsilon_y) \\ f_y & (\varepsilon_y < \varepsilon \leqslant \varepsilon_u) \end{cases} \tag{4-1}$$

式中,E 为弹性模量;ε 为钢材的应变;f_y 为钢材的屈服强度;ε_y 为屈服应变;ε_u 为极限应变。

(2)无屈服平台的多线性本构模型

该本构模型中考虑了钢材的强化阶段,但是没有屈服平台,其应力-应变关系解

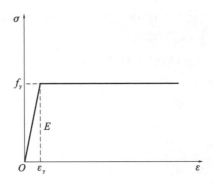

图 4-7　理想弹塑性本构模型

析式如式(4-2)所示,曲线如图 4-8 所示。

$$\sigma = \begin{cases} E\varepsilon & (0 < \varepsilon \leqslant \varepsilon_y) \\ f_y + E_{st}(\varepsilon - \varepsilon_y) & (\varepsilon_y < \varepsilon \leqslant \varepsilon_u) \end{cases} \quad (4\text{-}2)$$

式中,E_{st} 为强化阶段的弹性模量。

(3)有屈服平台的多线性本构模型

该本构模型中考虑了钢材的强化阶段,有明显的屈服平台,其应力-应变关系解析式如式(4-3)所示,曲线如图 4-9 所示。

$$\sigma = \begin{cases} E\varepsilon & (0 < \varepsilon \leqslant \varepsilon_y) \\ f_y & (\varepsilon_y < \varepsilon \leqslant \varepsilon_{st}) \\ f_y + E_{st}(\varepsilon - \varepsilon_{st}) & (\varepsilon_{st} < \varepsilon \leqslant \varepsilon_u) \end{cases} \quad (4\text{-}3)$$

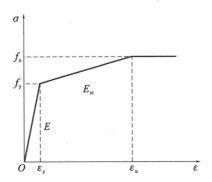

图4-8　无屈服平台的多线性本构模型

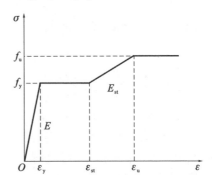

图4-9　有屈服平台的多线性本构模型

在有限元分析时,Q235 和 Q345 强度的角钢均采用理想弹塑性本构模型,我国钢结构相关设计规范中也均采用该本构模型,而根据前文中的材性试验数据可得,Q420 钢材没有明显的屈服平台,即在屈服后迅速进入了强化阶段,与无屈服平台的多线性本构模型相吻合。为进一步分析本构关系对构件承载力的影响,分别按照图 4-7和图 4-9 所示的本构关系曲线进行计算分析,其中图 4-7 所示的理想弹塑性双线性本构关系曲线为国内外现行规范中制定柱子曲线时所采用的钢结构本构关系,图 4-9 是本章试验得到的结果比较接近的本构关系曲线,因此为考察两种不同本构关系对大角钢稳定系数 φ 的影响,分别采用两种本构关系建立了有限元模型,并对求解获得的稳定系数值进行了对比分析。图 4-10(a)是截面规格为∠220×20 的有限元模型,其网格数量明显少于其他各规格的大角钢有限元模型,这就意味着该截面规格的有限元模型具有更高的计算效率。因此,本章采用∠220×20 截面规格的有限元模型进行两种材性曲线对大角钢稳定系数 φ 影响的研究。在划分单元网格时,采用 SWEEP 命令进行网格划分,这样可使有限元模型中网格均匀且网格各边边长相近。

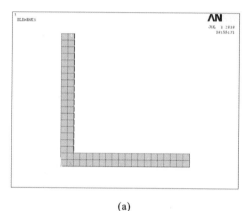
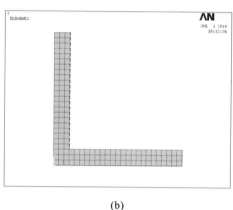

(a)   (b)

图 4-10 不同截面规格网格划分结果

(a)∠220×20 模型截面网格划分;(b)其他各规格模型截面网格划分

采用多线性本构关系模型和双线性本构关系模型进行分析讨论,对名义长细比 λ 取值范围为 30～120,正则化长细比 λ_n 为 0.426～1.707,失稳形式包含弹塑性失稳和弹性失稳,共计 26 个大角钢有限元模型进行了有限元计算。为方便描述,现定义采用考虑强化的多线性本构关系的有限元模型获得稳定系数为 φ_M;同时,定义理想弹塑性作为双线性本构关系的有限元模型求解得到的稳定系数为 φ_B。各长细比下 φ_M 和 φ_B 的取值见表 4-1。

表 4-1   **两种材性模型的稳定系数对比表**

名义长细比 λ	正则化长细比 λ_n	φ_M	φ_B	$(\varphi_M/\varphi_B-1)/\%$
30	0.426	1.108	0.928	19.40
35	0.497	1.027	0.901	13.98
40	0.568	0.950	0.874	8.70
45	0.639	0.890	0.834	6.71
50	0.710	0.839	0.813	3.20

名义长细比 λ	正则化长细比 λ_n	φ_M	φ_B	$(\varphi_M/\varphi_B-1)/\%$
55	0.781	0.794	0.778	2.06
60	0.852	0.753	0.731	3.01
65	0.923	0.697	0.689	1.16
70	0.994	0.647	0.645	0.31
75	1.065	0.602	0.603	−0.17
90	1.278	0.464	0.471	−1.49
105	1.491	0.359	0.371	−3.23
120	1.704	0.282	0.287	−1.74

　　为直观反映表 4-1 所描述的变化规律,将各模型获得的稳定系数 φ 值绘制为曲线图(图 4-11)。图 4-11 中还对比列出了我国《钢结构设计标准》(GB 50017—2017)中等边角钢所在的 b 类曲线、欧洲规范 Eurocode 3 中等边角钢的 b 类柱子曲线、美国 ANSI/AISC 360-16 和 ASCE 10-2015 推荐的柱子曲线。

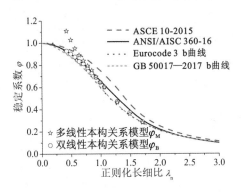

图 4-11　两种本构关系模型计算结果对比

　　可以看出,多线性、双线性材性关系对大角钢的稳定系数 φ 具有不可忽略的影响。φ_M 和 φ_B 之间的差别,随着正则化长细比 λ_n 的变化而存在明显变化。当 λ_n 较小时,φ_M 明显大于 φ_B,φ_M 甚至有可能超过 1.0;而当 λ_n 足够大时,φ_M 和 φ_B 则趋于一致。不论长细比 λ_n 取值如何,φ_B 始终小于 1.0。采用理想弹塑性的双线性本构关系时,φ_B 与《钢结构设计标准》(GB 50017—2017)中等边角钢所在的 b 类曲线十分接近,这说明了本章采用的有限元模型与《钢结构设计标准》(GB 50017—2017)柱子曲线时的数值计算模型具有相吻合的计算结果。φ_B 与我国《钢结构设计标准》(GB 50017—2017)b 类曲线相吻合的计算结果,从侧面验证了本章所采用的有限元模型的准确性。同时也证明,采用理想弹塑性的本构关系,不能准确计算大角钢的轴压稳定承载力;应采用考虑强化阶段的多线性本构关系,对大角钢的轴压稳定承载力进行更为合理的数值分析。

在利用大角钢的试验数据对有限元模型进行验证时,有限元模型中的材料参数均按照材性试验的实测值进行取值。材料的屈服准则又分为 Tresca 屈服准则和 Mises 屈服准则,在 3D 主应力空间,Tresca 屈服面是一个正六棱柱的柱面,而 Mises 屈服面为一个圆柱面,如图 4-12 所示。本章大角钢有限元分析计算求解选用的是 Mises 屈服准则。

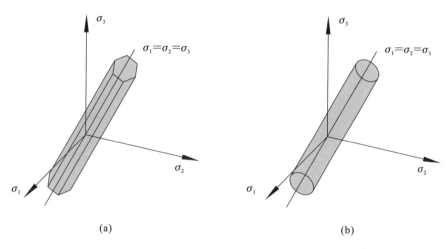

(a)   (b)

图 4-12 屈服准则示意图

(a)Tresca 屈服准则;(b)Mises 屈服准则

4.1.3 初始缺陷的施加

初始几何缺陷和残余应力对钢构件的非线性屈曲行为具有显著影响。试验构件的截面几何参数按照实测的数据进行取值。试件初始几何缺陷的施加是以有限元模型的一阶特征值屈曲模态作为变形状态,根据缺陷的实测值 u 更新模型的放大倍数,有限元模型中的初变形放大倍数为 $\eta=u/u_B$,其中 u_B 为特征值屈曲分析中试件的初始变形幅值。在 ANSYS 中获得一阶弯曲屈曲模态及一阶弯扭屈曲模态,并生成相应的"∗.rst"初变形文件,利用 UPGEOM 命令将放大倍数施加到有限元模型中,从而实现将实测的初变形值施加到有限元模型中。图 4-13 为特征值屈曲分析中大角钢的一阶屈曲模态变形图。

Ban 等[20]对 Q420 的高强度角钢的残余应力分布模型进行了研究,认为高强角钢的残余应力分布模型与常规角钢保持一致,只有残余应力峰值有所降低,并提出了

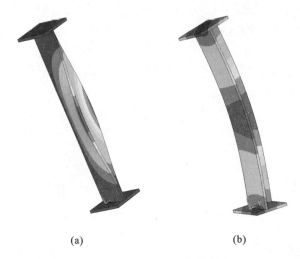

(a)　　　　　　　　　　　　(b)

图 4-13　一阶屈曲模态

(a)一阶弯扭屈曲模态；(b)一阶弯曲屈曲模态

3 点分布模型，而 Može 等[21]对强度为 S355 的大角钢的残余应力分布模型进行了研究，在 3 点分布模型的基础上提出了 4 点分布模型，上述残余应力分布模型如图 4-14 所示。

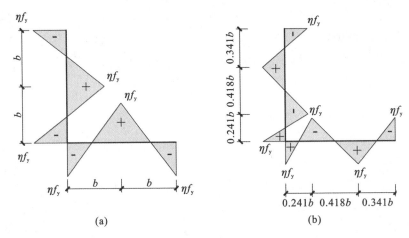

(a)　　　　　　　　　　　　(b)

图 4-14　残余应力分布模型

(a)3 点分布模型；(b)4 点分布模型

残余应力的 3 点分布模型相比 4 点分布模型略显保守，文献[17]对大角钢的轴压稳定性进行分析时，也采用了 3 点分布模型，因此本章也选取 3 点分布模型进行分析，而且残余应力峰值取为 $0.13f_y$，残余应力的分布模型如图 4-15(a)所示，将残余应力作为单元积分点的初始应力在有限元模型中施加，采用 * vwrite 命令编写大角钢的残余应力文件（"＊.ist"文件），并采用 inistate 命令读取生成的残余应力文件，对大角钢数值模型施加残余应力。施加残余应力后的大角钢有限元模型的残余应力云图如图 4-15(b)所示。

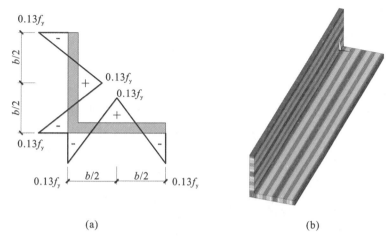

(a)   (b)

图 4-15　有限元模型中的残余应力分布

(a)分布模型；(b)残余应力云图

4.1.4　模型的求解

考虑到大角钢试件的失稳为极值点失稳，故在大角钢特征值屈曲分析的基础上施加初始缺陷，然后进行非线性屈曲分析。ANSYS 中对于非线性问题的求解方法有增量法、迭代法和弧长法，其中弧长法能够解决刚度矩阵中由降秩引起的不收敛问题[22-25]，其计算效率远远高于前两者。因此本章选用弧长法进行求解和计算，在求解时考虑材料非线性和几何非线性，荷载步取为 100 步，并将每一个荷载步分为 50 子步进行计算，考虑到大角钢的变形不能过大，将 Z 向位移超过 40mm 也作为计算终止的条件。

因此，高强度大规格角钢试件的 ANSYS 有限元数值模型，按如下步骤进行建立及求解：

①进入前处理，并根据实测的各试件肢宽 b、肢厚 t，实测支座刚度后的各试件计算长度 l_{0y}，建立各试件的几何模型。

②根据对 Q420 大角钢材性试样的拉伸试验获得的应力-应变关系曲线，定义各试件的屈服强度 f_y、极限抗拉强度 f_u、弹性模量 E。屈服点应变按 $\varepsilon_y = f_y/E$ 进行计算。材料泊松比取为 $\nu=0.3$。材料屈服准则选用 Mises 屈服准则。

③采用 SOLID185 单元，并用 SWEEP 命令划分模型网格。

④进入后处理,对模型进行特征值屈曲分析,并输出失稳模态文件。

⑤采用 * get 命令,读取模态分析中模型的初变形幅值 u_B。在进行极限承载力求解时,采用 UPGEOM 命令,将一阶屈曲模态施加到求解模型中。在施加一阶失稳模态时,需根据实测初变形幅值 u 定义初变形放大倍数 $\eta = u/u_B$。

⑥采用 * vwrite 命令编写大角钢的残余应力文件。在进行极限承载力求解时,采用 inistate 命令读取形成的残余应力文件,以便将残余应力施加到大角钢模型中。

⑦对于赋予一阶屈曲模态为初变形形态,并施加了残余应力的大角钢有限元模型采用弧长法,考虑非线性与大变形,对其极限轴压稳定承载力进行求解。

对于每一根大角钢试件,均形成 3 份命令流文件,来组成一组求解模型。3 份命令流文件分别为特征值屈曲分析,残余应力的编写,弧长法求解有限元数值模型的极限承载力。

4.2 有限元模型验证

根据弹性稳定理论,对于完善的理想轴压杆,其稳定承载力 N_E 可由欧拉公式进行计算,如式(4-4)所示。当轴压杆发生扭转失稳时,其扭转承载力 N_o 可由式(4-5)进行计算。承受纯弯曲的等截面简支梁的临界弯矩 M_{cr} 可由式(4-6)进行计算。

$$N_E = \frac{\pi^2 EI}{l^2} \tag{4-4}$$

$$N_o = \frac{1}{i_0^2}\left(GI_t + \frac{\pi^2 EI_w}{l^2} \right) \tag{4-5}$$

$$M_{cr} = \frac{\pi}{l}\sqrt{EI_y\left(GI_t + \frac{\pi^2 EI_w}{l^2} \right)} \tag{4-6}$$

式中,EI 为弯曲刚度;GI_t 为扭转刚度;EI_w 为翘曲刚度;EI_y 为侧向弯曲刚度;i_0 为极回转半径。

为了验证有限元模型,将有限元特征值屈曲求解的结果与弹性屈曲求解的理论公式结果进行对比分析。对长细比 λ 为 30~180、截面宽厚比 b/t 为 7.1~10.4 的轴压和偏压的大角钢进行特征值屈曲分析,并将有限元得到的屈曲承载力 N_f 与式(4-4)~式(4-6)的理论计算的屈曲承载力 N_t 进行对比分析,如表 4-2 所示。从表中的对比结果可以看到,轴压构件中二者的最大标准差为 0.035,偏压构件中二者的最大标准差为 0.101,表明有限元的特征值屈曲分析结果与理论公式的计算结果吻合较好。

表 4-2   特征值屈曲分析和理论公式计算结果的对比

长细比	λ	30	50	80	100	150	180
宽厚比	b/t	7.1	7.8	8.3	8.9	9.6	10.4
轴压 N_t/N_f	平均值	1.01	1.01	1.02	1.02	1.02	1.02
	标准差	0.035	0.027	0.025	0.028	0.019	0.019
偏压 N_t/N_f	平均值	1.08	1.07	1.09	1.02	1.02	1.03
	标准差	0.101	0.094	0.082	0.071	0.047	0.045

为了进一步验证有限元模型的准确性,下面将对试验结果和有限元计算结果进行对比分析。

4.2.1 轴压试件计算结果的验证

将轴压有限元计算得到的各个试件的稳定承载力与试验值进行对比,如图 4-16 所示。从图 4-16 中可以看出,有限元得到的轴压承载力和试验得到的承载力非常接近,表明采用的有限元模型对大角钢轴压构件稳定承载力的模拟效果是比较好的。

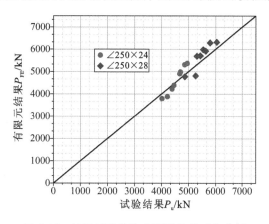

图 4-16 轴压试验值和有限元值的对比分析

将有限元计算得到的稳定系数 φ_{FE} 与试验结果的稳定系数 φ_t 进行对比分析,如表 4-3 所示。从表中可以看到,利用有限元计算得到的大角钢稳定系数 φ_{FE} 和试验得到的大角钢的稳定系数 φ_t 整体上相吻合,二者的平均误差为 2.4%,标准差为 0.0602,表明本章所建立的有限元模型对大角钢轴压稳定承载力的计算具有足够的精度,可对轴压大角钢进行更多的参数化建模分析。

表 4-3 　　　　　　　　稳定系数有限元值 φ_{FE} 与试验值 φ_t 的对比

试件编号	λ_n	φ_t	φ_{FE}	φ_{FE}/φ_t
∠250×24-30-1	0.391	0.962	1.042	1.083
∠250×24-30-2		0.944	1.032	1.093
∠250×24-40-1	0.502	0.909	0.954	1.049
∠250×24-40-2		0.913	0.968	1.060
∠250×24-50-1	0.608	0.868	0.854	0.984
∠250×24-50-2		0.854	0.820	0.961
∠250×24-60-1	0.710	0.819	0.753	0.920
∠250×24-60-2		0.782	0.738	0.944
∠250×28-30-1	0.401	0.991	1.037	1.047
∠250×28-30-2		0.950	1.032	1.087
∠250×28-40-1	0.517	0.909	0.983	1.080
∠250×28-40-2		0.923	0.971	1.052
∠250×28-50-1	0.627	0.891	0.936	1.051
∠250×28-50-2		0.869	0.932	1.073
∠250×28-60-1	0.733	0.798	0.784	0.982
∠250×28-60-2		0.862	0.789	0.915
平均值				1.024
标准差				0.0602

　　为了对轴压试验结果进行验证,分别将轴压试验中的截面规格为∠250×24 和 ∠250×28 的典型试件的中部截面的荷载-位移曲线有限元值和试验值,以及有限元结果和试验结果得到的失稳形态进行对比分析,其中每个截面规格的构件只选取一根,对比分析结果如图 4-17、图 4-18 所示。

　　从图 4-17 中荷载-位移曲线的对比可以看到,有限元结果和试验结果整体吻合较好,荷载-位移曲线也能够反映出构件的失稳形态为弯扭失稳,但是有限元结果得到的曲线相对试验结果显得更为光滑,尤其是在加载初期和临近极限荷载时,试验结果的曲线都出现了波动,而有限元结果并没有出现,这是由于有限元模型的加载条件更为理想,而试验结果会受到外界环境和试验加载设备与构件之间接触的影响,从而导致二者的结果出现差异。二者在构件的最终失稳形态整体吻合也较好,均反映出

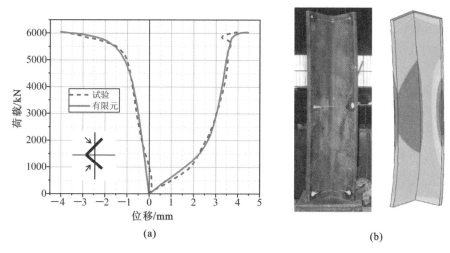

(a)   (b)

图 4-17   ∠250×28-30-1 有限元结果和试验结果对比

(a)荷载-位移曲线;(b)失稳形态

构件发生了弯扭失稳破坏,有限元结果也能反映出构件最终的破坏形态,但是有限元结果得到的失稳形态相比试验结果的失稳形态也更明显一些,这是由于在试验加载过程中,为了保证试验的安全,控制试件的变形不过度发展,限制了试验中构件变形的发展,但整体来看,有限元得到的结果与试验结果整体吻合较好,能够反映出轴压试件的失稳形态,进一步验证了有限元模型的精度。

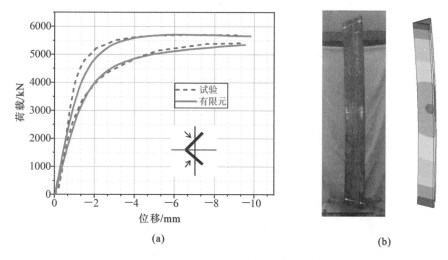

(a)   (b)

图 4-18   ∠250×28-40-1 有限元结果和试验结果对比

(a)荷载-位移曲线;(b)失稳形态

从图 4-18 中荷载-位移曲线的对比可以看到,有限元结果和试验结果整体吻合较好,荷载-位移曲线也能够反映出构件的失稳形态为弯曲失稳,这与长细比为 30 的构件的对比结果比较类似。二者在构件的最终失稳形态整体也吻合较好,均反映出构件发生了弯曲失稳破坏,有限元结果也能反映出构件最终的破坏形态。同样地,有限元结果得到的失稳形态相比试验结果的失稳形态也更明显一些,这是由于在试验加载过程中,为了保证试验的安全,控制试件的变形不过度发展,限制了试验中构件变形的发展,但整体来看,有限元得到结果与试验结果整体吻合较好,能够反映出轴压试件的失稳形态,进一步验证了有限元模型的精度。

4.2.2 偏压试件计算结果的验证

将偏压有限元计算得到的各个试件的稳定承载力与试验值进行对比,如图 4-19 所示。从图 4-19 中可以看出,有限元得到的偏压承载力和试验得到的承载力的结果非常接近,表明采用的有限元模型对大角钢偏压构件稳定承载力的模拟效果是比较好的。

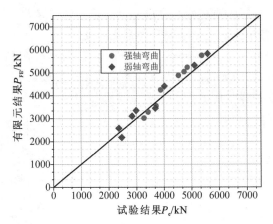

图 4-19 偏压试验值和有限元值的对比分析

将大角钢偏压有限元计算结果与试验结果无量纲化后进行对比分析,如表 4-4 所示。P_{FE}/P_y 为有限元计算结果得到的承载力无量纲化值,P_e/P_y 为试验结果得到的承载力无量纲化值,P_{FE}/P_e 为有限元结果得到的承载力和试验结果得到的承载力的比值。从表中可以看到,利用有限元计算得到的偏压大角钢的承载力和试验得到的大角钢承载力整体上是相吻合的,二者的平均误差为 3.2%,标准差为 0.073,表明本章所建立的有限元模型对偏压大角钢承载力的计算具有足够的精度,可对大角钢偏压构件进行更多的参数化建模分析。

表 4-4　　　　　　　　　　　　偏压有限元值与试验值的对比

试件编号		e_v/mm	e_u/mm	e_{uo}或e_{vo}	P_e/P_y	P_{FE}/P_y	P_{FE}/P_e
强轴弯曲	∠250×26-40-E0	0.0	0.0	0	0.914	0.976	1.068
	∠250×26-40-E1	0.0	15.6	0.20	0.839	0.905	1.078
	∠250×26-40-E2	0.0	35.1	0.45	0.672	0.734	1.092
	∠250×26-40-E3	0.0	50.6	0.65	0.592	0.567	0.958
	∠250×26-60-E0	0.0	0.0	0	0.790	0.840	1.063
	∠250×26-60-E1	0.0	15.6	0.20	0.784	0.844	1.076
	∠250×26-60-E2	0.0	35.1	0.45	0.643	0.613	0.955
	∠250×26-60-E3	0.0	50.6	0.65	0.566	0.522	0.921
弱轴弯曲	∠250×26-30-E0	0.0	0.0	0	0.942	0.981	1.042
	∠250×26-30-E1	15.6	0.0	0.20	0.695	0.764	1.098
	∠250×26-30-E2	35.1	0.0	0.45	0.517	0.579	1.120
	∠250×26-30-E3	50.6	0.0	0.65	0.427	0.376	0.881
	∠250×26-50-E0	0.0	0.0	0	0.869	0.904	1.040
	∠250×26-50-E1	15.6	0.0	0.20	0.637	0.596	0.935
	∠250×26-50-E2	35.1	0.0	0.45	0.491	0.537	1.094
	∠250×26-50-E3	50.6	0.0	0.65	0.410	0.446	1.089
平均值							1.032
标准差							0.073

　　分别将绕强轴单向压弯 λ＝40 和绕弱轴单向压弯 λ＝30 的偏压大角钢的有限元结果和试验结果进行对比,图 4-20～图 4-27 为中部截面的荷载-位移曲线以及失稳形态的对比结果。

　　图 4-20 为偏压试件∠250×26-40-E0 的有限元结果与试验结果的对比。从荷载-位移关系曲线中可以看到,有限元结果和试验结果整体吻合较好,当荷载较小时,二者的荷载-位移关系曲线的变化规律相同;随着荷载的增加,二者的关系曲线变化规律开始出现差异;试件失稳时,有限元结果与试验结果的关系曲线均朝着相同的方向呈无限扩大的趋势,从二者的荷载-位移曲线中很明显能观测到试件最终发生弯曲失稳。二者在构件的最终失稳形态整体吻合较好,均反映出构件发生了弯曲失稳破坏,有限元结果也能反映出构件最终的破坏形态,有限元结果得到的失稳形态相比试

验结果的失稳形态也更明显一些,这与轴压构件的对比结果比较类似,也是由于在试验加载过程中,为了保证试验的安全,控制试件的变形不过度发展,限制了试验中构件变形的发展,但整体来看,有限元得到结果与试验结果整体吻合较好,也能够反映出试件∠250×26-40-E0 的失稳形态。

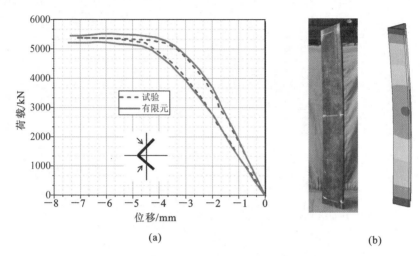

(a)   (b)

图 4-20 偏压试件有限元和试验结果的对比(∠250×26-40-E0)

(a)荷载-位移曲线;(b)失稳形态

图 4-21 为偏压试件∠250×26-40-E1 的有限元结果与试验结果的对比。从荷载-位移关系曲线中可以看到,有限元结果和试验结果整体吻合较好,当荷载较小时,二者的荷载-位移关系曲线的变化规律相同;随着荷载的增加,二者的关系曲线变化规律开始出现差异;试件失稳时,有限元结果与试验结果的关系曲线均朝着相同的方向呈无限扩大的趋势,从二者的荷载位移曲线中很明显能观测到试件最终发生弯曲失稳。二者在构件的最终失稳形态整体吻合较好,均反映出构件发生了弯曲失稳破坏,有限元结果也能反映出构件最终的破坏形态,有限元结果得到的失稳形态相比试验结果的失稳形态也更明显一些,这是由于在试验加载过程中,为了保证试验的安全,控制试件的变形不过度发展,限制了试验中构件变形的发展,但整体来看,有限元得到结果与试验结果整体吻合较好,也能够反映出试件∠250×26-40-E1 的失稳形态。

图 4-22 为偏压试件∠250×26-40-E2 的有限元结果与试验结果的对比。从荷载-位移关系曲线中可以看到,有限元结果和试验结果整体吻合较好,当荷载较小时,二者的荷载-位移关系曲线的变化规律相同,随着荷载的增加,二者的关系曲线变化规律开始出现差异,试件失稳时,有限元结果与试验结果的关系曲线均朝着相反的方向呈无限扩大的趋势,从二者的荷载位移曲线中很明显能观测到试件最终发生弯扭

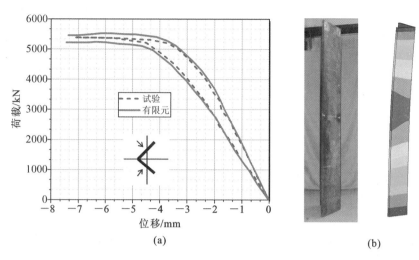

图 4-21   偏压试件有限元和试验结果的对比（∠250×26-40-E1）

(a)荷载-位移曲线；(b)失稳形态

失稳。二者在构件的最终失稳形态整体吻合较好,均反映出构件发生了弯扭失稳破坏,有限元结果也能反映出构件最终的破坏形态,有限元结果得到的失稳形态相比试验结果的失稳形态也更明显一些,这是由于在试验加载过程中,为了保证试验的安全,控制试件的变形不过度发展,限制了试验中构件变形的发展,但整体来看,有限元得到结果与试验结果整体吻合较好,也能够反映出试件∠250×26-40-E2 的失稳形态。

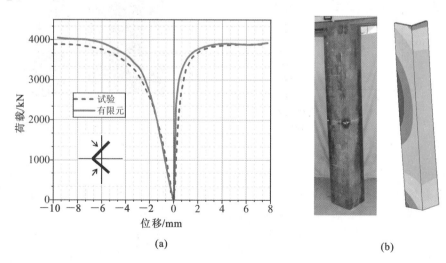

图 4-22   偏压试件有限元和试验结果的对比（∠250×26-40-E2）

(a)荷载-位移曲线；(b)失稳形态

图 4-23 为偏压试件∠250×26-40-E3 的有限元结果与试验结果的对比。从荷载-位移关系曲线中可以看到,有限元结果和试验结果整体吻合较好,当荷载较小时,二者的荷载-位移关系曲线的变化规律相同;随着荷载的增加,二者的关系曲线变化规律开始出现差异;试件失稳时,有限元结果与试验结果的关系曲线均朝着相反的方向呈无限扩大的趋势,从二者的荷载位移曲线中很明显能观测到试件最终发生弯扭失稳。二者在构件的最终失稳形态整体吻合较好,均反映出构件发生了弯扭失稳破坏,有限元结果也能反映出构件最终的破坏形态,有限元结果得到的失稳形态相比试验结果的失稳形态也更明显一些,这是由于在试验加载过程中,为了保证试验的安全,控制试件的变形不过度发展,限制了试验中构件变形的发展,但整体来看,有限元得到结果与试验结果整体吻合较好,也能够反映出试件∠250×26-40-E3 的失稳形态。

综合以上分析结果可以看到 $\lambda=40$ 的绕强轴单向压弯的试件,有限元得到的荷载-位移曲线与试验得到的荷载-位移曲线结果整体吻合较好,有限元结果得到的失稳形态也与试验结果的失稳形态吻合较好,从对比结果中也可以看到,随着偏心距的增大,试件由弯曲失稳变为了弯扭失稳。

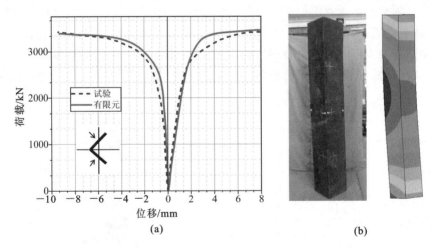

(a)

(b)

图 4-23 偏压试件有限元和试验结果的对比(∠250×26-40-E3)

(a)荷载-位移曲线;(b)失稳形态

图 4-24 为偏压试件∠250×26-30-E0 的有限元结果与试验结果的对比。从荷载-位移关系曲线中可以看到,有限元结果和试验结果整体吻合较好,当荷载较小时,二者的荷载-位移关系曲线的变化规律相同;随着荷载的增加,二者的关系曲线变化规律开始出现差异;试件失稳时,有限元结果与试验结果的关系曲线均朝着相反的方向呈无限扩大的趋势,从二者的荷载位移曲线中很明显能观测到试件最终发生弯扭

失稳。二者在构件的最终失稳形态整体吻合较好,均反映出了构件发生了弯扭失稳破坏,有限元结果也能反映出构件最终的破坏形态,有限元结果得到的失稳形态相比试验结果的失稳形态也更明显一些,这是由于在试验加载过程中,为了保证试验的安全,控制试件的变形不过度发展,限制了试验中构件变形能力的发展,但整体来看,有限元得到结果与试验结果整体吻合较好,也能够反映出试件∠250×26-30-E0的失稳形态。

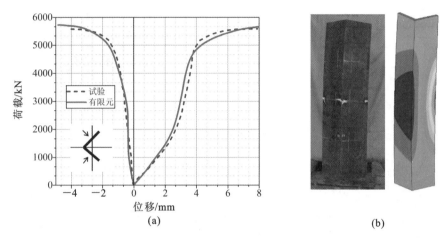

图 4-24　偏压试件有限元和试验结果的对比(∠250×26-30-E0)
(a)荷载-位移曲线;(b)失稳形态

图 4-25 为偏压试件∠250×26-30-E1 的有限元结果与试验结果的对比。从荷载-位移关系曲线中可以看到,有限元结果和试验结果整体吻合较好,当荷载较小时,二者的荷载-位移关系曲线的变化规律相同;随着荷载的增加,二者的关系曲线变化规律开始出现差异;试件失稳时,有限元结果与试验结果的关系曲线均朝着相反的方向呈无限扩大的趋势,从二者的荷载位移曲线中很明显能观测到试件最终发生弯扭失稳。二者在构件的最终失稳形态整体吻合较好,均反映出构件发生了弯扭失稳破坏,有限元结果也能反映出构件最终的破坏形态,有限元结果得到的失稳形态相比试验结果的失稳形态也更明显一些,这是由于在试验加载过程中,为了保证试验的安全,控制试件的变形不过度发展,限制了试验中构件变形能力的发展,但整体来看,有限元得到结果与试验结果整体吻合较好,也能够反映出试件∠250×26-30-E1 的失稳形态。

图 4-26 为偏压试件∠250×26-30-E2 的有限元结果与试验结果的对比。从荷载-位移关系曲线中可以看到,有限元结果和试验结果整体吻合较好,当荷载较小时,二者的荷载-位移关系曲线的变化规律相同;随着荷载的增加,二者的关系曲线变化规律开始出现差异;试件失稳时,有限元结果与试验结果的关系曲线均朝着相同的方

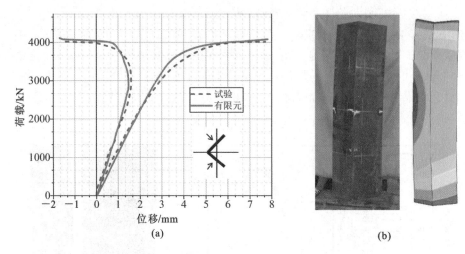

(a)　　　　　　　　　　　　(b)

图 4-25　偏压试件有限元和试验结果的对比（∠250×26-30-E1）

(a)荷载-位移曲线；(b)失稳形态

向呈无限扩大的趋势，从二者的荷载-位移曲线中很明显能观测到试件最终发生弯曲失稳。二者在构件的最终失稳形态整体吻合较好，均反映出了构件发生了弯曲失稳破坏，有限元结果也能反映出构件最终的破坏形态，有限元结果得到的失稳形态相比试验结果的失稳形态也更明显一些，这是由于在试验加载过程中，为了保证试验的安全，控制试件的变形不过度发展，限制了试验中构件变形的发展，但整体来看，有限元得到结果与试验结果整体吻合较好，也能够反映出试件∠250×26-30-E2 的失稳形态。

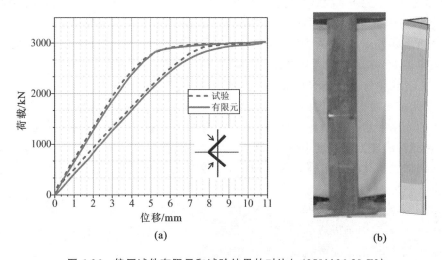

(a)　　　　　　　　　　　　(b)

图 4-26　偏压试件有限元和试验结果的对比（∠250×26-30-E2）

(a)荷载-位移曲线；(b)失稳形态

图 4-27 为偏压试件∠250×26-30-E3 的有限元结果与试验结果的对比。从荷载-位移关系曲线中可以看到,有限元结果和试验结果整体吻合较好,当荷载较小时,二者的荷载-位移关系曲线的变化规律相同;随着荷载的增加,二者的关系曲线变化规律开始出现差异;试件失稳时,有限元结果与试验结果的关系曲线均朝着相同的方向呈无限扩大的趋势,从二者的荷载-位移曲线中很明显能观测到试件最终发生弯曲失稳。二者在构件的最终失稳形态整体吻合较好,均反映出构件发生了弯曲失稳破坏,有限元结果也能反映出构件最终的破坏形态,有限元结果得到的失稳形态相比试验结果的失稳形态也更明显一些,这是由于在试验加载过程中,为了保证试验的安全,控制试件的变形不过度发展,限制了试验中构件变形的发展,但整体来看,有限元得到结果与试验结果整体吻合较好,也能够反映出试件∠250×26-30-E3 的失稳形态。

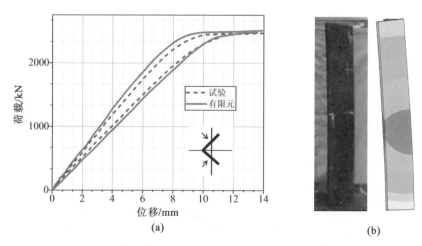

图 4-27　偏压试件有限元和试验结果的对比(∠250×26-30-E3)
(a)荷载-位移曲线;(b)失稳形态

综合以上分析结果可以看到,λ＝30 的试件有限元得到的荷载-位移曲线与试验得到的荷载-位移曲线结果整体吻合较好,有限元结果得到的失稳形态也与试验结果的失稳形态吻合较好。从对比结果中也可以看到,随着偏心距的增大,试件由弯扭失稳变为了弯曲失稳。

图 4-28 分别为构件∠250×26-30-E1、∠250×26-40-E1、L250×26-50-E1 和∠250×26-60-E1 的有限元和试验中部横截面应变状态的比较结果,从图 4-28 中可以看出,有限元模型为偏心受压大角钢构件在中部横截面中的应变状态提供了很好的模拟。从图 4-28(a)中可以看到,偏压试件∠250×26-30-E1 的试验结果和有限元结果吻合较好,从二者的荷载-应变关系曲线中可以看到,当荷载较小时,试件中部截面的 6 个应变测点的应变值变化规律相同,随着荷载的增加,各测点应变值逐渐增

大,肢尖测点、另一侧肢尖测点和肢背测点的应变值开始逐步出现差异,表明大角钢试件发生了一定程度的扭转变形。当临近极限荷载时,肢尖应变测点的应变值逐渐变小,而另一侧肢尖测点、肢背测点应变值显著增大,试件最终发生弯扭失稳。

从图 4-28(b)中可以看到,偏压试件∠250×26-40-E1 的试验结果和有限元结果吻合较好,从二者的荷载-应变关系曲线中可以看到,由于偏心距的存在,中部截面的 6 个应变测点的应变变化规律已经出现差异,位于肢尖的应变测点与位于肢背的应变测点朝着相反的方向发展。随着荷载的继续增大,肢尖和肢背的应变值差异越来越大,试件最终发生弯曲失稳。

从图 4-28(c)中可以看到,偏压试件∠250×26-50-E1 的试验结果和有限元结果吻合较好,从二者的荷载-应变关系曲线中可以看到,由于偏心距的存在,中部截面的 6 个应变测点的应变变化规律已经出现差异,肢尖的应变测点与位于肢背的应变测点朝着相反的方向发展。随着荷载的继续增大,肢尖和肢背应变值的差异越来越大,当大角钢试件失稳时,肢尖和肢背的应变值朝着相反的方向均呈无限扩大的趋势,试件最终发生弯曲失稳。

从图 4-28(d)中可以看到,偏压试件∠250×26-60-E1 的试验结果和有限元结果吻合较好,从二者的荷载-应变关系曲线中可以看到,由于偏心距的存在,中部截面的 6 个应变测点的应变变化规律已经出现差异,位于肢尖的应变测点与位于肢背的应变测点朝着相反的方向发展。随着荷载的继续增大,肢尖和肢背的应变值差异越来越大,试件最终发生弯曲失稳。

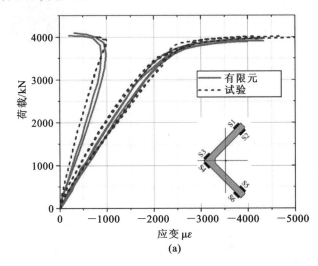

(a)

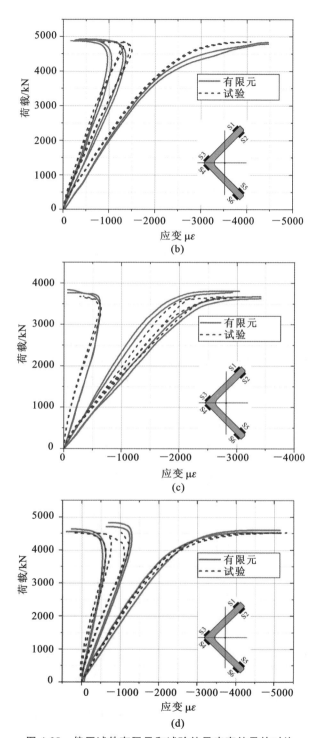

图 4-28　偏压试件有限元和试验结果应变结果的对比

(a)∠250×26-30-E1；(b)∠250×26-40-E1；(c)∠250×26-50-E1；(d)∠250×26-60-E1

从以上的分析结果得出,本章所建立的有限元模型对轴压和偏压大角钢的受力性能的模拟效果都比较好,后续可以此模型的建立方法开展更多的参数化分析,以探讨不同截面规格、不同长细比的大角钢在不同的荷载条件下的受力性能。

4.3 本章小结

本章利用有限元软件 ANSYS 构建了大角钢在轴压荷载和偏压荷载下的有限元模型,并基于试验结果对有限元模型进行了验证和分析,主要得出以下结论:

①选取实体单元建立大角钢有限元模型,能更真实地反映大角钢的受力性能和失稳形态,计算结果更准确。利用 SOLID73 单元能够解决轴压构件两端铰接约束的问题,并且便于施加偏压构件端部荷载和偏心距,在准确模拟大角钢受力性能的基础上,还能够提高计算效率。

②在有限元模型建模的过程中,选用无屈服平台的多线性材料本构模型能够对 Q420 等级钢材进行更好的模拟,所得到的计算结果能够与试验结果更好地对应。

③由于有限元模型的加载条件更为理想,使得有限元结果得到荷载-位移曲线相对试验结果显得更为光滑,有限元结果得到的失稳形态相比试验结果也更明显。整体上看来,本章所建立的有限元模型对轴压和偏压大角钢的受力性能和失稳形态的模拟效果较好,后续可依据此模型的建立方法开展更多的参数化分析,以分析更多截面规格、更多长细比大角钢在不同荷载条件下的受力性能。

参 考 文 献

[1] 中华人民共和国住房和城乡建设部. 钢结构设计标准:GB 50017—2017 [S]. 北京:中国建筑工业出版社,2017.

[2] 张涛. ANSYS APDL 参数化有限元分析技术及其应用实例[M]. 北京:水利水电出版社,2013.

[3] 龚曙光,黄云清. 有限元分析与 ANSYS APDL 编程及高级应用[M]. 北京:机械工业出版社,2009.

[4] 傅永华. 有限元分析基础[M]. 武汉:武汉大学出版社,2003.

[5] 何本国. ANSYS 土木工程应用实例[M]. 北京:中国水利水电出版社,2011.

[6] 王金昌,陈页开. ABAQUS 在土木工程中的应用[M]. 杭州:浙江大学出

版社,2006.

[7] 庄苗,由小川,廖剑晖,等. 基于 ABAQUS 的有限元分析和应用[M]. 北京:清华大学出版社,2009.

[8] 陈世民,何琳,陈卓. SAP 2000 结构分析简明教程[M]. 北京:人民交通出版社,2005.

[9] 王勖成,邵敏. 有限单元法基本原理和数值方法[M]. 北京:清华大学出版社,1997.

[10] SHI G,BAN H Y,BIJLAARD F S K. Tests and numerical study of ul-tra-high strength steel columns with end restrains [J]. Journal of Constructional Steel Research,2012,74:236-247.

[11] 班慧勇. 高强度钢材轴心受压构件整体稳定性能与设计方法研究[D]. 北京:清华大学,2012.

[12] 曹珂. 高强度大规格角钢轴压稳定性能研究[D]. 武汉:武汉大学,2016.

[13] 王新敏. ANSYS 工程结构数值分析[M]. 北京:人民交通出版社,2007.

[14] 江克斌,屠义强,邵飞. 结构分析有限元原理及 ANSYS 实现[M]. 北京:国防工业出版社,2005.

[15] 张朝晖. ANSYS 12.0 结构分析工程应用实例解析[M].3 版. 北京:机械工业出版社,2010.

[16] 石少卿,汪敏,刘颖芳,等. 建筑结构有限元分析及 ANSYS 范例详解[M]. 北京:中国建筑工业出版社,2008.

[17] CAO K,GUO Y J,XU J. Buckling analysis of columns ended by rota-tion-stiffness spring hinges[J]. International Journal of Steel Structures,2016,16(1):1-9.

[18] SUN Y,GUO Y J. Analysis of temperature-field and stress-field of steel plate concrete composite shear wall in early stage of construction [J]. Ar-chives of Civil Engineering,2021,67(1):351-366.

[19] 陈明祥. 弹塑性力学[M]. 北京:科学出版社,2007.

[20] BAN H Y,SHI G,SHI Y J,et al. Residual stress tests of high-strength steel equal angles [J]. Journal of Structural Engineering, 2012, 138 (12): 1446-1454.

[21] MOŻE P,CAJOT L-G,SINUR F,et al. Residual stress distribution of large steel equal leg angles [J]. Engineering Structures,2014,71:35-47.

［22］　张洪伟,高相胜,张庆余. ANSYS 非线性有限元分析方法及范例应用[M]. 北京:中国水利水电出版社,2013.

［23］　胡文进,杜新喜,万金国. 切面弧长法和增量步内弧长的控制[J]. 武汉大学学报(工学版),2008,41(6):79-82.

［24］　刘国明,卓家寿,夏颂佑. 求解非线性有限元方程的弧长法及在工程稳定分析中的应用[J]. 岩土力学,1993,14(4):57-67.

［25］　李大美,李素贞,朱方生. 计算方法[M]. 武汉:武汉大学出版社,2012.

5 大角钢压弯构件稳定承载力计算方法研究

通过第 3 章的试验研究可以得出,偏心的存在对大角钢的承载力有不同程度的削弱,而目前的相关规范中关于压弯构件稳定承载力的设计方法中并未涉及大角钢[1-6]。若采用目前的规范对大角钢进行设计,可能会表现出不同程度的保守,并且得出偏压大角钢绕不同轴压弯时,其受力性能表现出不同的变化特征的结论,尤其是绕强轴单向压弯时,偏压大角钢在一定的偏心距内具有与轴压构件相同的承载力。为了进一步对大角钢在不同荷载情况下的受力性能进行分析,并且补充相应的参数化分析,第 4 章采用有限元分析的方法,建立了大角钢在轴压荷载和偏压荷载下的有限元模型,并利用试验结果对有限元模型的可靠性进行了验证。本章采用经试验验证的有限元模型,对大角钢的受力性能展开参数化分析。首先,通过控制变量法建立大角钢的参数化模型,分别研究初始几何缺陷、残余应力、钢材强度等级、构件截面规格、偏心距对大角钢构件承载力的影响规律,对比分析这些参数对轴压构件和偏压构件承载力的影响程度。然后,对轴压大角钢的稳定系数展开分析,分析轴压大角钢稳定系数的取值。接着,对偏压大角钢的受力性能展开参数化分析,将分析的结果与现有国内外相关规范中压弯构件的设计公式进行对比,得到大角钢稳定承载力的分布规律。最后,基于分析的结果,提出适用于大角钢压弯构件稳定承载力的计算方法。

5.1 大角钢的参数化分析

5.1.1 初始几何缺陷和残余应力的影响

初始几何缺陷对构件的承载力有较大的影响[7-11],为了研究初始几何缺陷对大角钢稳定承载力的影响,选取截面规格为 ∠250×26 的 Q420 大角钢,在建立有限元模型时,将构件的初始几何缺陷分别取为杆长的 0、1/250、1/400、1/600、1/800、

1/1000、1/1500 共 7 种，其中初始几何缺陷为 0 的构件是无初始缺陷的理想构件，作为分析的对照组。为了分析初始几何缺陷对轴压和偏压大角钢的影响程度，荷载施加时将偏心率分别取为 $e_{uo}=0$（轴压）和 $e_{uo}=1$（偏压）两种情况进行分析，长细比 λ 取为 20～200。对建立的有限元模型进行求解计算，计算的结果如图 5-1 所示，图中的纵坐标为有初始几何缺陷构件的承载力相对无初始缺陷理想构件的承载力的相对误差 R_I。

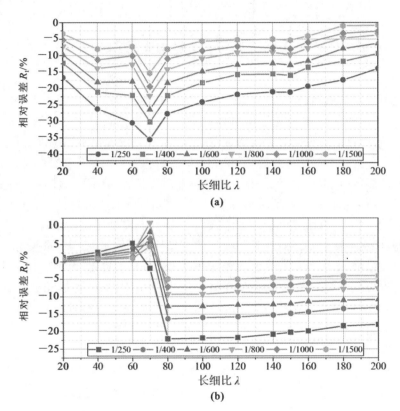

图 5-1 初始几何缺陷对大角钢稳定承载力的影响

(a)$e_{uo}=0$；(b)$e_{uo}=1$

从图 5-1 中可以看到，对于 $e_{uo}=0$ 和 $e_{uo}=1$ 的构件，初始几何缺陷越大，其承载力相对于理想构件的承载力相对误差越大，表明初始几何缺陷对轴压构件和偏压构件的承载力均有较大的影响。对于 $e_{uo}=0$ 的构件，具有初始几何缺陷的构件相对理想构件的承载力最大下降了 35.5%；而对于 $e_{uo}=1$ 的构件，具有初始几何缺陷的构件相对理想构件的承载力最大下降了 22.1%。这表明相对于轴压构件来说，初始几何缺陷对偏压构件的影响有所减弱。当长细比 λ<70 时，随着长细比的增大，轴压和偏压有初始几何缺陷的构件相对于无初始几何缺陷理想构件的相对误差逐渐增大。

当长细比 $\lambda \geqslant 70$ 时，对于轴压构件来说，随着长细比的增大，相对误差开始出现减小，并且一直在减小；而对于偏压试件来说，随着长细比的增大，相对误差开始出现减小，当长细比增大到 80 时，随着长细比的增大，相对误差不再减小，而是几乎保持不变的趋势发展。此外，在长细比 $\lambda < 70$ 时，对于偏压构件来说，相对误差为正值，即具有初始几何缺陷构件的承载力比理想构件的承载力还要高，表明对于弹塑性失稳的大角钢试件，在轴力和弯矩的作用下，初始几何缺陷可能会提高构件的承载力，这归结于绕强轴单向压弯的构件，当初始几何缺陷的弯曲方向与偏心导致构件压弯的方向相反时，会阻碍构件扭转变形的发展，从而在一定程度上提高构件的承载力。

由于初始几何缺陷和残余应力的共同作用对大角钢构件稳定承载力有显著的影响[12-21]，因此在对构件赋予初始几何缺陷的基础上，再施加不同的残余应力分布模型，以讨论残余应力对大角钢构件稳定承载力的影响。在有限元模型中，依然选取截面规格为 $\angle 250 \times 26$ 的 Q420 大角钢，将构件的初始几何缺陷取为杆长的 1/1000，将偏心率分别取为 $e_{uo} = 0$（轴压）和 $e_{uo} = 1$（偏压），残余应力分布模型分别取为第 4 章中的 3 点残余应力分布模型和 4 点残余应力分布模型，残余应力的峰值分别取为 $0.13 f_y$、$0.2 f_y$、$0.3 f_y$。对建立的有限元模型，按照第 4 章的分析方法进行求解计算，计算的结果如图 5-2 所示，图中的纵坐标为有残余应力构件的承载力相对无残余应力构件的承载力的相对误差 R_s。

从图 5-2 中可以看到，对于 $e_{uo} = 0$ 和 $e_{uo} = 1$ 的构件，残余应力峰值从 $0.13 f_y$ 增大到 $0.3 f_y$ 过程中，有残余应力构件的承载力相对于无残余应力构件的承载力相对误差也在增大，表明残余应力峰值对大角钢轴压和偏压构件的承载力影响均较大。对于 $e_{uo} = 0$ 的构件，采用 3 点残余应力分布模型且应力峰值为 $0.3 f_y$ 的构件相对无残余应力构件的承载力最大下降了 16.7%；而对于 $e_{uo} = 1$ 的构件，采用 3 点残余应力分布模型且应力峰值为 $0.3 f_y$ 的构件相对无残余应力构件的承载力最大下降了 9.4%。这表明相对于轴压构件来说，残余应力对偏压构件的影响有所降低。对于 $e_{uo} = 0$ 的构件，采用 4 点残余应力分布模型且应力峰值为 $0.3 f_y$ 的构件相对无残余应力构件的承载力最大下降了 8.6%；而对于 $e_{uo} = 1$ 的构件，采用 4 点残余应力分布模型且应力峰值为 $0.3 f_y$ 的构件相对无残余应力构件的承载力最大下降了 3.1%。这表明 4 点残余应力分布模型相对于 3 点残余应力分布模型来说，对构件承载力的削弱有所减小。此外，采用 4 点残余应力分布模型且应力峰值为 $0.3 f_y$ 的构件相对无残余应力构件的承载力出现正误差，因此选取 3 点残余应力模型用于计算构件的承载力得到的结果更为保守，用于设计时更为安全可靠。

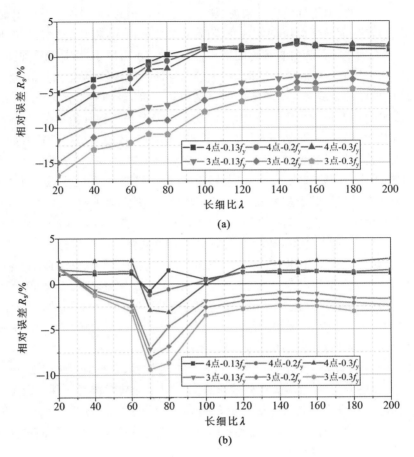

图 5-2　残余应力分布模型对大角钢稳定承载力的影响

(a)$e_{uo}=0$；(b)$e_{uo}=1$

5.1.2　钢材强度等级的影响

为了研究不同钢材强度等级对大角钢承载力的影响规律，选取截面规格为∠250×26 的角钢，构件的强度等级分别取为 Q235、Q420、Q460，其中 Q235 采用弹塑性本构模型，而 Q420、Q460 采用无屈服平台的多线性本构模型[22-37]，施加的偏心率分为 $e_{uo}=0$（轴压）和 $e_{uo}=1$（偏压），长细比 λ 取为 20~200。对建立的有限元模型进行求解计算，计算的结果如图 5-3 所示，图中的纵坐标为构件的承载力 P。从图 5-3 中可以看到，当长细比 $\lambda=20$ 时，对于 $e_{uo}=0$ 的构件，采用 Q460 的大角钢比 Q235 的承载力提高了 76.7％；对于 $e_{uo}=1$ 的构件，采用 Q460 的大角钢比 Q235 的承载力提高了 64.2％。当长细比 $\lambda=120$ 时，对于 $e_{uo}=0$ 的构件，采用 Q460 的大角钢比 Q235 的承载力提高了 12.7%;对于 $e_{uo}=1$ 的构件,采用 Q460 的大角钢比 Q235 的承载力提高了 10.9%。结果表明无论对于轴压构件还是偏压构件来说,在长细比较小时,钢材强度等级的提高对构件的承载力都有显著的提高,当长细比较大时,钢材强度等级的提高对构件承载力的提高就没那么明显。此外,相对于轴压构件来说,钢材强度等级的提高对偏压构件承载力的提高没有那么明显。在长细比较大的情况下,偏压构件的承载力和轴压构件的承载力几乎相同,表明随着长细比的增加,偏心对构件屈曲强度的影响逐渐降低。

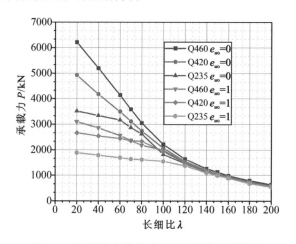

图 5-3　钢材强度等级对大角钢承载力的影响

5.1.3　不同截面规格的影响

为了研究不同截面规格对偏压大角钢承载力的影响,选取截面规格为 $\angle 250 \times 18$、$\angle 250 \times 20$、$\angle 250 \times 24$、$\angle 250 \times 26$、$\angle 250 \times 35$(宽厚比分别为 7.1、9.6、10.4、12.5、13.9)共 5 种截面的 Q420 大角钢,施加的偏心率为 $e_{uo}=0.65$,构件的正则化长细比 λ_n 取为 0.27~2.39。对建立的有限元模型进行求解计算,能够获得各个构件的稳定承载力,计算的结果如图 5-4 所示。从图 5-4 中可以看到,宽厚比从 7.1 增加到 13.9,正则化长细比 λ_n 分别为 0.27、0.79、1.07、1.58、1.86、2.39 时,构件的承载力分别下降了 46.4%、47.4%、44.6%、43.4%、44.4%、45.7%,表明随着宽厚比的增加,偏压大角钢构件的承载力均逐渐减小。

5.1.4　不同偏心距的影响

为了研究不同偏心距对大角钢承载力的影响,选取截面规格为 $\angle 250 \times 26$ 的 Q420 大角钢,长细比 λ 取为 20~200,分别沿着大角钢的强轴和弱轴施加不同的偏心距。由于 u 轴为对称轴,偏心距 e_u 取为 0~167.8mm,而 e_v 取为 -167.8~167.8mm,偏

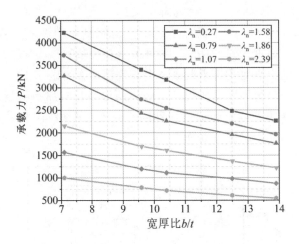

图 5-4　宽厚比对大角钢承载力的影响

心距 e_v 为负值时代表绕肢背弯曲,为正值时代表绕肢尖弯曲。在有限元分析中大角钢的几何参数均取其名义值,所采用的压杆初变形幅值为杆长的 1/1000。各有限元模型的建立与求解方法,与第 4 章中完全一致,对建立的有限元模型进行求解计算,将绕弱轴单向压弯计算得到的承载力与长细比 λ、偏心距 e_v 的变化情况绘制为 3D 曲面图,如图 5-5 所示。

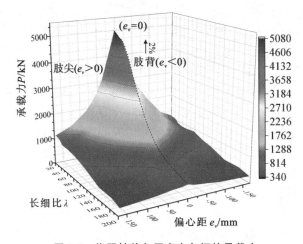

图 5-5　绕弱轴单向压弯大角钢的承载力

　　从图 5-5 中可以看到,肢尖和肢背的承载力沿 $e_v=0$ 大体上呈对称分布,且二者的变化特征基本相同。绕肢背弯曲平均比绕肢尖弯曲构件的承载力仅高 2%,因此,可将绕肢尖弯曲和绕肢背弯曲承载力的变化规律看作是相同的。为进一步分析不同长细比构件承载力随着偏心距变化的分布规律,在图 5-6 中绘制出不同长细比、不同偏心距绕强轴单向压弯和绕弱轴单向压弯(绕肢尖弯曲)承载力的变化曲线。

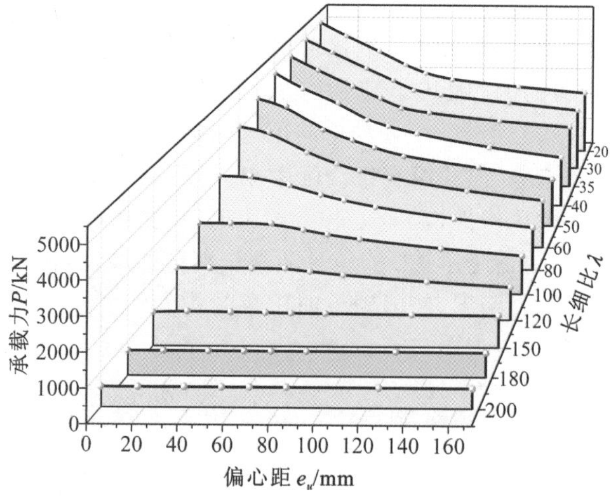

(a)

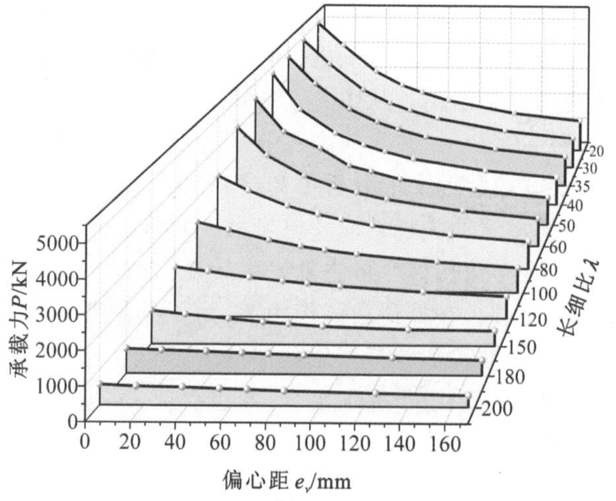

(b)

图 5-6 绕不同轴压弯时大角钢构件的承载力计算结果

(a)绕强轴单向压弯;(b)绕弱轴单向压弯

从图 5-6(a)中可以看出,绕强轴单向压弯的构件,在长细比较小时,随着偏心距的增加,构件的承载力出现明显下降趋势,在长细比较大时,随着偏心距的增加,构件的承载力下降趋势有所减缓。尤其是在一定的偏心距内,随着偏心距的增加,构件承载力下降得较缓慢,甚至出现不下降的趋势,表明绕强轴单向压弯的构件出现了承载力不削弱的偏心距,即在该偏心距以内,构件的承载力下降较少,甚至可达到与轴压构件同等的承载力。当超过该偏心距,构件的承载力出现明显下降。当长细比为 20 时,相对于轴压构件,在偏心距 e_u 最大时,构件承载力下降了 54.1%;而当长细比为 200 时,承载力下降了 2.4%,且在长细比增加的过程中,承载力下降的幅度一直在减小,表明承载力不削弱的偏心距与长细比有关,长细比越大,不削弱的临界偏心距就越大。从图 5-6(b)中可以看到,绕弱轴单向压弯的构件,随着偏心距增加,构件的承载力出现明显的下降趋势,但并没有像绕强轴单向压弯的构件出现临界偏心距。长细比为 20 时,相对于轴压构件,在偏心距 e_v 最大时,构件承载力下降了 76.3%;而当长细比为 200 时,承载力下降了 42.3%,且随着长细比的增加,承载力下降的幅度也一直在减小。在相同偏心距下,绕弱轴单向压弯的构件相对于绕强轴单向压弯的构件,承载力受削减的程度更大。

5.1.5　临界偏心距的影响

通过对试验结果和有限元结果的分析发现,绕强轴单向压弯的大角钢构件的稳定承载力并不是随着偏心距的增加而下降,而是在一定的偏心距内较缓慢下降,甚至出现不下降的趋势,将此时的偏心距定义为临界偏心距 e_{cr},且临界偏心距与构件的长细比相关。下面对临界偏心距进行分析。图 5-7 为绕强轴单向压弯构件在不同偏心距下中部截面的应力分布云图。从图 5-7 中可以看出,当偏心距 $e_u < e_{cr}$ 时,最大应力位于肢背;当偏心距 $e_u = e_{cr}$ 时,最大应力在肢尖和肢背同时出现;当偏心距 $e_u > e_{cr}$ 时,最大应力位于肢尖。通过前文的分析可知,随着偏心距的增加,绕强轴单向压弯的大角钢构件失稳形态由弯曲失稳转向弯扭失稳。大角钢的弯曲变形在中部截面达到最大时,偏心的存在会导致构件变形主轴发生转变,即产生扭转变形,从而会引起构件失稳模态的改变。同时,在外荷载的作用下,为了满足变形的协调平衡,构件在中部截面发生扭转时会在肢尖和肢背产生附加应力,附加应力会与构件在外荷载作用下在肢尖和肢背产生的应力进行叠加组合,使组合应力在肢尖和肢背达到最大时的偏心距是临界偏心距。即临界偏心距与失稳模态的转变有关,且临界偏心距的取值取决于角钢的弯曲刚度和扭转刚度。

表 5-1 为不同宽厚比的大角钢在不同长细比下绕强轴单向压弯的临界偏心距 e_{cr}。从表 5-1 中可以看到,在长细比 $\lambda_n = 0.27$ 时,随着宽厚比的增大,构件的临界偏心距保持不变;在长细比 $\lambda_n = 0.79$ 时,随着宽厚比的增大,构件的临界偏心距逐渐增大。随着长细比的进一步增大,在相同的长细比下,随着宽厚比的增大,构件的临界偏心距也逐渐变大,表明构件的临界偏心距与长细比和宽厚比均有关。

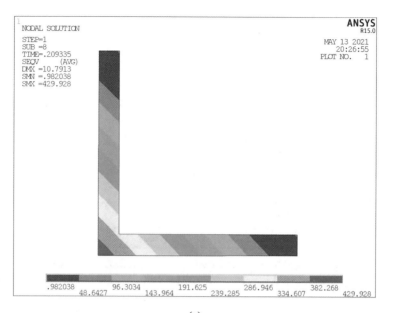

(a)

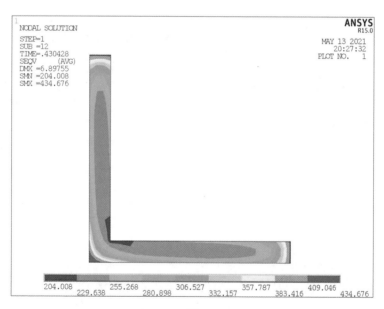

(b)

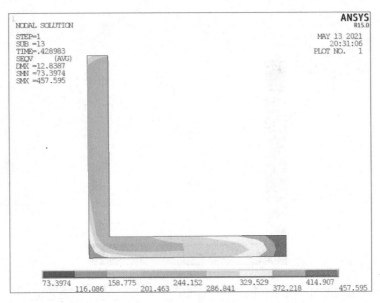

(c)

图 5-7　不同偏心距大角钢的应力分布云图

(a)$e_u < e_{cr}$；(b)$e_u = e_{cr}$；(c)$e_u > e_{cr}$

表 5-1　　不同宽厚比的大角钢在不同长细比下绕强轴单向压弯的临界偏心距

b/t	临界偏心距 e_{cr}/mm					
	$\lambda_n = 0.27$	$\lambda_n = 0.79$	$\lambda_n = 1.07$	$\lambda_n = 1.58$	$\lambda_n = 1.86$	$\lambda_n = 2.39$
7.1	0.48	8.29	17.47	30.92	74.88	142.25
9.6	0.48	8.76	18.61	32.69	76.84	147.55
10.4	0.48	9.03	18.96	33.13	79.36	152.33
12.5	0.48	9.31	19.43	35.18	82.88	154.68
13.9	0.48	9.78	19.61	35.81	85.66	158.41

　　图 5-8 为不同宽厚比大角钢与文献[38]中常规截面角钢临界偏心距的对比分析。从图 5-8 中可以看出，当正则化长细比较小时，二者临界偏心距的取值比较接近；随着正则化长细比的增大，临界偏心距也逐渐增大；在相同正则化长细比下，大角钢的临界偏心距值大于常规截面角钢的临界偏心距，这主要是由于大角钢的截面规格较大，具有较强的抗弯能力，此外，大角钢的翘曲惯性矩 I_ω 不能和常规截面角钢一样选择忽略不计，同时大角钢的厚度较大，扭转时在其厚度方向上也会产生翘曲变

形,即大角钢存在额外的次翘曲惯性矩 I_ω^n,此时大角钢截面的总翘曲惯性矩为 $I_\omega +I_\omega^n$,从而提高了大角钢的扭转承载力和抗弯承载力[39],进而导致大角钢的临界偏心距相比常规截面角钢更大。

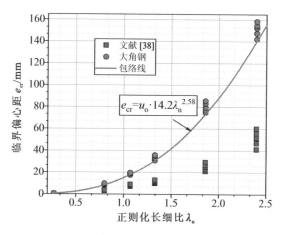

图 5-8 临界偏心距的对比

在工程设计时,偏心距越大对构件承载力的影响越不利,当取偏小的临界偏心距时,工程设计的结果偏安全,因此为了提高设计的安全性,选取偏保守的包络线作为大角钢临界偏心距的边界限值,如图 5-8 中所示的包络线为临界偏心距计算结果的下边界。采用曲线拟合的方法对大角钢临界偏心距的包络线进行曲线拟合[40-42],得到临界偏心距 e_{cr} 与正则化长细比 λ_n 的关系表达式,并用幂函数形式进行表示,如式(5-1)所示,u_o 为剪心到形心的距离。

$$e_{cr} = u_o \cdot 14.2\lambda_n^{2.58} \tag{5-1}$$

5.2 轴压大角钢的稳定系数分析

采用有限元的方法,对肢宽为 220mm 和 250mm、长细比为 $0.287 \leqslant \lambda_n \leqslant 2.875$ 的 Q420 大角钢轴压构件的稳定承载力进行分析,在有限元分析时,大角钢的几何参数、屈服强度等均取其名义值,所采用的压杆初变形幅值为杆长的 1/1000,构件的两端均为铰接约束,各有限元模型的建立与求解方法与第 4 章中完全一致。在获得有限元模型的稳定承载力 P_{FE} 后,进行无量纲化求解,获得大角钢的有限元稳定系数值 φ_{FE}。将有限元得到的 $(\lambda_n, \varphi_{FE})$ 计算值与我国《钢结构设计标准》(GB 50017—2017)中的 a 类和 b 类曲线、美国规范 ASCE 10-2015 中的柱子曲线、美国规范 ANSI/AISC 360-16 中的柱子曲线和欧洲钢结构规范 Eurocode 3 中的 a^0、a、b 类曲线进行对比。其中,欧洲 Eurocode 3 中的 b 类曲线为中等边角钢所属的柱子曲线。

(1)我国《钢结构设计标准》(GB 50017—2017)

将我国《钢结构设计标准》(GB 50017—2017)中的 a、b 类稳定系数 φ_{GB-a} 和 φ_{GB-b} 和有限元稳定系数 φ_{FE} 进行对比,并计算出其相应的误差值 δ_{GB-a} 和 δ_{GB-b},如表 5-2 所示。

表 5-2　　有限元稳定系数 φ_{FE} 与《钢结构设计标准》(GB 50017—2017)中稳定系数的对比

截面规格	λ_n	φ_{FE}	φ_{GB-a}	φ_{GB-b}	$\delta_{GB-a}/\%$	$\delta_{GB-b}/\%$
∠220×20	0.287	1.032	0.969	0.947	6.50	8.98
	0.359	1.007	0.956	0.924	5.33	8.98
	0.431	0.985	0.941	0.898	4.68	9.69
	0.503	0.975	0.925	0.871	5.41	11.94
	0.575	0.951	0.905	0.840	5.08	13.21
	0.647	0.904	0.882	0.806	2.49	12.16
	0.719	0.863	0.854	0.769	1.05	12.22
	0.791	0.833	0.821	0.729	1.46	14.27
	0.862	0.785	0.782	0.687	0.38	14.26
	0.934	0.746	0.736	0.642	1.36	16.20
	1.006	0.691	0.687	0.597	0.58	15.75
	1.078	0.641	0.636	0.553	0.79	15.91
	1.150	0.588	0.585	0.511	0.51	15.07
	1.365	0.455	0.451	0.402	0.89	13.18
	1.509	0.387	0.381	0.343	1.57	12.83
	1.653	0.330	0.324	0.295	1.85	11.86
	2.012	0.233	0.226	0.210	3.10	10.95
	2.300	0.182	0.176	0.165	3.41	10.30
	2.443	0.157	0.156	0.147	0.64	6.80
	2.731	0.130	0.126	0.120	3.17	8.33
∠220×22	0.287	1.033	0.969	0.947	6.60	9.08
	0.359	1.016	0.956	0.924	6.28	9.96
	0.431	0.981	0.941	0.898	4.25	9.24
	0.503	0.982	0.925	0.871	6.16	12.74

续表

截面规格	λ_n	φ_{FE}	φ_{GB-a}	φ_{GB-b}	δ_{GB-a} / %	δ_{GB-b} / %
∠220×22	0.575	0.952	0.905	0.840	5.19	13.33
	0.647	0.903	0.882	0.806	2.38	12.03
	0.719	0.862	0.854	0.769	0.94	12.09
	0.791	0.812	0.821	0.729	−1.10	11.39
	0.862	0.785	0.782	0.687	0.38	14.26
	0.934	0.739	0.736	0.642	0.41	15.11
	1.006	0.689	0.687	0.597	0.29	15.41
	1.078	0.645	0.636	0.553	1.42	16.64
	1.150	0.590	0.585	0.511	0.85	15.46
	1.365	0.455	0.451	0.402	0.89	13.18
	1.509	0.388	0.381	0.343	1.84	13.12
	1.653	0.339	0.324	0.295	4.63	14.92
	2.012	0.233	0.226	0.210	3.10	10.95
	2.300	0.183	0.176	0.165	3.98	10.91
	2.443	0.158	0.156	0.147	1.28	7.48
	2.731	0.131	0.126	0.120	3.97	9.17
∠220×26	0.287	1.035	0.969	0.947	6.81	9.29
	0.359	1.016	0.956	0.924	6.28	9.96
	0.431	0.983	0.941	0.898	4.46	9.47
	0.503	0.983	0.925	0.871	6.27	12.86
	0.575	0.953	0.905	0.840	5.30	13.45
	0.647	0.913	0.882	0.806	3.51	13.28
	0.719	0.864	0.854	0.769	1.17	12.35
	0.791	0.825	0.821	0.729	0.49	13.17
	0.862	0.795	0.782	0.687	1.66	15.72
	0.934	0.749	0.736	0.642	1.77	16.67
	1.006	0.700	0.687	0.597	1.89	17.25
	1.078	0.647	0.636	0.553	1.73	17.00

截面规格	λ_n	φ_{FE}	$\varphi_{GB\text{-}a}$	$\varphi_{GB\text{-}b}$	$\delta_{GB\text{-}a}$ /%	$\delta_{GB\text{-}b}$ /%
∠220×26	1.150	0.600	0.585	0.511	2.56	17.42
	1.365	0.456	0.451	0.402	1.11	13.43
	1.509	0.380	0.381	0.343	−0.26	10.79
	1.653	0.330	0.324	0.295	1.85	11.86
	2.012	0.233	0.226	0.210	3.10	10.95
	2.300	0.180	0.176	0.165	2.27	9.09
	2.443	0.158	0.156	0.147	1.28	7.48
	2.731	0.130	0.126	0.120	3.17	8.33
∠250×24	0.287	1.030	0.969	0.947	6.30	8.76
	0.359	1.011	0.956	0.924	5.75	9.42
	0.431	0.984	0.941	0.898	4.57	9.58
	0.503	0.980	0.925	0.871	5.95	12.51
	0.575	0.950	0.905	0.840	4.97	13.10
	0.647	0.901	0.882	0.806	2.15	11.79
	0.719	0.860	0.854	0.769	0.70	11.83
	0.791	0.821	0.821	0.729	0.00	12.62
	0.862	0.780	0.782	0.687	−0.26	13.54
	0.934	0.735	0.736	0.642	−0.14	14.49
	1.006	0.687	0.687	0.597	0.00	15.08
	1.078	0.637	0.636	0.553	0.16	15.19
	1.150	0.587	0.585	0.511	0.34	14.87
	1.294	0.490	0.492	0.435	−0.41	12.64
	1.437	0.415	0.414	0.371	0.24	11.86
	1.725	0.305	0.300	0.275	1.67	10.91
	1.868	0.259	0.259	0.239	0.00	8.37
	2.156	0.198	0.198	0.185	0.00	7.03
	2.587	0.139	0.140	0.133	−0.71	4.51
	2.875	0.115	0.114	0.109	0.88	5.50

续表

截面规格	λ_n	φ_{FE}	$\varphi_{GB\text{-}a}$	$\varphi_{GB\text{-}b}$	$\delta_{GB\text{-}a}/\%$	$\delta_{GB\text{-}b}/\%$
	0.287	1.034	0.969	0.947	6.71	9.19
	0.359	1.011	0.956	0.924	5.75	9.42
	0.431	0.979	0.941	0.898	4.04	9.02
	0.503	0.980	0.925	0.871	5.95	12.51
	0.575	0.951	0.905	0.840	5.08	13.21
	0.647	0.903	0.882	0.806	2.38	12.03
	0.719	0.862	0.854	0.769	0.94	12.09
	0.791	0.823	0.821	0.729	0.24	12.89
	0.862	0.783	0.782	0.687	0.13	13.97
∠250×28	0.934	0.739	0.736	0.642	0.41	15.11
	1.006	0.691	0.687	0.597	0.58	15.75
	1.078	0.641	0.636	0.553	0.79	15.91
	1.150	0.590	0.585	0.511	0.85	15.46
	1.294	0.496	0.492	0.435	0.81	14.02
	1.437	0.417	0.414	0.371	0.72	12.40
	1.725	0.301	0.300	0.275	0.33	9.45
	1.868	0.257	0.259	0.239	−0.77	7.53
	2.156	0.200	0.198	0.185	1.01	8.11
	2.587	0.140	0.140	0.133	0.00	5.26
	2.875	0.116	0.114	0.109	1.75	6.42
	0.287	1.036	0.969	0.947	6.91	9.40
	0.359	1.015	0.956	0.924	6.17	9.85
	0.431	0.981	0.941	0.898	4.25	9.24
	0.503	0.984	0.925	0.871	6.38	12.97
∠250×30	0.575	0.958	0.905	0.840	5.86	14.05
	0.647	0.913	0.882	0.806	3.51	13.28
	0.719	0.865	0.854	0.769	1.29	12.48
	0.791	0.824	0.821	0.729	0.37	13.03
	0.862	0.792	0.782	0.687	1.28	15.28

续表

截面规格	λ_n	φ_{FE}	φ_{GB-a}	φ_{GB-b}	$\delta_{GB-a}/\%$	$\delta_{GB-b}/\%$
	0.934	0.749	0.736	0.642	1.77	16.67
	1.006	0.700	0.687	0.597	1.89	17.25
	1.078	0.636	0.636	0.553	0.00	15.01
	1.150	0.593	0.585	0.511	1.37	16.05
	1.294	0.501	0.492	0.435	1.83	15.17
∠250×30	1.437	0.427	0.414	0.371	3.14	15.09
	1.725	0.306	0.300	0.275	2.00	11.27
	1.868	0.260	0.259	0.239	0.39	8.79
	2.156	0.200	0.198	0.185	1.01	8.11
	2.587	0.139	0.140	0.133	−0.71	4.51
	2.875	0.116	0.114	0.109	1.75	6.42
平均值	—	—	—	—	2.34	11.97

　　从表 5-2 中可以看到,有限元稳定系数 φ_{FE} 平均高于 b 类曲线11.97%,平均高于 a 类曲线 2.34%,表明我国规范对于大角钢的轴压稳定系数的取值是合适的。图 5-9 为有限元稳定系数 φ_{FE} 与《钢结构设计标准》(GB 50017—2017)中稳定系数的对比曲线图。从图 5-9 中可以看到,有限元结果与《钢结构设计标准》(GB 50017—2017)中的 a 类曲线整体吻合较好。

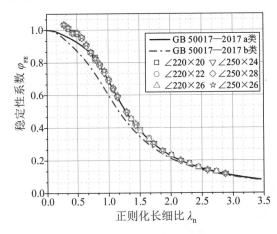

图 5-9　有限元稳定系数 φ_{FE} 与《钢结构设计标准》(GB 50017—2017)中稳定系数对比结果

　　(2)美国规范 ASCE 10-2015

　　将美国规范 ASCE 10-2015 中的稳定系数 φ_{ASCE} 和有限元稳定系数 φ_{FE} 进行对比,

并计算出其相应的误差值 δ_{ASCE}，如表 5-3 所示。

表 5-3 　　有限元稳定系数 φ_{FE} 与规范 ASCE 10-2015 中稳定系数 φ_{ASCE} 的对比

截面规格	λ_n	φ_{FE}	φ_{ASCE}	$\delta_{ASCE}/\%$	截面规格	λ_n	φ_{FE}	φ_{ASCE}	$\delta_{ASCE}/\%$
∠220×20	0.287	1.032	0.979	5.41	∠220×22	0.287	1.033	0.979	5.52
	0.359	1.007	0.968	4.03		0.359	1.016	0.968	4.96
	0.431	0.985	0.954	3.25		0.431	0.981	0.954	2.83
	0.503	0.975	0.937	4.06		0.503	0.982	0.937	4.80
	0.575	0.951	0.917	3.71		0.575	0.952	0.917	3.82
	0.647	0.904	0.895	1.01		0.647	0.903	0.895	0.89
	0.719	0.863	0.871	−0.92		0.719	0.862	0.871	−1.03
	0.791	0.833	0.844	−1.30		0.791	0.812	0.844	−3.79
	0.862	0.785	0.814	−3.56		0.862	0.785	0.814	−3.56
	0.934	0.746	0.782	−4.60		0.934	0.739	0.782	−5.50
	1.006	0.691	0.747	−7.50		1.006	0.689	0.747	−7.76
	1.078	0.641	0.709	−9.59		1.078	0.645	0.709	−9.03
	1.150	0.588	0.669	−12.11		1.150	0.590	0.669	−11.81
	1.365	0.455	0.534	−14.79		1.365	0.455	0.534	−14.79
	1.509	0.387	0.439	−11.85		1.509	0.388	0.439	−11.62
	1.653	0.330	0.366	−9.84		1.653	0.339	0.366	−7.38
	2.012	0.233	0.247	−5.67		2.012	0.233	0.247	−5.67
	2.300	0.182	0.189	−3.70		2.300	0.183	0.189	−3.17
	2.443	0.157	0.168	−6.55		2.443	0.158	0.168	−5.95
	2.731	0.130	0.134	−2.99		2.731	0.131	0.134	−2.24
∠220×26	0.287	1.035	0.979	5.72	∠250×24	0.287	1.030	0.979	5.21
	0.359	1.016	0.968	4.96		0.359	1.011	0.968	4.44
	0.431	0.983	0.954	3.04		0.431	0.984	0.954	3.14
	0.503	0.983	0.937	4.91		0.503	0.980	0.937	4.59
	0.575	0.953	0.917	3.93		0.575	0.950	0.917	3.60
	0.647	0.913	0.895	2.01		0.647	0.901	0.895	0.67
	0.719	0.864	0.871	−0.80		0.719	0.860	0.871	−1.26
	0.791	0.825	0.844	−2.25		0.791	0.821	0.844	−2.73

续表

截面规格	λ_n	φ_{FE}	φ_{ASCE}	δ_{ASCE} /%	截面规格	λ_n	φ_{FE}	φ_{ASCE}	δ_{ASCE} /%
∠220×26	0.862	0.795	0.814	−2.33	∠250×24	0.862	0.780	0.814	−4.18
	0.934	0.749	0.782	−4.22		0.934	0.735	0.782	−6.01
	1.006	0.700	0.747	−6.29		1.006	0.687	0.747	−8.03
	1.078	0.647	0.709	−8.74		1.078	0.637	0.709	−10.16
	1.150	0.600	0.669	−10.31		1.150	0.587	0.669	−12.26
	1.365	0.456	0.534	−14.61		1.294	0.490	0.581	−15.66
	1.509	0.380	0.439	−13.44		1.437	0.415	0.484	−14.26
	1.653	0.330	0.366	−9.84		1.725	0.305	0.336	−9.23
	2.012	0.233	0.247	−5.67		1.868	0.259	0.287	−9.76
	2.300	0.180	0.189	−4.76		2.156	0.198	0.215	−7.91
	2.443	0.158	0.168	−5.95		2.587	0.139	0.149	−6.71
	2.731	0.130	0.134	−2.99		2.875	0.115	0.121	−4.96
∠250×28	0.287	1.034	0.979	5.62	∠250×30	0.287	1.036	0.979	5.82
	0.359	1.011	0.968	4.44		0.359	1.015	0.968	4.86
	0.431	0.979	0.954	2.62		0.431	0.981	0.954	2.83
	0.503	0.980	0.937	4.59		0.503	0.984	0.937	5.02
	0.575	0.951	0.917	3.71		0.575	0.958	0.917	4.47
	0.647	0.903	0.895	0.89		0.647	0.913	0.895	2.01
	0.719	0.862	0.871	−1.03		0.719	0.865	0.871	−0.69
	0.791	0.823	0.844	−2.49		0.791	0.824	0.844	−2.37
	0.862	0.783	0.814	−3.81		0.862	0.792	0.814	−2.70
	0.934	0.739	0.782	−5.50		0.934	0.749	0.782	−4.22
	1.006	0.691	0.747	−7.50		1.006	0.700	0.747	−6.29
	1.078	0.641	0.709	−9.59		1.078	0.636	0.709	−10.30
	1.150	0.590	0.669	−11.81		1.150	0.593	0.669	−11.36
	1.294	0.496	0.581	−14.63		1.294	0.501	0.581	−13.77
	1.437	0.417	0.484	−13.84		1.437	0.427	0.484	−11.78
	1.725	0.301	0.336	−10.42		1.725	0.306	0.336	−8.93
	1.868	0.257	0.287	−10.45		1.868	0.260	0.287	−9.41

续表

截面规格	λ_n	φ_{FE}	φ_{ASCE}	$\delta_{ASCE}/\%$	截面规格	λ_n	φ_{FE}	φ_{ASCE}	$\delta_{ASCE}/\%$
	2.156	0.200	0.215	-6.98		2.156	0.200	0.215	-6.98
∠250×28	2.587	0.140	0.149	-6.04	∠250×30	2.587	0.139	0.149	-6.71
	2.875	0.116	0.121	-4.13		2.875	0.116	0.121	-4.13
平均值	—	—	—	—		—	—	—	-3.87

从表 5-3 中可以看到,有限元稳定系数 φ_{FE} 平均低于规范 ASCE 10-2015 中的稳定系数 3.87%,表明该规范对大角钢轴压稳定系数的取值是偏激进的。将有限元稳定系数 φ_{FE} 与规范 ASCE 10-2015 中的稳定系数绘制成曲线进行对比,如图 5-10 所示,在小长细比范围内有限元结果高于规范值,在大长细比范围内有限元结果低于规范值。

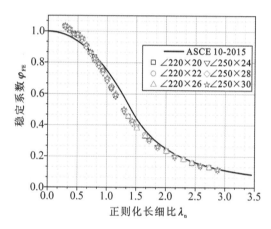

图 5-10　有限元稳定系数 φ_{FE} 与规范 ASCE 10-2015 中的稳定系数对比结果

（3）美国规范 ANSI/AISC 360-16

将美国规范 ANSI/AISC 360-16 的稳定系数 φ_{AISC} 和有限元稳定系数 φ_{FE} 进行对比,并计算出其相应的误差值 δ_{AISC},如表 5-4 所示。

表 5-4　有限元稳定系数 φ_{FE} 与规范 ANSI/AISC 360-16 中的稳定系数的对比

截面规格	λ_n	φ_{FE}	φ_{AISC}	$\delta_{AISC}/\%$	截面规格	λ_n	φ_{FE}	φ_{AISC}	$\delta_{AISC}/\%$
	0.287	1.032	0.966	6.83		0.287	1.033	0.966	6.94
∠220×20	0.359	1.007	0.947	6.34	∠220×22	0.359	1.016	0.947	7.29
	0.431	0.985	0.925	6.49		0.431	0.981	0.925	6.05
	0.503	0.975	0.900	8.33		0.503	0.982	0.900	9.11

续表

截面规格	λ_n	φ_{FE}	φ_{AISC}	$\delta_{AISC}/\%$	截面规格	λ_n	φ_{FE}	φ_{AISC}	$\delta_{AISC}/\%$
∠220×20	0.575	0.951	0.871	9.18	∠220×22	0.575	0.952	0.871	9.30
	0.647	0.904	0.839	7.75		0.647	0.903	0.839	7.63
	0.719	0.863	0.805	7.20		0.719	0.862	0.805	7.08
	0.791	0.833	0.770	8.18		0.791	0.812	0.770	5.45
	0.862	0.785	0.733	7.09		0.862	0.785	0.733	7.09
	0.934	0.746	0.694	7.49		0.934	0.739	0.694	6.48
	1.006	0.691	0.655	5.50		1.006	0.689	0.655	5.19
	1.078	0.641	0.615	4.23		1.078	0.645	0.615	4.88
	1.150	0.588	0.575	2.26		1.150	0.590	0.575	2.61
	1.365	0.455	0.458	−0.66		1.365	0.455	0.458	−0.66
	1.509	0.387	0.385	0.52		1.509	0.388	0.385	0.78
	1.653	0.330	0.321	2.80		1.653	0.339	0.321	5.61
	2.012	0.233	0.217	7.37		2.012	0.233	0.217	7.37
	2.300	0.182	0.166	9.64		2.300	0.183	0.166	10.24
	2.443	0.157	0.147	6.80		2.443	0.158	0.147	7.48
	2.731	0.130	0.118	10.17		2.731	0.131	0.118	11.02
∠220×26	0.287	1.035	0.966	7.14	∠250×24	0.287	1.030	0.966	6.63
	0.359	1.016	0.947	7.29		0.359	1.011	0.947	6.76
	0.431	0.983	0.925	6.27		0.431	0.984	0.925	6.38
	0.503	0.983	0.900	9.22		0.503	0.980	0.900	8.89
	0.575	0.953	0.871	9.41		0.575	0.950	0.871	9.07
	0.647	0.913	0.839	8.82		0.647	0.901	0.839	7.39
	0.719	0.864	0.805	7.33		0.719	0.860	0.805	6.83
	0.791	0.825	0.770	7.14		0.791	0.821	0.770	6.62
	0.862	0.795	0.733	8.46		0.862	0.780	0.733	6.41
	0.934	0.749	0.694	7.93		0.934	0.735	0.694	5.91
	1.006	0.700	0.655	6.87		1.006	0.687	0.655	4.89
	1.078	0.647	0.615	5.20		1.078	0.637	0.615	3.58
	1.150	0.600	0.575	4.35		1.150	0.587	0.575	2.09

截面规格	λ_n	φ_{FE}	φ_{AISC}	$\delta_{AISC}/\%$	截面规格	λ_n	φ_{FE}	φ_{AISC}	$\delta_{AISC}/\%$
∠220×26	1.365	0.456	0.458	−0.44	∠250×24	1.294	0.490	0.496	−1.21
	1.509	0.380	0.385	−1.30		1.437	0.415	0.421	−1.43
	1.653	0.330	0.321	2.80		1.725	0.305	0.295	3.39
	2.012	0.233	0.217	7.37		1.868	0.259	0.251	3.19
	2.300	0.180	0.166	8.43		2.156	0.198	0.189	4.76
	2.443	0.158	0.147	7.48		2.587	0.139	0.131	6.11
	2.731	0.130	0.118	10.17		2.875	0.115	0.106	8.49
∠250×28	0.287	1.034	0.966	7.04	∠250×30	0.287	1.036	0.966	7.25
	0.359	1.011	0.947	6.76		0.359	1.015	0.947	7.18
	0.431	0.979	0.925	5.84		0.431	0.981	0.925	6.05
	0.503	0.980	0.900	8.89		0.503	0.984	0.900	9.33
	0.575	0.951	0.871	9.18		0.575	0.958	0.871	9.99
	0.647	0.903	0.839	7.63		0.647	0.913	0.839	8.82
	0.719	0.862	0.805	7.08		0.719	0.865	0.805	7.45
	0.791	0.823	0.770	6.88		0.791	0.824	0.770	7.01
	0.862	0.783	0.733	6.82		0.862	0.792	0.733	8.05
	0.934	0.739	0.694	6.48		0.934	0.749	0.694	7.93
	1.006	0.691	0.655	5.50		1.006	0.700	0.655	6.87
	1.078	0.641	0.615	4.23		1.078	0.636	0.615	3.41
	1.150	0.590	0.575	2.61		1.150	0.593	0.575	3.13
	1.294	0.496	0.496	0.00		1.294	0.501	0.496	1.01
	1.437	0.417	0.421	−0.95		1.437	0.427	0.421	1.43
	1.725	0.301	0.295	2.03		1.725	0.306	0.295	3.73
	1.868	0.257	0.251	2.39		1.868	0.260	0.251	3.59
	2.156	0.200	0.189	5.82		2.156	0.200	0.189	5.82
	2.587	0.140	0.131	6.87		2.587	0.139	0.131	6.11
	2.875	0.116	0.106	9.43		2.875	0.116	0.106	9.43
平均值	—	—	—	—	—	—	—	—	5.99

从表 5 4 中可以看到,有限元稳定系数 φ_{FE} 平均高于美国规范 ANSI/AISC 360-16 中稳定系数 5.99%,表明该规范对大角钢的轴压稳定系数的取值略显保守。图 5-11 为有限元稳定系数 φ_{FE} 与规范 ANSI/AISC 360-16 中稳定系数曲线的对比结果,在小长细比范围内有限元结果高于规范值,在大长细比范围内有限元结果低于规范值。

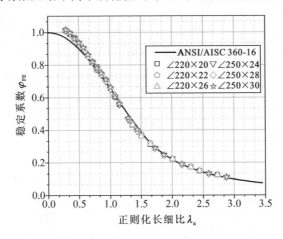

图 5-11 有限元稳定系数 φ_{FE} 与规范 ANSI/AISC 360-16 中稳定系数对比结果

(4)欧洲规范 Eurocode 3

将欧洲规范 Eurocode 3 中 a^0 类、a 类、b 类的稳定系数 φ_{Eur-a0},φ_{Eur-a},φ_{Eur-b} 与有限元稳定系数 φ_{FE} 进行对比,并计算出其相应的误差值 δ_{Eur-a0},δ_{Eur-a},δ_{Eur-b},如表 5-5 所示。

表 5-5　　　　　　　　有限元稳定系数 φ_{FE} 与规范 Eurocode 3 的对比

截面规格	λ_n	φ_{FE}	φ_{Eur-a0}	φ_{Eur-a}	φ_{Eur-b}	$\delta_{Eur-a0}/\%$	$\delta_{Eur-a}/\%$	$\delta_{Eur-b}/\%$
	0.287	1.032	0.988	0.981	0.969	4.45	5.20	6.50
	0.359	1.007	0.977	0.963	0.942	3.07	4.57	6.90
	0.431	0.985	0.965	0.944	0.914	2.07	4.34	7.77
	0.503	0.975	0.951	0.923	0.883	2.52	5.63	10.42
	0.575	0.951	0.934	0.899	0.849	1.82	5.78	12.01
∠220×20	0.647	0.904	0.914	0.871	0.813	−1.09	3.79	11.19
	0.719	0.863	0.889	0.839	0.773	−2.92	2.86	11.64
	0.791	0.833	0.858	0.801	0.730	−2.91	4.00	14.11
	0.862	0.785	0.820	0.758	0.686	−4.27	3.56	14.43
	0.934	0.746	0.773	0.711	0.639	−3.49	4.92	16.74
	1.006	0.691	0.721	0.661	0.593	−4.16	4.54	16.53

续表

截面规格	λ_n	φ_{FE}	$\varphi_{Eur\text{-}a0}$	$\varphi_{Eur\text{-}a}$	$\varphi_{Eur\text{-}b}$	$\delta_{Eur\text{-}a0}/\%$	$\delta_{Eur\text{-}a}/\%$	$\delta_{Eur\text{-}b}/\%$
∠220×20	1.078	0.641	0.665	0.611	0.548	−3.61	4.91	16.97
	1.150	0.588	0.610	0.562	0.506	−3.61	4.63	16.21
	1.365	0.455	0.466	0.435	0.397	−2.36	4.60	14.61
	1.509	0.387	0.391	0.369	0.339	−1.02	4.88	14.16
	1.653	0.330	0.332	0.315	0.292	−0.60	4.76	13.01
	2.012	0.233	0.230	0.220	0.207	1.30	5.91	12.56
	2.300	0.182	0.178	0.172	0.163	2.25	5.81	11.66
	2.443	0.157	0.158	0.153	0.146	−0.63	2.61	7.53
	2.731	0.130	0.128	0.124	0.119	1.56	4.84	9.24
∠220×22	0.287	1.033	0.988	0.981	0.969	4.55	5.30	6.60
	0.359	1.016	0.977	0.963	0.942	3.99	5.50	7.86
	0.431	0.981	0.965	0.944	0.914	1.66	3.92	7.33
	0.503	0.982	0.951	0.923	0.883	3.26	6.39	11.21
	0.575	0.952	0.934	0.899	0.849	1.93	5.90	12.13
	0.647	0.903	0.914	0.871	0.813	−1.20	3.67	11.07
	0.719	0.862	0.889	0.839	0.773	−3.04	2.74	11.51
	0.791	0.812	0.858	0.801	0.730	−5.36	1.37	11.23
	0.862	0.785	0.820	0.758	0.686	−4.27	3.56	14.43
	0.934	0.739	0.773	0.711	0.639	−4.40	3.94	15.65
	1.006	0.689	0.721	0.661	0.593	−4.44	4.24	16.19
	1.078	0.645	0.665	0.611	0.548	−3.01	5.56	17.70
	1.150	0.590	0.610	0.562	0.506	−3.28	4.98	16.60
	1.365	0.455	0.466	0.435	0.397	−2.36	4.60	14.61
	1.509	0.388	0.391	0.369	0.339	−0.77	5.15	14.45
	1.653	0.339	0.332	0.315	0.292	2.11	7.62	16.10
	2.012	0.233	0.230	0.220	0.207	1.30	5.91	12.56
	2.300	0.183	0.178	0.172	0.163	2.81	6.40	12.27
	2.443	0.158	0.158	0.153	0.146	0.00	3.27	8.22
	2.731	0.131	0.128	0.124	0.119	2.34	5.65	10.08

续表

截面规格	λ_n	φ_{FE}	φ_{Eur-a0}	φ_{Eur-a}	φ_{Eur-b}	$\delta_{Eur-a0}/\%$	$\delta_{Eur-a}/\%$	$\delta_{Eur-b}/\%$
∠220×26	0.287	1.035	0.988	0.981	0.969	4.76	5.50	6.81
	0.359	1.016	0.977	0.963	0.942	3.99	5.50	7.86
	0.431	0.983	0.965	0.944	0.914	1.87	4.13	7.55
	0.503	0.983	0.951	0.923	0.883	3.36	6.50	11.33
	0.575	0.953	0.934	0.899	0.849	2.03	6.01	12.25
	0.647	0.913	0.914	0.871	0.813	−0.11	4.82	12.30
	0.719	0.864	0.889	0.839	0.773	−2.81	2.98	11.77
	0.791	0.825	0.858	0.801	0.730	−3.85	3.00	13.01
	0.862	0.795	0.820	0.758	0.686	−3.05	4.88	15.89
	0.934	0.749	0.773	0.711	0.639	−3.10	5.34	17.21
	1.006	0.700	0.721	0.661	0.593	−2.91	5.90	18.04
	1.078	0.647	0.665	0.611	0.548	−2.71	5.89	18.07
	1.150	0.600	0.610	0.562	0.506	−1.64	6.76	18.58
	1.365	0.456	0.466	0.435	0.397	−2.15	4.83	14.86
	1.509	0.380	0.391	0.369	0.339	−2.81	2.98	12.09
	1.653	0.330	0.332	0.315	0.292	−0.60	4.76	13.01
	2.012	0.233	0.230	0.220	0.207	1.30	5.91	12.56
	2.300	0.180	0.178	0.172	0.163	1.12	4.65	10.43
	2.443	0.158	0.158	0.153	0.146	0.00	3.27	8.22
	2.731	0.130	0.128	0.124	0.119	1.56	4.84	9.24
∠250×24	0.287	1.030	0.988	0.981	0.969	4.25	4.99	6.30
	0.359	1.011	0.977	0.963	0.942	3.48	4.98	7.32
	0.431	0.984	0.965	0.944	0.914	1.97	4.24	7.66
	0.503	0.980	0.951	0.923	0.883	3.05	6.18	10.99
	0.575	0.950	0.934	0.899	0.849	1.71	5.67	11.90
	0.647	0.901	0.914	0.871	0.813	−1.42	3.44	10.82
	0.719	0.860	0.889	0.839	0.773	−3.26	2.50	11.25
	0.791	0.821	0.858	0.801	0.730	−4.31	2.50	12.47
	0.862	0.780	0.820	0.758	0.686	−4.88	2.90	13.70

续表

截面规格	λ_n	φ_{FE}	$\varphi_{Eur\text{-}a0}$	$\varphi_{Eur\text{-}a}$	$\varphi_{Eur\text{-}b}$	$\delta_{Eur\text{-}a0}/\%$	$\delta_{Eur\text{-}a}/\%$	$\delta_{Eur\text{-}b}/\%$
∠250×24	0.934	0.735	0.773	0.711	0.639	−4.92	3.38	15.02
	1.006	0.687	0.721	0.661	0.593	−4.72	3.93	15.85
	1.078	0.637	0.665	0.611	0.548	−4.21	4.26	16.24
	1.150	0.587	0.610	0.562	0.506	−3.77	4.45	16.01
	1.294	0.490	0.509	0.474	0.430	−3.73	3.38	13.95
	1.437	0.415	0.426	0.400	0.366	−2.58	3.75	13.39
	1.725	0.305	0.307	0.292	0.271	−0.65	4.45	12.55
	1.868	0.259	0.264	0.253	0.236	−1.89	2.37	9.75
	2.156	0.198	0.201	0.194	0.183	−1.49	2.06	8.20
	2.587	0.139	0.142	0.137	0.131	−2.11	1.46	6.11
	2.875	0.115	0.115	0.112	0.108	0.00	2.68	6.48
∠250×28	0.287	1.034	0.988	0.981	0.969	4.66	5.40	6.71
	0.359	1.011	0.977	0.963	0.942	3.48	4.98	7.32
	0.431	0.979	0.965	0.944	0.914	1.45	3.71	7.11
	0.503	0.980	0.951	0.923	0.883	3.05	6.18	10.99
	0.575	0.951	0.934	0.899	0.849	1.82	5.78	12.01
	0.647	0.903	0.914	0.871	0.813	−1.20	3.67	11.07
	0.719	0.862	0.889	0.839	0.773	−3.04	2.74	11.51
	0.791	0.823	0.858	0.801	0.730	−4.08	2.75	12.74
	0.862	0.783	0.820	0.758	0.686	−4.51	3.30	14.14
	0.934	0.739	0.773	0.711	0.639	−4.40	3.94	15.65
	1.006	0.691	0.721	0.661	0.593	−4.16	4.54	16.53
	1.078	0.641	0.665	0.611	0.548	−3.61	4.91	16.97
	1.150	0.590	0.610	0.562	0.506	−3.28	4.98	16.60
	1.294	0.496	0.509	0.474	0.430	−2.55	4.64	15.35
	1.437	0.417	0.426	0.400	0.366	−2.11	4.25	13.93
	1.725	0.301	0.307	0.292	0.271	−1.95	3.08	11.07
	1.868	0.257	0.264	0.253	0.236	−2.65	1.58	8.90
	2.156	0.200	0.201	0.194	0.183	−0.50	3.09	9.29

续表

截面规格	λ_n	φ_{FE}	φ_{Eur-a0}	φ_{Eur-a}	φ_{Eur-b}	$\delta_{Eur-a0}/\%$	$\delta_{Eur-a}/\%$	$\delta_{Eur-b}/\%$
∠250×28	2.587	0.140	0.142	0.137	0.131	−1.41	2.19	6.87
	2.875	0.116	0.115	0.112	0.108	0.87	3.57	7.41
∠250×30	0.287	1.036	0.988	0.981	0.969	4.86	5.61	6.91
	0.359	1.015	0.977	0.963	0.942	3.89	5.40	7.75
	0.431	0.981	0.965	0.944	0.914	1.66	3.92	7.33
	0.503	0.984	0.951	0.923	0.883	3.47	6.61	11.44
	0.575	0.958	0.934	0.899	0.849	2.57	6.56	12.84
	0.647	0.913	0.914	0.871	0.813	−0.11	4.82	12.30
	0.719	0.865	0.889	0.839	0.773	−2.70	3.10	11.90
	0.791	0.824	0.858	0.801	0.730	−3.96	2.87	12.88
	0.862	0.792	0.820	0.758	0.686	−3.41	4.49	15.45
	0.934	0.749	0.773	0.711	0.639	−3.10	5.34	17.21
	1.006	0.700	0.721	0.661	0.593	−2.91	5.90	18.04
	1.078	0.636	0.665	0.611	0.548	−4.36	4.09	16.06
	1.150	0.593	0.610	0.562	0.506	−2.79	5.52	17.19
	1.294	0.501	0.509	0.474	0.430	−1.57	5.70	16.51
	1.437	0.427	0.426	0.400	0.366	0.23	6.75	16.67
	1.725	0.306	0.307	0.292	0.271	−0.33	4.79	12.92
	1.868	0.260	0.264	0.253	0.236	−1.52	2.77	10.17
	2.156	0.200	0.201	0.194	0.183	−0.50	3.09	9.29
	2.587	0.139	0.142	0.137	0.131	−2.11	1.46	6.11
	2.875	0.116	0.115	0.112	0.108	0.87	3.57	7.41
平均值	—	—	—	—	—	−0.76	4.43	12.06

从表 5-5 中可以看到,有限元稳定系数 φ_{FE} 平均高于欧洲规范 b 类曲线 12.06%,平均高于 a 类曲线 4.43%,平均低于 a^0 类曲线 0.76%,表明欧洲规范 Eurocode 3 中规定的 b 类曲线对于大角钢的轴压稳定系数的取值非常保守,而 a 类曲线对于大角钢的轴压稳定系数吻合得较好,a^0 类曲线略显激进。图 5-12 将有限元稳定系数 φ_{FE} 与规范 Eurocode 3 中稳定系数绘制成曲线进行对比。从图 5-12 中可以看到,有限元结果明显高于规范中的 b 类曲线,与 a 类曲线吻合较好。

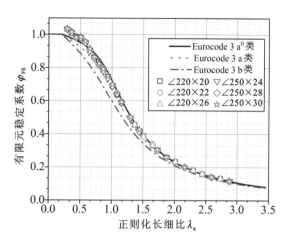

图 5-12 有限元稳定系数 φ_{FE} 与规范 Eurocode 3 中的稳定系数对比结果

由以上不同规范的对比结果可知,我国《钢结构设计标准》(GB 50017—2017)中的 a 类曲线和欧洲规范 Eurocode 3 中的 a 类曲线与 Q420 大角钢的有限元稳定系数整体吻合较好,除欧洲规范 Eurocode 3 中等边角钢所在的 b 类曲线较保守外,其他各规范的精确度都与压杆长细比 λ_n 有着十分重要的关系。当 Q420 大角钢压杆长细比 λ_n 较小时,有限元稳定系数 φ_{FE} 均略高于规范中的柱子曲线,因此采用规范中的柱子曲线进行设计是安全的;当 Q420 大角钢压杆长细比 λ_n 较大时,采用其余规范中的柱子曲线计算 Q420 大角钢压杆稳定承载力是偏激进的,而其中又以美国规范 ASCE 10-2015 推荐的柱子曲线最为激进。

5.3　偏压大角钢的稳定承载力分析

在对偏压大角钢进行有限元分析时,选取截面规格为 $\angle 250 \times 26$ 的 Q420 大角钢,正则化长细比为 $0.22 \leqslant \lambda_n \leqslant 2.59$,施加的偏心距分别使构件绕强轴单向压弯和绕弱轴单向压弯,大角钢的几何参数均取其名义值,所采用的压杆初变形幅值为杆长的 1/1000。各有限元模型的建立与求解方法与第 4 章中完全一致,对建立的有限元模型进行求解计算,将有限元得到的稳定承载力 P_{FE} 分别和我国《钢结构设计标准》(GB 50017—2017)、美国规范 ANSI/AISC 360-16、欧洲规范 Eurocode 3 计算得到的承载力 P_{GB},P_{AISC},P_{Eur} 进行对比分析。为了使对比结果更为清晰、直观,利用 P_y 对各计算结果得到的稳定承载力进行无量纲化,即有限元结果、《钢结构设计标准》(GB 50017—2017)、规范 ANSI/AISC 360-16、规范 Eurocode 3 的无量纲计算结果分别为 P_{FE}/P_y,P_{GB}/P_y,P_{AISC}/P_y,P_{Eur}/P_y,绕强轴单向压弯和绕弱轴单向压弯的计算结果分别如表5 6和表5-7所示,并利用式(5-2)~式(5-4)计算有限元结果相对于各个规范的误差值,也列于表5-6和表5-7中。

$$\delta_{\text{GB}} = \frac{P_{\text{FE}}}{P_{\text{GB}}} - 1 \tag{5-2}$$

$$\delta_{\text{AISC}} = \frac{P_{\text{FE}}}{P_{\text{AISC}}} - 1 \tag{5-3}$$

$$\delta_{\text{Eur}} = \frac{P_{\text{FE}}}{P_{\text{Eur}}} - 1 \tag{5-4}$$

5.3.1 绕强轴单向压弯构件的分析

表5-6为绕强轴单向压弯的有限元结果与各规范的对比分析,从表中可以看到,有限元结果得到的稳定承载力分别平均高于我国《钢结构设计标准》(GB 50017—2017)、美国规范 ANSI/AISC 360-16、欧洲规范 Eurocode 3 计算值 36.24%、16.79%、9.96%,表明绕强轴单向压弯的大角钢采用规范的计算值都比较保守且具有较大的误差,且采用《钢结构设计标准》(GB 50017—2017)的计算值最为保守。

表5-6 有限元结果与各规范计算值的对比分析(强轴)

λ_{n}	偏心率 e_{u0}	$P_{\text{FE}}/P_{\text{y}}$	$P_{\text{GB}}/P_{\text{y}}$	$P_{\text{AISC}}/P_{\text{y}}$	$P_{\text{Eur}}/P_{\text{y}}$	$\delta_{\text{GB}}/\%$	$\delta_{\text{AISC}}/\%$	$\delta_{\text{Eur}}/\%$
0.22	0.00	0.99	0.98	0.98	0.99	0.84	0.87	−0.48
	0.20	0.85	0.76	0.83	0.84	12.56	2.70	0.92
	0.45	0.72	0.59	0.69	0.71	22.26	3.51	1.36
	0.65	0.64	0.50	0.61	0.63	28.08	4.00	1.63
	0.80	0.59	0.45	0.56	0.58	31.66	4.30	1.79
	1.00	0.53	0.39	0.51	0.52	35.66	4.64	1.97
	1.50	0.43	0.30	0.41	0.42	42.39	4.79	1.85
	2.00	0.36	0.25	0.34	0.36	45.78	4.06	0.97
	2.40	0.32	0.21	0.31	0.32	48.59	4.24	1.03
	3.00	0.27	0.18	0.26	0.27	49.92	3.10	−0.33
	6.00	0.15	0.10	0.15	0.16	56.13	5.46	−1.26
	24.00	0.04	0.03	0.04	0.04	56.52	7.97	−5.54
	60.00	0.02	0.01	0.02	0.02	57.29	8.99	−6.08

续表

λ_n	偏心率 e_{uo}	P_{FE}/P_y	P_{GB}/P_y	P_{AISC}/P_y	P_{Eur}/P_y	$\delta_{GB}/\%$	$\delta_{AISC}/\%$	$\delta_{Eur}/\%$
	0.00	0.92	0.91	0.87	0.85	1.79	5.78	8.50
	0.20	0.81	0.71	0.75	0.74	13.76	8.17	9.67
	0.45	0.67	0.56	0.63	0.63	19.58	5.54	5.87
	0.65	0.59	0.48	0.56	0.57	24.36	5.19	4.84
	0.80	0.55	0.43	0.52	0.53	27.31	4.98	4.21
	1.00	0.50	0.38	0.47	0.48	30.59	4.74	3.50
0.57	1.50	0.40	0.30	0.39	0.39	36.64	4.31	2.20
	2.00	0.34	0.24	0.33	0.34	39.36	2.97	0.30
	2.40	0.30	0.21	0.29	0.30	41.77	2.79	−0.22
	3.00	0.26	0.18	0.25	0.26	44.78	2.74	−0.82
	6.00	0.15	0.10	0.14	0.15	49.91	3.15	−3.47
	24.00	0.04	0.03	0.04	0.04	53.25	7.73	−7.02
	60.00	0.02	0.01	0.02	0.02	54.11	8.84	−7.77
	0.00	0.79	0.75	0.73	0.69	5.15	7.45	14.85
	0.20	0.77	0.61	0.64	0.61	25.94	20.61	25.92
	0.45	0.64	0.49	0.55	0.54	29.97	17.57	20.01
	0.65	0.56	0.43	0.49	0.49	30.31	13.98	14.71
	0.80	0.52	0.39	0.46	0.46	31.78	12.93	12.63
	1.00	0.46	0.35	0.42	0.42	32.63	11.10	9.67
0.86	1.50	0.38	0.28	0.34	0.36	35.98	9.29	5.78
	2.00	0.32	0.23	0.29	0.31	38.38	8.15	3.23
	2.40	0.28	0.20	0.26	0.28	39.71	7.42	1.66
	3.00	0.24	0.17	0.22	0.24	40.75	6.18	−0.65
	6.00	0.14	0.10	0.13	0.15	45.36	4.69	−4.56
	24.00	0.04	0.03	0.04	0.04	49.24	12.19	−8.90
	60.00	0.02	0.01	0.01	0.02	49.23	12.97	−10.46

续表

λ_n	偏心率 e_{uo}	P_{FE}/P_y	P_{GB}/P_y	P_{AISC}/P_y	P_{Eur}/P_y	$\delta_{GB}/\%$	$\delta_{AISC}/\%$	$\delta_{Eur}/\%$
1.15	0.00	0.59	0.55	0.58	0.51	7.78	3.00	17.03
	0.20	0.59	0.47	0.51	0.46	25.78	15.96	27.70
	0.45	0.54	0.40	0.45	0.42	34.05	19.48	27.52
	0.65	0.48	0.36	0.41	0.39	33.46	16.49	21.78
	0.80	0.44	0.33	0.38	0.37	34.29	15.67	19.33
	1.00	0.41	0.30	0.35	0.35	36.23	15.60	17.39
	1.50	0.33	0.24	0.30	0.30	37.14	13.12	11.37
	2.00	0.28	0.21	0.25	0.26	37.45	11.14	6.93
	2.40	0.25	0.18	0.23	0.24	39.11	11.14	5.41
	3.00	0.22	0.16	0.20	0.21	40.41	10.59	2.96
	6.00	0.13	0.09	0.12	0.14	41.50	7.50	−4.53
	24.00	0.04	0.03	0.03	0.04	46.74	16.66	−9.58
	60.00	0.02	0.01	0.01	0.02	49.10	19.93	−10.18
1.44	0.00	0.43	0.39	0.42	0.37	10.96	3.00	18.42
	0.20	0.43	0.35	0.38	0.34	24.17	13.10	26.27
	0.45	0.43	0.31	0.35	0.32	40.61	25.67	36.01
	0.65	0.42	0.28	0.32	0.30	48.44	31.03	38.82
	0.80	0.39	0.26	0.30	0.29	47.07	28.77	34.50
	1.00	0.36	0.25	0.28	0.28	46.63	27.18	30.60
	1.50	0.30	0.21	0.24	0.24	45.79	24.11	23.05
	2.00	0.26	0.18	0.21	0.22	45.18	21.89	17.60
	2.40	0.23	0.16	0.19	0.20	44.82	20.55	14.28
	3.00	0.20	0.14	0.17	0.18	44.57	19.08	10.33
	6.00	0.12	0.09	0.11	0.12	43.44	14.88	−0.08
	24.00	0.04	0.03	0.03	0.04	46.90	22.65	−8.36
	60.00	0.02	0.01	0.01	0.02	48.75	26.46	−9.90

λ_n	偏心率 e_{uo}	P_{FE}/P_y	P_{GB}/P_y	P_{AISC}/P_y	P_{Eur}/P_y	$\delta_{GB}/\%$	$\delta_{AISC}/\%$	$\delta_{Eur}/\%$
1.72	0.00	0.30	0.29	0.29	0.27	6.47	5.66	12.14
	0.20	0.30	0.26	0.27	0.26	15.72	13.16	17.63
	0.45	0.30	0.24	0.25	0.24	27.30	22.54	24.51
	0.65	0.30	0.22	0.23	0.23	36.55	30.04	30.00
	0.80	0.29	0.21	0.22	0.23	39.01	31.42	29.93
	1.00	0.28	0.20	0.21	0.22	40.72	31.89	28.63
	1.50	0.24	0.17	0.19	0.20	41.35	30.12	23.24
	2.00	0.21	0.15	0.17	0.18	40.15	27.22	17.66
	2.40	0.20	0.14	0.16	0.17	39.39	25.39	14.15
	3.00	0.17	0.12	0.14	0.16	38.62	23.29	9.87
	6.00	0.11	0.08	0.09	0.11	41.29	21.64	1.79
	24.00	0.04	0.03	0.03	0.04	46.14	27.95	−7.48
	60.00	0.02	0.01	0.01	0.02	45.85	30.76	−11.06
2.59	0.00	0.14	0.14	0.13	0.13	5.37	8.85	8.78
	0.20	0.14	0.13	0.13	0.13	9.71	13.00	11.36
	0.45	0.14	0.12	0.12	0.12	15.14	18.19	14.58
	0.65	0.14	0.12	0.12	0.12	19.48	22.34	17.16
	0.80	0.14	0.12	0.11	0.12	22.74	25.45	19.09
	1.00	0.14	0.11	0.11	0.12	27.08	29.60	21.67
	1.50	0.14	0.10	0.10	0.11	37.93	39.98	28.11
	2.00	0.14	0.10	0.09	0.11	48.78	50.35	34.55
	2.40	0.14	0.09	0.09	0.10	55.51	56.69	38.01
	3.00	0.13	0.08	0.08	0.10	56.54	57.12	35.32
	6.00	0.10	0.06	0.06	0.08	58.86	57.38	25.40
	24.00	0.03	0.02	0.02	0.03	52.95	48.27	1.98
	60.00	0.02	0.01	0.01	0.02	49.27	54.38	−6.60
平均值	—	—	—	—	—	36.24	16.79	9.96

为了进一步分析有限元结果与各规范计算值的对比结果,将轴力和相对主轴弯矩的无量纲化结果绘制成曲线,得到轴力和弯矩的相关方程关系曲线,如图 5-13~图 5-15所示,下面对这些结果逐一进行对比分析:

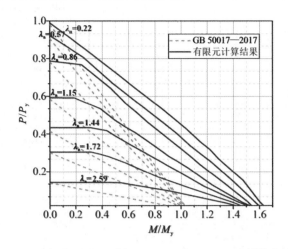

图 5-13　有限元结果与《钢结构设计标准》(GB 50017—2017)计算值的对比(强轴)

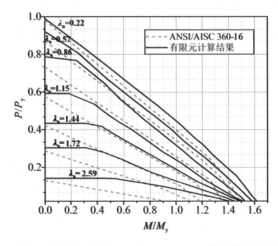

图 5-14　有限元结果与规范 ANSI/AISC 360-16 计算值的对比(强轴)

(1)有限元结果与《钢结构设计标准》(GB 50017—2017)计算值的对比(强轴)

图 5-13 为大角钢绕强轴单向压弯的有限元结果与《钢结构设计标准》(GB 50017—2017)的对比,从图 5-13 中可以看出,有限元结果均高于《钢结构设计标准》(GB 50017—2017)的计算值。当 $\lambda_n \leqslant 0.57$ 时,有限元结果中轴力随着弯矩的增加而减小,有限元结果平均高于《钢结构设计标准》(GB 50017—2017)计算值 35.57%。当 $\lambda_n > 0.57$ 时,有限元结果的相关方程曲线分为两个区域,其中一个区域为轴力随

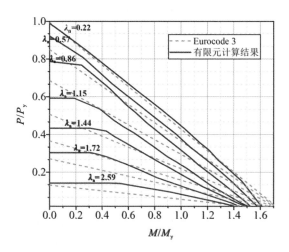

图 5-15　有限元结果与规范 Eurocode 3 计算值的对比(强轴)

着弯矩的增加几乎保持不变,而在另一个区域,轴力随着弯矩的增加而减小。即在同一长细比下,存在临界偏心距,当偏心距小于该临界偏心距时,随着偏心距的增加,试件的承载力几乎保持不变,这表明只要施加的偏心距在临界偏心距以内,偏心加载的大角钢就可以达到其轴压相同的承载力,因此,弯矩的存在不一定会导致试件的承载力降低,甚至在某些情况下会有利于试件承载力的增长。临界偏心距与长细比的变化紧密相关,当长细比增加时,临界偏心距的值也在增加。在临界偏心距的区域内,有限元结果平均高于规范计算值 22.81%。

当 $P=0$ 时,即试件为轴压构件时,有限元结果与规范计算值的平均误差为 5.48%,此时大角钢的轴压稳定系数按照 a 类曲线进行取值,表明有限元结果与规范计算值整体吻合较好。当 $M=0$ 时,即试件处于纯弯曲的状态(受弯构件),随着长细比的增加,试件的抗弯承载力逐渐减小,但整体来看,有限元结果均大于规范计算值,且平均大于规范计算值 50.51%,这是由于规范为了防止截面塑性发展过于深入,影响试件的安全性能,利用截面的塑性发展系数来限制截面的塑性发展。以 γM_y 作为截面抗弯承载力的边界值,本书在对大角钢压弯构件承载力进行计算时,借鉴的是规范中的设计公式,且此时将 γ 取为 1.05,是根据前文中限制角钢截面塑性过度发展,按照角钢截面塑性发展高度为截面高度的 1/8 取值,而有限元的计算结果中得到的大角钢绕强轴的抗弯承载力远大于 $1.05M_y$,尤其是对长细比较小的大角钢,规范的计算值显得更为保守。

(2)有限元结果与规范 ANSI/AISC 360-16 计算值的对比(强轴)

图 5-14 为大角钢绕强轴单向压弯的有限元结果与规范 ANSI/AISC 360-16 的对比,从图 5-14 中可以看出,规范 ANSI/AISC 360-16 的计算值相对于有限元结果

来说是偏保守的,不同长细比下规范计算值相对于有限元结果的保守程度是不一样的。当 $\lambda_n \leqslant 0.57$ 时,有限元结果中轴力随着弯矩的增加而减小,有限元结果平均高于规范计算值 4.83%。当 $\lambda_n > 0.57$ 时,有限元结果中的相关方程曲线也分为两个区域,即存在临界偏心距,在临界偏心距的区域内,有限元结果平均高于规范计算值 19.72%。

当 $P = 0$ 时,即试件为轴压构件时,有限元结果与规范计算值的平均误差为 4.94%,表明该规范对于大角钢轴压稳定承载力的预测较好。当 $M = 0$ 时,即试件处于纯弯曲的状态(受弯构件),随着长细比的增加,试件的抗弯承载力逐渐减小,但整体看来有限元结果均大于规范计算值,且平均大于规范计算值 23.19%,相对于《钢结构设计标准》(GB 50017—2017)来说,规范 ANSI/AISC 360-16 保守程度有所降低,这是由于该规范中将 $1.5M_y$ 作为角钢截面的抗弯承载力的边界值。

(3)有限元结果与规范 Eurocode 3 计算值的对比(强轴)

图 5-15 为大角钢绕强轴单向压弯的有限元结果与规范 Eurocode 3 的对比,从图 5-15 中可以看出,规范 Eurocode 3 的计算值并不是在所有长细比范围内均是保守的,而是在不同的长细比范围内有着不同的变化规律。与《钢结构设计标准》(GB 50017—2017)和规范 ANSI/AISC 360-16 一样,当 $\lambda_n \leqslant 0.57$ 时,有限元结果中轴力随着弯矩的增加而减小,有限元结果平均高于规范 Eurocode 3 计算值 0.68%。当 $\lambda_n > 0.57$ 时,有限元结果在同一长细比下存在相同的临界偏心距,其变化规律也是相同的。在临界偏心距的区域内,有限元结果平均高于规范 Eurocode 3 计算值 23.63%。在同一长细比范围内,在弯矩较小时,有限元结果高于规范 Eurocode 3 计算值,而在弯矩较大时,有限元结果小于该规范计算值,详细的计算结果见表 5-7。

当 $P = 0$ 时,即试件为轴压构件时,有限元结果平均高于规范 Eurocode 3 计算值 11.32%。这是由于规范 Eurocode 3 中规定,大角钢的轴压稳定系数按照该规范中的 b 类曲线进行取值,表明该规范对于大角钢轴压稳定承载力的计算是偏保守的。当 $M = 0$ 时,即试件处于纯弯曲的状态(受弯构件),随着长细比的增加,试件的抗弯承载力逐渐减小,但整体看来有限元结果均小于该规范计算值,且平均小于该规范计算值 8.87%。该规范在对受弯试件的抗弯承载力计算时,截面分类等级中的 1 级和 2 级按照塑性进行设计,即截面模量按照塑性截面模量进行取值。截面为 $\angle 250 \times 26$ 的 Q420 大角钢可按照塑性进行设计,在对比分析时,其截面模量按照塑性截面进行取值。同时,试件的侧扭屈曲折减系数 χ_{LT} 是按照不同的截面进行分类的,并有相应的分类曲线供设计使用,但是在对应的截面分类中并未涉及角钢截面,为了简化对比分析,突出全塑性截面模量对角钢承载力的影响,在利用该规范计算大角钢的稳定承载力时,将 χ_{LT} 值取为 1,即不限制角钢的塑性发展,从而得到有限元结果小于该规范计算值的结论。

5.3.2 绕弱轴单向压弯构件的分析

表 5-7 为绕弱轴单向压弯的有限元结果与各规范计算值的对比分析,从表中可以看到,有限元结果得到的稳定承载力分别高于我国《钢结构设计标准》(GB 50017—2017)、美国规范 ANSI/AISC 360-16 计算值 32.32%、8.56%,而小于欧洲规范 Eurocode 3 计算值 0.74%,表明采用《钢结构设计标准》(GB 50017—2017)比较保守并且有较大的误差,采用美国规范 ANSI/AISC 360-16 的计算值稍显保守,而采用欧洲规范 Eurocode 3 计算值略显激进。

表 5-7 有限元结果与各规范计算值的对比分析(弱轴)

λ_n	偏心距 e_{vo}	P_{FE}/P_y	P_{GB}/P_y	P_{AISC}/P_y	P_{Eur}/P_y	$\delta_{GB}/\%$	$\delta_{AISC}/\%$	$\delta_{Eur}/\%$
	0.00	0.99	0.98	0.98	0.99	0.84	0.87	−0.48
	0.20	0.71	0.61	0.69	0.73	15.58	1.73	−3.38
	0.45	0.53	0.42	0.51	0.55	26.78	3.52	−4.16
	0.65	0.44	0.33	0.42	0.46	31.68	3.89	−5.02
	0.80	0.38	0.29	0.37	0.41	34.10	3.89	−5.68
	1.00	0.33	0.24	0.32	0.36	36.57	3.89	−6.34
0.22	1.50	0.25	0.18	0.24	0.27	40.57	3.89	−7.43
	2.00	0.20	0.14	0.19	0.22	42.96	3.89	−8.07
	2.40	0.17	0.12	0.16	0.19	44.80	6.33	−8.08
	3.00	0.14	0.10	0.13	0.16	46.67	8.56	−8.19
	6.00	0.08	0.05	0.07	0.08	51.29	13.88	−8.15
	24.00	0.02	0.01	0.02	0.02	54.86	18.16	−8.38
	60.00	0.01	0.01	0.01	0.01	57.08	20.20	−7.58
	0.00	0.92	0.91	0.87	0.85	1.79	5.78	8.50
	0.20	0.66	0.58	0.64	0.65	14.26	4.11	2.17
	0.45	0.50	0.40	0.48	0.50	24.15	4.30	−0.82
0.57	0.65	0.41	0.32	0.40	0.43	28.43	3.85	−2.82
	0.80	0.37	0.28	0.35	0.38	31.78	4.39	−3.20
	1.00	0.32	0.24	0.31	0.34	33.77	3.78	−4.66
	1.50	0.24	0.17	0.23	0.26	37.36	3.08	−6.78
	2.00	0.19	0.14	0.19	0.21	40.70	3.53	−7.27

λ_n	偏心距 e_{v0}	P_{FE}/P_y	P_{GB}/P_y	P_{AISC}/P_y	P_{Eur}/P_y	$\delta_{GB}/\%$	$\delta_{AISC}/\%$	$\delta_{Eur}/\%$
	2.40	0.17	0.12	0.16	0.18	42.20	3.53	−7.76
	3.00	0.14	0.10	0.13	0.15	43.35	6.11	−8.63
0.57	6.00	0.07	0.05	0.07	0.08	46.02	9.91	−10.46
	24.00	0.02	0.01	0.02	0.02	49.60	14.15	−11.25
	60.00	0.01	0.01	0.01	0.01	53.22	17.24	−9.75
	0.00	0.79	0.75	0.73	0.69	5.15	7.45	14.85
	0.20	0.59	0.51	0.56	0.55	14.77	4.94	7.02
	0.45	0.45	0.37	0.43	0.44	23.69	4.94	3.21
	0.65	0.38	0.30	0.37	0.38	28.36	4.94	1.22
	0.80	0.34	0.26	0.33	0.34	31.01	4.94	0.08
	1.00	0.30	0.23	0.29	0.31	33.80	4.94	−1.11
0.86	1.50	0.23	0.17	0.22	0.24	37.19	3.95	−4.03
	2.00	0.18	0.13	0.18	0.20	38.75	2.96	−6.17
	2.40	0.16	0.11	0.16	0.17	40.35	2.96	−6.85
	3.00	0.13	0.09	0.13	0.15	40.69	1.92	−8.55
	6.00	0.07	0.05	0.07	0.08	44.04	7.94	−10.66
	24.00	0.02	0.01	0.02	0.02	47.10	12.11	−12.45
	60.00	0.01	0.01	0.01	0.01	51.99	16.24	−10.36
	0.00	0.59	0.55	0.58	0.51	7.78	3.00	17.03
	0.20	0.49	0.41	0.46	0.43	18.27	4.86	13.45
	0.45	0.39	0.31	0.37	0.36	25.17	4.86	8.84
	0.65	0.34	0.26	0.32	0.32	29.00	4.86	6.28
	0.80	0.31	0.23	0.29	0.29	31.26	4.86	4.77
1.15	1.00	0.27	0.20	0.26	0.26	32.36	3.81	2.12
	1.50	0.21	0.16	0.20	0.21	36.56	3.81	−0.69
	2.00	0.17	0.13	0.17	0.18	39.28	3.81	−2.51
	2.40	0.15	0.11	0.15	0.16	39.95	3.16	−4.15
	3.00	0.13	0.09	0.12	0.14	41.85	3.28	−5.20
	6.00	0.07	0.05	0.07	0.08	44.19	7.09	−9.03

λ_n	偏心距 e_{vo}	P_{FE}/P_y	P_{GB}/P_y	P_{AISC}/P_y	P_{Eur}/P_y	$\delta_{GB}/\%$	$\delta_{AISC}/\%$	$\delta_{Eur}/\%$
1.15	24.00	0.02	0.01	0.02	0.02	46.63	11.70	−12.29
	60.00	0.01	0.01	0.01	0.01	50.23	15.07	−11.21
1.44	0.00	0.43	0.39	0.42	0.37	10.96	3.00	18.42
	0.20	0.38	0.32	0.36	0.32	22.13	8.11	18.92
	0.45	0.32	0.25	0.30	0.28	27.76	8.64	14.73
	0.65	0.29	0.22	0.26	0.26	30.50	8.44	11.68
	0.80	0.26	0.20	0.24	0.24	32.36	8.47	9.99
	1.00	0.24	0.18	0.22	0.22	34.44	8.52	8.12
	1.50	0.19	0.14	0.18	0.18	38.83	9.08	5.15
	2.00	0.16	0.11	0.15	0.16	40.77	8.65	2.36
	2.40	0.14	0.10	0.13	0.14	41.38	8.00	0.37
	3.00	0.12	0.08	0.11	0.12	43.97	8.68	−0.61
	6.00	0.07	0.05	0.06	0.07	44.24	8.91	−7.03
	24.00	0.02	0.01	0.02	0.02	42.19	11.53	−14.37
	60.00	0.01	0.01	0.01	0.01	49.03	17.87	−11.66
1.72	0.00	0.30	0.29	0.29	0.27	6.47	5.66	12.14
	0.20	0.28	0.24	0.25	0.25	14.37	9.00	12.46
	0.45	0.24	0.20	0.22	0.22	18.76	9.00	9.33
	0.65	0.22	0.18	0.20	0.21	21.55	9.00	7.34
	0.80	0.21	0.17	0.19	0.19	23.33	9.00	6.08
	1.00	0.19	0.15	0.17	0.18	25.38	9.00	4.62
	1.50	0.16	0.12	0.15	0.16	29.32	9.00	1.81
	2.00	0.14	0.10	0.13	0.14	32.15	9.00	−0.20
	2.40	0.12	0.09	0.11	0.12	33.87	9.00	−1.43
	3.00	0.11	0.08	0.10	0.11	35.93	9.00	−2.90
	6.00	0.06	0.05	0.06	0.07	41.39	9.10	−6.62
	24.00	0.02	0.01	0.02	0.02	42.46	14.88	−13.49
	60.00	0.01	0.01	0.01	0.01	48.70	21.20	−11.55

续表

λ_n	偏心距 e_{vo}	P_{FE}/P_y	P_{GB}/P_y	P_{AISC}/P_y	P_{Eur}/P_y	$\delta_{GB}/\%$	$\delta_{AISC}/\%$	$\delta_{Eur}/\%$
	0.00	0.14	0.14	0.13	0.13	5.37	8.85	8.78
	0.20	0.14	0.12	0.12	0.13	8.40	10.00	8.18
	0.45	0.13	0.11	0.11	0.12	12.51	12.00	8.21
	0.65	0.12	0.11	0.11	0.11	14.01	12.00	6.83
	0.80	0.12	0.10	0.10	0.11	15.03	12.00	5.90
	1.00	0.11	0.10	0.10	0.11	18.61	14.24	6.85
2.59	1.50	0.10	0.08	0.09	0.10	21.31	14.24	4.38
	2.00	0.09	0.07	0.08	0.09	23.48	14.24	2.40
	2.40	0.08	0.07	0.07	0.08	24.92	14.24	1.09
	3.00	0.08	0.06	0.07	0.08	26.75	14.24	-0.59
	6.00	0.05	0.04	0.04	0.05	32.26	14.24	-5.63
	24.00	0.02	0.01	0.01	0.02	46.25	25.97	-8.35
	60.00	0.01	0.01	0.01	0.01	50.30	32.45	-9.33
平均值	—	—	—	—	—	32.32	8.56	-0.74

图 5-16～图 5-18 为按照大角钢绕弱轴单向压弯的有限元结果得到的轴力和弯矩的相关方程关系曲线与各个规范计算值的对比。

(1)有限元结果与《钢结构设计标准》(GB 50017—2017)计算值的对比(弱轴)

图 5-16 为大角钢绕弱轴单向压弯的有限元结果与《钢结构设计标准》(GB 50017—2017)计算值的对比,从图 5-16 中可以看出,有限元结果高于《钢结构设计标准》(GB 50017—2017)的计算值,整体看来绕弱轴单向压弯的大角钢在所有的长细比范围内,轴力随着弯矩的增加而减小。当 $P=0$ 时,即试件为轴压构件时,有限元结果与该规范计算值的平均误差为 5.48%,表明有限元结果与该规范计算值整体吻合较好。当 $M=0$ 时,即试件处于纯弯曲的状态(受弯构件),随着长细比的增加,试件的抗弯承载力逐渐减小,但整体看来有限元结果均大于该规范计算值,且平均大于规范计算值 51.51%。有限元结果远大于该规范计算值的原因同样是该规范为了防止截面塑性发展过于深入,而此时 γ 的取值为 1.15,从有限元的计算结果中得到的大角钢绕弱轴单向压弯的抗弯承载力远大于 $1.15M_y$。

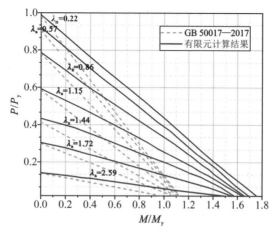

图 5-16 有限元结果与《钢结构设计标准》(GB 50017—2017)计算值的对比(弱轴)

(2)有限元结果与规范 ANSI/AISC 360-16 计算值的对比(弱轴)

图 5-17 为大角钢绕弱轴单向压弯的有限元结果与规范 ANSI/AISC 360-16 的对比,从图 5-17 中可以看出,有限元结果高于规范 ANSI/AISC 360-16 的计算值,与《钢结构设计标准》(GB 50017—2017)一样绕弱轴单向压弯的大角钢,在所有的长细比范围内,轴力随着弯矩的增加而减小。当 $P=0$ 时,即试件为轴压构件时,有限元结果与规范 ANSI/AISC 360-16 计算值的平均误差为 4.94%。当 $M=0$ 时,即试件处于纯弯曲的状态(受弯构件),随着长细比的增加,试件的抗弯承载力逐渐减小,但整体看来有限元结果均大于规范 ANSI/AISC 360-16 计算值,且平均大于规范 ANSI/AISC 360-16 计算值 20.04%,相对于《钢结构设计标准》(GB 50017—2017),保守程度有较大的降低,同样归结于规范 ANSI/AISC 360-16 中将 $1.5M_y$ 作为角钢截面的抗弯承载力的边界值。

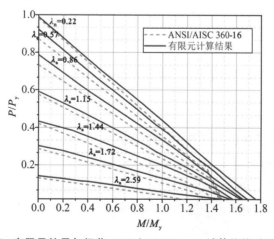

图 5-17 有限元结果与规范 ANSI/AISC 360-16 计算值的对比(弱轴)

(3)有限元结果与规范 Eurocode 3 计算值的对比(弱轴)

图 5-18 为大角钢绕弱轴单向压弯的有限元结果与规范 Eurocode 3 的对比,从图 5-18 中可以看出,规范 Eurocode 3 与《钢结构设计标准》(GB 50017—2017)和规范 ANSI/AISC 360-16 一样,绕弱轴单向压弯的大角钢在所有的长细比范围内,轴力随着弯矩的增加而减小。当 $P=0$ 时,即试件为轴压构件时,有限元结果平均高于规范 Eurocode 3 计算值 11.32%,表明该规范对于大角钢轴压稳定承载力的计算是偏于保守的。当 $M=0$ 时,即试件处于纯弯曲的状态(受弯构件),随着长细比的增加,试件的抗弯承载力逐渐减小,但整体看来有限元结果均小于规范 Eurocode 3 计算值,且平均小于该规范计算值 10.20%,这是由于采用该规范对绕弱轴单向压弯的大角钢的承载力计算时,对截面模量和侧扭屈曲折减系数 χ_{LT} 的取值,均与绕强轴单向压弯时是一样的,即不限制角钢的塑性发展,从而得到有限元结果小于该规范计算值的结论。

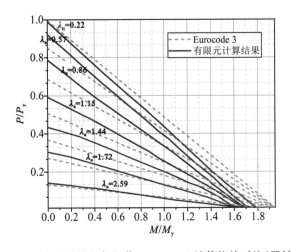

图 5-18   有限元结果与规范 Eurocode 3 计算值的对比(弱轴)

5.4   适用于大角钢压弯构件的稳定承载力计算方法

5.4.1   绕强轴单向压弯构件的稳定承载力计算方法

通过前文的分析可知,现有相关规范中压弯构件稳定承载力的计算方法并不适用于计算大角钢压弯构件的稳定承载力,相关规范中的计算方法不够准确主要在于两个方面:一方面是没有考虑到大角钢绕强轴单向压弯时存在的临界偏心距,另一方面是对于大角钢抗弯承载力的取值偏保守。因此,需要对适用于大角钢压弯构件稳定承载力的计算方法进行研究。Earls[43]认为,规范 ANSI/AISC 360-16 中关于角钢受弯构件的设计在大多数情况下是不必要的保守,并利用有限元分析的方法对影响角钢抗弯承载力的参数进行了分析,提出了角钢绕主轴弯曲受弯构件的弯曲强度计算公式,且该公式与角钢的宽厚比有关,计算公式如式(5-5)和式(5-6)所示。

当 $8 \leqslant \dfrac{b}{t} \leqslant 14$ 时,

$$M_n = -\frac{b/t}{10000}\left(\frac{L_b}{r_z} - 50\right)M_y + 1.5M_y \tag{5-5}$$

当 $\dfrac{b}{t} > 14$ 时,

$$M_n = -0.00184\left(\frac{L_b}{r_z} - 50\right)\left(\frac{16}{b/t}\right)^7 + \left(\frac{22.4}{b/t}\right) \tag{5-6}$$

式中,L_b 为构件长度;r_z 为构件的回转半径;M_y 为屈服弯矩。

因此,本节参考规范 ANSI/AISC 360-16 中关于单轴对称压弯构件设计公式的形式,利用式(5-5)和式(5-6)计算大角钢绕强轴的弯曲强度,并基于大量的有限元分析结果,通过曲线拟合的方法,将绕强轴单向压弯的临界偏心距考虑进去,得到大角钢绕强轴单向压弯构件的稳定承载力推荐公式,见式(5-7):

$$\frac{P_{ru}}{P_c} + \frac{P_{ru}e_{ur}}{M_{cu}} \leqslant 1.0 \tag{5-7}$$

式中,P_{ru} 为绕强轴单向压弯构件的承载力设计值;P_c 为构件的轴压强度,按照轴压构件的稳定承载力计算方法进行计算;M_{cu} 为强轴弯曲强度;e_{ur} 为绕强轴单向压弯的计算偏心距,按式(5-8)进行取值。

$$e_{ur} = \begin{cases} 0 & (e_u \leqslant e_{cr}) \\ e_u - e_{cr} & (e_u > e_{cr}) \end{cases} \tag{5-8}$$

式中,e_u 为绕强轴单向压弯的偏心距;e_{cr} 按照式(5-1)进行计算。

将推荐公式计算结果与有限元结果进行对比,在对比时利用 P_y 分别将计算结果进行无量纲化,即有限元结果和式(5-7)的无量纲计算结果分别为 P_{FE}/P_y 和 P_{ru}/P_y,并利用式(5-9)计算出有限元结果相对于公式的误差值,计算结果均列于表 5-8 中。

$$\delta_{uo} = \frac{P_{FE}}{P_{ru}} - 1 \tag{5-9}$$

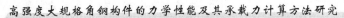

表 5-8　　　　　　　有限元结果与推荐公式的对比分析(强轴)

λ_n	e_{uo}	P_{FE}/P_y	P_{ru}/P_y	$\delta_{uo}/\%$	λ_n	e_{uo}	P_{FE}/P_y	P_{ru}/P_y	$\delta_{uo}/\%$
	0.00	0.99	0.98	0.87		0.00	0.59	0.58	3.00
	0.20	0.85	0.83	2.72		0.20	0.59	0.58	2.98
	0.45	0.72	0.69	3.96		0.45	0.54	0.51	5.88
	0.65	0.64	0.61	4.70		0.65	0.48	0.46	4.04
	0.80	0.59	0.56	5.16		0.80	0.44	0.43	3.83
	1.00	0.53	0.51	5.68		1.00	0.41	0.39	4.36
0.22	1.50	0.43	0.41	6.15	1.15	1.50	0.33	0.32	3.25
	2.00	0.36	0.34	5.63		2.00	0.28	0.28	2.24
	2.40	0.32	0.30	5.93		2.40	0.25	0.25	2.73
	3.00	0.27	0.26	4.92		3.00	0.22	0.21	2.81
	6.00	0.15	0.15	4.62		6.00	0.13	0.13	1.41
	24.00	0.04	0.04	0.72		24.00	0.04	0.04	2.91
	60.00	0.02	0.02	0.30		60.00	0.02	0.02	4.02
	0.00	0.79	0.73	7.45		0.00	0.43	0.42	3.00
	0.20	0.77	0.73	4.83		0.20	0.43	0.42	3.01
	0.45	0.64	0.61	4.82		0.45	0.43	0.42	2.96
	0.65	0.56	0.54	3.19		0.65	0.42	0.39	8.26
	0.80	0.52	0.50	3.21		0.80	0.39	0.36	6.96
	1.00	0.46	0.45	2.63		1.00	0.36	0.34	6.29
0.86	1.50	0.38	0.37	2.97	1.44	1.50	0.30	0.29	4.99
	2.00	0.32	0.31	3.30		2.00	0.26	0.25	4.06
	2.40	0.28	0.27	3.43		2.40	0.23	0.23	3.49
	3.00	0.24	0.23	3.20		3.00	0.20	0.20	2.94
	6.00	0.14	0.13	4.16		6.00	0.12	0.12	1.18
	24.00	0.04	0.04	4.62		24.00	0.04	0.04	2.56
	60.00	0.02	0.02	4.09		60.00	0.02	0.02	3.58

λ_n	e_{uo}	P_{FE}/P_y	P_{ru}/P_y	$\delta_{uo}/\%$	λ_n	e_{uo}	P_{FE}/P_y	P_{ru}/P_y	$\delta_{uo}/\%$
	0.00	0.30	0.29	5.66		0.00	0.14	0.13	8.85
	0.20	0.30	0.29	5.66		0.20	0.14	0.13	8.85
	0.45	0.30	0.29	5.66		0.45	0.14	0.13	8.85
	0.65	0.30	0.29	5.66		0.65	0.14	0.13	8.85
	0.80	0.29	0.28	7.03		0.80	0.14	0.13	8.85
	1.00	0.28	0.26	7.71		1.00	0.14	0.13	8.85
1.72	1.50	0.24	0.23	6.88	2.59	1.50	0.14	0.13	8.85
	2.00	0.21	0.20	4.97		2.00	0.14	0.13	8.85
	2.40	0.20	0.19	3.77		2.40	0.14	0.12	13.46
	3.00	0.17	0.17	2.42		3.00	0.13	0.12	13.80
	6.00	0.11	0.11	2.15		6.00	0.10	0.08	14.08
	24.00	0.04	0.04	2.87		24.00	0.03	0.03	7.63
	60.00	0.02	0.02	1.92		60.00	0.02	0.01	4.33
平均值	—	—	—	—	—	—	—	—	4.95

从表 5-8 可以看到,绕强轴单向压弯的推荐公式计算结果均低于有限元结果,平均低于有限元结果 4.95%,表明推荐公式相对于有限元结果稍显保守,但是采用推荐公式用于设计时,有更高的安全裕度。

为了进一步讨论推荐公式计算值与有限元结果的对比结果,将轴力和相对主轴弯矩的无量纲化结果绘制成曲线,得到轴力和弯矩的相关方程关系曲线,如图 5-19 所示。从图 5-19 中可以看出,推荐公式结果和有限元结果的相关方程曲线整体吻合较好,推荐公式的结果也很好地表征大角钢构件绕强轴单向压弯时存在临界偏心距的现象。在临界偏心距的区域内,推荐公式结果平均低于有限元结果 6.00%,表明推荐公式对于计算大角钢绕强轴单向压弯构件的稳定承载力具有较高的精度。

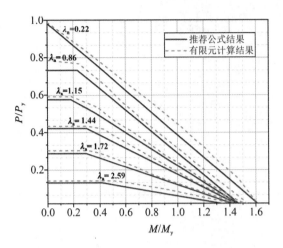

图 5-19　推荐公式与有限元结果的对比（强轴）

5.4.2　绕弱轴单向压弯构件的稳定承载力计算方法

对于大角钢绕弱轴单向压弯构件的稳定计算公式，同样参考规范 ANSI/AISC 360-16 中关于单轴对称压弯构件设计公式的形式，并基于大量的有限元分析结果，对得到的承载力结果进行曲线拟合，得到绕弱轴单向压弯构件的稳定承载力推荐公式，如式(5-10)所示。

$$\frac{P_{rv}}{P_c} + \frac{8}{9}\frac{P_{rv}e_v}{M_{cv}} \leqslant 1.0 \qquad (5\text{-}10)$$

式中，P_{rv} 为绕弱轴单向压弯构件的承载力设计值；P_c 为构件的轴压强度，按照轴压构件的稳定承载力计算方法进行计算；M_{cv} 弱轴弯曲强度，按照规范 ANSI/AISC 360-16 的计算方法进行计算；e_v 为绕弱轴单向压弯的偏心距。

利用式(5-10)可对绕弱轴单向压弯大角钢构件的稳定承载力 P_{rv} 进行计算，为了验证公式的精度，将计算结果与有限元结果进行对比，在对比时也分别将计算结果利用 P_y 进行无量纲化，即有限元结果和式(5-10)的无量纲计算结果分别为 P_{FE}/P_y 和 P_{rv}/P_y，并利用式(5-11)计算出有限元结果相对于式(5-10)的误差值，计算结果均列于表 5-9 中。

$$\delta_{vo} = \frac{P_{FE}}{P_{rv}} - 1 \qquad (5\text{-}11)$$

从表 5-9 中可以看到，绕弱轴单向压弯的推荐公式计算结果也均低于有限元结果，平均低于有限元结果 4.88%，表明推荐公式相对于有限元结果稍显保守，但是采用推荐公式用于设计时，可有更高的安全裕度。

表 5-9　　　　　　　　有限元结果与推荐公式的对比分析(弱轴)

λ_n	e_{vo}	P_{FE}/P_y	P_{rv}/P_y	$\delta_{vo}/\%$	λ_n	e_{vo}	P_{FE}/P_y	P_{rv}/P_y	$\delta_{vo}/\%$
	0.00	0.99	0.98	0.87		0.00	0.59	0.58	3.00
	0.20	0.71	0.69	1.73		0.20	0.49	0.46	4.80
	0.45	0.53	0.51	3.52		0.45	0.39	0.37	4.76
	0.65	0.44	0.42	3.89		0.65	0.34	0.32	4.73
	0.80	0.38	0.37	3.89		0.80	0.31	0.29	4.72
	1.00	0.33	0.32	3.89		1.00	0.27	0.26	3.65
0.22	1.50	0.25	0.24	3.89	1.15	1.50	0.21	0.20	3.63
	2.00	0.20	0.19	3.89		2.00	0.17	0.17	3.61
	2.40	0.17	0.17	4.28		2.40	0.15	0.15	2.95
	3.00	0.14	0.14	4.59		3.00	0.13	0.12	3.05
	6.00	0.08	0.07	5.62		6.00	0.07	0.07	1.80
	24.00	0.02	0.02	6.20		24.00	0.02	0.02	0.89
	60.00	0.01	0.01	7.32		60.00	0.01	0.01	2.78
	0.00	0.79	0.73	7.45		0.00	0.43	0.42	3.00
	0.20	0.59	0.56	4.94		0.20	0.38	0.36	7.50
	0.45	0.45	0.43	4.94		0.45	0.32	0.30	7.49
	0.65	0.38	0.37	4.94		0.65	0.29	0.27	6.97
	0.80	0.34	0.33	4.94		0.80	0.26	0.25	6.81
	1.00	0.30	0.29	4.94		1.00	0.24	0.22	6.65
0.86	1.50	0.23	0.22	3.95	1.44	1.50	0.19	0.18	6.80
	2.00	0.18	0.18	2.96		2.00	0.16	0.15	6.10
	2.40	0.16	0.16	2.96		2.40	0.14	0.14	5.32
	3.00	0.13	0.13	1.92		3.00	0.12	0.12	5.80
	6.00	0.07	0.07	1.46		6.00	0.07	0.07	2.61
	24.00	0.02	0.02	1.14		24.00	0.02	0.02	0.12
	60.00	0.01	0.01	3.95		60.00	0.01	0.01	2.06

续表

λ_n	e_{vo}	P_{FE}/P_y	P_{rv}/P_y	$\delta_{vo}/\%$	λ_n	e_{vo}	P_{FE}/P_y	P_{rv}/P_y	$\delta_{vo}/\%$
	0.00	0.30	0.29	5.66		0.00	0.14	0.13	8.85
	0.20	0.28	0.26	8.17		0.20	0.14	0.12	9.04
	0.45	0.24	0.23	7.37		0.45	0.13	0.12	9.96
	0.65	0.22	0.21	6.86		0.65	0.12	0.11	9.21
	0.80	0.21	0.19	6.53		0.80	0.12	0.11	8.70
	1.00	0.19	0.18	6.16		1.00	0.11	0.10	10.23
1.72	1.50	0.16	0.15	5.44	2.59	1.50	0.10	0.09	8.88
	2.00	0.14	0.13	4.92		2.00	0.09	0.08	7.79
	2.40	0.12	0.12	4.60		2.40	0.08	0.08	7.08
	3.00	0.11	0.10	4.23		3.00	0.08	0.07	6.16
	6.00	0.06	0.06	3.34		6.00	0.05	0.05	3.39
	24.00	0.02	0.02	2.19		24.00	0.02	0.02	4.33
	60.00	0.01	0.01	2.19		60.00	0.01	0.01	4.45
平均值	—	—	—	—	—	—	—	—	4.88

将轴力和相对主轴弯矩的无量纲化结果绘制成曲线,得到轴力和弯矩的相关方程关系曲线,如图 5-20 所示。从图 5-20 中可以看出,大角钢绕弱轴单向压弯时,推荐公式结果和有限元结果的相关方程曲线整体吻合也较好,表明推荐公式对于计算大角钢绕弱轴单向压弯构件的稳定承载力具有较高的精度。

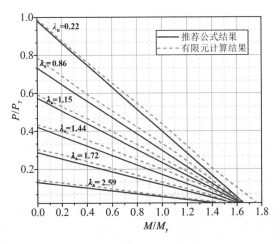

图 5-20 推荐公式与有限元结果的对比(弱轴)

5.4.3　双向压弯构件的稳定承载力计算方法

将绕强轴单向压弯的设计公式和绕弱轴单向压弯的推荐公式相结合,构建双向压弯构件的稳定承载力推荐公式,如式(5-12)所示。

$$\frac{P_{ro}}{P_c} + \frac{P_{ro}e_u}{M_{cu}} + \frac{8}{9}\frac{P_{ro}e_v}{M_{cv}} \leqslant 1.0 \tag{5-12}$$

式中,P_{ro} 为构件的承载力设计值,其余各参数与式(5-7)和式(5-10)中参数的取值保持一致。为了验证式(5-12)的精度,在计算时绕强轴的偏心率 e_{uo} 取为 0~60,而绕弱轴的偏心率 e_{vo} 分别取为 0.20、0.65、1.00、2.00,λ_n 取为 0.22、1.15、1.72,将计算结果与有限元结果进行对比,在对比时也利用 P_y 分别对计算结果进行无量纲化,即有限元结果和式(5-12)的无量纲化计算结果分别为 P_{FE}/P_y 和 P_{ro}/P_y,并利用式(5-13)计算出有限元结果相对于式(5-12)的误差值,计算结果均列于表5-16中。

$$\delta_{ro} = \frac{P_{FE}}{P_{ro}} - 1 \tag{5-13}$$

从表5-10中可以看到,双向压弯的推荐公式计算结果也均低于有限元结果,绕弱轴的偏心距 e_{vo} 分别为 0.20、0.65、1.00、2.00 时,推荐公式的计算结果分别平均低于有限元结果 6.91%、6.36%、5.61%、5.01%,双向压弯推荐公式是在单向压弯推荐公式的基础上线性叠加而构建的,从而造成双向压弯推荐公式的保守程度有所提高,而双向压弯构件的受力性能更为复杂,采用保守的设计公式能够提供更高的安全裕度,使得设计结果更为合理、可靠。

表 5-10　　　　　　　　　　有限元结果与双向压弯推荐公式的对比分析

λ_n	e_{uo}	e_{vo}	P_{FE}/P_y	P_{ro}/P_y	$\delta_{ro}/\%$	λ_n	e_{uo}	e_{vo}	P_{FE}/P_y	P_{ro}/P_y	$\delta_{ro}/\%$
0.22	0.00	0.20	0.75	0.69	7.60	0.22	0.00	0.65	0.44	0.42	4.99
	0.20		0.66	0.61	7.36		0.20		0.41	0.39	5.56
	0.45		0.57	0.54	6.94		0.45		0.37	0.36	5.38
	0.65		0.52	0.49	6.59		0.65		0.35	0.33	4.93
	0.80		0.48	0.45	6.39		0.80		0.33	0.32	4.82
	1.00		0.44	0.42	6.19		1.00		0.31	0.30	4.90
	1.50		0.37	0.35	5.80		1.50		0.27	0.26	5.13
	2.00		0.31	0.30	5.47		2.00		0.24	0.23	5.17
	2.40		0.28	0.27	5.28		2.40		0.22	0.21	5.35
	3.00		0.24	0.23	4.98		3.00		0.20	0.19	5.18
	6.00		0.14	0.14	4.05		6.00		0.13	0.12	4.29
	24.00		0.04	0.04	3.86		24.00		0.04	0.04	2.77
	60.00		0.02	0.02	3.56		60.00		0.02	0.02	2.45

续表

λ_n	e_{uo}	e_{vo}	P_{FE}/P_y	P_{ro}/P_y	$\delta_{ro}/\%$	λ_n	e_{uo}	e_{vo}	P_{FE}/P_y	P_{ro}/P_y	$\delta_{ro}/\%$
1.15	0.00	0.20	0.50	0.46	8.93	1.15	0.00	0.65	0.35	0.32	7.43
	0.20		0.50	0.46	8.93		0.20		0.35	0.32	7.41
	0.45		0.45	0.42	8.49		0.45		0.32	0.30	6.53
	0.65		0.41	0.38	8.25		0.65		0.30	0.28	6.32
	0.80		0.39	0.36	7.86		0.80		0.28	0.27	4.96
	1.00		0.36	0.34	7.85		1.00		0.27	0.25	5.87
	1.50		0.30	0.29	6.51		1.50		0.24	0.22	5.93
	2.00		0.26	0.25	6.28		2.00		0.21	0.20	6.22
	2.40		0.23	0.22	4.01		2.40		0.20	0.19	5.70
	3.00		0.21	0.20	4.79		3.00		0.18	0.17	5.70
	6.00		0.13	0.12	3.35		6.00		0.12	0.11	7.14
	24.00		0.04	0.04	3.82		24.00		0.04	0.04	2.76
	60.00		0.02	0.02	3.42		60.00		0.02	0.02	1.69
1.72	0.00	0.20	0.29	0.26	11.43	1.72	0.00	0.65	0.23	0.21	11.45
	0.20		0.29	0.26	11.26		0.20		0.23	0.21	11.45
	0.45		0.29	0.26	11.26		0.45		0.23	0.21	11.45
	0.65		0.29	0.26	11.08		0.65		0.23	0.21	10.45
	0.80		0.27	0.25	11.18		0.80		0.22	0.20	11.44
	1.00		0.26	0.23	10.90		1.00		0.21	0.19	10.41
	1.50		0.23	0.21	10.49		1.50		0.19	0.17	9.24
	2.00		0.20	0.19	8.16		2.00		0.17	0.16	8.33
	2.40		0.19	0.17	7.94		2.40		0.16	0.15	7.73
	3.00		0.17	0.16	6.69		3.00		0.15	0.14	7.15
	6.00		0.11	0.10	5.11		6.00		0.10	0.10	6.61
	24.00		0.04	0.04	4.10		24.00		0.04	0.03	4.70
	60.00		0.02	0.02	3.43		60.00		0.02	0.01	2.87
平均值	—	—	—	—	6.91	平均值	—	—	—	—	6.36

续表

λ_n	e_{uo}	e_{vo}	P_{FE}/P_y	P_{ro}/P_y	$\delta_{ro}/\%$	λ_n	e_{uo}	e_{vo}	P_{FE}/P_y	P_{ro}/P_y	$\delta_{ro}/\%$
0.22	0.00	1.00	0.34	0.32	6.30	0.22	0.00	2.00	0.20	0.19	5.70
	0.20		0.32	0.30	6.06		0.20		0.19	0.18	5.46
	0.45		0.30	0.28	5.64		0.45		0.19	0.18	5.04
	0.65		0.28	0.27	5.29		0.65		0.18	0.17	4.69
	0.80		0.27	0.26	5.09		0.80		0.17	0.17	4.49
	1.00		0.26	0.25	4.89		1.00		0.17	0.16	4.29
	1.50		0.23	0.22	4.50		1.50		0.16	0.15	3.90
	2.00		0.21	0.20	4.17		2.00		0.14	0.14	3.57
	2.40		0.19	0.18	3.98		2.40		0.14	0.13	3.38
	3.00		0.17	0.17	3.68		3.00		0.13	0.12	3.08
	6.00		0.12	0.11	2.75		6.00		0.09	0.09	2.15
	24.00		0.04	0.04	2.56		24.00		0.04	0.04	1.96
	60.00		0.02	0.02	2.26		60.00		0.02	0.02	1.66
1.15	0.00	1.00	0.28	0.26	7.63	1.15	0.00	2.00	0.18	0.17	7.03
	0.20		0.28	0.26	7.63		0.20		0.18	0.17	7.03
	0.45		0.26	0.25	7.19		0.45		0.17	0.16	6.59
	0.65		0.25	0.23	6.95		0.65		0.17	0.16	6.35
	0.80		0.24	0.22	6.56		0.80		0.16	0.15	5.96
	1.00		0.23	0.21	6.55		1.00		0.16	0.15	5.95
	1.50		0.20	0.19	5.21		1.50		0.14	0.14	4.61
	2.00		0.18	0.17	4.98		2.00		0.13	0.13	4.38
	2.40		0.17	0.16	2.71		2.40		0.12	0.12	2.11
	3.00		0.15	0.15	3.49		3.00		0.12	0.11	2.89
	6.00		0.10	0.10	2.05		6.00		0.08	0.08	1.45
	24.00		0.04	0.03	2.52		24.00		0.03	0.03	1.92
	60.00		0.02	0.01	2.12		60.00		0.01	0.01	1.52

λ_n	e_{uo}	e_{vo}	P_{FE}/P_y	P_{ro}/P_y	$\delta_{ro}/\%$	λ_n	e_{uo}	e_{vo}	P_{FE}/P_y	P_{ro}/P_y	$\delta_{ro}/\%$
	0.00		0.20	0.18	10.13		0.00		0.14	0.13	9.53
	0.20		0.20	0.18	9.96		0.20		0.14	0.13	9.36
	0.45		0.20	0.18	9.96		0.45		0.14	0.13	9.36
	0.65		0.20	0.18	9.78		0.65		0.14	0.13	9.18
	0.80		0.19	0.17	9.88		0.80		0.14	0.13	9.28
	1.00		0.18	0.17	9.60		1.00		0.14	0.12	9.00
1.72	1.50	1.00	0.17	0.15	9.19	1.72	1.50	2.00	0.13	0.12	8.59
	2.00		0.15	0.14	6.86		2.00		0.12	0.11	6.26
	2.40		0.14	0.13	6.64		2.40		0.11	0.11	6.04
	3.00		0.13	0.12	5.39		3.00		0.10	0.10	4.79
	6.00		0.09	0.09	3.81		6.00		0.08	0.08	3.21
	24.00		0.03	0.03	2.80		24.00		0.03	0.03	2.20
	60.00		0.02	0.01	2.13		60.00		0.01	0.01	1.53
平均值	—	—			5.61	平均值	—	—			5.01

将双向压弯推荐公式的计算结果与有限元结果进行对比,分别用 P_y 和 M_y 将轴力和弯矩进行无量纲化,得到轴力和弯矩的相关方程关系曲线,如图 5-21 所示。

从图 5-21 中可以看出,推荐公式结果和有限元结果整体吻合较好,推荐公式也体现出大角钢构件绕强轴单向压弯时存在临界偏心距的现象。随着偏心率 e_{vo} 的增大,双向压弯构件的承载力计算结果在逐步减小,表明双向偏心距的存在会进一步削弱大角钢的承载力。当 e_{vo} 分别为 0.20、0.65、1.00、2.00 时,在临界偏心距的区域内,推荐公式结果平均低于有限元结果 10.58%、10.15%、9.28%、8.68%。当 $P=0$ 时,推荐公式结果和有限元结果的平均误差为 9.32%、7.96%、8.02%、7.42%,双向压弯推荐公式相比单向压弯推荐公式保守程度有所增加,但是推荐公式用于计算大角钢双向压弯构件的稳定承载力具有足够的精度。

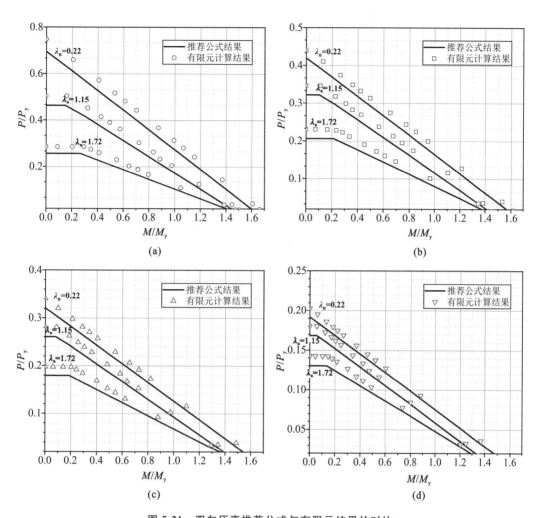

图 5-21 双向压弯推荐公式与有限元结果的对比

$(a) e_{uo}=0\sim60, e_{vo}=0.20; (b) e_{uo}=0\sim60, e_{vo}=0.65; (c) e_{uo}=0\sim60, e_{vo}=1.00; (d) e_{uo}=0\sim60, e_{vo}=2.00$

5.4.4 推荐公式的可靠性分析

规范 ANSI/AISC 360-16 中单轴对称压弯构件的设计公式在理论推导的基础上使用试验结果进行修正,从而具有足够的可靠性,设计公式中的荷载分项系数和抗力分项系数是通过对所有类型构件的全部基本变量使用统一的失效概率而得出[44,45],一般认为可靠性指标 β 应该取为 3.0,取为 2.9 也是可以接受的[46]。本章关于大角钢双向压弯构件稳定承载力的推荐公式是基于规范 ANSI/AISC 360-16 中的形式提出来的,故在分析推荐公式的可靠性时,应按照规范 ANSI/AISC 360-16 中可靠度的评价方法进行分析。采用文献[38]中给出的可靠性指标计算步骤和分析公式进行计算和分析,即采用式(5-14)对推荐公式的可靠性指标 β 进行分析。

$$\varphi = \frac{R_{\mathrm{m}}}{R_{\mathrm{n}}} \mathrm{e}^{-\alpha\beta V_{\mathrm{r}}} \tag{5-14}$$

式中,φ 为抗力分项系数,抗力分项系数越大,可靠性指标就大,在美国规范 ANSI/AISC 360-16 中抗力分项系数是确定的值,取为 0.9;其实,按照对可靠度的理解,应该是给定 $\beta=2.9$ 或 3.0,反算出抗力分项系数;R_{m} 为试验结果的平均值;R_{n} 为推荐公式计算值的平均值;α 为依据文献[47]计算出的常数,取值为 0.55;V_{r} 为试验结果的平均值和推荐公式计算值平均值比值的变异系数。

在目前大角钢偏压试验数据还不是很丰富的基础上,分别将文献[38]、[48]和[49]中的常规截面角钢偏压加载、文献[39]中的大角钢轴压加载、本章中大角钢轴压和偏压加载的试验结果与推荐公式结果的比值进行对比分析,并计算出各个对比结果的平均误差,如表 5-11 所示。

表 5-11　　　　　　　　　　不同文献中试验数据的对比分析

试验数据对比	文献[38]	文献[48]	文献[49]	文献[39]	本书试验
平均值	0.92	0.89	1.12	1.15	1.08
标准差	0.098	0.086	0.112	0.093	0.065

从表 5-11 中可以看到,文献[38]和文献[48]的试验结果与推荐公式结果比值的平均误差小于1,表明推荐公式结果大于试验结果,这主要是由于文献[38]、[49]中用于试验研究的角钢截面规格为∠70×7 和∠51×6.4,属于常规截面角钢,采用推荐公式计算其绕强轴单向压弯的临界偏心距计算结果偏大,会造成推荐公式计算结果偏大。文献[49]中试验构件截面规格为∠200×16 和∠150×18,其试验结果与推荐公式结果比值的平均误差大于1。同时,文献[39]和本书的试验结果与推荐公式结果比值的平均误差也大于1,其中本书试验结果与推荐公式平均误差最小,表明随着角钢截面规格的增大,推荐公式用于构件承载力的计算也更为准确和安全可靠。

在计算可靠性指标时,分别对绕强轴单向压弯、绕弱轴单向压弯和双向压弯推荐公式的可靠性指标进行计算,结果汇总在表 5-12 中。从表 5-12 中可以看到,推荐公式可靠性指标均大于3.0,表明推荐公式具有足够的可靠性,其中双向压弯推荐公式的可靠性略小于单向压弯推荐公式。因此,总体上认为推荐公式能够合理地预测大角钢压弯构件的稳定承载力。

表 5-12　　　　　　　　　　　　　推荐公式的可靠性指标

压弯构件	参数取值				
	R_m/R_n	V_r	φ	α	β
绕强轴单向压弯	1.02	0.06			3.8
绕弱轴单向压弯	1.07	0.08	0.9	0.55	3.9
双向压弯	1.04	0.08			3.2

5.4.5 推荐公式与相关规范中偏心连接设计公式对比

为了进一步验证推荐公式的适用性,将推荐公式与我国《钢结构设计标准》(GB 50017—2017)、《架空输电线路杆塔结构设计技术规定》(DL/T 5154—2012),美国规范 ASCE 10-2015,加拿大规范 CAN/CSA S37-18 中角钢偏心连接的设计公式进行对比,在分析时选取截面规格为∠250×26 的 Q420 大角钢,正则化长细比为 $0.22 \leqslant \lambda_n \leqslant 2.59$,将各规范中的设计公式计算结果分别与绕强轴单向压弯推荐公式、绕弱轴单向压弯推荐公式、双向压弯推荐公式的计算结果进行对比。利用 P_y 将计算的承载力进行无量纲化,计算结果如表 5-13 所示。得到的无量纲化承载力 P/P_y 与正则化长细比 λ_n 的关系曲线如图 5-22～图 5-24 所示。

表 5-13　　　　　　　推荐公式与相关规范中偏心连接设计公式对比

λ_n	偏心距 e_{uo}	P_{ru}/P_y	P_{ru}/P_y	P_{ro}/P_y	P_{GB}/P_y	$P_{DL/T}/P_y$	P_{ASCE}/P_y	P_{CAN}/P_y
	0.00	0.98	0.98	0.98				
	0.20	0.83	0.69	0.61				
	0.45	0.69	0.51	0.42				
	0.65	0.61	0.42	0.33				
	0.80	0.56	0.37	0.29				
	1.00	0.51	0.32	0.25				
0.22	1.50	0.41	0.24	0.18	0.61	0.97	0.91	0.92
	2.00	0.34	0.19	0.14				
	2.40	0.30	0.17	0.12				
	3.00	0.26	0.14	0.10				
	6.00	0.15	0.07	0.05				
	24.00	0.04	0.02	0.01				
	60.00	0.02	0.01	0.01				

λ_n	偏心距 e_{uo}	P_{ru}/P_y	P_{rv}/P_y	P_{ro}/P_y	P_{GB}/P_y	$P_{DL/T}/P_y$	P_{ASCE}/P_y	P_{CAN}/P_y
	0.00	0.87	0.87	0.87				
	0.20	0.78	0.64	0.59				
	0.45	0.65	0.48	0.40				
	0.65	0.58	0.40	0.32				
	0.80	0.53	0.35	0.28				
	1.00	0.48	0.31	0.24				
0.57	1.50	0.39	0.23	0.17	0.6	0.84	0.81	0.80
	2.00	0.32	0.19	0.14				
	2.40	0.29	0.16	0.12				
	3.00	0.24	0.13	0.10				
	6.00	0.14	0.07	0.05				
	24.00	0.04	0.02	0.01				
	60.00	0.02	0.01	0.01				
	0.00	0.73	0.73	0.73				
	0.20	0.73	0.56	0.56				
	0.45	0.61	0.43	0.39				
	0.65	0.54	0.37	0.31				
	0.80	0.50	0.33	0.27				
	1.00	0.45	0.29	0.23				
0.86	1.50	0.37	0.22	0.17	0.54	0.69	0.71	0.65
	2.00	0.31	0.18	0.13				
	2.40	0.27	0.16	0.11				
	3.00	0.23	0.13	0.09				
	6.00	0.13	0.07	0.05				
	24.00	0.04	0.02	0.01				
	60.00	0.02	0.01	0.01				

λ_n	偏心距 e_{uo}	P_{ru}/P_y	P_{ru}/P_y	P_{ro}/P_y	P_{GB}/P_y	$P_{DL/T}/P_y$	P_{ASCE}/P_y	P_{CAN}/P_y
	0.00	0.58	0.58	0.58				
	0.20	0.58	0.46	0.46				
	0.45	0.51	0.37	0.34				
	0.65	0.46	0.32	0.28				
	0.80	0.43	0.29	0.25				
	1.00	0.39	0.26	0.21				
1.15	1.50	0.32	0.20	0.16	0.42	0.51	0.58	0.49
	2.00	0.28	0.17	0.13				
	2.40	0.25	0.15	0.11				
	3.00	0.21	0.12	0.09				
	6.00	0.13	0.07	0.05				
	24.00	0.04	0.02	0.01				
	60.00	0.02	0.01	0.01				
	0.00	0.42	0.42	0.42				
	0.20	0.42	0.36	0.36				
	0.45	0.42	0.30	0.30				
	0.65	0.39	0.27	0.25				
	0.80	0.36	0.25	0.23				
	1.00	0.34	0.22	0.20				
1.44	1.50	0.29	0.18	0.15	0.31	0.37	0.44	0.35
	2.00	0.25	0.15	0.12				
	2.40	0.23	0.14	0.11				
	3.00	0.20	0.12	0.09				
	6.00	0.12	0.07	0.05				
	24.00	0.04	0.02	0.01				
	60.00	0.02	0.01	0.01				

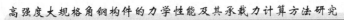

续表

λ_n	偏心距 e_{u0}	P_{ru}/P_y	P_{rv}/P_y	P_{ro}/P_y	P_{GB}/P_y	$P_{DL/T}/P_y$	P_{ASCE}/P_y	P_{CAN}/P_y
1.72	0.00	0.42	0.29	0.29	0.23	0.27	0.34	0.27
	0.20	0.42	0.26	0.26				
	0.45	0.42	0.23	0.23				
	0.65	0.39	0.21	0.21				
	0.80	0.36	0.19	0.19				
	1.00	0.34	0.18	0.17				
	1.50	0.29	0.15	0.13				
	2.00	0.25	0.13	0.11				
	2.40	0.23	0.12	0.10				
	3.00	0.20	0.10	0.08				
	6.00	0.12	0.06	0.05				
	24.00	0.04	0.02	0.01				
	60.00	0.02	0.01	0.01				
2.59	0.00	0.13	0.13	0.13	0.12	0.13	0.15	0.13
	0.20	0.13	0.12	0.12				
	0.45	0.13	0.12	0.12				
	0.65	0.13	0.11	0.11				
	0.80	0.13	0.11	0.11				
	1.00	0.13	0.10	0.10				
	1.50	0.13	0.09	0.09				
	2.00	0.13	0.08	0.08				
	2.40	0.12	0.08	0.08				
	3.00	0.12	0.07	0.07				
	6.00	0.08	0.05	0.04				
	24.00	0.03	0.02	0.01				
	60.00	0.01	0.01	0.01				

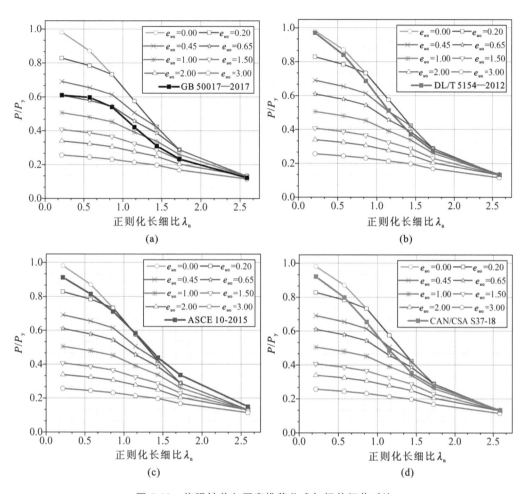

图 5-22　绕强轴单向压弯推荐公式与相关规范对比

(a)推荐公式与《钢结构设计标准》(GB 50017—2017)对比；

(b)推荐公式与《架空输电线路杆塔结构设计技术规定》(DL/T 5154—2012)对比；

(c)推荐公式与规范 ASCE 10-2015 对比；(d)推荐公式与规范 CAN/CSA S37-18 对比

从图 5-22 中可以看出，对于《钢结构设计标准》(GB 50017—2017)，当 $e_{uo} < 0.65$ 时，推导公式的结果均高于该规范的计算结果，即该规范的计算结果偏保守；当 $e_{uo} = 0.65$ 时，二者的对比结果与正则化长细比有关，正则化长细比较小时，推荐公式结果与该规范计算结果整体吻合较好，正则化长细比较大时，推荐公式结果高于该规范计算结果；当 $e_{uo} > 0.65$ 时，整体来看，推荐公式结果低于该规范计算结果，但正则化长细比较大时，推荐公式结果会高于该规范计算结果。对于《架空输电线路杆塔结构设计技术规定》(DL/T 5154—2012)，当 $e_{uo} \leqslant 0.20$ 时，推导公式的结果整体上高于该规范的计算结果；当 $e_{uo}>0.20$ 时，推荐公式结果整体上低于该规范计算结果。对于规范 ASCE 10-2015，当 $e_{uo}\leqslant0.20$ 且正则化长细比较小时，推导公式的结果整体上高于该规范的计算结果；正则化长细比较大时，推导公式的结果整体上低于规范的计算结果。当 $e_{uo}>0.20$ 时，推荐公式结果均低于该规范计算结果。对于规范 CAN/CSA S37-18，当 $e_{uo}\leqslant0.20$ 时，推导公式的结果整体上高于该规范的计算结果。当 $e_{uo}>0.20$ 时，正则化长细比较小时，推导公式的结果整体上低于该规范的计算结果；正则化长细比较大时，推导公式的结果整体上高于该规范的计算结果。这表明对于绕强轴单向压弯大角钢构件来说，相比于推荐公式，在偏心距较小时采用规范中偏心连接的设计公式，其计算偏保守；当偏心距较大时，计算结果偏激进。

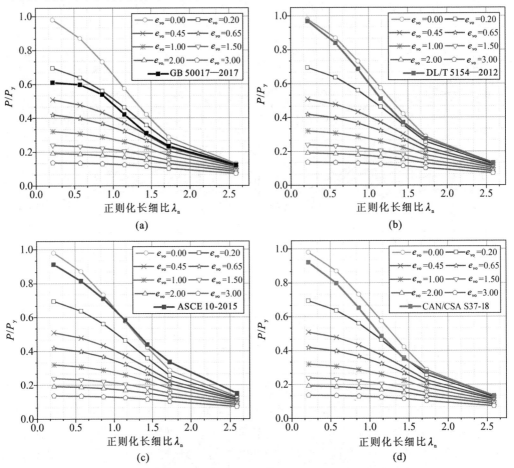

图 5-23　绕弱轴单向压弯推荐公式与相关规范对比

(a)推荐公式与《钢结构设计标准》(GB 50017—2017)对比；

(b)推荐公式与《架空输电线路杆塔结构设计技术规定》(DL/T 5154—2012)对比；

(c)推荐公式与规范 ASCE 10-2015 对比；(d)推荐公式与规范 CAN/CSA S37-18 对比

从图 5-23 中可以看出，对于《钢结构设计标准》(GB 50017—2017)，当 $e_{vo} \leqslant 0.45$ 时，推导公式结果均高于该规范的计算结果，即该规范的计算结果偏保守；当 $e_{vo} >$ 0.45 时，推荐公式结果均低于该规范计算结果。对于《架空输电线路杆塔结构设计技术规定》(DL/T 5154—2012)，当 $e_{vo} < 0.20$ 时，推导公式的结果整体上高于该规范的计算结果；当 $e_{vo} \geqslant 0.20$ 时，推荐公式结果均低于该规范计算结果。对于规范 ASCE 10-2015，当 $e_{vo} < 0.20$ 且正则化长细比较小时，推导公式的结果高于该规范的计算结果；正则化长细比较大时，推导公式的结果低于该规范的计算结果。当 $e_{vo} \geqslant$ 0.20 时，推荐公式结果均低于该规范计算结果。对于规范 CAN/CSA S37-18，当 $e_{uo} < 0.20$ 时，推导公式的结果整体上高于该规范的计算结果；当 $e_{vo} \geqslant 0.20$ 时，推导公式的结果整体上低于该规范的计算结果。这表明对于绕弱轴单向压弯大角钢构件来说，相比于推荐公式，当偏心距较小时采用规范中偏心连接的设计公式，其计算偏保守；当偏心距较大时，计算结果偏激进。

从图 5-24 中可以看出，对于《钢结构设计标准》(GB 50017—2017)，当 $e_{uo} = e_{vo} <$ 0.20 时，推荐公式的结果整体上高于该规范的计算结果。当 $e_{uo} = e_{vo} = 0.20$ 且正则化长细比较小时，推荐公式结果与该规范计算结果吻合较好；正则化长细比较大时，推荐公式结果高于该规范计算结果。当 $e_{uo} = e_{vo} > 0.20$ 时，推荐公式结果低于该规范计算结果。对于《架空输电线路杆塔结构设计技术规定》(DL/T 5154—2012)，当 $e_{uo} = e_{vo} < 0.20$ 时，推荐公式结果均高于该规范的计算结果；当 $e_{uo} = e_{vo} \geqslant 0.20$ 时，推荐公式结果均低于该规范计算结果。对于规范 ASCE 10-2015，当 $e_{uo} = e_{vo} < 0.20$ 且正则化长细比较小时，推导公式的结果高于该规范的计算结果；正则化长细比较大时，推荐公式的结果低于该规范的计算结果。当 $e_{uo} = e_{vo} \geqslant 0.20$ 时，推荐公式结果均低于该规范计算结果。对于规范 CAN/CSA S37-18，当 $e_{uo} = e_{vo} < 0.20$ 时，推荐公式的结果整体上高于该规范的计算结果；当 $e_{uo} \geqslant 0.20$ 时，推导公式的结果整体上低于该规范的计算结果。

通过以上分析可得，对于压弯大角钢构件来说，在偏心距较小时采用各规范中偏心连接的设计公式，其计算结果较好；当偏心距较大时，偏心连接的设计公式就不能够反映出偏心距对构件承载力的影响。这也归结于各规范中偏心连接设计公式构建的目的是消除偏心连接时造成构件承载力削减的影响，其本质还是围绕轴压构件受力性能提出的设计公式，因此采用推荐公式用于大角钢压弯构件稳定承载力的计算具有很好的适用性。

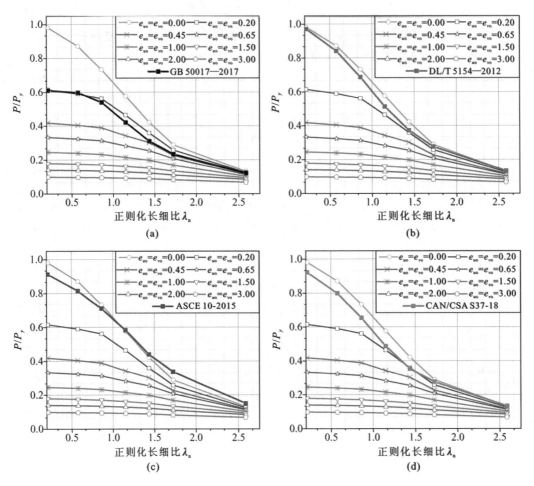

图 5-24　双向压弯推荐公式与相关规范对比

(a)推荐公式与《钢结构设计标准》(GB 50017—2017)对比；

(b)推荐公式与《架空输电线路杆塔结构设计技术规定》(DL/T 5154—2012)对比；

(c)推荐公式与规范 ASCE 10-2015 对比；(d)推荐公式与规范 CAN/CSA S37-18 对比

5.5　本章小结

　　本章利用验证后的有限元模型,对大角钢的受力性能开展了一系列的参数化分析,并分析了各个参数对大角钢轴压和偏压构件受力性能的影响规律,然后分析了大角钢轴压构件的稳定系数取值,接着对偏压大角钢的受力性能进行分析,基于分析的

结果提出适用于大角钢压弯构件的稳定承载力的计算公式,主要得出以下结论:

①初始几何缺陷、残余应力和钢材强度等级对大角钢轴压和偏压的构件承载力均有较大的影响,相对于轴压构件,初始几何缺陷、残余应力和钢材强度等级对偏压构件的影响有所减小。

②绕强轴单向压弯的大角钢存在临界偏心距,即在一定的偏心距内,随着正则化长细比的增加,构件的承载力下降得较缓慢,甚至出现不下降的趋势;当超过该偏心距,构件的承载力出现明显下降。

③绕弱轴单向压弯的大角钢,绕肢尖弯曲和绕肢背弯曲的承载力变化特征基本相同。在相同偏心距下,绕弱轴单向压弯的构件相对于绕强轴单向压弯的构件,其承载力受削减的程度更大。

④构件的临界偏心距与长细比和宽厚比均有关。长细比较小时,随着宽厚比的增大,构件的临界偏心距保持不变;长细比较大时,随着宽厚比的增大,构件的临界偏心距逐渐增大。

⑤我国《钢结构设计标准》(GB 50017—2017)中的 a 类曲线和欧洲规范 Euro-code 3 中的 a 类曲线与大角钢稳定系数整体吻合较好,可采用这两个规范中的柱子曲线对大角钢轴压构件进行稳定设计。

⑥基于有限元分析的结果,并以规范 ANSI/AISC 360-16 中单轴压弯构件稳定承载力设计公式的形式为基础,提出了大角钢压弯构件稳定承载力的推荐公式。推荐公式中将绕强轴单向压弯的临界偏心距考虑进去,推荐公式相比有限元结果有一定的保守性,但是具有足够的精度且能够表征大角钢绕强轴单向压弯存在临界偏心距的特性。

⑦采用本章的推荐公式,能够解决现有规范中偏心连接设计公式在偏心距较小时,其计算结果较好,当偏心距较大时,偏心连接的设计公式不能反映出偏心距对构件承载力的影响的问题,推荐公式对于大角钢压弯构件稳定承载力的计算具有很好的适用性。

参 考 文 献

[1] 潘峰,李君斌,吴俊俊,等.Q420 大角钢轴压承载力特性分析及替代方案研究[J].电力勘测设计,2019(11):12-21.

[2] 柯嘉,吴海洋,徐彬,等.大规格高强度角钢构件轴压承载力计算方法研究[J].电力勘测设计,2015(5):53-58.

[3] 王亚东,杨景胜,冯衡,等.输电铁塔大规格角钢轴压稳定系数研究[J].广

东电力,2015,28(8):101-105.

[4] 冯云巍,曹珂,郭耀杰,等.应用于特高压杆塔的 Q420 大规格角钢压杆失稳形态及其机理研究[J].武汉大学学报(工学版),2013,46(S1):79-84.

[5] 陈曦,郭耀杰,武韩青,等.大角钢螺栓节点受压减孔数研究[J].武汉大学学报(工学版),2013,46(S1):188-191.

[6] 高渊,韩军科,冯仲彬.输电线路十字大角钢主材拼接性能研究[J].特种结构,2013,30(2):34-38.

[7] 姚行友,胡成立,谢度宇,等.轴心受压冷弯薄壁等肢角钢屈曲承载力试验与设计方法研究[J].南昌工程学院学报,2023,42(6):44-51.

[8] 舒大林.角钢构件双重非线性分析方法及承载特性研究[D].重庆:重庆科技学院,2023.

[9] 姚行友,张世乐,程娇龙,等.轴心受压复杂卷边等肢角钢屈曲承载力试验与设计方法研究[J].宁夏大学学报(自然科学版),2022,43(4):358-367.

[10] 黄祖林.输电塔交叉斜材子结构稳定承载力试验与理论研究[D].重庆:重庆大学,2022.

[11] 杨瑾晖.输电塔角钢构件极限承载力与计算方法的研究[D].重庆:重庆大学,2021.

[12] 周安平.300 mm 级焊接等边大角钢残余应力和轴压稳定性研究[D].北京:清华大学,2022.

[13] 施刚,张紫千,陈学森,等.带焊接端板 Q420 大规格角钢残余应力试验研究[J].建筑结构学报,2020,41(S2):374-381.

[14] 黄启明.基于数值模拟的冷弯型材残余应力特征研究[D].武汉:武汉理工大学,2020.

[15] 杨隆宇.Q420 厚板焊接大规格角钢残余应力峰值及分布[J].电力勘测设计,2019(8):25-29.

[16] 袁昆.热镀锌部分消除高强角钢残余应力研究[J].江西建材,2019(7):24-26.

[17] 张鑫,刘海锋,韩军科,等.盲孔法测量热轧角钢截面残余应力及方差分析[J].建筑结构,2019,49(2):97-102.

[18] 李妍.输电塔不等边角钢构件稳定承载力理论及试验研究[D].重庆:重庆大学,2017.

[19] 高源.高强度超大截面热轧与镀锌等边角钢构件残余应力和稳定性研究[D].北京:北京交通大学,2017.

[20] 邓化凌,杨波,孟海磊,等.输电塔角钢搭接接头残余应力的有限元分析

[J].热加工工艺,2015,44(21):190-194.

[21] 张忠文,雍军,孙晓斌,等.外力作用下输电铁塔角钢搭接焊件应力与变形的数值分析[J].热加工工艺,2015,44(19):224-227,231.

[22] 刘茂社,郭宏超.Q460等边角钢轴压杆受力性能研究[J].建筑结构,2013,43(13):55-57,21.

[23] 常建伟,徐德录,张磊,等.输电铁塔用Q460角钢低温断裂韧性研究[J].热加工工艺,2012,41(12):38-40.

[24] 曹现雷,郝际平,樊春雷,等.Q460角钢两端偏心受压构件稳定设计方法研究[J].世界科技研究与发展,2011,33(6):947-951.

[25] 曹现雷,郝际平,张天光.新型Q460高强度钢材在输电铁塔结构中的应用[J].华北水利水电学院学报,2011,32(1):79-82.

[26] 樊春雷,郝际平,王先铁,等.高强角钢(Q460)单边连接时宽厚比限值试验研究[J].钢结构,2010,25(5):48-52.

[27] 熊晓莉,卢娅囡,卢梦丹,等.Q460高强钢焊接T形截面纵向残余应力分布[J].焊接学报,2023,44(8):63-73,133.

[28] 杨吉强.Q460高强钢焊接工字形截面悬伸梁整体稳定性能与设计方法研究[D].哈尔滨:东北林业大学,2023.

[29] 熊晓莉,都坤,马萌.国产Q460高强钢焊接T形截面轴心压杆整体稳定承载力研究[J].建筑结构,2023,53(10):62-66,121.

[30] 王雪飞,郭耀杰,孙云,等.随机点蚀对Q460等边角钢抗拉性能的影响[J].科学技术与工程,2021,21(12):4882-4890.

[31] 孙铭泽,张大长,李布辉,等.Q420高强钢角焊缝承载力特性试验及模拟分析[J].南京工业大学学报(自然科学版),2014,36(6):99-103,110.

[32] 袁敬中,秦庆芝,崔巍,等.高强钢在特高压输电铁塔中的应用[J].中国电业(技术版),2014(8):69-72.

[33] 袁磊.电力铁塔用Q420高强钢焊接性试验研究[J].科技传播,2014,6(16):64,69.

[34] 白晓良,侯华东,王侯.Q420-D高强钢在桁架支撑转换结构中的应用[J].钢结构,2013,28(7):50-53.

[35] 俞登科,李正良,杨隆宇,等.Q420双角钢组合截面偏压构件弹塑性弯曲屈曲[J].土木建筑与环境工程,2012,34(5):12-16.

[36] 于旭东.Q460、Q420高强钢试验研究及电网工程应用[D].郑州:河南省电力勘测设计院,2010.

[37] 段然.Q420高强角钢在输电铁塔上的应用[J].云南电力技术,2010,38

（4）：56-57.

[38] LIU Y，HUI L B. Finite element study of steel single angle beam-columns [J]. Engineering Structures，2010，32(8)：2087-2095.

[39] 曹珂. 高强度大规格角钢轴压稳定性能研究［D］. 武汉：武汉大学，2016.

[40] 颜庆津. 数值分析［M］. 4 版. 北京：北京航空航天大学出版社，2012.

[41] 张平文，李铁军. 数值分析［M］. 北京：北京大学出版社，2015.

[42] 刘华蓥. 计算方法及程序实现［M］. 北京：科学出版社，2015.

[43] EARLS C J. Proposed equal leg single angle flexural design provisions for consideration in the development of future AISC specification editions ［J］. Engineering Journal，2003，40(3)：167-175.

[44] GALAMBOS T V. Reliability of the member stability criteria in the 2005 AISC specification ［J］. Engineering Journal，2006，43(4)：257-266.

[45] 施刚，朱希. 国产高强度结构钢设计指标和可靠度分析［J］. 建筑结构学报，2016，37(11)：144-159.

[46] WHITE D W，JUNG S K. Unified flexural resistance equations for stability design of steel I-section members：Uniform bending tests ［J］. Journal of Structural Engineering-ASCE，2008，134(9)：1450-1470.

[47] RAVINDRA M K，GALAMBOS T V. Load and resistance factor design for steel ［J］. Journal of the Structural Division-ASCE，1980，106(2)：572-573.

[48] SPILIOPOULOS A，DASIOU M E，THANOPOULOS P，et al. Experimental tests on members made from rolled angle sections ［J］. Steel Construction-Design and Research，2018，11(1)：84-93.

[49] BEZAS M Z，DEMONCEAU J F，VAYAS I，et al. Experimental and numerical investigations on large angle high strength steel columns ［J］. Thin-Walled Structures，2021，159：107287.

6 大角钢十字组合截面有限元模型的建立与验证

目前对大角钢以及角钢十字组合截面构件的研究均表明,现有规范对其承载力的计算偏保守,而大角钢和角钢十字组合截面构件已经逐渐运用到了实际工程中,所以对大角钢十字组合截面构件进行承载力设计优化及轴压稳定性能研究具有很强的现实意义,本章及随后几章通过有限元计算分析和理论分析的方法,对高强度大规格角钢十字组合截面轴压构件的力学性能进行了相关研究,以期获得大角钢十字组合截面轴压构件的稳定系数,提出适用于大角钢十字组合截面轴压构件的填板实用设计公式和柱子曲线,为相关设计规范提供设计依据。计算机技术的飞速发展给工程、科学乃至人类社会带来了革命性的进步,而有限元计算分析技术就是在结构力学分析和计算机技术急速发展的基础上衍生出来的现代计算方法。此方法在 20 世纪 50 年代首次应用于连续体力学领域的飞机结构动、静态问题分析,是一种十分准确的数值计算分析方法,随后快速发展并广泛运用于求解电磁场、流体力学和热传导等问题。目前,有限元方法已经应用在了土木建筑、水利工程、桥梁工程、机械、宇航、导弹、飞机、力学、物理学等近乎所有的科学研究领域。而有限元分析软件就是基于有限元分析的算法编制而成的软件,一般有限元分析软件分为专业有限元软件和大型通用有限元软件,经过几十年的发展,目前有限元分析软件已经将有限元计算分析方法转变成了真正的生产力,为社会的进步发展做出了巨大的贡献。

目前,可用于分析高强度大规格角钢十字组合截面轴压构件的有限元软件比较多,包括 ANSYS、Abaqus、SAP[1-5]等。在这些软件中,ANSYS 作为一个国际大型通用有限元软件,是第一个通过 ISO9001 质量认证的大型有限元分析设计软件,并且能够通过 APDL 语言编写命令流进行数值建模及分析,而本章的研究工作需要建立大量的数值模型进行模拟及参数化分析,运用命令流进行模型的建立及分析能够节省大量的工作时间,因此本章采用 ANSYS 软件作为数值分析的依托程序。

6.1 有限元模型的建立

6.1.1 模型单元类型选择

由于大角钢十字组合截面构件所用角钢具有一定厚度,因此模型中角钢采用适合较薄到具有一定厚度的构件的壳体结构且非常适用于分析线性的、大转动变形和非线性大形变的 SHELL181 单元[6]进行分析。该单元是一个 4 节点单元,每个节点拥有 6 个自由度(U_x,U_y,U_z 方向的位移自由度和绕 R_x,R_y,R_z 轴的转动自由度),如图 6-1 所示。而模型中的填板主要起到对角钢进行空间分隔以及将两个角钢连接为一个整体的作用,且填板结构较为简单,可较为方便地全部划分为六面体单元,因此采用了适用于构造三维固体结构且具有超弹性、应力钢化、蠕变、大变形和大应变能力的 SOLID185 实体单元[7]。该单元通过 8 个节点来定义,每个节点有 3 个分别沿着 U_x,U_y,U_z 方向平移的自由度,如图 6-2 所示。

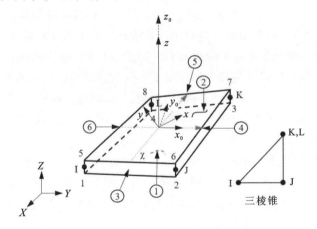

图 6-1 SHELL181 单元

6.1.2 模型力学参数的定义

目前,Q420 钢材已经逐步应用到了我国的大型输电塔中,拥有较多的实际应用经验,因此对于大角钢十字组合截面轴压构件的各项研究,本章大部分材料选用 Q420 钢材,后续在进行不同等级高强度钢材对构件稳定性能影响的研究时,再选用不同强度等级的钢材进行专门研究。根据文献[8]的材性试验可知,对于大角钢材料的应力-应变曲线,其屈服平台很短,在钢材达到屈服强度之后便很快进入强化阶段,

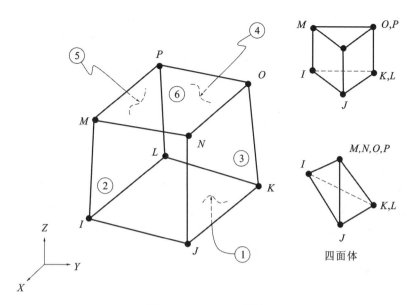

图 6-2 SOLID185 单元

使其应力水平得到了进一步的增长。所以对于材性曲线应当选用与其特征相对应的多线性随动强化模型,如图 6-3 所示。而我国之前常用的 Q235、Q345 钢材的应力-应变曲线拥有较长的屈服平台,因此对于此类材料的材性曲线应当选择双线性随动强化及理想弹塑性本构模型,如图 6-4 所示。

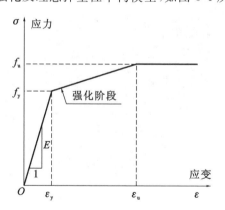

图 6-3 考虑强化的多线性本构模型

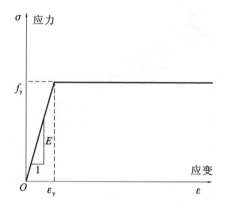

图 6-4 双线性理想弹塑性本构模型

对于采用了两种应力-应变曲线关系的有限元模型均进行了相关的计算研究,研究发现,当采用多线性随动强化本构模型时,构件承载力稳定系数出现了大于 1.0 的情况,而采用双线性随动强化及理想弹塑性本构模型时,构件承载力稳定系数均小于 1.0,在后续的计算分析中,大角钢十字组合截面模型的建立和验证均采用多线性随动强化本构模型。研究大角钢十字组合截面构件需要在两个角钢之间设置填板,起到空间分隔以及将两个角钢连接成一个整体的作用,而大角钢十字组合截面构件加载时填板中应力水平远低于其屈服强度[9],所以在模型中,填板材料选择采用 Q345 钢材,填板模型的建立则采用双线性理想弹塑性本构模型。

大角钢十字组合截面构件的模型中,钢材的屈服强度 f_y、极限抗拉强度 f_u 以及弹性模量 E 等参数均采用文献[5]中的实测数据进行设定以便进行有限元模型的建立与验证;屈服点应变 ε_y 按屈服强度 f_y 与弹性模量 E 的比值(f_y/E)进行确定;钢材泊松比 ν 取为 0.3;钢材屈服准则设置为 Mises 屈服准则[10-15]。

为模拟构件在实际应用中的受力情况,在角钢两端设置刚性板,刚性板与角钢共用节点,刚性板材料弹性模量设置为角钢材料弹性模量的 10^3 倍。大角钢十字组合截面构件中,角钢与填板采用螺栓进行连接,文献[9]、[16]、[17]研究表明,在大角钢十字组合截面构件中,螺栓所受剪力较小,远低于其极限应力水平,因此可以不考虑螺栓的影响将模型简化为仅有角钢以及填板的等效模型,如图 6-5(a)所示,图 6-5(b)为填板与角钢相接触的细部模型[18-19]。

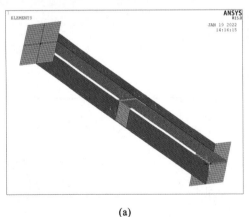
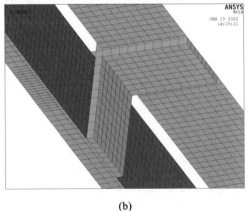

(a)   (b)

图 6-5　构件等效模型

(a)整体模型;(b)细部模型

对于有限元计算,随着有限元网格数量的增长,其计算精度也会更高,对应地,其对算力的需求也就更大,所需要的工作时间也就更长。因此在综合考虑模型计算精度及计算成本的情况下,参考文献[20]的网格划分方法最终确定角钢网格尺寸为

0.025m×0.025m,填板网格尺寸为0.025m×0.025m,同时为了方便计算,可使角钢与刚性板共用节点,在进行刚性板网格划分时会出现一个十字区域,十字区域网格尺寸长度为0.025m,宽度为填板厚度的1/2,刚性板其余区域网格尺寸设置为0.025m×0.025m,有限元模型的网格划分如图6-6所示。用以上方法进行网格划分可保证刚性板形心处存在一个节点,以便后续为构件模型添加约束条件及荷载[21]。

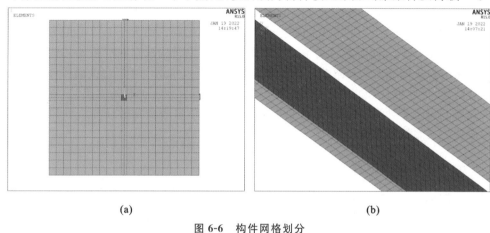

(a)　　　　　　　　　　　　　　(b)

图6-6　构件网格划分

(a)端板网格划分;(b)角钢网格划分

　　为模拟构件在试验中的受力情况,在模型两端刚性板形心节点处添加约束条件及荷载,上端板添加 UX、UY、ROTZ 约束条件,其中 UX 为 X 轴方向位移约束,UY 为 Y 轴方向位移约束,ROTZ 为 Z 轴转动约束,如图 6-7(a)所示;下端板添加 UX、UY、UZ、ROTZ 约束条件,其中 UZ 为 Z 轴方向位移约束,其余约束条件含义同上端板,如图 6-7(b)所示。

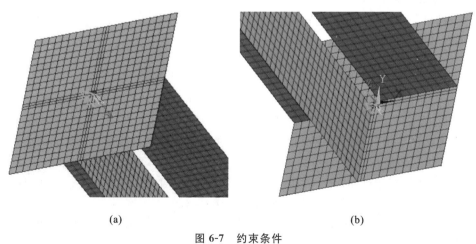

(a)　　　　　　　　　　　　　　(b)

图6-7　约束条件

(a)上端板约束;(b)下端板约束

6.1.3　初变形的施加

根据我国《钢结构工程施工质量验收标准》(GB 50205—2020)[22]中的规定,钢结构构件的初始弯曲值不应大于 $L/1000$(L 为构件的几何长度尺寸),但是现实生活中钢结构在制作、运输及安装等各项不可控因素的影响下会产生各种附加变形,使其初弯曲值增大且其数值可能会大于规范中规定的 $L/1000$。根据文献[23]中的实测值可知,其中初弯曲值大于 $L/1000$ 的数据占据总量的 40.3%,而大于 $L/750$ 的测量值占据总量的 12.5%。同时参考文献[23]中的方法,可以将构件存在的初始几何缺陷以及残余应力一同等效为初弯曲进行考虑,因此,对于大角钢十字组合截面构件模型的初弯曲值,可以取杆长的 $L/750$。而在设置构件有限元模型的初始缺陷时,统一选用一致缺陷模态法,即采用特征值分析中的一阶模态结果来确定后续非线性屈曲分析中设置的初始缺陷数值。

6.1.4　填板设置

李振宝等[9]通过 Q420 十字组合截面构件试验,比较了一字型填板、十字分离型填板、十字焊接型填板对构件承载力的影响,研究结果表明填板样式对构件承载力的影响不大,并且采用十字焊接型填板的构件承载力最大。为了便于本书的后续研究,在设置大角钢十字组合截面构件的填板样式时,除需要进行验证的模型外,均采用十字焊接型填板。而在有限元模型建立时,由于大角钢十字组合截面构件模型中,角钢采用的是壳单元,而填板采用的是实体单元,因此在进行构件的加载时需要将两种不同类型单元连接在一起,使荷载能够在不同类型单元之间传递。参照文献[24-26]的方法以及建议,采用 ANSYS 软件中自带的 MPC 算法。MPC 定义的是一种节点自由度的耦合关系,即以一个节点的某几个自由度为标准值,然后令其他指定节点的某几个自由度与该标准值建立某种关系(多点约束关系),而多点约束可以运用于不相容单元之间的荷载传递。

6.1.5　模型求解设定

本书有限元模型在进行非线性屈曲分析时使用弧长法[25]进行逐步加载。弧长法是目前的迭代控制方法中最为稳定的控制方法之一,同时在进行结构非线性分析时,该方法的数值计算非常稳定且效率最高,可以有效地进行非线性分析的屈曲路径查询和前后屈曲分析。

弧长法的求解过程如图 6-8 所示,图中的上标 j 表示迭代中第 i 个荷载步下的第 j 次迭代,下标 i 表示迭代过程中的第 i 个荷载步,若荷载增量 $\Delta\lambda_i^j=0(j \geqslant 2)$,则迭代途径是一条与 x 轴平行的直线,此求解过程也称牛顿-拉弗森法(Newton-Raphson method)。

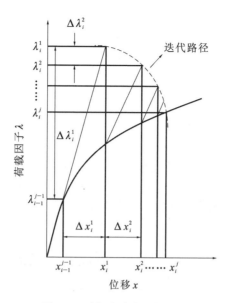

图 6-8　弧长法迭代求解过程

6.2　有限元模型的建立与求解步骤

对于大角钢十字组合截面轴压构件的 ANSYS 有限元数值模型的建立以及求解过程,按下列步骤进行:

①打开有限元软件进入前处理模式,根据文献[8]材性试验中获得的 Q420 钢材的应力-应变关系曲线,运用多线性随动强化模型定义角钢材料本构关系,填板以及构件两侧刚性板材料采用双线性理想弹塑性本构关系。定义各构件的屈服强度 f_y、极限抗拉强度 f_u 以及弹性模量 E,屈服点应变 ε_y 按屈服强度 f_y 与弹性模量 E 的比值(f_y/E)进行确定,钢材泊松比 ν 取为 0.3,钢材屈服准则设置为 Mises 屈服准则。

②根据研究需要,确定各大角钢十字组合截面轴压构件的几何尺寸,如角钢的肢宽 b、角钢的肢厚 t、研究构件的几何长度尺寸 l,填板厚度等,建立构件的几何模型。

③构件中角钢以及两侧刚性板采用 SHELL181 单元,填板采用 SOLID185 单元,并采用 SWEEP 命令进行模型的网格划分。

④采用 MPC 算法,将作为填板的实体单元与作为角钢的壳单元进行连接,使构件能够连接成为一个整体,让荷载能够在不同类型单元之间传递。

⑤添加构件的约束条件,上端板添加 UX、UY、ROTZ 约束条件,下端板添加 UX、UY、UZ、ROTZ 约束条件。

⑥进入后处理模式,对构件模型进行特征值屈曲分析,并输出失稳模态文件。

⑦添加初始缺陷,读取失稳模态文件中的初变形幅值 u,在进行极限承载力的求解时,采用 UPGEOM 命令,将特征值屈曲分析中的一阶屈曲模态添加至求解模型中,在施加一阶失稳模态时,根据初变形的幅度定义为 $L/750$,可定义出初变形的放大倍数,即 $L/750$ 与 u 的比值。

⑧最后对赋予了一阶屈曲模态为初变形形态的构件有限元模型采用弧长法,考虑非线性和大变形,对研究的轴压构件的极限稳定承载力进行求解。

因此,对于每一个大角钢十字组合截面轴压构件,均可以形成一份命令流文件进行有限元模型的建立及求解。命令流文件的内容主要分为三部分:构件各项参数的定义、特征值屈曲分析、选用弧长法对构件有限元模型的轴压极限承载力进行求解。

6.3　有限元模型的验证

文献[20]对角钢截面规格为∠160×12、∠160×14、∠160×16 的三种双角钢十字组合截面构件进行了轴压试验,角钢为 Q420 强度的钢材采用一字型填板且填板厚度与角钢壁厚相同,每种截面规格有 7 种长细比:25、30、35、40、45、50、55。因此为了验证本书有限元模型的合理性,参照文献[20]中构件的各项参数建立对应的有限元模型进行承载力计算,将计算结果与试验值进行对比验证。建立的验证模型如图 6-9 所示,图 6-9(a)为角钢截面规格为∠160×14、长细比 $\lambda=25$ 的构件模型,图 6-9(b)为角钢截面规格为∠160×14、长细比 $\lambda=50$ 的构件模型。

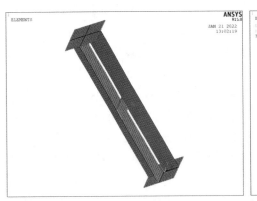
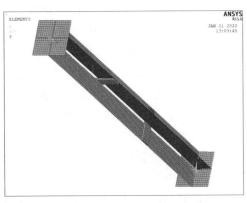

(a) (b)

图 6-9　有限元验证模型

(a)$\lambda=25$;(b)$\lambda=50$

采用上文介绍的有限元模型建模方法,建立对应试验构件的有限元计算模型并进行相应的分析计算。对有限元分析获得的各文献构件的极限承载力 P_{uFE} 与各文献构件的极限承载力试验值 P_u 进行对比分析,以此对本书有限元模型的精确性以及合理性进行验证,如图 6-10 所示。

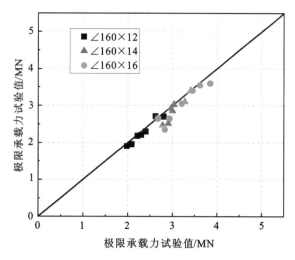

图 6-10　极限承载力有限元值 P_{uFE} 与试验值 P_u 的对比验证

由图 6-10 可知,各个数据点都十分接近直线 $P_{uFE}=P_u$,因此采用本书的有限元建模方法建立的有限元模型计算结果是合理的且拥有较高的计算精度。同时,为了进一步量化分析本书有限元模型的求解精度,根据各构件模型的极限承载力求得其稳定系数有限元值 φ_{FE},并与相应试验构件的稳定系数试验值 φ_t 进行对比,对比结果见表 6-1。

表 6-1　　　　　　　　稳定系数有限元值 φ_{FE} 与试验值 φ_t 的对比

试件编号	L/mm	t/mm	λ_n	φ_t	φ_{FE}	φ_{FE}/φ_t
∠160×12-25	1560	12	0.359	0.859	0.895	1.042
∠160×12-30	1872	12	0.431	0.862	0.834	0.968
∠160×12-35	2184	12	0.503	0.731	0.765	1.047
∠160×12-40	2496	12	0.575	0.693	0.705	1.017
∠160×12-45	2808	12	0.647	0.700	0.733	1.047
∠160×12-50	3120	12	0.718	0.620	0.665	1.073
∠160×12-55	3432	12	0.791	0.604	0.631	1.045
∠160×14-25	1550	14	0.359	0.935	0.939	1.004
∠160×14-30	1860	14	0.431	0.852	0.902	1.059

续表

试件编号	L/mm	t/mm	λ_n	φ_t	φ_{FE}	φ_{FE}/φ_t
∠160×14-35	2170	14	0.503	0.830	0.835	1.006
∠160×14-40	2480	14	0.575	0.803	0.816	1.016
∠160×14-45	2790	14	0.647	0.784	0.825	1.053
∠160×14-50	3100	14	0.718	0.690	0.799	1.158
∠160×14-55	3410	14	0.791	0.676	0.765	1.132
∠160×16-25	1543	16	0.359	0.873	0.935	1.071
∠160×16-30	1851	16	0.431	0.861	0.879	1.021
∠160×16-35	2160	16	0.503	0.825	0.838	1.016
∠160×16-40	2464	16	0.575	0.740	0.780	1.054
∠160×16-45	2777	16	0.647	0.643	0.711	1.106
∠160×16-50	3085	16	0.718	0.570	0.687	1.205
∠160×16-55	3394	16	0.791	0.643	0.650	1.011
$(\varphi_{FE}/\varphi_t)_{max}$						1.205
$(\varphi_{FE}/\varphi_t)_{min}$						0.968
平均值						1.057
标准差						0.055

由表 6-1 可知,用于验证有限元计算模型合理性的双角钢十字组合截面构件稳定系数的有限元值 φ_{FE} 最大大于试验值 φ_t 约 20.6%,但根据对试验数据的分析不难看出,∠160×16-50 构件的承载力明显低于其他构件,这可能是试件本身存在较大的初始缺陷或者试验时的各种人为因素导致此试件的极限承载力较低。φ_{FE} 最小小于试验值 φ_t 约 3.2%,φ_{FE} 平均大于 φ_t 约 5.5%,两者之间的标准差为 0.055。这足以说明采用本书的有限元建模方法建立的有限元模型具有较好的精度以及合理性。同时相较于轴压试验中的各双角钢十字组合截面构件承载力试验值,有限元的计算值普遍偏大。因此,本书采用的有限元建模方法建立的有限元模型可以用于对高强度大规格角钢十字组合截面构件轴压稳定性能的研究。

6.4 本章小结

本章采用大型通用有限元软件 ANSYS 建立了有限元计算模型,详细介绍了角钢十字组合截面轴压构件的有限元计算模型的建模过程,并参照已有文献中的试验数据建立了用于验证有限元模型合理性的双角钢十字组合截面构件的有限元模型,进行了分析计算,主要得到以下结论:

①在角钢十字组合截面构件有限元分析中,材料本构选取的不一样,所得到的计算结果也有所差异,采用多线性随动强化本构模型时,得到的构件承载力稳定系数出现了大于 1.0 的情况,而采用双线性随动强化及理想弹塑性本构模型时,构件承载力稳定系数均小于 1.0。对于大角钢十字组合截面构件,在模型的建立和验证中采用多线性随动强化模型,能得到较好的计算结果。

②填板类型对于构件承载力的影响不是特别显著,采用十字焊接型填板进行大角钢十字组合截面构件的承载力计算具有足够的精度。

③通过对比 21 根双角钢十字组合截面轴压构件的极限承载力试验结果,充分验证了采用本章建模方法建立的有限元模型的准确性和合理性,该有限元建模方法完全可以用于高强度大规格角钢十字组合截面构件轴压稳定性能的研究。

参 考 文 献

[1] 赵宣朝. ANSYS 在土木工程中的应用[J]. 计算机产品与流通,2017(9):37.

[2] 孙政,张卫国. ANSYS 在钢结构中的应用分析[J]. 房地产导刊,2014(33):479.

[3] 顾涵. Abaqus 有限元软件在土木工程改革中的应用[J]. 电脑采购,2020(33):59-60.

[4] 宋宜祥,王玲,刘明泉. Abaqus 在有限元分析及应用课程教学中的实践[J]. 山西建筑,2021,47(11):179-180,191.

[5] 苏刚. Staad/Pro、SAP2000 和 ANSYS 在结构分析中的比较[J]. 锅炉技术,2014,45(4):74-80.

[6] 王宇,王树,朱波. 利用 ANSYS Shell181 单元分析钢结构问题[J]. 山西建筑,2006(12):32-34.

[7] 梁赛,杨冰,吴亚运,等. 有限元方法中实体单元选择策略研究[J]. 机械制造与自动化,2019,48(2):79-83.

[8] 曹珂. 高强度大规格角钢轴压稳定性能研究[D]. 武汉:武汉大学,2016.

[9] 李振宝,石鹿言,刑海军,等. Q420 双角钢十字组合截面压杆承载力试验[J]. 电力建设,2009,30(9):8-11.

[10] 陈明祥. 弹塑性力学[M]. 北京：科学出版社，2007.

[11] 孙明明，方宏远，王念念，等. 应变硬化指数取值模型及其对钢质管道失效压力影响分析[J/OL]. 工程力学，2013：1-12[2023-10-17]. https://link. cnki. net/urlid/11. 2595. O3. 20231016. 1139. 002.

[12] 吴霞，丁发兴，向平，等. 平面应力状态下正交异性金属损伤比屈服理论[J]. 中国科学：技术科学，2023，53(12)：2101-2114.

[13] 李硕标，丁文其，张清照. 考虑高温的钢材广义 Mises 屈服准则研究[J]. 土木工程学报，2024，57(4)：12-22.

[14] 董俊宏. 高强度钢 Q690 非耦合延性断裂准则研究[D]. 重庆：重庆大学，2022.

[15] 张考士. Q460D 高强钢开裂全过程研究[D]. 西安：长安大学，2022.

[16] 左元龙，赵峥，付鹏程，等. 大跨越输电铁塔十字组合角钢填板的设计与试验[J]. 武汉大学学报（工学版），2007(S1)：209-213.

[17] 钟寅亥，金晓华. 输电铁塔双角钢填板计算方法[J]. 广东电力，2008(3)：37-39.

[18] 周宁. ANSYS-APDL 高级工程应用实例分析与二次开发[M]. 北京：中国水利水电出版社，2007.

[19] 王新敏. ANSYS 工程结构数值分析[M]. 北京：人民交通出版社，2007.

[20] 杨隆宇. 特高压输电塔组合截面构件承载力理论与试验研究[D]. 重庆：重庆大学，2011.

[21] 祝凯，郭耀杰，孙云，等. Q420 大规格双角钢十字组合截面构件受力性能[J]. 科学技术与工程，2021，21(30)：13016-13023.

[22] 中华人民共和国住房和城乡建设部. 钢结构工程施工质量验收标准：GB 50205—2020[S]. 北京：中国计划出版社，2020.

[23] 张中权. 冷弯薄壁型钢轴心受压构件的稳定性计算[J]. 建筑结构学报，1991(4)：2-10.

[24] 马云飞. ANSYS 中壳与实体单元连接技术应用[J]. 价值工程，2013，32(14)：110-111.

[25] 杨荣鹤，成凯，赵二飞，等. 实体单元与板壳单元连接问题研究[J]. 建筑机械，2014(4)：74-77，10.

[26] 张洪伟，高相胜，张庆余. ANSYS 非线性有限元分析方法及范例应用[M]. 北京：中国水利水电出版社，2013.

7 大角钢十字组合截面轴压构件的有限元分析

我国输电塔长期以来所用的钢材大多局限在 Q235 和 Q345 强度等级,角钢截面也多为普通角钢截面,我国钢结构设计规范中的柱子曲线是基于 Q235 强度等级的低碳钢轴压构件的相关研究来制定的[1]。目前规范中已经将 Q420 和 Q460 强度的钢材划入柱子曲线的适用范围内,并且 Q420 和 Q460 强度的角钢构件也逐渐应用到了实际工程中,但是国外如日本和美国的铁塔设计标准中给出的材料品种要丰富得多,其钢材最高强度等级也较我国的高。因此,研究大角钢十字组合截面构件的轴压承载力及稳定性能对今后高强钢和该类构件在输电塔中的应用具有一定的参考意义。

7.1 截面规格对承载力的影响

7.1.1 规范设计计算公式

我国《钢结构设计标准》(GB 50017—2017)中规定,对于采用填板将双角钢或双槽钢连接在一起的组合截面构件,采用普通螺栓连接时应按照格构式构件进行计算。此时应用长细比修正构件承载力,总计算公式仍为:

$$\frac{N}{\varphi A} \leqslant f \tag{7-1}$$

式中,N 为构件承载力;A 为构件截面面积;f 为材料屈服强度;φ 为轴心受压构件稳定系数。

但此时构件的长细比应当采用换算长细比,对于双肢组合构件:

$$\lambda_0 = \sqrt{\lambda_x^2 + \lambda_1^2} \tag{7-2}$$

式中,λ_0 为换算长细比;λ_x 为整个构件的长细比;λ_1 为分肢对最小刚度轴的长细比,计算长度取相邻两填板间螺栓的距离。

按格构式构件进行大角钢十字组合截面轴压构件的计算时，是将填板数量的影响考虑在内的，但大角钢十字组合截面轴压构件与通常的格构式构件相比并不是完全的格构式构件，然而设置填板确实会对构件的承载力产生影响，采用格构式公式进行计算，计算结果偏保守，但具有一定安全性，因此建议按格构式构件计算[2-10]。

本章研究的大角钢十字组合截面轴压构件属于开口薄壁杆件，其壁厚较小、抗扭性能较差，因为构件的形心和剪切中心重合，在压力的作用下可能会出现扭转屈曲或弯扭屈曲而丧失承载能力。完善弹性直杆失稳的临界力可以由欧拉公式算得，见下式：

$$N_E = \frac{\pi^2 EI}{l^2} \tag{7-3}$$

这是杆件能够保持直线平衡状态的极限荷载，达到这一荷载后，杆件将发生弯曲变形。但是直线形态的平衡发生破坏后不一定是由直变弯，也有可能由直变扭，即发生扭转屈曲，如图7-1所示[11-16]。

根据弹性稳定理论，对于两端铰支且翘曲无约束的杆，当其截面为双轴对称或极对称时，扭转屈曲的临界力由下式给出：

$$N_\phi = \frac{1}{i_0^2}\left(GI_t + \frac{\pi^2 EI_\omega}{l^2}\right) \tag{7-4}$$

式中，GI_t 为杆自由扭转刚度（I_t 为扭转常数）；EI_ω 为杆约束扭转刚度（I_ω 为翘曲常数）；i_0 为截面关于剪心的极回转半径。

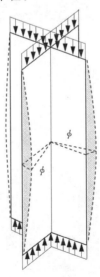

图 7-1　压杆的扭转失稳

对于一个构件,其达到承载力极限状态时是弯曲屈曲还是扭转屈曲,需要根据构件的材料,界面特征 EI、EI_ω、GI_t,长度 L 确定。本书研究的角钢十字形截面抗扭能力较弱,在工程实践中有可能出现 $N_\phi < N_E$ 的情况。十字形截面具有两个主轴惯性矩相等的特点,抗扭性能较差,因为其扇形惯性矩 I_ω 很小,所以可以将其看作 0。此时:

$$N_\phi \approx \frac{GI_t}{i_0^2} \tag{7-5}$$

如果材料较薄,I_t 的值也不大,此时扭转屈曲临界承载力就会很低,短杆的 N_ϕ 更容易小于 N_E,因为 GI_t/i_0^2 不会随着杆长的减小而增大。将十字截面构件的截面极惯性矩 $I_p = I_x + I_y = 4b^3t/3$、$I_t = 4bt^3/3$ 代入式(7-5)中,得到扭转失稳临界承载力:

$$\sigma_\phi = \frac{N_\phi}{A} = \frac{GI_t}{I_p} = G\frac{t^2}{b^2} = \frac{E}{2(1+\nu)} \cdot \frac{t^2}{b^2} \tag{7-6}$$

式中,σ_ϕ 为扭转屈曲临界应力;ν 为泊松比。

十字组合截面构件可以视为一侧边简支,另一侧边自由的板,在受到两侧均布荷载作用时其临界应力为:

$$\sigma_0 = \frac{0.425\pi^2 E}{12(1-\nu^2)} \cdot \left(\frac{t}{b}\right)^2 \tag{7-7}$$

式中,σ_0 为局部稳定临界应力,钢材的泊松比 $\nu = 0.3$,代入式(7-6)、式(7-7)可得

$$\sigma_\phi = \sigma_0 = 0.384E\left(\frac{t}{b}\right)^2 \tag{7-8}$$

也就是说,十字组合截面构件在发生局部屈曲和整体扭转失稳时拥有一样的临界条件,在计算时注意板材的局部稳定要求就可以避免发生扭转屈曲。

我国的《架空输电线路杆塔结构设计技术规定》(DL/T 5154—2012)在《钢结构设计标准》(GB 50017—2017)基础上,加入了压杆稳定强度折减系数 m_N 的概念来考虑局部稳定对构件的影响。具体公式如下:

$$\frac{N}{\varphi A} \leqslant m_N \cdot f \tag{7-9}$$

当 $\dfrac{b}{t} \leqslant \left(\dfrac{b}{t}\right)_{lim}$ 时,

$$m_N = 1.0$$

当 $\left(\dfrac{b}{t}\right)_{lim} < \dfrac{b}{t} \leqslant \dfrac{380}{\sqrt{f_y}}$ 时,

$$m_N = 1.677 - 0.677\frac{b}{t} \bigg/ \left(\frac{b}{t}\right)_{lim} \tag{7-10}$$

对于轴心受压构件:

$$\left(\frac{b}{t}\right)_{lim} = (10 + 0.1\lambda)\sqrt{\frac{235}{f_y}} \tag{7-11}$$

式中，A 为构件截面面积；λ 为构件长细比，当 $\lambda<30$ 时，取 $\lambda=30$，当 $30\leqslant\lambda\leqslant100$，按实际值取值，当 $\lambda>100$ 时，取 $\lambda=100$；f_y 为钢材强度标准值；m_N 为构件稳定强度折减系数，根据翼缘板自由外伸宽度 b 与厚度 t 之比计算确定；φ 为轴心受压构件稳定系数。

　　轴心受压的双轴对称角钢十字组合截面构件如图 7-2 所示，其稳定系数按照式(7-12)来计算，该构件的等效回转半径按规范表格确定。

$$r_t = \frac{t}{2b_1}\sqrt{b_1^2+0.16L^2} \tag{7-12}$$

式中，r_t 为十字组合截面等效回转半径，$r_t\geqslant r_x$ 或 $r_t\geqslant r_y$ 或 $r_t\geqslant r_u$ 时，取 $r_t=r_x$ 或 $r_t=r_y$ 或 $r_t=r_u$；b_1 为十字组合截面形心到边缘的距离；L 为构件计算长度。

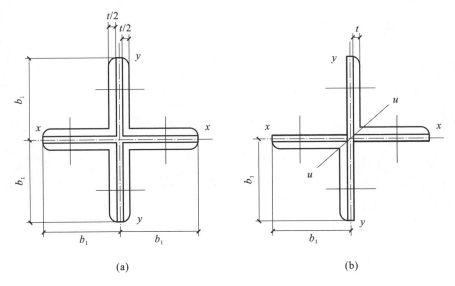

图 7-2　角钢十字形截面

(a)四角钢；(b)双角钢

　　根据上述内容可知，我国《钢结构设计标准》(GB 50017—2017)和《架空输电线路杆塔结构设计技术规定》(DL/T 5154—2012)中对于角钢十字组合截面轴压构件的稳定承载系数的计算均有考虑构件宽厚比的影响。上文提及了角钢十字组合截面构件的局部屈曲和整体扭转屈曲拥有同样的临界条件，在计算时注意板材的局部稳定要求就可以避免发生扭转屈曲。根据参考文献[17]中的数据对比，当选取肢宽相同、肢厚不同的两种等边角钢进行对比时，肢厚为 6mm 的角钢 I_t 值是肢厚为 16mm 角钢的 1/18，二者抗扭刚度相差悬殊；其弯扭屈曲的临界应力与弯曲屈曲临界应力降低的幅度差距也较大，厚度为 16mm 的角钢只降低了 11.5%，而 6mm 的角钢降低了 66.8%。可以看出对于肢宽固定的角钢，角钢肢厚的增长或者说宽厚比的变化对其承载力的影响是逐渐变大的,所以对于大角钢十字组合截面轴压构件,按照普通截面角钢十字形截面的计算方法得到的稳定系数是不准确的。因此,本章需要对由大角钢组成的十字组合截面构件进行单独的轴压稳定性能研究。

7.1.2 角钢肢宽对承载力的影响

为了研究角钢肢宽 b 对构件承载力的影响,选择了填板厚度为 20mm、长细比为 30、钢材强度等级为 Q420 的角钢十字组合截面轴压构件。角钢肢厚选取两种,分别为 14mm 和 20mm,角钢肢宽分别为 100mm、110mm、125mm、140mm、150mm、160mm、180mm、200mm、220mm、250mm,共计 20 个有限元模型。有限元计算结果见图 7-3,图中横坐标为肢宽 b,纵坐标为构件承载力,每个数据点为一种截面规格的模型。

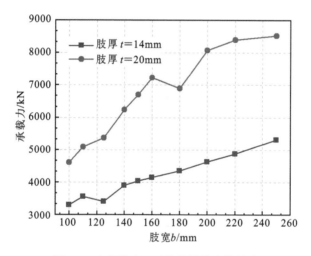

图 7-3 角钢肢宽 b 对构件承载力的影响

从图 7-3 可以看出,两种肢厚的构件承载力整体上都是随着肢宽的增大而增大。肢厚为 14mm 的构件对应的 $b/t = 7.14 \sim 17.86$,一开始随着角钢肢宽的增大,承载力的增长会有波动,当肢宽增长至 140mm($b/t = 10$)后,承载力的增长趋向稳定。肢厚为 20mm 的构件对应的 $b/t = 5 \sim 12.5$,一开始随着肢宽的增加,构件的承载力有明显的增加且增长率明显大于肢厚为 14mm 的构件,当肢宽增加至 160mm($b/t = 9$)后,构件的承载力增长出现波动,甚至出现了下降的情况,并且增长率明显低于之前,表明不同的肢宽对于构件的承载力有较大的影响。

对∠220×14 和∠160×20 两种截面规格构件的位移云图以及承载力-位移关系曲线进行分析,如图 7-4 和图 7-5 所示。从图 7-4(a)可以明显看出,对于∠220×14 的角钢十字组合截面轴压构件,破坏时构件上部肢边有较大的变形,即构件在极限承载力破坏时,由局部屈曲引起失稳破坏。由图 7-4(b)可知,在承载力较小时,构件截面的测点的位移变化规律趋于一致,随着承载力的逐步增大,类型为测点 1 和测点 2 的位移开始朝着相反的方向发展,在临近极限承载力时,类型为测点 1 和测点 2 中部分节点的位移发生了突变,表明构件发生了局部失稳破坏。

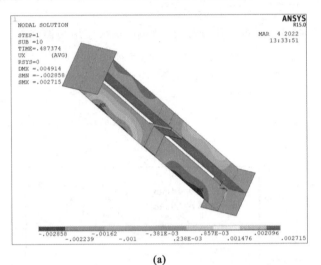

(a)

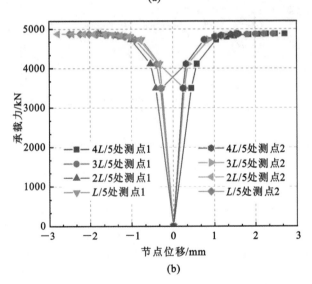

(b)

图 7-4 ∠220×14 构件位移云图及承载力-位移关系曲线

(a)位移云图;(b)承载力-位移关系曲线

从图 7-5(a)可以明显看出,∠160×20 的角钢十字组合截面轴压构件破坏时构件中部的肢边有较大的变形,即构件在极限承载力破坏时,由中部截面的局部屈曲引起失稳破坏。而在图 7-5(b)中可以看到,在承载力较小时,构件截面的测点的位移变化规律趋于一致,随着承载力的逐步增大,类型为测点 1 和测点 2 的位移开始朝着相反的方向发展,在临近极限承载力时,类型为测点 1 和测点 2 中部分节点的位移发生了突变,而且节点位移有朝着相同方向发展的趋势,表明构件发生了局部失稳破坏,相比∠220×14 构件来说,∠160×20 构件的局部变形有所增大。

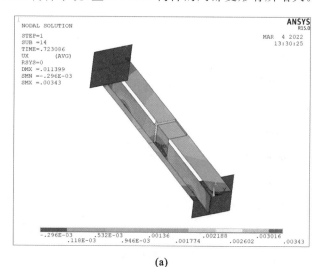

(a)

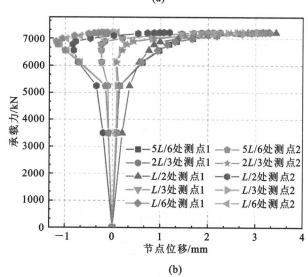

(b)

图 7-5 ∠160×20 构件位移云图及承载力-位移关系曲线

(a)位移云图;(b)承载力-位移关系曲线

7.1.3 角钢肢厚对承载力的影响

为了研究角钢肢厚 t 对构件承载力的影响,选择了填板厚度为 20mm、长细比为 30、钢材强度等级为 Q420 的角钢十字组合截面轴压构件。角钢肢宽分别为 150mm、180mm、220mm 和 250mm,角钢肢厚分别为 10mm、12mm、14mm、16mm、18mm、20mm、22mm、24mm、26mm、28mm,共计 40 个有限元模型。有限元计算结果如图 7-6 所示,图中横坐标为肢厚 t,纵坐标为构件承载力,每个数据点为一种截面规格的模型。

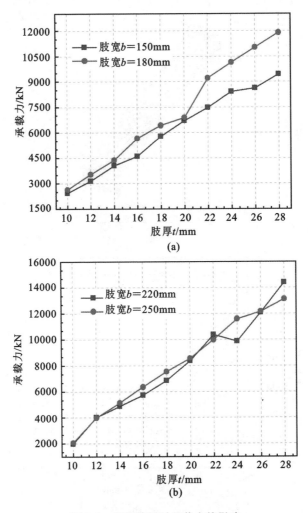

图 7-6 角钢肢厚对承载力的影响

(a)b=150mm 和 180mm;(b)b=220mm 和 250mm

　　根据图 7-6(a)可以看出,对于角钢肢宽为 150mm 和 180mm 的双角钢十字组合截面轴压构件,当肢厚较小时两种肢宽的构件承载力差距较小,变化趋势保持一致,均保持逐步增大的规律,而且承载力增长率相近。当肢厚增加至 20mm 后,两者的承载力差距增大,特别是肢厚从 20mm 增加至 22mm 时,构件的承载力会有一个较大的增幅,且肢宽 $b=180$mm 的构件承载力的增幅相对于肢宽 $b=150$mm 的有所增加,表明随着肢宽和肢厚的增加,构件承载力都会有较大的增加。

　　根据图 7-6(b)可以看出,对于角钢肢宽为 220mm 和 250mm 的双角钢十字组合截面轴压构件,当构件的肢厚较小时,两种肢宽的构件承载力十分相近且增长速率相似,变化趋势保持一致,均保持逐步增大的规律,而且承载力增长率相近。对于肢宽 $b=220$mm 的构件,当肢厚从 22mm 增加至 24mm 时,构件承载力会出现一定的波动,有一个较小幅度的下降。而对于肢宽 $b=220$mm 的构件,其承载力一直保持稳步增长,表明大角钢构件的承载力相对于普通规格的角钢来说,随着肢厚的增加构件承载力的变化表现出一定程度的不同。

　　对∠150×14 和∠220×22 两种截面规格构件的位移云图以及承载力-位移关系曲线进行分析,如图 7-7 和图 7-8 所示。

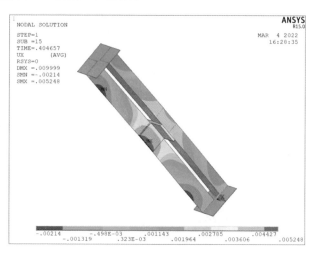

(a)

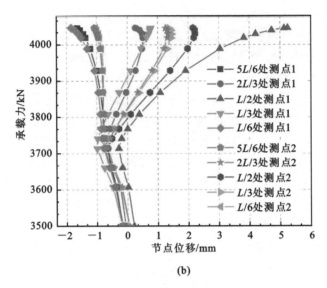

(b)

图 7-7　构件位移云图及曲线(∠150×14)

(a)位移云图;(b)承载力-位移关系曲线

从图 7-8(a)可以明显看出,∠220×22 的角钢十字组合截面轴压构件破坏时构件中部肢边有较大的变形,即构件在极限承载力破坏时,是由局部屈曲引起的失稳破坏。而在图 7-8(b)中可以看到,构件截面测点的位移,在荷载较小时,变化规律趋于一致,随着荷载的逐步增大,类型为测点 1 和测点 2 的位移有所变化,但整体仍较为一致,在临近极限荷载时,类型为测点 1 和测点 2 中部分节点的位移有明显的朝着相反方向发展的趋势,各个测点之间的位移差异性也较为显著,表明构件发生了局部失稳破坏。

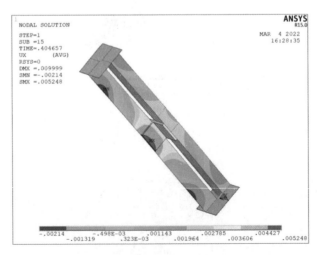

(a)

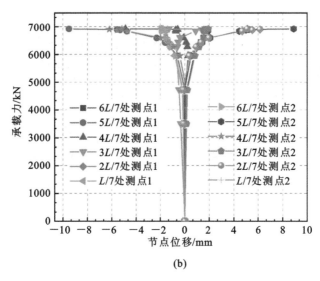

(b)

图 7-8 构件位移云图及曲线（∠220×22）

(a)位移云图；(b)承载力-位移关系曲线

7.2 填板设计方法

7.2.1 计算模型参数

对于双角钢十字组合截面构件,在实际使用过程中填板与角钢是采用螺栓进行连接的,而目前已有研究结果表明[18-19],双角钢十字组合截面构件中填板上的螺栓所受剪力较小,远远低于其极限承载力,并且填板与角钢之间的相对位移也很小。所以本章在建立双角钢十字组合截面构件时将构件简化为图 7-9 所示的等效模型,具体的建模方法及细节与前文保持一致。

目前我国《钢结构设计标准》(GB 50017—2017)以及《架空输电线路杆塔结构设计技术规定》(DL/T 5154—2012)中对于双角钢十字组合截面构件仅规定填板之间的距离不应超过 $40i$ (i 为构件回转半径),但是对于填板的样式以及填板间距在规定范围内对双角钢构件承载能力的影响并未做详细说明,对填板及螺栓的设计方法和布置方式也没有给出详细的说明。本章主要研究的内容不含填板类型对构件承载力的影响,因此所建立的所有双角钢十字组合截面构件有限元模型的填板均采用十字焊接型填板。

通过有限元分析计算研究填板间距对大角钢十字组合截面轴压构件承载力的影

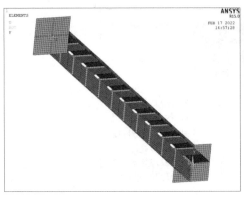
(a)

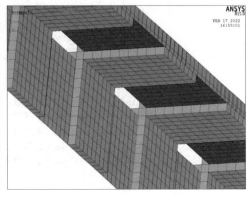
(b)

图 7-9　填板等效模型

(a)整体模型;(b)细部模型

响以及不同长细比构件对填板间距的敏感性,根据计算结果推导出相应的填板设计实用公式。选取了 6 种大角钢截面规格,分别为∠220×18、∠220×22、∠220×26、∠250×20、∠250×24、∠250×28,每种角钢截面规格构件选取 10 类长细比,分别为 30、40、50、60、70、80、90、100、110、120,每个轴压构件设置十级填板,填板数量为 1～10,对共计 600 个大角钢十字组合截面轴压构件模型进行有限元分析计算,由于填板数量由 1 到 10 分为十级,因此每种类型构件中的填板间距也分为十级,且填板在构件中均为等分布置,模型参数见表 7-1。

表 7-1　　　　　　　　　　填板模型参数表

构件编号	肢宽 b/m	肢厚 t/m	构件长度 L/m	模型数量
1～10	0.220	0.018	2.610	10
11～20	0.220	0.018	3.480	10
21～30	0.220	0.018	4.350	10
31～40	0.220	0.018	5.220	10
41～50	0.220	0.018	6.090	10
51～60	0.220	0.018	6.960	10
61～70	0.220	0.018	7.830	10
71～80	0.220	0.018	8.700	10
81～90	0.220	0.018	9.570	10

续表

构件编号	肢宽 b/m	肢厚 t/m	构件长度 L/m	模型数量
91～100	0.220	0.018	10.440	10
101～110	0.220	0.022	2.592	10
111～120	0.220	0.022	3.456	10
121～130	0.220	0.022	4.320	10
131～140	0.220	0.022	5.184	10
141～150	0.220	0.022	6.048	10
151～160	0.220	0.022	6.912	10
161～170	0.220	0.022	7.776	10
171～180	0.220	0.022	8.640	10
181～190	0.220	0.022	9.504	10
191～200	0.220	0.022	10.368	10
201～210	0.220	0.026	2.580	10
211～220	0.220	0.026	3.440	10
221～230	0.220	0.026	4.300	10
231～240	0.220	0.026	5.160	10
241～250	0.220	0.026	6.020	10
251～260	0.220	0.026	6.880	10
261～270	0.220	0.026	7.740	10
271～280	0.220	0.026	8.600	10
281～290	0.220	0.026	9.460	10
291～300	0.220	0.026	10.320	10
301～310	0.250	0.020	2.970	10
311～320	0.250	0.020	3.960	10
321～330	0.250	0.020	4.950	10
331～340	0.250	0.020	5.940	10
341～350	0.250	0.020	6.930	10
350～360	0.250	0.020	7.920	10

续表

构件编号	肢宽 b/m	肢厚 t/m	构件长度 L/m	模型数量
361～370	0.250	0.020	8.910	10
371～380	0.250	0.020	9.900	10
381～390	0.250	0.020	10.890	10
391～400	0.250	0.020	11.880	10
401～410	0.250	0.024	2.952	10
411～420	0.250	0.024	3.936	10
421～430	0.250	0.024	4.920	10
431～440	0.250	0.024	5.904	10
441～450	0.250	0.024	6.888	10
451～460	0.250	0.024	7.872	10
461～470	0.250	0.024	8.856	10
471～480	0.250	0.024	9.840	10
481～490	0.250	0.024	10.824	10
491～500	0.250	0.024	11.808	10
501～510	0.250	0.028	2.934	10
511～520	0.250	0.028	3.912	10
521～530	0.250	0.028	4.890	10
531～540	0.250	0.028	5.868	10
541～550	0.250	0.028	6.846	10
551～560	0.250	0.028	7.824	10
561～570	0.250	0.028	8.802	10
571～580	0.250	0.028	9.780	10
581～590	0.250	0.028	10.758	10
591～600	0.250	0.028	11.736	10

7.2.2 填板厚度对承载力的影响

由于填板起到了将两个角钢连接成为一个整体的作用,并且《钢结构设计标准》(GB 50017—2017)中规定对于双角钢十字组合截面构件的承载力计算是将其视为格构式构件进行计算,因此研究填板厚度对构件承载力的影响是有必要的。本章研究构件的填板宽度根据规范中的相关要求定为200mm,填板长度根据构件中角钢的肢宽确定。参考文献[20]选取两组角钢,截面规格分别为∠220×20、∠250×20,构件长细比为35,填板厚度分别取为12mm、16mm、20mm、24mm、28mm。经过有限元计算各构件承载力如图7-10所示。

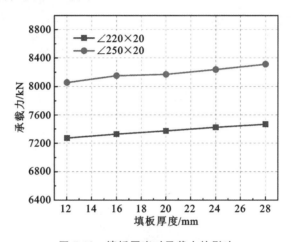

图 7-10　填板厚度对承载力的影响

根据图7-10可知,随着填板厚度的增加,截面规格为∠220×20和∠250×20的构件的承载力在逐步增大,填板厚度在12~28mm范围内,填板厚度每增加一个等级,承载力增加1%,表明填板厚度对构件承载力的影响非常小,这是因为当角钢宽厚比b/t在正常范围内时,弯曲屈曲是影响双角钢十字组合截面轴压构件承载力的主要因素,而局部屈曲是影响其承载力的次要因素。当填板厚度增加后,两个角钢局部变形的约束作用以及角钢间的协同作用会有所增强,所以当填板厚度增加后,相应构件的承载力会有一定程度的提升,但是提升幅度较小。而当角钢宽厚比b/t超过极限时,构件的局部变形可能成为影响构件承载力的主要因素,这使得增加填板厚度从而提高构件抵抗局部变形能力的方式能够有效提高构件的承载能力。但由于本章研究的所有角钢截面宽厚比均不超过极限,所以后续研究可以不考虑填板厚度对构件承载力的影响,填板的厚度建议直接采用角钢壁厚尺寸。因此后续所有计算构件的填板厚度均设置为20mm。

图7-11和图7-12分别是截面规格为∠220×20和∠250×20构件的不同填板

厚度的应力云图。从图 7-11 中可以看到,当填板厚度为 12mm 时,应力最大的区域主要集中在单个填板的边缘。当填板厚度为 20mm 时,应力最大区域主要集中在两个填板的边缘,且应力最大的区域范围有所增加。当填板厚度增大到 28mm 时,应力最大的区域集中于填板边缘的中间,且最大应力的范围有所减小,表明此时填板并未被充分利用。

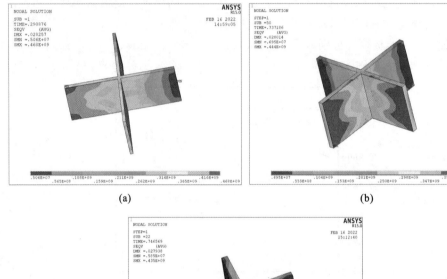

(a)

(b)

(c)

图 7-11 截面规格为∠220×20 构件的不同厚度填板应力云图

(a)填板厚度为 12mm;(b)填板厚度为 20mm;(c)填板厚度为 28mm

从图 7-12 中可以看到,当填板厚度为 12mm 时,应力最大的区域主要集中在两个填板的边缘。当填板厚度为 20mm 时,应力最大区域主要集中在单个填板的边缘,且应力最大的区域范围有所增加。当填板厚度增大到 28mm 时,应力最大的区域集中于填板边缘,且最大应力的范围有所减小,表明此时填板并未被充分利用。

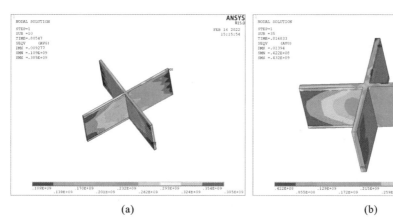

(a)

(b)

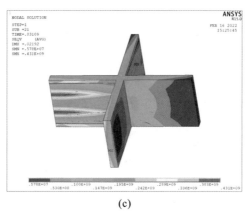

(c)

图 7-12 截面规格为∠250×20 构件的不同厚度填板应力云图

(a)填板厚度为 12mm;(b)填板厚度为 20mm;(c)填板厚度为 28mm

7.2.3 填板间距对承载力的影响

通过有限元计算数据研究分析填板间距对不同截面、长细比构件承载力的影响以及在不同截面、长细比、填板间距情况下的构件失稳模态。计算结果如图 7-13~图 7-22 所示。

图 7-13(a)是 $\lambda=30$,角钢截面规格为∠220×18、∠220×22、∠220×26、∠250×20、∠250×24、∠250×28 的大角钢十字组合截面轴压构件填板间距与承载力之间的关系图,填板间距范围为 $5.5i$~$30i$。图 7-13(c)、(d)是构件 $\lambda=30$,填板间距分别为 $30i$、$5.5i$ 的有限元模型位移云图。由图 7-13(a)可以看出当构件 $\lambda=30$ 时,随着填板间距的减小,构件承载力会随之增大,每级(每增加一个填板为一级)构件承载力的增长率在 3% 左右,且填板间距越小时,填板间距的减小对构件承载力的

提升效果越明显。图 7-13(b)表明,构件的各个测点的变形朝着一个方向发,构件最终发生弯曲失稳破坏。对于截面规格越大的大角钢,承载力提高得更多。根据位移云图可以看出,对于长细比较小的构件,当填板间距较大时,构件的承载力极限状态主要表现为局部变形较为明显,这是由于填板能够对两个角钢起到约束作用,没有填板约束的区域更容易发生局部失稳导致构件达到承载力极限。填板数量增加后,被填板约束的区域变多,能够在一定程度上减少局部屈曲的产生,对构件的承载力有一定的提升效果,此时构件主要表现为弯曲失稳。对于小长细比构件,增加填板的数量虽然会使构件承载力得到提升,但是填板间距也会变得非常小,这不仅会增加钢材的使用量,也会大大增加构件的安装难度,因此对于小长细比构件不建议采用多个填板。

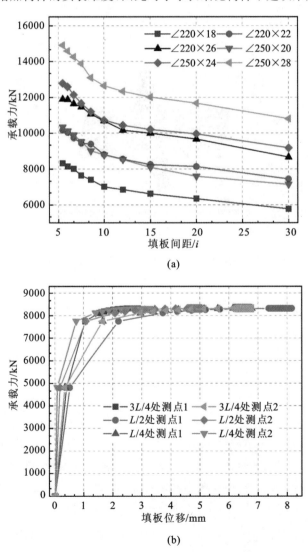

(a)

(b)

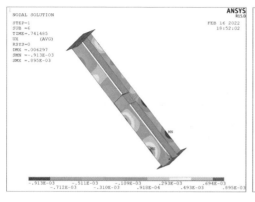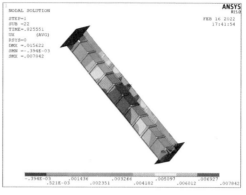

(c)   (d)

图 7-13　填板间距的影响(λ＝30)

(a)承载力-填板间距变化曲线;(b)10 个填板承载力-位移曲线;

(c)填板间距 30i 位移云图;(d)填板间距 5.5i 位移云图

图 7-14(a)是 $\lambda=40$,角钢截面规格为 $\angle 220\times 18$、$\angle 220\times 22$、$\angle 220\times 26$、$\angle 250\times 20$、$\angle 250\times 24$、$\angle 250\times 28$ 的大角钢十字组合截面轴压构件填板间距与承载力之间的关系图,填板间距范围为 $7.3i\sim 40i$。图 7-14(c)、(d)是构件 $\lambda=40$,填板间距分别为 $40i$、$7.3i$ 的有限元模型位移云图。由图 7-14(a)可以看出当构件长细比 λ 为 40 时,随着填板数量的增加即填板间距的减小,构件承载力会随之增大,每级构件承载力的增长率在 4% 左右,且前期填板间距的减小对构件承载力的提升效果较后期更为明显。根据位移云图可以看出,对于长细比较小的构件,当填板间距较大时,构件的承载力极限状态主要表现为局部变形,这是由于填板能够对两个角钢起到约束作用,没有填板约束的区域更容易发生局部失稳导致构件达到承载力极限。填板数量增加后,被填板约束的区域变多,能够在一定程度上减少局部屈曲的产生,对构件的承载力有一定的提升效果,此时构件主要表现为弯曲失稳。对于小长细比构件,虽然增加填板的数量会使构件承载力得到提升,但是填板间距也会变得非常小,这不仅会增加钢材的使用量,也会大大增加构件的安装难度,因此对于小长细比构件不建议采用多个填板。

图 7-15(a)是 $\lambda=50$,角钢截面规格为 $\angle 220\times 18$、$\angle 220\times 22$、$\angle 220\times 26$、$\angle 250\times 20$、$\angle 250\times 24$、$\angle 250\times 28$ 的大角钢十字组合截面轴压构件填板间距与承载力之间的关系图,填板间距范围为 $9.1i\sim 50i$。图 7-15(c)、(d)是构件 $\lambda=50$,填板间距分别为 $33.3i$、$9.1i$ 的有限元模型位移云图。由图 7-15(a)可以看出,随着填板数量的继续增加(即填板间距的减小),构件承载力会随之增大,每级构件承载力的增长率在 3% 左右。根据位移云图可以看出,对于长细比为 50 的构件,当填板间距较大

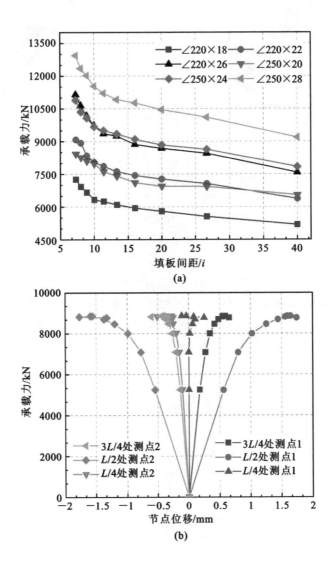

(a)

(b)

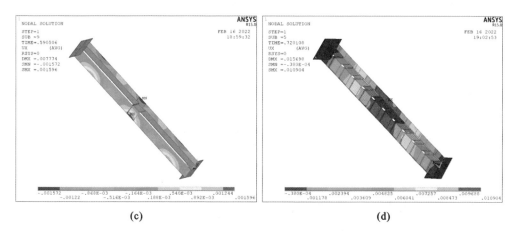

(c)   (d)

图 7-14   填板间距的影响($\lambda = 40$)

(a)承载力-填板间距变化曲线;(b)1 个填板承载力-位移曲线;

(c)填板间距 $40i$ 位移云图;(d)填板间距 $7.3i$ 位移云图

时,构件的承载力极限状态主要表现为局部变形,且发生局部屈曲的地方主要集中在填板周围以及两个填板的中间位置,此时局部屈曲会导致构件发生弯曲失稳从而达到构件的极限承载力。增加填板个数能够减少局部屈曲的发生,同时提高两个角钢之间的协同作用从而提高构件的抗弯能力,从而提高构件的承载力,此时构件的失稳模态主要表现为整体弯曲失稳。

图 7-16(a)是 $\lambda = 60$,角钢截面规格为∠220×18、∠220×22、∠220×26、∠250×20、∠250×24、∠250×28 的大角钢十字组合截面轴压构件填板间距与承载力之间的关系图,填板间距范围为 $10.9i \sim 60i$。图 7-16(c)、(d)是构件 $\lambda = 60$,填板间距分别为 $40i$、$10.9i$ 的有限元模型位移云图。由图 7-16(a)可以看出,随着填板数量的继续增加(即填板间距的减小),构件承载力会随之增大,每级构件承载力的增长率在 2%左右。根据位移云图可以看出,对于长细比为 60 的构件,当填板间距较大时,构件的承载力极限状态主要表现为局部变形,且发生局部屈曲的地方主要集中在填板周围以及两个填板的中间位置,此时局部屈曲会导致构件发生弯曲失稳从而达到构件的极限承载力。增加填板个数能够减少构件发生局部屈曲,同时提高两个角钢之间的协同作用从而提高构件的抗弯能力,从而提高构件的承载力,此时构件的失稳模态主要表现为整体弯曲失稳。

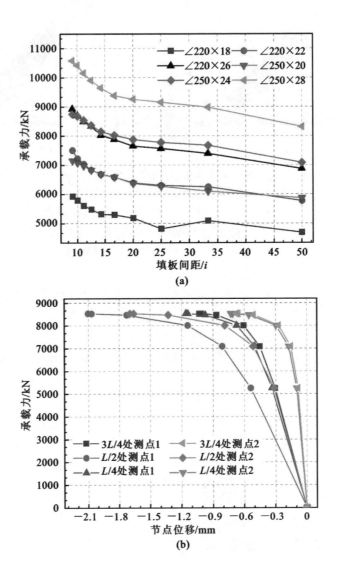

(a)

(b)

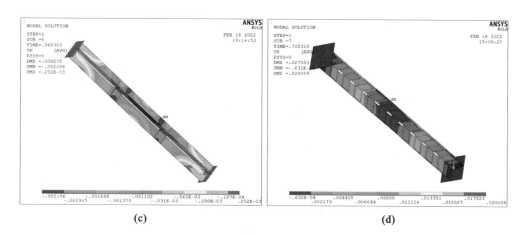

(c)   (d)

图 7-15   填板间距的影响(λ=50)

(a)承载力-填板间距变化曲线;(b)2 个填板承载力-位移曲线;

(c)填板间距 33.3*i* 位移云图;(d)填板间距 9.1*i* 位移云图

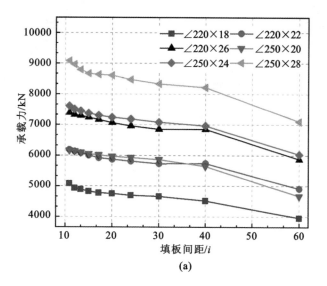

(a)

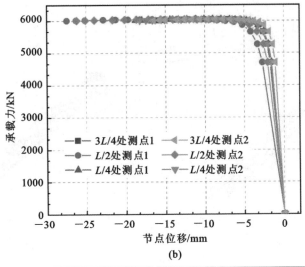

(b)

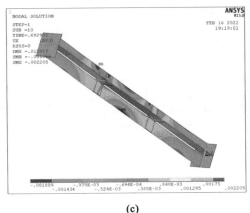

(c)

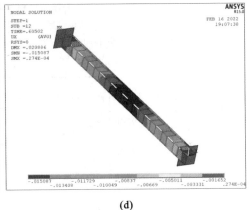

(d)

图 7-16　填板间距的影响($\lambda=60$)

(a)承载力-填板间距变化曲线；(b)10 个填板承载力-位移曲线；

(c)填板间距 $40i$ 位移云图；(d)填板间距 $10.9i$ 位移云图

图 7-17(a)是 $\lambda=70$,角钢截面规格为$\angle 220\times 18$、$\angle 220\times 22$、$\angle 220\times 26$、$\angle 250\times 20$、$\angle 250\times 24$、$\angle 250\times 28$ 的大角钢十字组合截面轴压构件填板间距与承载力之间的关系图,填板间距范围为 $12.7i\sim 70i$。图 7-17(c)、(d)是构件 $\lambda=70$,填板间距分别为 $35i$、$15.6i$ 的有限元模型位移云图。由图 7-17 中(a)可以看出,随着填板数量的继续增加(即填板间距的减小),构件承载力会随之增大,每级构件承载力的增长率在 3% 左右。根据位移云图可以看出,对于长细比为 70 的构件,当填板间距较大时,构件主要在中部发生较大变形,同时在角钢的受压侧也会发生较小的局部变形,说明此时只有构件中部的材料进入了塑性状态,其他区域的材料仍然处于弹性状态,

此时构件对于材料强度以及截面规格的利用率较低,但是前期填板个数的增加对承载力的提升量更大。当填板数量增加后(即填板间距减小时),可以看到构件中部处于塑性状态的材料的范围变大,承载力也有一定的提升,此时构件的失稳模态主要表现为整体弯曲失稳。

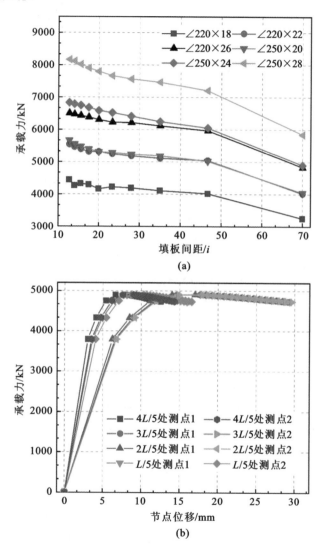

(a)

(b)

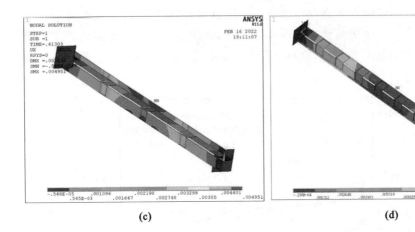

(c)

(d)

图 7-17　填板间距的影响(λ＝70)

(a)承载力-填板间距变化曲线；(b)3 个填板承载力-位移曲线；

(c)填板间距 35i 位移云图；(d)填板间距 15.6i 位移云图

图 7-18(a)是 $\lambda=80$，角钢截面规格为 $\angle220\times18$、$\angle220\times22$、$\angle220\times26$、$\angle250\times20$、$\angle250\times24$、$\angle250\times28$ 的大角钢十字组合截面轴压构件填板间距与承载力之间的关系图，填板间距范围为 $14.5i\sim80i$。图 7-18 中的(c)、(d)是构件 $\lambda=80$，填板间距分别为 $40i$、$17.8i$ 的有限元模型位移云图。由图 7-18(a)可以看出，随着填板数量的继续增加(即填板间距的减小)，构件承载力会随之增大，每级构件承载力的增长率在 2％左右。根据位移云图可以看出，对于长细比为 80 的构件，当填板数量较少时，构件中部截面位移较大，主要在该处发生较大变形，同时在角钢的受压侧也会发生较小的局部变形，说明此时只有构件中部的材料进入了塑性状态，其他区域的材料仍然处于弹性状态，此时构件对于材料强度以及截面规格的利用率较低，但是前期填板个数的增加对承载力的提升量更大。当填板数量增加即填板间距减小时，可以看到构件中部处于塑性状态的材料范围变大，承载力也有一定的提升，此时构件的失稳模态主要表现为整体弯曲失稳。

图 7-19(a)是 $\lambda=90$，角钢截面规格为 $\angle220\times18$、$\angle220\times22$、$\angle220\times26$、$\angle250\times20$、$\angle250\times24$、$\angle250\times28$ 的大角钢十字组合截面轴压构件填板间距与承载力之间的关系图，填板间距范围为 $16.4\sim90i$。图 7-19(c)、(d)是构件 $\lambda=90$，填板间距分别为 $36i$、$20i$ 的有限元模型位移云图。由图 7-19(a)可以看出，随着填板数量的继续增加(即填板间距的减小)，构件承载力仍会随之增大，每级构件承载力的增长率在 1％左右。根据位移云图可以看出，对于长细比为 90 的构件，此时构件的长细比已经比较大了，当填板数量较小时，填板间距过大使得填板对两个角钢的约束作用非常小，两个角钢无法协同作用，因此构件中单个角钢会发生弯曲失稳导致整个构件达

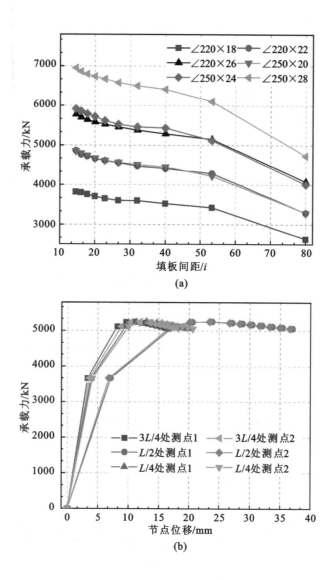

(a)

(b)

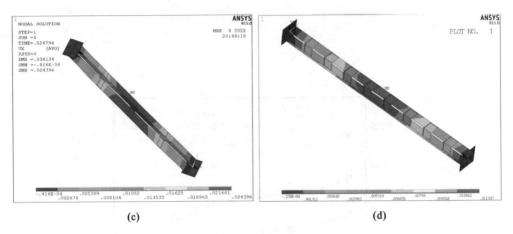

(c)　　　　　　　　　　　　　(d)

图 7-18　填板间距的影响($\lambda = 80$)

(a)承载力-填板间距变化曲线；(b)3 个填板承载力-位移曲线；
(c)填板间距 $40i$ 位移云图；(d)填板间距 $17.8i$ 位移云图

到极限承载力。当填板数量增加(即填板间距减小时)，填板起到约束作用，使两个角钢能够协同工作，并有效地提升构件的承载力。填板数量继续增加能够加强构件的抗弯能力，但是此时构件的长细比过大，填板能够起到的作用有限，此时构件的失稳模态主要表现为整体弯曲失稳。

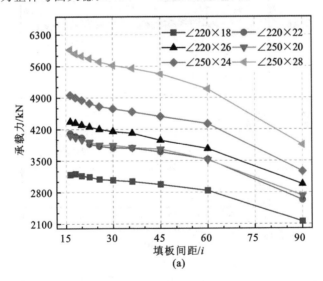

(a)

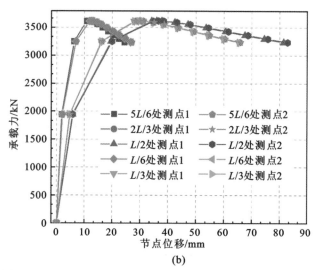

(b)

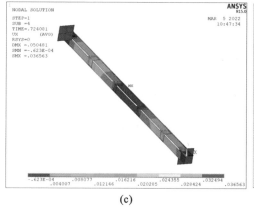

(c)

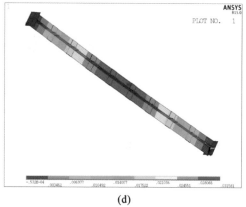

(d)

图 7-19　填板间距的影响($\lambda = 90$)

(a)承载力-填板间距变化曲线;(b)4 个填板承载力-位移曲线;

(c)填板间距 $36i$ 位移云图;(d)填板间距 $20i$ 位移云图

图 7-20(a)是 $\lambda = 100$,角钢截面规格为 $\angle 220 \times 18$、$\angle 220 \times 22$、$\angle 220 \times 26$、$\angle 250 \times 20$、$\angle 250 \times 24$、$\angle 250 \times 28$ 的大角钢十字组合截面轴压构件填板间距与承载力之间的关系图,填板间距范围为 $18.2i \sim 100i$。图 7-20(c)、(d)是构件 $\lambda = 100$,填板间距分别为 $40i$、$22.2i$ 的有限元模型位移云图。由图 7-20(a)可以看出,随着填板数量的继续增加(即填板间距的减小),构件承载力仍会随之增大,每级构件承载力的增长率在 2% 左右。根据位移云图可以看出,对于长细比为 100 的构件,此时构件的长细比已经比较大了,当填板数量较小时,由于填板间距太大,填板对两个角钢的约束作用非常小,两个角钢无法协同作用,因此构件中单个角钢会发生弯曲失稳导致整个

构件达到极限承载力。当填板数量增加（即填板间距减小）时，填板起到约束作用，使两个角钢能够协同工作，并有效地提升构件的承载力。填板数量继续增加能够加强构件的抗弯能力，但是此时构件的长细比过大，填板能够起到的作用有限，此时构件的失稳模态主要表现为整体弯曲失稳。

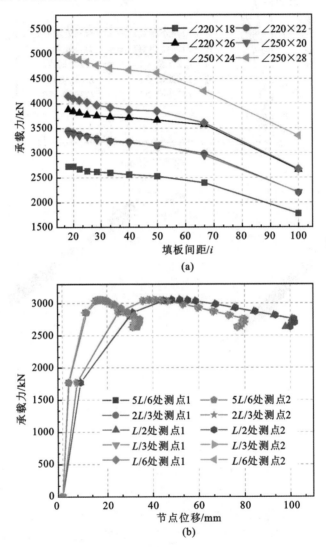

(a)

(b)

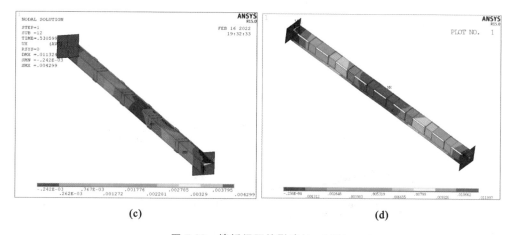

(c)

(d)

图 7-20　填板间距的影响($\lambda=100$)

(a)承载力-填板间距变化曲线;(b)4 个填板承载力-位移曲线;
(c)填板间距 $40i$ 位移云图;(d)填板间距 $22.2i$ 位移云图

图 7-21(a)是 $\lambda=110$,角钢截面规格为 $\angle 220 \times 18$、$\angle 220 \times 22$、$\angle 220 \times 26$、$\angle 250 \times 20$、$\angle 250 \times 24$、$\angle 250 \times 28$ 的大角钢十字组合截面轴压构件填板间距与承载力之间的关系图,填板间距范围为 $10i \sim 110i$。图 7-21(c)、(d)是构件 $\lambda=110$,填板间距分别为 $36.7i$、$24.4i$ 的有限元模型位移云图。根据图 7-21(a)可以看出,随着填板数量的继续增加即填板间距的减小,构件承载力仍会随之增大,每级构件承载力的增长率在 2%左右。根据位移云图可以看出,长细比 $\lambda=110$ 的构件极限承载力状态与 $\lambda=90$ 和 $\lambda=100$ 的类似,此时构件的失稳模态主要表现为整体弯曲失稳。因为对于长细比较大的双角钢十字组合截面轴压构件,填板数量较少时,提升填板数量可以有效提升构件承载力,但后续由于构件的承载力极限状态为整体失稳,填板对其承载力的提升效果十分有限。因此当大长细比构件的填板间距较大时,增加填板的数量可以有效提高构件的承载力,而当构件填板间距小于 $40i$ 时,填板间距每增加一级,构件承载力的增长率仅在 1%左右。

图 7-22(a)是 $\lambda=120$,角钢截面规格为 $\angle 220 \times 18$、$\angle 220 \times 22$、$\angle 220 \times 26$、$\angle 250 \times 20$、$\angle 250 \times 24$、$\angle 250 \times 28$ 的大角钢十字组合截面轴压构件填板间距与承载力之间的关系图,填板间距范围 $21.8i \sim 120i$。图 7-22(c)、(d)是构件 $\lambda=120$,填板间距分别为 $40i$、$26.7i$ 的有限元模型位移云图。根据图 7-22(a)可以看出,随着填板数量的继续增加即填板间距的减小,构件承载力仍会随之增大,每级构件承载力的增长率在 1%左右。根据位移云图可以看出,长细比 $\lambda=120$ 的构件极限承载力状态与 $\lambda=90$ 和 $\lambda=100$ 的类似,此时构件的失稳模态主要表现为整体弯曲失稳。因为对于长细比较大的双角钢十字组合截面轴压构件,填板数量较少时提升填板数量可以有

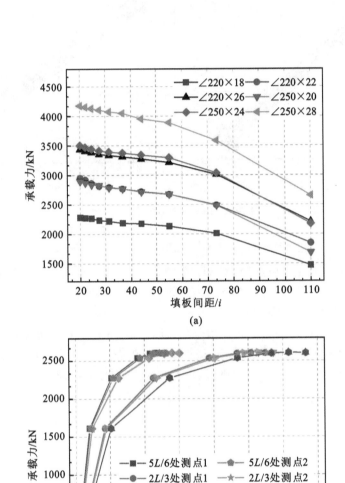

(a)

(b)

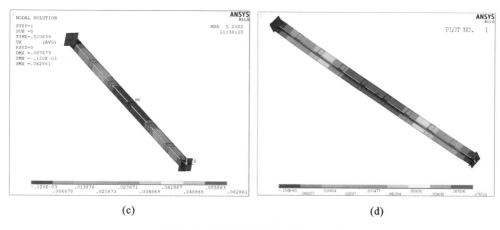

(c)   (d)

图 7-21 填板间距的影响($\lambda = 110$)

(a)承载力-填板间距变化曲线；(b)5 个填板承载力-位移曲线；

(c)填板间距 $36.7i$ 位移云图；(d)填板间距 $24.4i$ 位移云图

效提升构件承载力,但后续由于构件的承载力极限状态为整体失稳,填板对其承载力的提升效果十分有限。因此当大长细比构件的填板间距较大时,增加填板的数量可以有效提高构件的承载力,而当构件填板间距小于 $40i$ 时,填板间距每增加一级构件承载力的增长率仅在 1%左右。

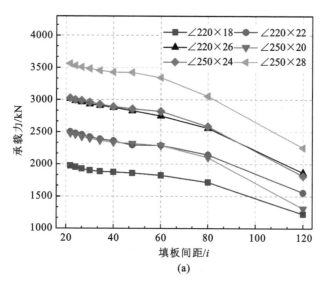

(a)

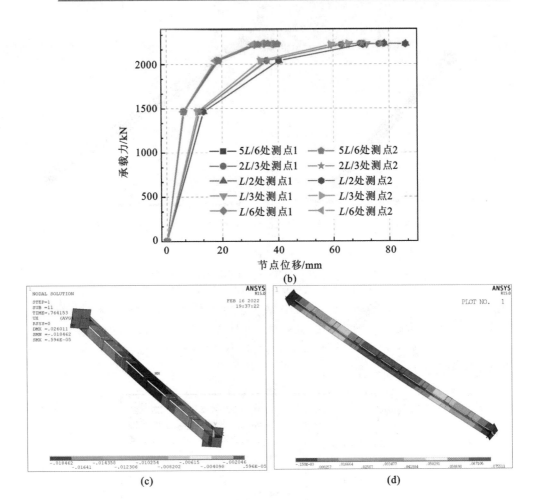

图 7-22　填板间距的影响($\lambda=120$)

(a)承载力-填板间距变化曲线;(b)5 个填板承载力-位移曲线;

(c)填板间距 $40i$ 位移云图;(d)填板间距 $26.7i$ 位移云图

7.2.4　长细比对填板间距的敏感性

为研究不同长细比 λ 构件对填板间距的敏感性,从有限元计算结果中选用了填板个数为 1、3、5、7、9 的各截面及长细比构件的极限承载力 P_{uFE}。定义不同填板个数的承载力为 P_1、P_3、P_5、P_7、P_9,同时定义采用多个填板构件承载力与单个填板构件承载力的差值为 ξ_3、ξ_5、ξ_7、ξ_9,其计算方法如式(7-13)~式(7-16)所示,相关计算结果见表 7-2~表 7-5。

$$\xi_3 = \frac{P_3}{P_1} - 1 \qquad (7\text{-}13)$$

$$\xi_5 = \frac{P_5}{P_1} - 1 \qquad (7\text{-}14)$$

$$\xi_7 = \frac{P_7}{P_1} - 1 \qquad (7\text{-}15)$$

$$\xi_9 = \frac{P_9}{P_1} - 1 \qquad (7\text{-}16)$$

表 7-2　　不同长细比 λ 构件承载力受填板间距的影响(填板个数为 3)

截面规格	λ	P_1/kN	P_3/kN	ξ_3/%
∠220×18	30	5777	6614	14.49
	40	5189	5801	11.78
	50	4687	4817	2.77
	60	3960	4663	17.75
	70	3256	4112	26.29
	80	2628	3527	34.21
	90	2149	2973	38.34
	100	1775	2530	42.54
	110	1472	2134	44.97
	120	1223	1824	49.14
∠220×22	30	7452	8256	10.79
	40	6379	7283	14.17
	50	5770	6300	9.19
	60	4909	5731	16.74
	70	4024	5111	27.01
	80	3292	4408	33.90
	90	2629	3698	40.66
	100	2197	3146	43.20
	110	1849	2675	44.67
	120	1554	2290	47.36
∠220×26	30	8664	9996	15.37
	40	7571	8684	14.70
	50	6878	7574	10.12
	60	5875	6852	16.63

续表

截面规格	λ	P_1/kN	P_3/kN	ξ_3/%
∠220×26	70	4834	6118	26.56
	80	4076	5288	29.74
	90	2980	3958	32.82
	100	2657	3669	38.09
	110	2209	3212	45.41
	120	1866	2749	47.32
∠250×20	30	7145	8096	13.31
	40	6537	6940	6.16
	50	5869	6270	6.83
	60	4676	5869	25.51
	70	4047	5185	28.12
	80	3295	4453	35.14
	90	2726	3758	37.86
	100	2203	3165	43.67
	110	1686	2674	58.60
	120	1313	2289	74.33
∠250×24	30	9177	10204	11.19
	40	7839	8844	12.82
	50	7084	7779	9.81
	60	6031	7078	17.36
	70	4898	6250	27.60
	80	4005	5433	35.66
	90	3265	4486	37.40
	100	2673	3855	44.22
	110	2177	3297	51.45
	120	1812	2818	55.52

续表

截面规格	λ	P_1/kN	P_3/kN	$\xi_3/\%$
∠250×28	30	10811	12019	11.17
	40	9191	10463	13.84
	50	8314	9151	10.07
	60	7096	8328	17.36
	70	5849	7471	27.73
	80	4726	6409	35.61
	90	3856	5430	40.82
	100	3349	4627	38.16
	110	2658	3892	46.43
	120	2252	3341	48.36

表 7-3　　不同长细比 λ 构件承载力受填板间距的影响(填板个数为 5)

截面规格	λ	P_1/kN	P_5/kN	$\xi_5/\%$
∠220×18	30	5777	7015	21.43
	40	5189	6106	17.67
	50	4687	5292	12.91
	60	3960	4754	20.05
	70	3256	4227	29.82
	80	2628	3603	37.10
	90	2149	3071	42.90
	100	1775	2599	46.42
	110	1472	2188	48.64
	120	1223	1874	53.23
∠220×22	30	7452	8810	18.22
	40	6379	7625	19.53
	50	5770	6580	14.04
	60	4909	5871	19.60
	70	4024	5246	30.37
	80	3292	4557	38.43

续表

截面规格	λ	P_1/kN	P_5/kN	$\xi_5/\%$
∠220×22	90	2629	3784	43.93
	100	2197	3246	47.75
	110	1849	2768	49.70
	120	1554	2360	51.87
∠220×26	30	8664	10682	23.29
	40	7571	9249	22.16
	50	6878	7883	14.61
	60	5875	7063	20.22
	70	4834	6228	28.84
	80	4076	5460	33.95
	90	2980	4153	39.36
	100	2657	3733	40.50
	110	2209	3310	49.84
	120	1866	2879	54.29
∠250×20	30	7145	8782	22.91
	40	6537	7409	13.34
	50	5869	6584	12.18
	60	4676	5974	27.76
	70	4047	5283	30.54
	80	3295	4569	38.66
	90	2726	3846	41.09
	100	2203	3241	47.12
	110	1686	2768	64.18
	120	1313	2341	78.29
∠250×24	30	9177	10725	16.87
	40	7839	9352	19.30
	50	7084	8021	13.23
	60	6031	7236	19.98
	70	4898	6523	33.18

续表

截面规格	λ	P_1/kN	P_5/kN	ξ_5/%
∠250×24	80	4005	5525	37.95
	90	3265	4657	42.63
	100	2673	3930	47.03
	110	2177	3376	55.08
	120	1812	2891	59.55
∠250×28	30	10811	12654	17.05
	40	9191	10925	18.87
	50	8314	9386	12.89
	60	7096	8605	21.27
	70	5849	7667	31.08
	80	4726	6576	39.15
	90	3856	5620	45.75
	100	3349	4722	41.00
	110	2658	4054	52.52
	120	2252	3427	52.18

表 7-4　　**不同长细比 λ 构件承载力受填板间距的影响(填板个数为 7)**

截面规格	λ	P_1/kN	P_7/kN	ξ_7/%
∠220×18	30	5777	7637	32.20
	40	5189	6337	22.12
	50	4687	5474	16.79
	60	3960	4829	21.94
	70	3256	4294	31.88
	80	2628	3707	41.06
	90	2149	3138	46.02
	100	1775	2635	48.45
	110	1472	2236	51.90
	120	1223	1899	55.27

续表

截面规格	λ	P_1/kN	P_7/kN	ξ_7/%
∠220×22	30	7452	9440	26.68
	40	6379	8053	26.24
	50	5770	6832	18.41
	60	4909	6002	22.27
	70	4024	5316	32.11
	80	3292	4656	41.43
	90	2629	3868	47.13
	100	2197	3349	52.44
	110	1849	2816	52.30
	120	1554	2420	55.73
∠220×26	30	8664	11469	32.38
	40	7571	9734	28.57
	50	6878	8344	21.31
	60	5875	7239	23.22
	70	4834	6383	32.04
	80	4076	5582	36.95
	90	2980	4254	42.75
	100	2657	3776	42.12
	110	2209	3354	51.83
	120	1866	2933	57.18
∠250×20	30	7145	9524	33.30
	40	6537	7967	21.88
	50	5869	6826	16.31
	60	4676	6053	29.45
	70	4047	5395	33.31
	80	3295	4671	41.76
	90	2726	3918	43.73
	100	2203	3338	51.52
	110	1686	2828	67.73
	120	1313	2400	82.79

截面规格	λ	P_1/kN	P_7/kN	$\xi_7/\%$
∠250×24	30	9177	11664	27.10
	40	7839	9682	23.51
	50	7084	8366	18.10
	60	6031	7371	22.22
	70	4898	6683	36.44
	80	4005	5720	42.82
	90	3265	4775	46.25
	100	2673	4030	50.77
	110	2177	3415	56.87
	120	1812	2960	63.36
∠250×28	30	10811	13879	28.38
	40	9191	11546	25.62
	50	8314	9904	19.12
	60	7096	8669	22.17
	70	5849	7910	35.24
	80	4726	6735	42.51
	90	3856	5773	49.71
	100	3349	4849	44.79
	110	2658	4109	54.59
	120	2252	3482	54.62

表 7-5　　**不同长细比 λ 构件承载力受填板间距的影响(填板个数为 9)**

截面规格	λ	P_1/kN	P_9/kN	$\xi_9/\%$
∠220×18	30	5777	8138	40.87
	40	5189	6928	33.51
	50	4687	5786	23.45
	60	3960	4934	24.60
	70	3256	4265	30.99
	80	2628	3802	44.67

续表

截面规格	λ	P_1/kN	P_9/kN	$\xi_9/\%$
∠220×18	90	2149	3205	49.14
	100	1775	2727	53.63
	110	1472	2273	54.42
	120	1223	1951	59.53
∠220×22	30	7452	10035	34.66
	40	6379	8940	40.15
	50	5770	7223	25.18
	60	4909	6132	24.91
	70	4024	5464	35.79
	80	3292	4759	44.56
	90	2629	4041	53.71
	100	2197	3420	55.67
	110	1849	2926	58.25
	120	1554	2476	59.33
∠220×26	30	8664	11878	37.10
	40	7571	10642	40.56
	50	6878	8696	26.43
	60	5875	7327	24.71
	70	4834	6473	33.91
	80	4076	5702	39.89
	90	2980	4340	45.64
	100	2657	3849	44.86
	110	2209	3407	54.23
	120	1866	2982	59.81

续表

截面规格	λ	P_1/kN	P_9/kN	ξ_9/%
∠250×20	30	7145	10111	41.51
	40	6537	8264	26.42
	50	5869	7078	20.60
	60	4676	6144	31.39
	70	4047	5549	37.11
	80	3295	4800	45.68
	90	2726	4022	47.54
	100	2203	3383	53.56
	110	1686	2870	70.23
	120	1313	2460	87.36
∠250×24	30	9177	12592	37.21
	40	7839	10360	32.16
	50	7084	8678	22.50
	60	6031	7505	24.44
	70	4898	6791	38.65
	80	4005	5861	46.34
	90	3265	4900	50.08
	100	2673	4109	53.72
	110	2177	3472	59.49
	120	1812	2999	65.51
∠250×28	30	10811	14586	34.92
	40	9191	12355	34.42
	50	8314	10419	25.32
	60	7096	8962	26.30
	70	5849	8120	38.83
	80	4726	6858	45.11
	90	3856	5881	52.52
	100	3349	4945	47.66
	110	2658	4157	56.40
	120	2252	3530	56.75

图 7-23 和图 7-24 为 6 种截面规格分别为∠220×18、∠220×22、∠220×26、∠250×20、∠250×24、∠250×28 的大角钢十字组合截面轴压构件承载力随着构件长细比的变化关系曲线，图中 5 条曲线分别表示填板数量为 1、3、5、7、9 的情况。

从图 7-23 中可以看到，肢宽为 220mm 的不同截面规格构件的承载力随着填板数量的增多而逐渐增大；当填板数量保持不变时，大角钢十字组合截面轴压构件的承载力是随着长细比的增大而减小的，并且可以看出构件长细比较小时承载力的下降幅度大于长细比较大时的下降幅度，表明长细比对构件承载力影响较大。

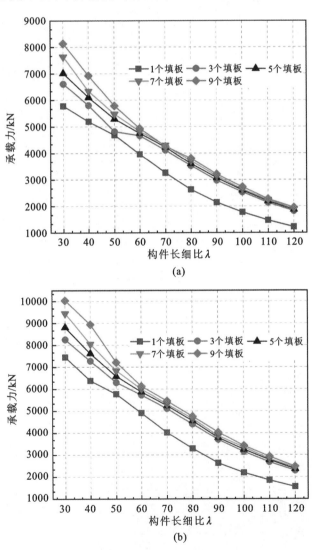

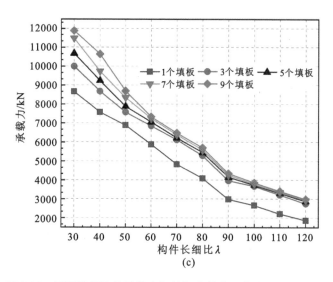

图 7-23　不同填板构件承载力与长细比的关系曲线(b=220mm)

(a)∠220×18;(b)∠220×22;(c)∠220×26

从图 7-24 中可以看到,肢宽为 250mm 的不同截面规格构件的承载力也随着填板数量的增多而逐渐增大;当填板数量保持不变时,大角钢十字组合截面轴压构件的承载力是随着长细比的增大而减小的,并且可以看出构件长细比较小时承载力的下降幅度大于长细比较大时的下降幅度,表明长细比对构件承载力影响较大,且长细比较大的构件承载力下降的幅度更大。

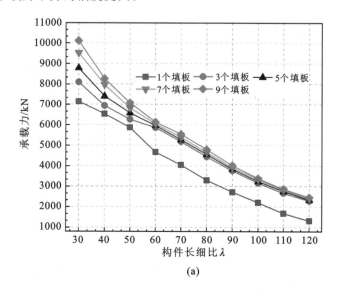

(a)

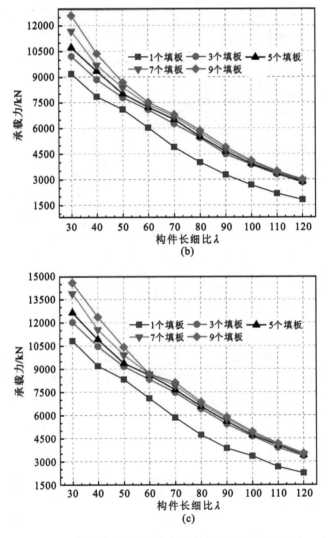

图 7-24　不同填板构件承载力与长细比的关系曲线($b=250\text{mm}$)

(a)∠250×20；(b)∠250×24；(c)∠250×28

为了进一步分析填板对构件承载力的影响,在图 7-25 中绘制了采用不同填板数量时构件的极限承载力与采用单个填板时的承载力之差与长细比的关系曲线。

从图 7-25 中可以看出,肢宽为 220mm 的不同截面规格的构件承载力之差都具有相同的趋势,当构件长细比较小时,随着填板数量的增加,构件的承载力差会有稳定的增长并且增长幅度较大,这是因为当构件长细比较小时,构件主要发生局部屈曲导致构件达到极限承载力,从而发生破坏,而填板能起到约束构件的作用,添加填板的数量可以有效地增加构件被约束的区域,从而减小构件发生局部屈曲的概率,进而提高构件的极限承载力,所以当构件长细比较小时,增加填板数量能够稳定提升构件的极限承载力。

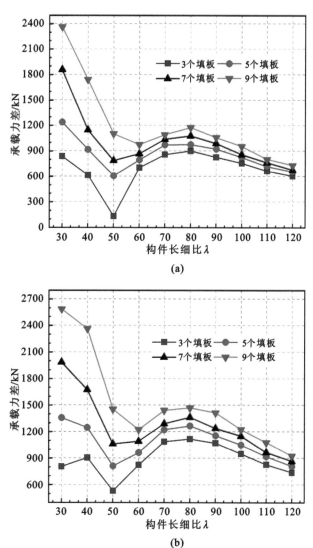

(a)

(b)

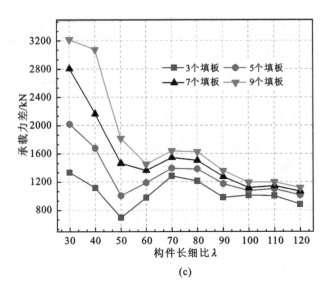

图 7-25　长细比、填板数量与承载力之差的关系($b=220$mm)

(a)∠220×18；(b)∠220×22；(c)∠220×26

当构件长细比增大即长细比为 50、60 时，每级填板数量的承载力之差较之前有所减小但仍保持稳定增长的趋势，可以发现此时构件采用 3 个填板时的承载力与采用单个填板构件的承载力之差较之前和之后都要小一些，这是由于当长细比变大后，构件的极限承载力状态由之前的局部屈曲主导转变为由弯曲失稳主导，此时增加填板的数量对构件极限承载力的提升效果有限，所以此时采用 3 个填板与单个填板时的极限承载力之差最小。当构件长细比继续增大，此时构件采用单个填板时的填板间距过大，两个角钢之间没有很好地协同工作，单个角钢很容易发生局部屈曲或者弯曲破坏，导致构件达到极限承载力状态。因此对于长细比较大的构件，采用单个填板时其极限承载力是非常低的，而此时提升填板数量后两个角钢之间的相互约束以及协同工作的能力会有较大的提升，所以图 7-25 中长细比较大的构件采用 3 个填板与采用单个填板的极限承载力之差非常大。对于长细比较大的构件采用 3 个填板时已经对两个角钢有了较强的约束作用，之后继续提高填板数量虽然能够提高角钢之间的约束和协同作用，但是此时构件的极限承载力状态已经完全由整体弯曲失稳所主导，继续增加填板数量无法有效提高构件的抗弯能力，所以可以看到图 7-25 中采用 5 个填板、7 个填板、9 个填板时构件的极限承载力与采用单个填板时的极限承载力之差相比较采用 3 个填板时的承载力之差没有显著的提升。

从图 7-26 中可以看出，肢宽为 250mm 的不同截面规格的构件承载力之差的变化规律与肢宽为 220mm 的构件比较相似。当构件长细比较小时，随着填板数量的增加，构件的承载力会有稳定的增长并且增长幅度较大，同样是由于小长细比构件达到极限承载力时的破坏形态由局部屈曲起主导作用,由于填板的约束从而显著提升构件的承载力。而当构件长细比增大后,每级填板数量的承载力之差较之前有所减小但仍保持稳定增长,采用 3 个填板时的承载力与采用单个填板构件的承载力之差较之前和之后都要小一些,这是由于当长细比变大后构件的极限承载力状态由之前的局部屈曲主导转变为弯曲失稳主导,此时增加填板的数量对构件极限承载力的提升效果有限,所以采用 3 个填板与单个填板时的极限承载力之差最小。当构件长细比继续增大,此时构件采用单个填板时的填板间距过大,两个角钢之间没有很好地协同工作,会出现单个角钢局部屈曲或者弯曲破坏的情况,导致构件达到极限承载力状态,并不能形成组合截面。因此对于长细比较大的构件,采用单个填板时其极限承载力是非常低的,而此时提升填板数量后两个角钢之间的相互约束以及协同工作的能力会有较大的提升,所以长细比较大的构件采用 3 个填板与采用单个填板的极限承载力之差非常大。长细比较大的构件采用 3 个填板时已经对两个角钢有了较强的约束作用,之后继续提高填板数量虽然能够提高角钢之间的约束和协同作用,但是此时构件的极限承载力状态已经完全由整体弯曲失稳主导,继续增加填板数量无法有效提高构件的抗弯能力,所以可以看到图 7-26 中采用 5 个填板、7 个填板、9 个填板时构件的极限承载力与采用单个填板时的极限承载力之差相比较采用 3 个填板时的承载力之差没有显著提升。

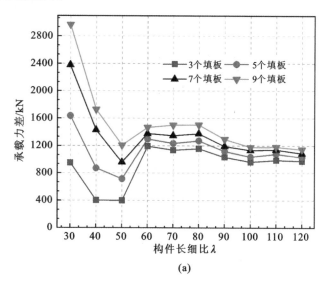

(a)

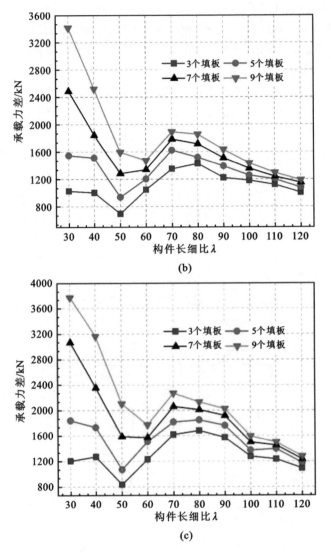

图 7-26　长细比、填板数量与承载力之差的关系($b=250$mm)

(a)∠250×20；(b)∠250×24；(c)∠250×28

7.2.5　填板设计实用公式

通过前文研究的不同填板厚度、填板间距、长细比对构件承载力的影响，可知填板厚度对构件承载力影响较小，因此在设计填板设计实用公式时可不考虑填板厚度的影响。通过对不同截面规格、填板间距、长细比构件的计算结果进行分析，拟合得到以下公式：

$$P_n = \delta P_1 \tag{7-17}$$

$$\delta = 0.536 - 0.006n + 1.173\lambda_n - 0.293\lambda_n^2 \tag{7-18}$$

$$\lambda_n = \frac{\lambda}{\pi}\sqrt{\frac{f_y}{E}} \tag{7-19}$$

式中，P_1 为构件采用单个填板时的承载力；P_n 为构件增加填板数量后的承载力；δ 为填板影响系数；n 为填板间距；λ_n 为正则化长细比；λ 为构件长细比；f_y 为材料屈服强度；E 为弹性模量。

由于我国《钢结构设计标准》(GB 50017—2017)对于双角钢十字组合截面轴压构件构造要求是至少要采用一个填板，所以公式中的 P_1 为构件采用单个填板时的极限承载力，P_n 为构件填板间距为 n 倍 i 时的构件极限承载力，δ 为填板对构件极限承载力的影响系数。输电塔在实际使用过程中对于角钢截面规格的选择范围是比较小的，而有限元计算选择的六种规格角钢均为规范中常用的截面规格，并且宽厚比 b/t 的范围均没有超过极限，因此拟合公式中不对宽厚比 b/t 的影响做单独的考虑。拟合曲面与有限元计算结果对比如图 7-27(a)所示，拟合曲面和计算结果的拟合优度判定系数为 0.973，所以拟合公式与计算结果较为符合，因此该拟合公式可用于 Q420 强度的双角钢十字组合截面构件的填板设计计算。

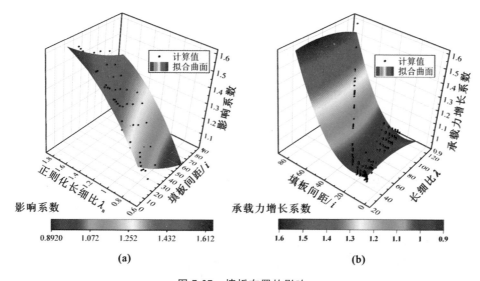

图 7-27　填板布置的影响

(a)填板间距对承载力的影响；(b)每级填板承载力增长情况

由于短长细比的构件主要破坏模式为局部屈曲引起的弯扭失稳，增加填板数量可以限制局部屈曲的发生，从而提升构件承载力，但是随着填板数量的增加，填板间距会变得非常小，实际安装难度过大且材料利用率较低，因此不建议小长细比构件采用多个填板。对于长细比大于50的构件，虽然添加填板的数量不会导致填板间距太小，但是随着填板数量的增加，填板对构件极限承载力的提升效果会逐渐降低，因此该拟合公式仅适用于长细比 $\lambda \geqslant 50$ 的构件。由于随着填板数量的增加，填板对于构件极限承载力的提升效果会逐渐减小，本章设定当提升一级填板数量后构件的极限承载力增长未超过5%时，认为此时继续增加填板数量是不具有社会、经济效益的，所以此时的填板间距可称为构件的最小填板间距，对于不同的长细比构件填板数量的上限是不同的，即最小填板间距也是不相同的。根据有限元计算结果分析不同截面规格、长细比构件每级填板的承载力增长率，拟合得到图 7-27(b) 的拟合曲面，再根据承载力增长系数要大于 1.05 的要求，可以得到以下公式作为不同长细比构件的最小填板间距限值：

$$n_{\mathrm{opt}} = \frac{\lambda}{3} - 3 \tag{7-20}$$

式中，n_{opt} 为最小填板间距；λ 为构件长细比。

此公式仅适用于 $\lambda \geqslant 50$ 的构件，对于 $\lambda < 50$ 的构件不建议采用多个填板。同时，根据本章填板间距对构件承载力影响的结论，构件的填板间距应当同时满足我国《钢结构设计标准》(GB 50017—2017)中填板间距不大于 $40i$ 的设计规定。

7.3 钢材强度等级对承载力的影响

7.3.1 计算模型参数

我国现行的钢材标准中高强钢牌号主要包括 Q460、Q500、Q550、Q620、Q690[19] 以及 Q800、Q890 和 Q960 共计 8 种[20]。所以本节选用上述 8 种强度的高强钢进行相关研究，高强度钢材的材料本构关系模型选用上文中适用于高强钢的本构关系，即考虑强化的多线性本构模型，钢材的本构模型参数参照文献[21,22]的试验结果，取值见表 7-6。

表 7-6   钢材本构模型参数取值

钢材强度	E/MPa	f_y/MPa	f_u/MPa	ε_y	ε_u
Q460	2.06×10^5	460	550	0.00223	0.14
Q500	2.06×10^5	500	610	0.00243	0.10
Q550	2.06×10^5	550	670	0.00267	0.09
Q620	2.06×10^5	620	710	0.00301	0.09

续表

钢材强度	E/MPa	f_y/MPa	f_u/MPa	ε_y	ε_u
Q690	$2.06×10^5$	690	770	0.00335	0.08
Q800	$2.06×10^5$	800	840	0.00388	0.07
Q890	$2.06×10^5$	890	940	0.00432	0.06
Q960	$2.06×10^5$	960	980	0.00466	0.055

为了得到不同等级高强度钢材对大角钢十字组合截面轴压构件承载力的影响，选取了 4 种截面规格，分别为∠220×22、∠220×26、∠250×24、∠250×28，表 7-6 中的 8 种不同材料强度，构件长细比的范围为 30～120，各长细比构件中的填板数量是填板间距最接近 $40i$ 时的填板数量。对共计 320 个模型进行分析计算，模型参数见表 7-7。

表 7-7　　　　　　　　　　模型参数表

构件编号	b/m	t/m	h/m	填板数量	模型数量
601～608	0.220	0.022	2.592	1	8
609～616	0.220	0.022	3.456	1	8
617～624	0.220	0.022	4.320	2	8
625～632	0.220	0.022	5.184	2	8
633～640	0.220	0.022	6.048	3	8
641～648	0.220	0.022	6.912	3	8
649～656	0.220	0.022	7.776	4	8
657～664	0.220	0.022	8.640	4	8
665～672	0.220	0.022	9.504	5	8
673～680	0.220	0.022	10.368	5	8
681～688	0.220	0.026	2.580	1	8
689～696	0.220	0.026	3.440	1	8
697～704	0.220	0.026	4.300	2	8
705～712	0.220	0.026	5.160	2	8
713～720	0.220	0.026	6.020	3	8
721～728	0.220	0.026	6.880	3	8

续表

构件编号	b/m	t/m	h/m	填板数量	模型数量
729～736	0.220	0.026	7.740	4	8
737～744	0.220	0.026	8.600	4	8
745～752	0.220	0.026	9.460	5	8
753～760	0.220	0.026	10.320	5	8
761～768	0.250	0.024	2.952	1	8
769～776	0.250	0.024	3.936	1	8
777～784	0.250	0.024	4.920	2	8
785～792	0.250	0.024	5.904	2	8
793～800	0.250	0.024	6.888	3	8
801～808	0.250	0.024	7.872	3	8
809～816	0.250	0.024	8.856	4	8
817～824	0.250	0.024	9.840	4	8
825～832	0.250	0.024	10.824	5	8
833～840	0.250	0.024	11.808	5	8
841～848	0.250	0.028	2.934	1	8
849～856	0.250	0.028	3.912	1	8
857～864	0.250	0.028	4.890	2	8
865～872	0.250	0.028	5.868	2	8
873～880	0.250	0.028	6.846	3	8
881～888	0.250	0.028	7.824	3	8
889～896	0.250	0.028	8.802	4	8
897～904	0.250	0.028	9.780	4	8
905～912	0.250	0.028	10.758	5	8
913～920	0.250	0.028	11.736	5	8

7.3.2 钢材强度等级的影响

根据上文对 320 个大角钢十字组合截面轴压构件的有限元模型进行计算获得的构件极限承载力,绘制了图 7-28 中不同长细比构件的承载力受钢材强度等级影响的关系曲线,图中横坐标为钢材强度等级,纵坐标为构件承载力。

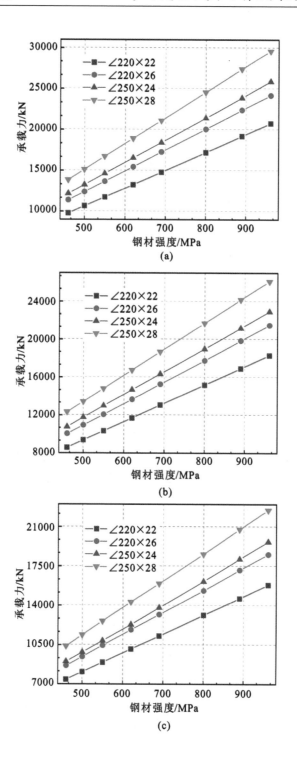

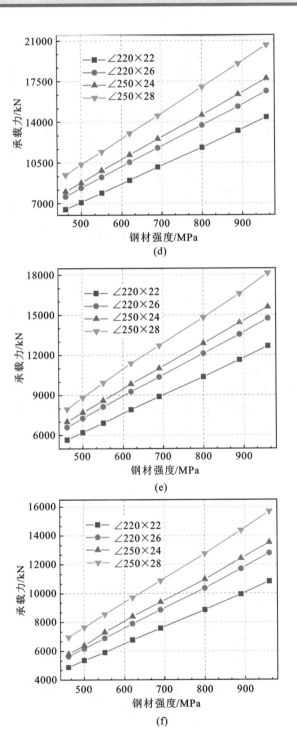

(d)

(e)

(f)

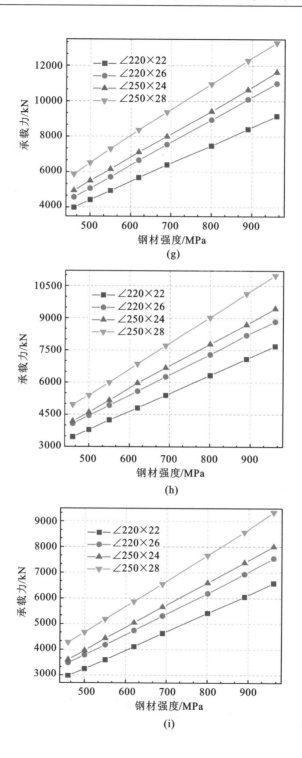

(g)

(h)

(i)

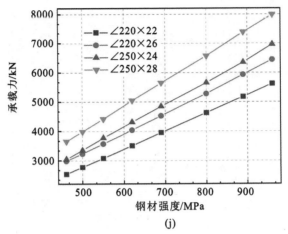

(j)

图 7-28　钢材强度等级对承载力的影响

(a)λ＝30；(b)λ＝40；(c)λ＝50；(d)λ＝60；(e)λ＝70；
(f)λ＝80；(g)λ＝90；(h)λ＝100；(i)λ＝110；(j)λ＝120

根据图 7-28 可以看出,对于不同长细比、截面规格的大角钢十字组合截面轴压构件,其承载力随钢材强度等级变化的趋势具有相似性。对于同一截面规格、同一长细比的构件来说,其承载力随钢材强度的增加而呈现线性增长的规律。但是对于相同长细比的构件,可以看出随着钢材强度的增大,不同截面规格构件承载力之间的差距逐渐增大。这说明对于大角钢十字组合截面轴压构件,其极限承载力随钢材强度的变化并非是完全的线性增长,而是随着钢材强度等级的提升,其极限承载力的增长率逐渐增大。这是因为当构件的钢材强度等级提升后,构件极限承载力受初始缺陷以及残余应力的影响逐渐变小,因此构件极限承载力的增长率会随着钢材强度等级的增加而变大。当长细比较小时,对于同种截面规格的构件,采用高强度的大角钢比低强度的大角钢,其承载力提高的幅度大。当长细比较大时,采用高强度的大角钢比低强度的大角钢,其承载力提高的幅度小。这表明对于轴压构件来说,在长细比较小时,钢材强度等级的提高对构件的承载力有显著的提高,当长细比较大时,钢材强度等级的提高对构件承载力的提高就没那么明显。对于其他截面规格的构件,也存在类似规律。

不同长细比构件的失稳模态如图 7-29 所示。当大角钢十字组合截面轴压构件的钢材强度等级提升后,其在极限承载力下的失稳模态与钢材强度等级为 Q420 时相似。即当构件的长细比较小时,其失稳模态主要表现为扭转失稳或局部屈曲失稳,如图 7-29(a)、(b)所示;当构件长细比增加至 50 后,其失稳模态主要表现为弯扭失稳,如图 7-29(c)所示;当构件长细比继续增加,其失稳模态主要表现为整体弯曲失稳,如图 7-29(d)所示。这表明钢材强度等级对构件的失稳模态影响较小,长细比对构件的失稳模态影响较大。

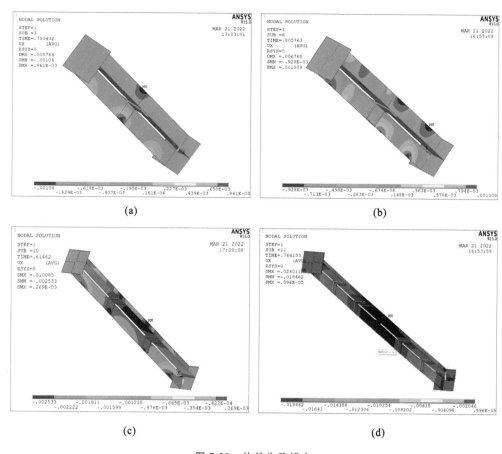

图 7-29 构件失稳模态

(a)扭转失稳;(b)局部屈曲失稳;(c)弯扭失稳;(d)整体弯曲失稳

7.4 本章小结

本章对 980 个大角钢十字组合截面轴压构件进行了有限元计算分析,研究了角钢肢宽、肢厚、填板厚度、填板间距、长细比以及钢材强度等级对构件极限承载力的影响规律,主要得到以下结论:

①对于现有设计规范中角钢十字截面构件轴压稳定承载力计算的相关公式以及设计思路进行研究分析,研究分别采用普通截面角钢和大角钢组成的十字组合截面构件通过理论公式计算的轴压稳定承载力的区别。并对不同肢宽、肢厚的有限元模型进行计算分析,得到角钢截面规格对构件稳定承载力有较大的影响,对于肢宽为

14mm 和 20mm 的角钢十字组合截面轴压构件，其承载力破坏状态是由局部屈曲引起的失稳；相对于普通规格的角钢来说，大角钢构件随着肢厚的增加构件承载力的变化表现出一定程度的不同。

②对采用不同填板厚度、其余几何参数均相同的大角钢十字组合截面轴压构件进行有限元计算分析，研究填板厚度对构件承载力的影响，发现填板厚度对构件稳定承载力的影响较小，后续研究可不考虑填板厚度的影响。

③对 6 种截面规格、10 种长细比、每类构件设置十级填板共计 600 个大角钢十字组合截面轴压构件进行有限元计算分析。研究填板间距对构件承载力的影响以及不同长细比构件对填板间距的敏感性，并根据计算结果给出填板设计实用公式以及最小填板间距限值。研究发现对于大角钢十字组合截面轴压构件，当长细比较小时，其失稳模态主要为扭转失稳或局部屈曲失稳，填板数量增加后会转变为整体弯曲失稳；当长细比增大至 50 后，其失稳模态主要为弯扭失稳，填板数量增加后转变为整体弯曲失稳；长细比继续增大其失稳模态主要为整体弯曲失稳。

④对 4 种截面规格、8 种钢材强度等级、10 种长细比共计 320 个大角钢十字组合截面轴压构件进行有限元计算分析。研究钢材强度等级对构件极限承载力的影响规律，结果表明随着钢材强度等级的提高，构件极限承载力受到初始缺陷以及残余应力的影响会逐渐减小，不同长细比构件的失稳模态与 Q420 强度构件相似。

参 考 文 献

[1] 李开禧,肖允徽,饶晓峰,等. 钢压杆的柱子曲线[J]. 重庆建筑工程学院学报,1985(1)：24-33.

[2] 郭耀杰. 钢结构稳定设计[M]. 武汉：武汉大学出版社,2003.

[3] 刘庆天,林冰. 四肢楔形格构式轴心受压构件的计算长度系数[J]. 计算机辅助工程,2023,32(1)：65-68.

[4] 宗紫东. 格构式结构典型杆件风荷载特性风洞试验研究[D]. 汕头：汕头大学,2022.

[5] 陈欣阳. 格构式输电铁塔主材加固方法研究[D]. 北京：华北电力大学,2021.

[6] 刘淦彬. 格构式输电塔单根杆件及其组合塔段的风荷载取值研究[D]. 长沙：湖南大学,2021.

[7] 闫勇,王义鹏,陈寅,等. 角钢格构式构架两种梁柱连接形式对比研究[J]. 科技创新与应用,2021(1)：80-81,86.

［8］ 潘锦旭,左元龙.螺栓连接四角钢十字和双角钢 T 字截面的格构式设计方法［J］.电力勘测设计,2020,(S1):75-81.

［9］ 陈浩,方晴,陈颢元,等.500kV 变电站格构式变电构架最优根开研究［J］.钢结构,2017,32(6):87-89,120.

［10］ 黄峰洲,黄昭,崔洪波,等.基于等角钢格构式构架的有限元分析及研究［J］.特种结构,2014,31(4):26-28,37.

［11］ 戴国欣.钢结构［M］.3 版.武汉:武汉理工大学出版社,2007.

［12］ 郭雪妞.基于板-梁理论的槽形薄壁截面梁组合扭转与振动理论研究及有限元验证［D］.合肥:安徽建筑大学,2023.

［13］ 鲁卫波.基于屈曲分析的冷弯薄壁型钢十字形拼合柱截面优化与轴压性能研究［D］.包头:内蒙古科技大学,2022.

［14］ 方强.基于板-梁理论的三角形截面梁扭转与弯扭屈曲理论研究［D］.合肥:安徽建筑大学,2022.

［15］ 吴宇.基于板-梁理论的薄壁箱梁扭转与弯扭屈曲理论研究［D］.合肥:安徽建筑大学,2022.

［16］ 代梓帆.轴心受压热轧 H 型钢焊接组合十字形柱屈曲机理与稳定设计方法研究［D］.西安:长安大学,2022.

［17］ 陈绍蕃.钢结构设计原理［M］.北京:科学出版社,2016.

［18］ 潘峰,李君斌,吴俊俊,等.Q420 大角钢轴压承载力特性分析及替代方案研究［J］.电力勘测设计,2019(11):12-21.

［19］ 全国钢标准化技术委员会.低合金高强度结构钢:GB/T 1591—2018［S］.北京:中国质检出版社,2018.

［20］ 全国钢标准化技术委员会.高强度结构用调质钢板:GB/T 16270—2009［S］.北京:中国质检出版社,2010.

［21］ 班慧勇,施刚,石永久,等.国产 Q460 高强钢焊接工形柱整体稳定性能研究［J］.土木工程学报,2013,46(2):1-9.

［22］ 施刚,班慧勇,Bijlaard F.S.K,等.端部带约束的超高强度钢材受压构件整体稳定受力性能［J］.土木工程学报,2011,44(10):17-25.

8 大角钢十字组合截面压杆计算方法研究

本章根据第 7 章长细比范围(30≤λ≤120)的大角钢十字组合截面轴压构件的有限元模型计算得到构件极限承载力 P_{uFE},通过计算得到不同长细比构件的承载力稳定系数 φ_{FE},并且与国内外多部现行设计规范的柱子曲线进行了对比,推导出适用于大角钢十字组合截面轴压构件的柱子曲线,同时在此基础上确定了适用于大角钢十字组合截面轴压构件的稳定承载力计算方法。

8.1 钢材本构关系对稳定系数的影响

在前文中有提及对于大角钢十字组合截面轴压构件有限元模型的材料本构关系的选择,有两种应力-应变曲线关系可供选择,分别为图 8-1 所示的考虑强化阶段的多线性本构模型和图 8-2 所示的双线性理想弹塑性本构模型,即不考虑材料的强化阶段。目前国内外的现行钢结构设计规范在制定柱子曲线时均采用双线性理想弹塑性本构模型。

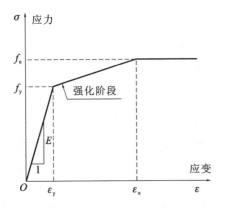

图8-1 考虑强化阶段的多线性本构模型

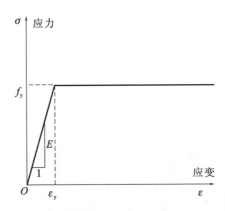

图8-2 双线性理想弹塑性本构模型

因此,为了研究两种不同材料本构关系对大角钢十字组合截面轴压构件稳定系数 φ 的影响,本节采用了两种不同的本构模型来建立大角钢十字组合截面轴压构件的有限元计算模型,两种构件模型除了本构模型不同,其他建模方法和参数均相同,根据有限元计算结果求得了构件的稳定系数值并进行了对比分析。当大角钢十字组合截面构件模型截面规格选用∠220×22 时,有限元模型的单元数量相对较少,此时有限元模型将具有更好的计算效率。所以,本节采用了大角钢截面规格为∠220×22 的十字组合截面的有限元模型,长细比范围同样取为 $30 \leqslant \lambda \leqslant 120$,每种本构模型有 10 个有限元模型,共计 20 个模型,进行两种本构模型对大角钢十字组合截面轴压构件稳定系数 φ 影响的研究。

8.1.1 取用不同本构关系的有限元计算结果

采用图 8-1 和图 8-2 中的两种材料本构模型,构件长细比 λ 的取值范围为 $30 \leqslant \lambda \leqslant 120$,正则化长细比 λ_n 的取值范围为 $0.431 \leqslant \lambda_n \leqslant 1.725$。根据前文的内容可知,当构件长细比较小时,构件会发生局部屈曲导致构件失稳破坏,此时构件中有部分区域的材料已经进入了塑性阶段,说明构件发生弹塑性失稳。当构件的长细比增大后,构件的失稳模态主要表现为整体弯曲失稳,此时构件中的材料都处于弹性阶段,说明构件发生弹性失稳。为了方便描述,本章定义采用考虑强化的多线性本构模型求解得到的稳定系数为 φ_M,定义采用双线性理想弹塑性本构模型求解得到的稳定系数为 φ_B。各长细比构件的 φ_M、φ_B 和两者之间的差距见表 8-1。

表 8-1 两种本构模型的稳定系数对比

几何长细比 λ	正则化长细比 λ_n	φ_M	φ_B	$(\varphi_M/\varphi_B-1)/\%$
30	0.431	1.153	0.915	26.01
40	0.575	1.002	0.862	16.24
50	0.719	0.858	0.786	9.16
60	0.862	0.753	0.703	7.11
70	1.006	0.653	0.636	2.67
80	1.150	0.558	0.546	2.20
90	1.294	0.468	0.465	0.65
100	1.437	0.400	0.392	2.04
110	1.581	0.344	0.339	1.47
120	1.725	0.285	0.287	−0.70

为了更加直观地体现出表 8-1 中构件稳定系数的变化规律,将表中的稳定系数与国内外几部现行的钢结构设计规范进行了对比,如图 8-3 所示。图 8-3 列出了我国《钢结构设计标准》(GB 50017—2017)[1]中对于双角钢十字组合截面轴压构件建议采用的 b 类曲线,欧洲钢结构设计规范 Eurocode 3[2]中推荐的 b 类柱子曲线,美国钢结构设计规范 ANSI/AISC 360-16[3]和 ASCE 10-2015[4]中推荐的柱子曲线。

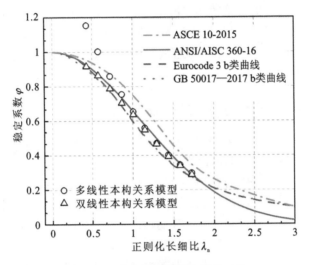

图 8-3　两种本构模型稳定系数对比

由图 8-3 可以看出,对大角钢十字组合截面轴压构件采用两种不同的材料本构关系模型,当构件长细比相同,即正则化长细比 λ_n 的数值相同时,两者的稳定系数 φ 有较大的不同;当正则化长细比较小时,φ_M 的值明显大于 φ_B,并且存在 φ_M 的值大于 1.0 的情况,φ_B 的值则一直小于 1.0;当正则化长细比逐渐增大后,φ_M 与 φ_B 之间的差距也逐渐减小,两者趋近于相同。由图 8-3 也能看出,对于采用双线性本构关系曲线的有限元模型,其稳定系数 φ_B 的值与我国《钢结构设计标准》(GB 50017—2017)中的 b 类曲线非常接近,φ_B 的值略大于 b 类曲线,所以本章采用双线性本构关系建立的有限元模型和我国《钢结构设计标准》(GB 50017—2017)制定柱子曲线时采用的数值计算模型的计算结果有较高的吻合度。

由图 8-3 可以看出,承载力稳定系数 φ_B 的值与我国《钢结构设计标准》(GB 50017—2017)中的 b 类曲线和欧洲 Eurocode 3 中的 b 类曲线较为吻合,φ_B 的值略高于柱子曲线。也就是说,如果不考虑强化阶段的影响,直接将 Q420 钢材视为理想弹塑性材料考虑进行稳定承载力分析,可以得到与现有等边角钢轴压构件研究结果相似的结论。这也从侧面印证了采用本章有限元建模方法建立的构件模型的准确性。而当正则化长细比较小时,φ_M 的值出现大于 1.0 的情况,也说明采用理想弹塑性本构模型不能完整正确地计算出大角钢十字组合截面轴压构件在长细比较小时的稳定承载力,应当采用考虑强化阶段的多线性本构模型,这样才能够对大角钢十字组合截面轴压构件的稳定承载力进行更加科学的计算分析。

8.1.2 大角钢十字组合截面构件的分类

出现图 8-3 中 φ_M 与 φ_B 之间的差距,是因为当材料特性不同时,不同长细比大角钢十字组合截面轴压构件的失稳形态是不同的。当构件长细比足够小时,构件部分区域的材料能够进入塑性阶段,此时材料的强度得到了一定的强化,所以此时构件的稳定系数即 φ_M 的值可能出现大于 1.0 的情况。

当构件的正则化长细比 $\lambda_n < 1.0$ 时,构件的极限承载力失稳形态为弹塑性失稳。此时处于弹塑性失稳的构件中,部分截面的应力水平已经达到了材料的屈服强度 f_y,但是对于拥有强化阶段的钢材,此时轴压构件中的部分截面应力水平已经超过了屈服强度 f_y。所以此时采用强化阶段的材料本构模型与不考虑强化阶段的理想弹塑性本构模型得到的承载力稳定系数 φ_M 与 φ_B 之间将会出现较为明显的差距。

当构件的正则化长细比 $\lambda_n > 1.0$ 时,此时构件的极限承载力失稳形态为弹性失稳。对于发生弹性失稳的构件,当构件达到承载力极限状态时,其所有截面的应力水平均低于材料的屈服强度 f_y,也就是说当构件破坏时,钢材未进入强化阶段。所以选用材料本构模型时,无论是否考虑材料强化阶段的影响,最终得到的稳定承载力系数 φ_M 与 φ_B 之间不会有明显的差距。

基于以上的分析,本章根据正则化长细比 λ_n 的取值以及图 8-3 中的情况,将大角钢十字组合截面轴压构件分为三类:短柱、中长柱、长柱。

(1)短柱($\lambda_n \leqslant 0.6$)

定义正则化长细比 $\lambda_n \leqslant 0.6$ 的大角钢十字组合截面轴压构件为短柱。从表 8-1 和图 8-3 可以看出,当 $\lambda_n \leqslant 0.6$ 时,构件的稳定承载力系数 $\varphi_M > 1.0$,此时构件的稳定承载力较高,是否采用考虑强化阶段的材料本构模型对短柱的轴压稳定承载力有非常显著的影响。

(2)中长柱($0.6 < \lambda_n \leqslant 1.0$)

定义正则化长细比 $0.6 < \lambda_n \leqslant 1.0$ 的大角钢十字组合截面轴压构件为中长柱。从表 8-1 和图 8-3 可以看出,当 $0.6 < \lambda_n \leqslant 1.0$ 时,构件的稳定承载力系数 φ_M 的值均小于 1.0,但是此时材料强化阶段的影响仍会影响构件的稳定承载力系数,此时构件小部分截面的应力水平仍会出现大于材料屈服强度 f_y 的情况,φ_M 的值略大于 φ_B。对于中长柱,随着构件正则化长细比 λ_n 的增大,φ_M 与 φ_B 之间的差距会逐渐减小。

(3)长柱($\lambda_n > 1.0$)

定义正则化长细比 $\lambda_n > 1.0$ 的大角钢十字组合截面轴压构件为长柱。从表 8-1

和图 8-3 可以看出,当 $\lambda_n > 1.0$ 时,构件的稳定承载力系数 φ_M 与 φ_B 的值非常相近。因为对于长柱,其承载力极限状态的失稳模式为弹性失稳,此时构件材料的应力水平均低于材料屈服强度 f_y,材料选用的本构关系模型是否考虑强化阶段,对构件稳定承载力系数的影响非常小。

综上所述,为了能够完整正确地计算出大角钢十字组合截面轴压构件的稳定承载力,应当充分考虑 Q420 强度钢材的强化阶段对短柱承载力的影响。所以本章对于大角钢十字组合截面轴压构件的研究均考虑材料强化阶段对构件承载力的影响,选择采用考虑强化的多线性本构模型。

8.2 轴压稳定系数的有限元分析

本章采用前文计算的截面规格分别为 $\angle 220 \times 18$、$\angle 220 \times 22$、$\angle 220 \times 26$、$\angle 250 \times 20$、$\angle 250 \times 24$、$\angle 250 \times 28$ 的大角钢十字组合截面轴压构件,构件的长细比范围为 $30 \sim 120(0.431 \leqslant \lambda_n \leqslant 1.725)$,构件中的填板数量均选择填板间距最接近 $40i$ 的那级,共计 60 个大角钢十字组合截面轴压构件,得出有限元模型计算结果。根据计算得到的构件极限承载力 P_{uFE},再按照式(8-1)计算出各大角钢十字组合截面轴压构件的有限元稳定系数 φ_{FE}。

$$\varphi_{FE} = \frac{P_{uFE}}{f_y A} \tag{8-1}$$

式中,φ_{FE} 为通过有限元方法得到的构件稳定系数;P_{uFE} 为构件极限承载力;A 为构件截面面积。

各截面规格的大角钢十字组合截面轴压构件的有限元稳定系数 φ_{FE} 见表 8-2。

表 8-2 有限元稳定系数 φ_{FE} 汇总表

截面规格	构件类别	λ	λ_n	φ_{FE}
$\angle 220 \times 18$	短柱	30	0.431	1.167
		40	0.575	0.998
	中长柱	50	0.719	0.869
		60	0.862	0.759
		70	0.996	0.648
	长柱	80	1.150	0.547
		90	1.294	0.472
		100	1.437	0.398
		110	1.581	0.339
		120	1.725	0.291

截面规格	构件类别	λ	λ_n	φ_{FE}
∠220×22	短柱	30	0.431	1.140
		40	0.575	1.002
	中长柱	50	0.719	0.868
		60	0.862	0.762
		70	0.996	0.657
	长柱	80	1.150	0.566
		90	1.294	0.466
		100	1.437	0.405
		110	1.581	0.355
		120	1.725	0.303
∠220×26	短柱	30	0.431	1.134
		40	0.575	1.008
	中长柱	50	0.719	0.864
		60	0.862	0.753
		70	0.996	0.652
	长柱	80	1.150	0.561
		90	1.294	0.452
		100	1.437	0.409
		110	1.581	0.354
		120	1.725	0.316
∠250×20	短柱	30	0.431	1.143
		40	0.575	1.010
	中长柱	50	0.719	0.848
		60	0.862	0.757
		70	0.996	0.656
	长柱	80	1.150	0.546
		90	1.294	0.465
		100	1.437	0.393
		110	1.581	0.339
		120	1.725	0.287

续表

截面规格	构件类别	λ	λ_n	φ_{FE}
∠250×24	短柱	30	0.431	1.129
		40	0.575	1.004
	中长柱	50	0.719	0.844
		60	0.862	0.769
		70	0.996	0.646
	长柱	80	1.150	0.561
		90	1.294	0.474
		100	1.437	0.401
		110	1.581	0.349
		120	1.725	0.299
∠250×28	短柱	30	0.431	1.152
		40	0.575	1.012
	中长柱	50	0.719	0.867
		60	0.862	0.745
		70	0.996	0.659
	长柱	80	1.150	0.554
		90	1.294	0.477
		100	1.437	0.409
		110	1.581	0.353
		120	1.725	0.307

从表 8-2 可以看出，截面规格为 ∠220×22 构件的计算结果定义的构件分类也可以非常好地应用到其他截面规格的大角钢十字组合截面轴压构件中。当构件为短柱时，有限元稳定系数 φ_{FE} 的值都会大于 1.0 或者十分接近 1.0；当构件为中长柱或长柱时，有限元稳定系数 φ_{FE} 的值均小于 1.0。将表 8-2 中的数据绘制成图 8-4 的有限元稳定系数 φ_{FE} 与欧拉公式曲线的对比图。

根据图 8-4 可以看出，有限元稳定系数 φ_{FE} 的值均小于欧拉公式曲线，但是随着正则化长细比 λ_n 的增大，有限元稳定系数 φ_{FE} 与欧拉公式曲线之间的差距会逐渐变小。相较于短柱，中长柱和长柱的有限元稳定系数 φ_{FE} 与欧拉公式曲线更为接近，可以推测，当正则化长细比 λ_n 的值足够大时，有限元稳定系数 φ_{FE} 的值将十分逼近欧拉

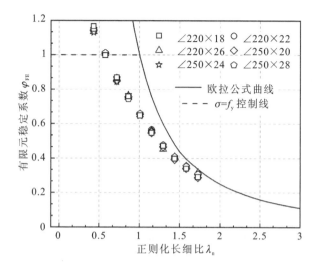

图 8-4　有限元稳定系数 φ_{FE} 与欧拉公式曲线对比

公式曲线,此时大角钢十字组合截面轴压构件的失稳形态为弹性失稳,已经不需要考虑材料的强化阶段对构件稳定承载力的影响。从图 8-4 可以看出,根据 6 种不同截面规格的大角钢十字组合截面轴压构件的稳定系数可以得到一条新的柱子曲线。这条柱子曲线可以为大角钢十字组合截面轴压构件的承载力计算提供一定的帮助。下文也会以这条柱子曲线为基础,从现行钢结构设计规范中选择适用于大角钢十字组合截面轴压构件的柱子曲线,以及确定适用于大角钢十字组合截面轴压构件的承载力计算方法。

8.3　现行规范中柱子曲线的分析

本节的研究内容是将上文计算得到的 Q420 强度构件有限元稳定系数 φ_{FE} 与国内外几部现行钢结构设计规范中的柱子曲线进行对比,从而得到现行规范中适用于 Q420 强度大角钢十字组合截面轴压构件的柱子曲线。

8.3.1　有限元稳定系数与规范的对比

将上文计算得到的大角钢十字组合截面轴压构件有限元稳定系数 φ_{FE} 的值与我国《钢结构设计标准》(GB 50017—2017)中的 a、b 类曲线,欧洲钢结构设计规范 Eurocode 3 中的 a^0、a、b 类曲线,美国钢结构设计规范 ANSI/AISC 360-16 和 ASCE 10-2015 中的柱子曲线进行对比。其中我国《钢结构设计标准》(GB 50017—2017)中的

b 类曲线和欧洲钢结构设计规范 Eurocode 3 中的 b 类曲线是规范中等边角钢十字组合截面轴压构件所属的柱子曲线。

（1）《钢结构设计标准》(GB 50017—2017)

定义《钢结构设计标准》(GB 50017—2017)中的 a、b 类曲线的稳定系数分别为 φ_{GB-a} 和 φ_{GB-b}，同时定义其与有限元稳定系数 φ_{FE} 之间的误差为 ξ_{GB-a} 和 ξ_{GB-b}，其计算方法如下：

$$\xi_{GB-a} = \frac{\varphi_{FE}}{\varphi_{GB-a}} - 1 \qquad (8-2)$$

$$\xi_{GB-b} = \frac{\varphi_{FE}}{\varphi_{GB-b}} - 1 \qquad (8-3)$$

对比结果见表 8-3。

表 8-3　　　　　　　有限元稳定系数 φ_{FE} 与我国 GB 50017—2017 对比

截面规格	构件分类	λ_n	φ_{FE}	φ_{GB-a}	φ_{GB-b}	ξ_{GB-a} / %	ξ_{GB-b} / %
∠220×18	短柱	0.431	1.167	0.941	0.898	24.02	29.96
		0.575	0.998	0.905	0.840	10.28	18.81
	中长柱	0.719	0.869	0.854	0.769	1.76	13.00
		0.862	0.759	0.782	0.686	−2.94	10.64
		0.996	0.648	0.687	0.597	−5.68	8.54
	长柱	1.150	0.547	0.585	0.511	−6.50	7.05
		1.294	0.472	0.492	0.435	−4.07	8.51
		1.437	0.398	0.414	0.371	−3.86	7.28
		1.581	0.339	0.351	0.318	−3.42	6.60
		1.725	0.291	0.300	0.275	−3.00	5.82
∠220×22	短柱	0.431	1.140	0.941	0.898	21.15	26.95
		0.575	1.002	0.905	0.840	10.72	19.29
	中长柱	0.719	0.868	0.854	0.769	1.64	12.87
		0.862	0.762	0.782	0.686	−2.56	11.08
		0.996	0.657	0.687	0.597	−4.37	10.05
	长柱	1.150	0.566	0.585	0.511	−3.25	10.76
		1.294	0.466	0.492	0.435	−5.28	7.13
		1.437	0.405	0.414	0.371	−2.17	9.16
		1.581	0.355	0.351	0.318	1.14	11.64
		1.725	0.303	0.300	0.275	1.00	10.18

续表

截面规格	构件分类	λ_n	φ_{FE}	φ_{GB-a}	φ_{GB-b}	ξ_{GB-a} /%	ξ_{GB-b} /%
∠220×26	短柱	0.431	1.134	0.941	0.898	20.51	26.28
		0.575	1.008	0.905	0.840	11.38	20.00
	中长柱	0.719	0.864	0.854	0.769	1.17	12.35
		0.862	0.753	0.782	0.686	−3.71	9.77
		0.996	0.652	0.687	0.597	−5.09	9.21
	长柱	1.150	0.561	0.585	0.511	−4.10	9.78
		1.294	0.452	0.492	0.435	−8.13	3.91
		1.437	0.409	0.414	0.371	−1.21	10.24
		1.581	0.354	0.351	0.318	0.85	11.32
		1.725	0.316	0.300	0.275	5.33	14.91
∠250×20	短柱	0.431	1.143	0.941	0.898	21.47	27.28
		0.575	1.010	0.905	0.840	11.60	20.24
	中长柱	0.719	0.848	0.854	0.769	−0.70	10.27
		0.862	0.757	0.782	0.686	−3.20	10.35
		0.996	0.656	0.687	0.597	−4.51	9.88
	长柱	1.150	0.546	0.585	0.511	−6.67	6.85
		1.294	0.465	0.492	0.435	−5.49	6.90
		1.437	0.393	0.414	0.371	−5.07	5.93
		1.581	0.339	0.351	0.318	−3.42	6.60
		1.725	0.287	0.300	0.275	−4.33	4.36
∠250×24	短柱	0.431	1.129	0.941	0.898	19.98	25.72
		0.575	1.004	0.905	0.840	10.94	19.52
	中长柱	0.719	0.844	0.854	0.769	−1.17	9.75
		0.862	0.769	0.782	0.686	−1.66	12.10
		0.996	0.646	0.687	0.597	−5.97	8.21
	长柱	1.150	0.561	0.585	0.511	−4.10	9.78
		1.294	0.474	0.492	0.435	−3.66	8.97
		1.437	0.401	0.414	0.371	−3.14	8.09
		1.581	0.349	0.351	0.318	−0.57	9.75
		1.725	0.299	0.300	0.275	−0.33	8.73

续表

截面规格	构件分类	λ_n	φ_{FE}	φ_{GB-a}	φ_{GB-b}	$\xi_{GB-a}/\%$	$\xi_{GB-b}/\%$
∠250×28	短柱	0.431	1.152	0.941	0.898	22.42	28.29
		0.575	1.012	0.905	0.840	11.82	20.48
	中长柱	0.719	0.867	0.854	0.769	1.52	12.74
		0.862	0.745	0.782	0.686	−4.73	8.60
		0.996	0.659	0.687	0.597	−4.08	10.39
	长柱	1.150	0.554	0.585	0.511	−5.30	8.41
		1.294	0.477	0.492	0.435	−3.05	9.66
		1.437	0.409	0.414	0.371	−1.21	10.24
		1.581	0.353	0.351	0.318	0.57	11.01
		1.725	0.307	0.300	0.275	2.33	11.64
平均值		—	—	—	—	1.20	12.23
标准差		—	—	—	—	8.33	6.27

从表 8-3 可以看出,有限元稳定系数 φ_{FE} 的值均高于我国《钢结构设计标准》(GB 50017—2017)中的 b 类曲线,平均高于 b 类曲线约 12.23%,标准差为 0.0627。当构件正则化长细比 λ_n 较小时,有限元稳定系数 φ_{FE} 的值明显大于《钢结构设计标准》(GB 50017—2017)中的 a 类曲线,但是随着长细比的增大,有限元稳定系数 φ_{FE} 的值将会小于 a 类曲线,并且逐渐逼近 a 类曲线,构件大部分长细比下是低于 a 类曲线的,φ_{FE} 平均高于 a 类曲线约 1.20%,标准差为 0.0833。所以对于大角钢十字组合截面轴压构件,采用我国《钢结构设计标准》(GB 50017—2017)中推荐的 b 类曲线是不完全适用的,会造成比较大的误差以及材料浪费。有限元稳定系数 φ_{FE} 与我国《钢结构设计标准》(GB 50017—2017)柱子曲线的对比见图 8-5。

根据表 8-3 中的数据列出表 8-4,按照构件的分类将三种类型构件有限元稳定系数 φ_{FE} 与我国设计规范中的柱子曲线进行对比。可以明显看出,当构件为短柱时有限元稳定系数 φ_{FE} 与规范 a、b 类曲线的误差平均值均在 20% 左右;当构件为中长柱或长柱时,有限元稳定系数 φ_{FE} 与规范 b 类曲线对比的误差平均值在 10% 左右,而与 a 类曲线的误差平均值仅为 −2.46% 和 −2.67%,说明此时有限元稳定系数 φ_{FE} 与规范 a 类曲线吻合良好。

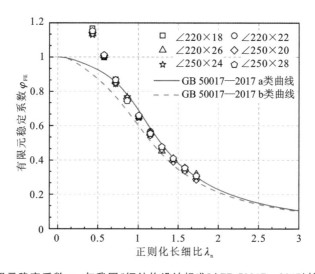

图 8-5 有限元稳定系数 φ_{FE} 与我国《钢结构设计标准》(GB 50017—2017)柱子曲线对比

表 8-4 三类构件有限元稳定系数 φ_{FE} 与我国《钢结构设计标准》
(GB 50017—2017)对比

构件分类	$\xi_{GB\text{-}a}$ / %		$\xi_{GB\text{-}b}$ / %		模型个数
	平均值	标准差	平均值	标准差	
短柱	16.36	5.33	23.57	3.99	12
中长柱	−2.46	2.54	10.55	1.48	18
长柱	−2.67	2.92	8.71	2.34	30

(2)欧洲 Eurocode 3

定义欧洲设计规范 Eurocode 3 中的 a^0、a、b 类曲线的稳定系数分别为 $\varphi_{EC3\text{-}a^0}$、$\varphi_{EC3\text{-}a}$ 和 $\varphi_{EC3\text{-}b}$,定义其与稳定系数 φ_{FE} 的误差值分别为 $\xi_{EC3\text{-}a^0}$、$\xi_{EC3\text{-}a}$ 和 $\xi_{EC3\text{-}b}$,相应的误差值计算方法与上文相同,如式(8-4)所示。计算结果见表 8-5。

$$\xi_{EC3\text{-}a^0} = \frac{\varphi_{FE}}{\varphi_{EC3\text{-}a^0}} - 1 \tag{8-4}$$

$$\xi_{EC3\text{-}a} = \frac{\varphi_{FE}}{\varphi_{EC3\text{-}a}} - 1 \tag{8-5}$$

$$\xi_{EC3\text{-}b} = \frac{\varphi_{FE}}{\varphi_{EC3\text{-}b}} - 1 \tag{8-6}$$

表 8-5 有限元稳定系数 φ_{FE} 与欧洲 Eurocode 3 对比

截面规格	构件分类	λ_n	φ_{FE}	$\varphi_{EC3\text{-}a}^0$	$\varphi_{EC3\text{-}a}$	$\varphi_{EC3\text{-}b}$	$\xi_{EC3\text{-}a}^0/\%$	$\xi_{EC3\text{-}a}/\%$	$\xi_{EC3\text{-}b}/\%$
∠220×18	短柱	0.431	1.167	0.965	0.944	0.914	20.93	23.62	27.68
		0.575	0.998	0.934	0.899	0.849	6.85	11.01	17.55
	中长柱	0.719	0.869	0.889	0.839	0.773	−2.25	3.58	12.42
		0.862	0.759	0.819	0.758	0.685	−7.33	0.13	10.80
		0.996	0.648	0.721	0.661	0.593	−10.12	−1.97	9.27
	长柱	1.150	0.547	0.610	0.562	0.506	−10.33	−2.67	8.10
		1.294	0.472	0.509	0.474	0.430	−7.27	−0.42	9.77
		1.437	0.398	0.426	0.400	0.366	−6.57	−0.50	8.74
		1.581	0.339	0.360	0.340	0.314	−5.83	−0.29	7.96
		1.725	0.291	0.307	0.292	0.271	−5.21	−0.34	7.38
∠220×22	短柱	0.431	1.140	0.965	0.944	0.914	18.13	20.76	24.73
		0.575	1.002	0.934	0.899	0.849	7.28	11.46	18.02
	中长柱	0.719	0.868	0.889	0.839	0.773	−2.36	3.46	12.29
		0.862	0.762	0.819	0.758	0.685	−6.96	0.53	11.24
		0.996	0.657	0.721	0.661	0.593	−8.88	−0.61	10.79
	长柱	1.150	0.566	0.610	0.562	0.506	−7.21	0.71	11.86
		1.294	0.466	0.509	0.474	0.430	−8.45	−1.69	8.37
		1.437	0.405	0.426	0.400	0.366	−4.93	1.25	10.66
		1.581	0.355	0.360	0.340	0.314	−1.39	4.41	13.06
		1.725	0.303	0.307	0.292	0.271	−1.30	3.77	11.81
∠220×26	短柱	0.431	1.134	0.965	0.944	0.914	17.51	20.13	24.07
		0.575	1.008	0.934	0.899	0.849	7.92	12.12	18.73
	中长柱	0.719	0.864	0.889	0.839	0.773	−2.81	2.98	11.77
		0.862	0.753	0.819	0.758	0.685	−8.06	−0.66	9.93
		0.996	0.652	0.721	0.661	0.593	−9.57	−1.36	9.95
	长柱	1.150	0.561	0.610	0.562	0.506	−8.03	−0.18	10.87
		1.294	0.452	0.509	0.474	0.430	−11.20	−4.64	5.12
		1.437	0.409	0.426	0.400	0.366	−3.99	2.25	11.75
		1.581	0.354	0.360	0.340	0.314	−1.67	4.12	12.74
		1.725	0.316	0.307	0.292	0.271	2.93	8.22	16.61

续表

截面规格	构件分类	λ_n	φ_{FE}	$\varphi_{EC3\text{-}a}^0$	$\varphi_{EC3\text{-}a}$	$\varphi_{EC3\text{-}b}$	$\xi_{EC3\text{-}a}^0/\%$	$\xi_{EC3\text{-}a}/\%$	$\xi_{EC3\text{-}b}/\%$
∠250×20	短柱	0.431	1.143	0.965	0.944	0.914	18.45	21.08	25.05
		0.575	1.010	0.934	0.899	0.849	8.14	12.35	18.96
	中长柱	0.719	0.848	0.889	0.839	0.773	−4.61	1.07	9.70
		0.862	0.757	0.819	0.758	0.685	−7.57	−0.13	10.51
		0.996	0.656	0.721	0.661	0.593	−9.02	−0.76	10.62
	长柱	1.150	0.546	0.610	0.562	0.506	−10.49	−2.85	7.91
		1.294	0.465	0.509	0.474	0.430	−8.64	−1.90	8.14
		1.437	0.393	0.426	0.400	0.366	−7.75	−1.75	7.38
		1.581	0.339	0.360	0.340	0.314	−5.83	−0.29	7.96
		1.725	0.287	0.307	0.292	0.271	−6.51	−1.71	5.90
∠250×24	短柱	0.431	1.129	0.965	0.944	0.914	16.99	19.60	23.52
		0.575	1.004	0.934	0.899	0.849	7.49	11.68	18.26
	中长柱	0.719	0.844	0.889	0.839	0.773	−5.06	0.60	9.18
		0.862	0.769	0.819	0.758	0.685	−6.11	1.45	12.26
		0.996	0.646	0.721	0.661	0.593	−10.40	−2.27	8.94
	长柱	1.150	0.561	0.610	0.562	0.506	−8.03	−0.18	10.87
		1.294	0.474	0.509	0.474	0.430	−6.88	0.00	10.23
		1.437	0.401	0.426	0.400	0.366	−5.87	0.25	9.56
		1.581	0.349	0.360	0.340	0.314	−3.06	2.65	11.15
		1.725	0.299	0.307	0.292	0.271	−2.61	2.40	10.33
∠250×28	短柱	0.431	1.152	0.965	0.944	0.914	19.38	22.03	26.04
		0.575	1.012	0.934	0.899	0.849	8.35	12.57	19.20
	中长柱	0.719	0.867	0.889	0.839	0.773	−2.47	3.34	12.16
		0.862	0.745	0.819	0.758	0.685	−9.04	−1.72	8.76
		0.996	0.659	0.721	0.661	0.593	−8.60	−0.30	11.13
	长柱	1.150	0.554	0.610	0.562	0.506	−9.18	−1.42	9.49
		1.294	0.477	0.509	0.474	0.430	−6.29	0.63	10.93
		1.437	0.409	0.426	0.400	0.366	−3.99	2.25	11.75
		1.581	0.353	0.360	0.340	0.314	−1.94	3.82	12.42
		1.725	0.307	0.307	0.292	0.271	0.00	5.14	13.28
平均值	—	—	—	—	—	—	−2.19	3.78	12.59
标准差	—	—	—	—	—	—	8.52	7.07	5.21

从表 8-5 可以看出,有限元稳定系数 φ_{FE} 的值均高于欧洲设计规范 Eurocode 3 中的 b 类曲线,平均高于 b 类曲线约 12.59%,标准差为 0.0521。当构件正则化长细比 λ_n 较小时,有限元稳定系数 φ_{FE} 的值明显大于规范中的 a^0、a、b 类曲线,但是随着长细比的增大,有限元稳定系数 φ_{FE} 的值将会小于 a^0 类曲线,并且逐渐逼近 a 类曲线,长细比增大后,有限元稳定系数 φ_{FE} 与规范中的 a 类曲线十分接近,有限元稳定系数 φ_{FE} 与 Eurocode 3 中柱子曲线的对比见图 8-6。

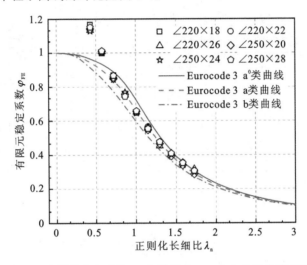

图 8-6　有限元稳定系数 φ_{FE} 与欧洲 Eurocode 3 柱子曲线对比

根据表 8-5 中的数据列出表 8-6,按照构件的分类将三种类型构件有限元稳定系数 φ_{FE} 与欧洲设计规范中的柱子曲线进行对比。可以明显看出,当构件为短柱时,有限元稳定系数 φ_{FE} 与规范 a^0、a、b 类曲线的误差平均值均在 10% 以上;当构件为中长柱或长柱时,有限元稳定系数 φ_{FE} 与规范 b 类曲线对比的误差平均值仍大于 10%,而与 a 类曲线的误差平均值仅为 0.41% 和 0.70%,说明此时有限元稳定系数 φ_{FE} 与规范 a 类曲线吻合良好,同时相较于规范中的 a^0 类曲线,有限元稳定系数 φ_{FE} 的值更小,误差平均值分别为 -6.73% 和 -5.58%。

表 8-6　　　　　　**三类构件有限元稳定系数 φ_{FE} 与欧洲 Eurocode 3 对比**

构件分类	ξ_{EC3-a^0} / %		ξ_{EC3-a} / %		ξ_{EC3-b} / %		模型个数
	平均值	标准差	平均值	标准差	平均值	标准差	
短柱	13.12	5.53	16.53	4.78	21.82	3.52	12
中长柱	-6.73	2.74	0.41	1.84	10.65	1.18	18
长柱	-5.58	3.29	0.70	2.72	10.07	2.40	30

（3）美国 ANSI/AISC 360-16

定义美国设计规范 ANSI/AISC 360-16 中的柱子曲线的稳定系数为 φ_{AISC}，定义其与有限元计算稳定系数 φ_{FE} 的误差值为 ξ_{AISC}，相应的误差值计算方法与上文相同。计算结果见表 8-7。

$$\xi_{\text{AISC}} = \frac{\varphi_{\text{FE}}}{\varphi_{\text{AISC}}} - 1 \qquad (8-7)$$

表 8-7　　　　有限元稳定系数 φ_{FE} 与美国 ANSI/AISC 360-16 对比

截面规格	构件分类	λ_n	φ_{FE}	φ_{AISC}	$\xi_{\text{AISC}}/\%$
∠220×18	短柱	0.431	1.167	0.925	26.16
		0.575	0.998	0.871	14.58
	中长柱	0.719	0.869	0.806	7.82
		0.862	0.759	0.733	3.55
		0.996	0.648	0.655	−1.07
	长柱	1.150	0.547	0.575	−4.87
		1.294	0.472	0.496	−4.84
		1.437	0.398	0.421	−5.46
		1.581	0.339	0.351	−3.42
		1.725	0.291	0.288	1.04
∠220×22	短柱	0.431	1.140	0.925	23.24
		0.575	1.002	0.871	15.04
	中长柱	0.719	0.868	0.806	7.69
		0.862	0.762	0.733	3.96
		0.996	0.657	0.655	0.31
	长柱	1.150	0.566	0.575	−1.57
		1.294	0.466	0.496	−6.05
		1.437	0.405	0.421	−3.80
		1.581	0.355	0.351	1.14
		1.725	0.303	0.288	5.21

续表

截面规格	构件分类	λ_n	φ_{FE}	φ_{AISC}	ξ_{AISC} / %
∠220×26	短柱	0.431	1.134	0.925	22.59
		0.575	1.008	0.871	15.73
	中长柱	0.719	0.864	0.806	7.20
		0.862	0.753	0.733	2.73
		0.996	0.652	0.655	−0.46
	长柱	1.150	0.561	0.575	−2.43
		1.294	0.452	0.496	−8.87
		1.437	0.409	0.421	−2.85
		1.581	0.354	0.351	0.85
		1.725	0.316	0.288	9.72
∠250×20	短柱	0.431	1.143	0.925	23.57
		0.575	1.010	0.871	15.96
	中长柱	0.719	0.848	0.806	5.21
		0.862	0.757	0.733	3.27
		0.996	0.656	0.655	0.15
	长柱	1.150	0.546	0.575	−5.04
		1.294	0.465	0.496	−6.25
		1.437	0.393	0.421	−6.65
		1.581	0.339	0.351	−3.42
		1.725	0.287	0.288	−0.35
∠250×24	短柱	0.431	1.129	0.925	22.05
		0.575	1.004	0.871	15.27
	中长柱	0.719	0.844	0.806	4.71
		0.862	0.769	0.733	4.91
		0.996	0.646	0.655	−1.37
	长柱	1.150	0.561	0.575	−2.43
		1.294	0.474	0.496	−4.44
		1.437	0.401	0.421	−4.75
		1.581	0.349	0.351	−0.57
		1.725	0.299	0.288	3.82

续表

截面规格	构件分类	λ_n	φ_{FE}	φ_{AISC}	ξ_{AISC} / %
∠250×28	短柱	0.431	1.152	0.925	24.54
		0.575	1.012	0.871	16.19
	中长柱	0.719	0.867	0.806	7.57
		0.862	0.745	0.733	1.64
		0.996	0.659	0.655	0.61
	长柱	1.150	0.554	0.575	−3.65
		1.294	0.477	0.496	−3.83
		1.437	0.409	0.421	−2.85
		1.581	0.353	0.351	0.57
		1.725	0.307	0.288	6.60
平均值	—	—	—	—	3.90
标准差	—	—	—	—	9.02

从表 8-7 可以看出,当构件正则化长细比 λ_n 较小时,稳定系数 φ_{FE} 的值明显大于规范中的柱子曲线,但是随着构件长细比的增大,φ_{FE} 的值与柱子曲线之间的差距逐渐减小且变化趋势相似,可以看到两者之间的差距都比较小,在 5% 左右,且会出现 φ_{FE} 的值小于柱子曲线的情况。有限元稳定系数 φ_{FE} 的值平均高于美国 ANSI/AISC 360-16 中柱子曲线约 3.9%,标准差为 0.0902。有限元稳定系数 φ_{FE} 与 ANSI/AISC 360-16 中柱子曲线的对比见图 8-7。

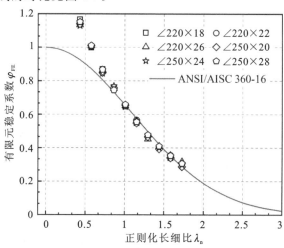

图 8-7 有限元稳定系数 φ_{FE} 与美国 ANSI/AISC 360-16 柱子曲线对比

根据表 8-7 中的数据列出表 8-8,按照构件的分类将三种类型构件有限元稳定系数 φ_{FE} 与美国设计规范 ANSI/AISC 360-16 中的柱子曲线进行对比。可以明显看出,当构件为短柱时,φ_{FE} 与规范柱子曲线的误差平均值均在 20% 左右;当构件为中长柱或长柱时,φ_{FE} 与规范柱子曲线的误差平均值较小,分别为 3.25% 和 -1.98%,说明此时 φ_{FE} 与规范柱子曲线吻合良好,但会出现低于柱子曲线的情况。

表 8-8　　　　三类构件有限元稳定系数 φ_{FE} 与美国 ANSI/AISC 360-16 对比

构件分类	ξ_{AISC} / %		模型个数
	平均值	标准差	
短柱	19.58	4.24	12
中长柱	3.25	3.04	18
长柱	-1.98	4.10	30

(4)美国 ASCE 10-2015

定义美国设计规范 ASCE 10-2015 中的柱子曲线的稳定系数为 φ_{ASCE},定义其与有限元计算稳定系数 φ_{FE} 的误差值为 ξ_{ASCE},误差值计算方法与上文相同。计算结果见表 8-9。

表 8-9　　　　有限元稳定系数 φ_{FE} 与美国 ASCE 10-2015 对比

截面规格	构件分类	λ_n	φ_{FE}	φ_{ASCE}	ξ_{ASCE} / %
∠220×18	短柱	0.431	1.167	0.950	22.84
		0.575	0.998	0.917	8.83
	中长柱	0.719	0.869	0.874	-0.57
		0.862	0.759	0.817	-7.10
		0.996	0.648	0.748	-13.37
	长柱	1.150	0.547	0.666	-17.87
		1.294	0.472	0.588	-19.73
		1.437	0.398	0.494	-19.43
		1.581	0.339	0.415	-18.31
		1.725	0.291	0.346	-15.90

截面规格	构件分类	λ_n	φ_{FE}	φ_{ASCE}	$\xi_{ASCE}/\%$
∠220×22	短柱	0.431	1.140	0.950	20.00
		0.575	1.002	0.917	9.27
	中长柱	0.719	0.868	0.874	−0.69
		0.862	0.762	0.817	−6.73
		0.996	0.657	0.748	−12.17
	长柱	1.150	0.566	0.666	−15.02
		1.294	0.466	0.588	−20.75
		1.437	0.405	0.494	−18.02
		1.581	0.355	0.415	−14.46
		1.725	0.303	0.346	−12.43
∠220×26	短柱	0.431	1.134	0.950	19.37
		0.575	1.008	0.917	9.92
	中长柱	0.719	0.864	0.874	−1.14
		0.862	0.753	0.817	−7.83
		0.996	0.652	0.748	−12.83
	长柱	1.150	0.561	0.666	−15.77
		1.294	0.452	0.588	−23.13
		1.437	0.409	0.494	−17.21
		1.581	0.354	0.415	−14.70
		1.725	0.316	0.346	−8.67
∠250×20	短柱	0.431	1.143	0.950	20.32
		0.575	1.010	0.917	10.14
	中长柱	0.719	0.848	0.874	−2.97
		0.862	0.757	0.817	−7.34
		0.996	0.656	0.748	−12.30
	长柱	1.150	0.546	0.666	−18.02
		1.294	0.465	0.588	−20.92
		1.437	0.393	0.494	−20.45
		1.581	0.339	0.415	−18.31
		1.725	0.287	0.346	−17.05

续表

截面规格	构件分类	λ_n	φ_{FE}	φ_{ASCE}	$\xi_{ASCE}/\%$
∠250×24	短柱	0.431	1.129	0.950	18.84
		0.575	1.004	0.917	9.49
	中长柱	0.719	0.844	0.874	−3.43
		0.862	0.769	0.817	−5.88
		0.996	0.646	0.748	−13.64
	长柱	1.150	0.561	0.666	−15.77
		1.294	0.474	0.588	−19.39
		1.437	0.401	0.494	−18.83
		1.581	0.349	0.415	−15.90
		1.725	0.299	0.346	−13.58
∠250×28	短柱	0.431	1.152	0.950	21.26
		0.575	1.012	0.917	10.36
	中长柱	0.719	0.867	0.874	−0.80
		0.862	0.745	0.817	−8.81
		0.996	0.659	0.748	−11.90
	长柱	1.150	0.554	0.666	−16.82
		1.294	0.477	0.588	−18.88
		1.437	0.409	0.494	−17.21
		1.581	0.353	0.415	−14.94
		1.725	0.307	0.346	−11.27
平均值	—	—	—	—	−7.63
标准差	—	—	—	—	12.78

从表 8-9 可以看出,当构件正则化长细比 λ_n 较小时,稳定系数 φ_{FE} 的值明显大于规范中的柱子曲线,但是随着构件长细比的增大,φ_{FE} 的值将会出现小于柱子曲线的情况,并且后续一直小于柱子曲线,差距均在 10% 左右。有限元计算稳定系数 φ_{FE} 的值平均低于美国规范 ASCE 10-2015 中的柱子曲线约 7.63%,标准差为 0.1278,说明两者之间的吻合情况较差,稳定系数 φ_{FE} 与 ASCE 10-2015 中柱子曲线的对比见图 8-8。

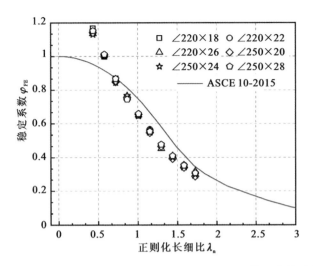

图 8-8   有限元稳定系数 φ_{FE} 与美国 ASCE 10-2015 柱子曲线对比

根据表 8-9 中的数据列出表 8-10,按照构件的分类将三种类型构件稳定系数 φ_{FE} 与美国设计规范 ASCE 10-2015 中的柱子曲线进行对比。可以看出,当构件为短柱时,稳定系数 φ_{FE} 与规范柱子曲线的误差平均值为 15.05,差距较大;当构件为中长柱或长柱时,稳定系数 φ_{FE} 与规范柱子曲线的误差平均值分别为 -7.20% 和 -16.96%,说明三种类型构件的计算稳定系数 φ_{FE} 与规范柱子曲线吻合情况均较差。

表 8-10   三类构件稳定系数 φ_{FE} 与美国 ASCE 10-2015 对比

构件分类	ξ_{ASCE} / %		模型个数
	平均值	标准差	
短柱	15.05	5.48	12
中长柱	-7.20	4.62	18
长柱	-16.96	3.00	30

8.3.2   现有柱子曲线的选用

根据上文的计算结果,按照构件的分类将三类构件稳定系数 φ_{FE} 与各规范柱子曲线的对比汇总在表 8-11 中。对表中数据进行对比分析,可得出现行规范中适用于大角钢十字组合截面轴压构件的柱子曲线。

表 8-11　　　　　　　　三类构件稳定系数 φ_{FE} 与各规范柱子曲线对比

规范曲线	短柱		中长柱		长柱		合计	
	平均值	标准差	平均值	标准差	平均值	标准差	平均值	标准差
GB 50017—2017 a	16.36	5.33	−2.46	2.54	−2.67	2.92	1.20	8.33
GB 50017—2017 b	23.57	3.99	10.55	1.48	8.71	2.34	12.23	6.27
Eurocode 3 a^0	13.12	5.53	−6.73	2.74	−5.58	3.29	−2.19	8.52
Eurocode 3 a	16.53	4.78	0.41	1.84	0.70	2.72	3.78	7.07
Eurocode 3 b	21.82	3.52	10.65	1.18	10.07	2.40	12.59	5.21
ANSI/AISC 360-16	19.58	4.24	3.25	3.04	−1.98	4.10	3.90	9.02
ASCE 10-2015	15.05	5.48	−7.20	4.62	−16.96	3.00	−7.63	12.78

　　本章对比了国内外现行钢结构设计规范中的各类柱子曲线共 7 条。根据对比分析可以发现,当构件正则化长细比较小时,所有的柱子曲线的 φ_{FE} 的值均高于柱子曲线 10％ 以上,说明国内外现行的钢结构设计规范对于短柱的承载力计算都过于保守。当构件长细比增大,有限元稳定系数 φ_{FE} 的值将逐渐接近柱子曲线。但从表 8-11 可以看出,当构件为中长柱时,有限元稳定系数 φ_{FE} 的值将小于《钢结构设计标准》(GB 50017—2017)a 类、Eurocode 3 a^0 类和 ASCE 10-2015 中的柱子曲线,说明此时这三条柱子曲线已经不适用于大角钢十字组合截面轴压构件的稳定系数计算。当构件为长柱时,有限元稳定系数 φ_{FE} 的值除了小于《钢结构设计标准》(GB 50017—2017)a 类、Eurocode 3 a^0 类和 ASCE 10-2015 中的柱子曲线,也会小于 ANSI/AISC 360-16 中的柱子曲线,即使此时稳定系数 φ_{FE} 与 ANSI/AISC 360-16 中的柱子曲线吻合情况良好,对于长柱 ANSI/AISC 360-16 中的柱子曲线也不再适用。所以在 7 条柱子曲线中,只有《钢结构设计标准》(GB 50017—2017)b 类、Eurocode 3 a 类和 Eurocode 3 b 类柱子曲线始终小于有限元稳定系数 φ_{FE}。综上所述,在出现更适用于大角钢十字组合截面轴压构件的柱子曲线之前,仍然可以在现行钢结构设计规范中选取适用的柱子曲线,按保守设计和经济设计两种标准进行现有柱子曲线的推荐,如表 8-12 所示。

　　①构件长细比较小时,现有柱子曲线均偏保守,此时无论选用哪条柱子曲线均能够保证构件的安全。

　　②构件长细比增大后,现有柱子曲线中仅《钢结构设计标准》(GB 50017—2017)b 类、Eurocode 3 a 类和 Eurocode 3 b 类柱子曲线适用于构件的稳定系数选取。此时,《钢结构设计标准》(GB 50017—2017)b 类和 Eurocode 3 b 类柱子曲线与稳定系数 φ_{FE} 的误差平均值在 10％ 左右,所以这两条柱子曲线可作为构件保守设计时的推

荐柱子曲线。

③构件长细比较大时,Eurocode 3 a 类柱子曲线与有限元稳定系数 φ_{FE} 的吻合情况较好,误差平均值仅为 0.5% 左右,所以该柱子曲线可作为构件经济设计时的推荐柱子曲线。

表 8-12   不同设计目标下的推荐曲线(适用于大角钢十字组合截面轴压构件)

设计目标	选用规范	推荐柱子曲线类别
保守设计	GB 50017—2017	b 类
	Eurocode 3	b 类
经济设计	Eurocode 3	a 类

对于大角钢十字组合截面轴压构件,在实际使用过程中较少使用长细比较大的构件。同时,鉴于构件长细比较小时承载力系数的差距较大,可根据本章对构件的分类进行柱子曲线的推荐,见表 8-13。

当构件为短柱时,稳定系数均明显大于各柱子曲线,可选用此时最接近稳定系数 φ_{FE} 的柱子曲线。因此选用 Eurocode 3 a^0 类柱子曲线,此时误差平均值最小,为 13.13%。当构件为中长柱和长柱时,稳定系数 φ_{FE} 与 Eurocode 3 a 类柱子曲线最为吻合,此时误差平均值分别为 0.41% 和 0.70%,所以可选用 Eurocode 3 a 类柱子曲线。

表 8-13   构件类型不同时的推荐曲线(适用于大角钢十字组合截面轴压构件)

构件类型	选用规范	推荐柱子曲线类别
短柱	Eurocode 3	a^0 类
中长柱	Eurocode 3	a 类
长柱	Eurocode 3	a 类

8.4   钢材强度等级对轴压稳定系数的影响

目前对高强度钢材轴压构件的稳定性能研究发现,相较于普通强度钢材,高强度钢材受几何初始缺陷和残余应力的影响显著降低[5],现行的设计方法偏保守。所以,我国现行的钢结构设计规范在设定柱子曲线时使用的钢材的强度等级过于单一且结果偏保守。为了得到更加适用于不同等级高强度大角钢十字组合截面轴压构件的柱子曲线,本节根据上文获得的 4 种截面规格、8 种强度的高强度大角钢十字组合截面轴压构件的极限承载力计算得到其稳定系数,将构件稳定系数与现行钢结构设计规范中的推荐柱子曲线进行对比分析,在现有的钢结构设计规范中选取适用于不同等级高强度大角钢十字组合截面轴压构件的柱子曲线。

8.4.1 不同等级高强钢构件轴压稳定系数的有限元分析

本节基于有限元分析计算得到的不同强度等级的大角钢十字组合截面轴压构件极限承载力 P_{uFE},再根据式(8-1)计算得到对应构件的有限元稳定系数 φ_{FE},定义采用上述 8 种强度等级钢材的大角钢十字组合截面轴压构件计算得到的稳定系数分别为 φ_{Q460}、φ_{Q500}、φ_{Q550}、φ_{Q620}、φ_{Q690}、φ_{Q800}、φ_{Q890}、φ_{Q960},获得的相关数据见表8-14。

表 8-14 不同强度等级构件的稳定系数

截面规格	λ_n	φ_{Q460}	φ_{Q500}	φ_{Q550}	φ_{Q620}	φ_{Q690}	φ_{Q800}	φ_{Q890}	φ_{Q960}
∠220×18	0.431	1.146	1.160	1.157	1.140	1.145	1.161	1.156	1.149
	0.575	1.010	1.023	1.018	1.017	1.031	1.025	1.022	1.026
	0.719	0.872	0.876	0.875	0.882	0.888	0.879	0.869	0.876
	0.862	0.783	0.783	0.784	0.795	0.780	0.796	0.798	0.773
	0.996	0.694	0.696	0.665	0.686	0.703	0.707	0.680	0.692
	1.150	0.585	0.559	0.599	0.570	0.562	0.569	0.575	0.612
	1.294	0.471	0.484	0.486	0.506	0.521	0.502	0.466	0.483
	1.437	0.410	0.420	0.415	0.415	0.412	0.420	0.419	0.414
	1.581	0.351	0.352	0.361	0.359	0.358	0.362	0.356	0.353
	1.725	0.299	0.310	0.310	0.304	0.303	0.311	0.303	0.307
∠220×22	0.431	1.146	1.149	1.150	1.152	1.155	1.158	1.162	1.165
	0.575	1.006	1.011	1.012	1.016	1.021	1.023	1.025	1.028
	0.719	0.869	0.873	0.877	0.880	0.881	0.885	0.886	0.889
	0.862	0.763	0.766	0.774	0.783	0.792	0.796	0.803	0.810
	0.996	0.664	0.670	0.679	0.689	0.695	0.699	0.706	0.712
	1.150	0.572	0.579	0.580	0.589	0.593	0.597	0.603	0.609
	1.294	0.468	0.477	0.485	0.495	0.501	0.504	0.510	0.515
	1.437	0.406	0.409	0.416	0.418	0.422	0.427	0.430	0.432
	1.581	0.350	0.351	0.353	0.358	0.362	0.365	0.367	0.370
	1.725	0.297	0.299	0.302	0.305	0.309	0.312	0.314	0.316

续表

截面规格	λ_n	φ_{Q460}	φ_{Q500}	φ_{Q550}	φ_{Q620}	φ_{Q690}	φ_{Q800}	φ_{Q890}	φ_{Q960}
∠220×26	0.431	1.140	1.142	1.146	1.148	1.153	1.155	1.160	1.161
	0.575	1.006	1.008	1.010	1.015	1.020	1.023	1.028	1.032
	0.719	0.867	0.871	0.876	0.880	0.881	0.883	0.888	0.890
	0.862	0.762	0.770	0.778	0.785	0.788	0.791	0.795	0.801
	0.996	0.662	0.671	0.682	0.690	0.693	0.699	0.702	0.709
	1.150	0.565	0.571	0.578	0.588	0.592	0.598	0.607	0.615
	1.294	0.459	0.468	0.480	0.496	0.505	0.516	0.524	0.529
	1.437	0.409	0.411	0.413	0.416	0.419	0.421	0.425	0.425
	1.581	0.350	0.350	0.351	0.353	0.355	0.357	0.360	0.363
	1.725	0.300	0.299	0.300	0.301	0.303	0.305	0.308	0.310
∠250×20	0.431	1.156	1.157	1.155	1.145	1.148	1.150	1.141	1.159
	0.575	1.027	1.025	1.029	1.008	1.017	1.012	1.024	1.014
	0.719	0.886	0.885	0.869	0.882	0.879	0.875	0.879	0.875
	0.862	0.787	0.772	0.772	0.794	0.773	0.768	0.797	0.764
	0.996	0.705	0.698	0.674	0.672	0.676	0.706	0.667	0.684
	1.150	0.595	0.593	0.612	0.587	0.584	0.600	0.605	0.560
	1.294	0.512	0.524	0.492	0.524	0.515	0.524	0.468	0.516
	1.437	0.420	0.421	0.416	0.409	0.424	0.417	0.419	0.417
	1.581	0.350	0.363	0.362	0.354	0.352	0.361	0.357	0.353
	1.725	0.308	0.311	0.306	0.301	0.309	0.301	0.305	0.305
∠250×24	0.431	1.145	1.148	1.152	1.155	1.155	1.159	1.162	1.168
	0.575	1.012	1.019	1.022	1.025	1.026	1.028	1.031	1.035
	0.719	0.849	0.853	0.855	0.859	0.866	0.874	0.882	0.887
	0.862	0.757	0.762	0.776	0.783	0.789	0.792	0.798	0.802
	0.996	0.662	0.668	0.678	0.689	0.692	0.698	0.703	0.705
	1.150	0.547	0.555	0.577	0.588	0.591	0.595	0.606	0.611
	1.294	0.467	0.478	0.486	0.498	0.503	0.511	0.519	0.526
	1.437	0.395	0.399	0.407	0.418	0.420	0.422	0.424	0.427
	1.581	0.340	0.344	0.350	0.353	0.356	0.358	0.360	0.362
	1.725	0.288	0.291	0.298	0.302	0.305	0.307	0.310	0.315

续表

截面规格	λ_n	φ_{Q460}	φ_{Q500}	φ_{Q550}	φ_{Q620}	φ_{Q690}	φ_{Q800}	φ_{Q890}	φ_{Q960}
	0.431	1.130	1.135	1.140	1.144	1.147	1.152	1.155	1.157
	0.575	1.005	1.006	1.009	1.014	1.016	1.018	1.020	1.021
	0.719	0.847	0.854	0.860	0.866	0.867	0.870	0.876	0.879
	0.862	0.773	0.778	0.782	0.789	0.792	0.799	0.803	0.807
∠250×28	0.996	0.650	0.662	0.679	0.690	0.692	0.696	0.701	0.710
	1.150	0.569	0.575	0.584	0.589	0.593	0.599	0.607	0.614
	1.294	0.480	0.490	0.499	0.507	0.511	0.515	0.519	0.521
	1.437	0.405	0.406	0.410	0.416	0.420	0.424	0.428	0.430
	1.581	0.350	0.351	0.354	0.356	0.357	0.360	0.362	0.366
	1.725	0.299	0.300	0.302	0.306	0.308	0.309	0.312	0.313

　　根据上文研究内容可知,对采用 Q420 强度钢材的大角钢十字组合截面轴压构件进行保守设计时,推荐使用我国《钢结构设计标准》(GB 50017—2017)中的 b 类曲线。本节主要研究的是强度等级在 Q460 及以上的钢材,所以本节将计算得到的稳定系数与我国《钢结构设计标准》(GB 50017—2017)中的 a、b 类柱子曲线进行对比。图 8-9 为不同强度等级构件有限元稳定系数 φ_{FE} 与我国《钢结构设计标准》(GB 50017—2017)中的柱子曲线及欧拉公式曲线的对比。

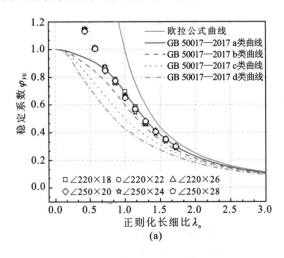

(a)

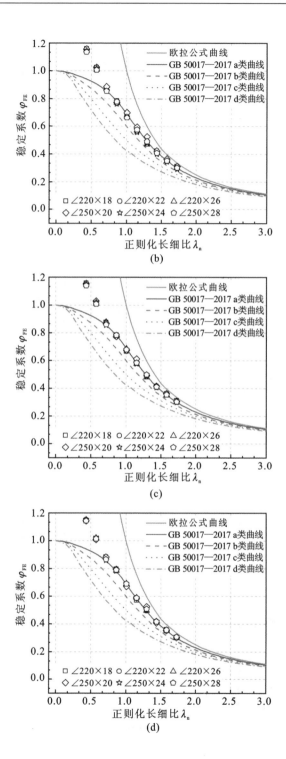

(b)

(c)

(d)

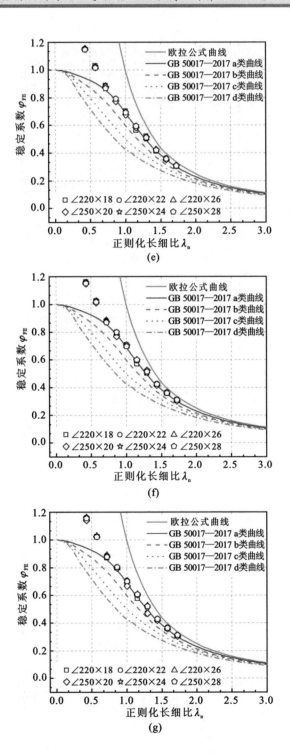

(e)

(f)

(g)

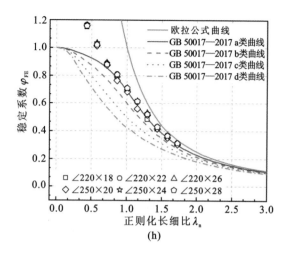

(h)

图 8-9 不同强度等级构件稳定系数 φ_{FE} 与我国 GB 50017—2017 柱子曲线对比

(a)Q460 强度轴压构件;(b)Q500 强度轴压构件;(c)Q550 强度轴压构件;

(d)Q620 强度轴压构件;(e)Q690 强度轴压构件;(f)Q800 强度轴压构件;

(g)Q890 强度轴压构件;(h)Q960 强度轴压构件

定义采用不同强度等级钢材得到的有限元稳定系数 φ_{FE} 与 a 类柱子曲线的误差值为 ξ_{Q460-a}、ξ_{Q500-a}、ξ_{Q550-a}、ξ_{Q620-a}、$\xi_{Q4690-a}$、ξ_{Q800-a}、ξ_{Q890-a}、ξ_{Q960-a};有限元稳定系数 φ_{FE} 与 b 类柱子曲线的误差值为 ξ_{Q460-b}、ξ_{Q500-b}、ξ_{Q550-b}、ξ_{Q620-b}、$\xi_{Q4690-b}$、ξ_{Q800-b}、ξ_{Q890-b}、ξ_{Q960-b},a 类柱子曲线误差值的计算公式如式(8-8)~式(8-15)所示,b 类柱子曲线不同强度的误差值计算方法以此类推,不同强度等级构件有限元稳定系数 φ_{FE} 与我国《钢结构设计标准》(GB 50017—2017)中的 a、b 类柱子曲线误差值相关数据见表 8-15 和表 8-16。

$$\xi_{Q460-a} = \frac{\varphi_{Q460}}{\varphi_{GB-a}} - 1 \tag{8-8}$$

$$\xi_{Q500-a} = \frac{\varphi_{Q500}}{\varphi_{GB-a}} - 1 \tag{8-9}$$

$$\xi_{Q550-a} = \frac{\varphi_{Q550}}{\varphi_{GB-a}} - 1 \tag{8-10}$$

$$\xi_{Q620-a} = \frac{\varphi_{Q620}}{\varphi_{GB-a}} - 1 \tag{8-11}$$

$$\xi_{Q690-a} = \frac{\varphi_{Q690}}{\varphi_{GB-a}} - 1 \tag{8-12}$$

$$\xi_{Q800-a} = \frac{\varphi_{Q800}}{\varphi_{GB-a}} - 1 \tag{8-13}$$

$$\xi_{Q890-a} = \frac{\varphi_{Q890}}{\varphi_{GB-a}} - 1 \tag{8-14}$$

$$\xi_{Q960\text{-}a} = \frac{\varphi_{Q960}}{\varphi_{GB\text{-}a}} - 1 \tag{8-15}$$

表 8-15　　不同强度等级构件稳定系数 φ_{FE} 与我国《钢结构设计标准》
（GB 50017—2017）中 a 类曲线对比

截面规格	λ_n	$\varphi_{GB\text{-}a}$	$\xi_{Q460\text{-}a}/$ %	$\xi_{Q500\text{-}a}/$ %	$\xi_{Q550\text{-}a}/$ %	$\xi_{Q620\text{-}a}/$ %	$\xi_{Q690\text{-}a}/$ %	$\xi_{Q800\text{-}a}/$ %	$\xi_{Q890\text{-}a}/$ %	$\xi_{Q960\text{-}a}/$ %
∠220×18	0.431	0.941	21.79	23.27	22.95	21.15	21.68	23.38	22.85	22.10
	0.575	0.905	11.60	13.04	12.49	12.38	13.92	13.26	12.93	13.37
	0.719	0.854	2.11	2.58	2.46	3.28	3.98	2.93	1.76	2.58
	0.862	0.782	0.13	0.13	0.26	1.66	−0.26	1.79	2.05	−1.15
	0.996	0.687	1.02	1.31	−3.20	−0.15	2.33	2.91	−1.02	0.73
	1.150	0.585	0.00	−4.44	2.39	−2.56	−3.93	−2.74	−1.71	4.62
	1.294	0.492	−4.27	−1.63	−1.22	2.85	5.89	2.03	−5.28	−1.83
	1.437	0.414	−0.97	1.45	0.24	0.24	−0.48	1.45	1.21	0.00
	1.581	0.351	0.00	0.28	2.85	2.28	1.99	3.13	1.42	0.57
	1.725	0.300	−0.33	3.33	3.33	1.33	1.00	3.67	1.00	2.33
∠220×22	0.431	0.941	21.79	22.10	22.21	22.42	22.74	23.06	23.49	23.80
	0.575	0.905	11.16	11.71	11.82	12.27	12.82	13.04	13.26	13.59
	0.719	0.854	1.76	2.22	2.69	3.04	3.16	3.63	3.75	4.10
	0.862	0.782	−2.43	−2.05	−1.02	0.13	1.28	1.79	2.69	3.58
	0.996	0.687	−3.35	−2.47	−1.16	0.29	1.16	1.75	2.77	3.64
	1.150	0.585	−2.22	−1.03	−0.85	0.68	1.37	2.05	3.08	4.10
	1.294	0.492	−4.88	−3.05	−1.42	0.61	1.83	2.44	3.66	4.67
	1.437	0.414	−1.93	−1.21	0.48	0.97	1.93	3.14	3.86	4.35
	1.581	0.351	−0.28	0.00	0.57	1.99	3.13	3.99	4.56	5.41
	1.725	0.300	−1.00	−0.33	0.67	1.67	3.00	4.00	4.67	5.33
∠220×26	0.431	0.941	21.15	21.36	21.79	22.00	22.53	22.74	23.27	23.38
	0.575	0.905	11.16	11.38	11.60	12.15	12.71	13.04	13.59	14.03
	0.719	0.854	1.52	1.99	2.58	3.04	3.16	3.40	3.98	4.22
	0.862	0.782	−2.56	−1.53	−0.51	0.38	0.77	1.15	1.66	2.43
	0.996	0.687	−3.64	−2.33	−0.73	0.44	0.87	1.75	2.18	3.20
	1.150	0.585	−3.42	−2.39	−1.20	0.51	1.20	2.22	3.76	5.13
	1.294	0.492	−6.71	−4.88	−2.44	0.81	2.64	4.88	6.50	7.52

截面规格	λ_n	$\varphi_{GB\text{-}a}$	$\xi_{Q460\text{-}a}/$ %	$\xi_{Q500\text{-}a}/$ %	$\xi_{Q550\text{-}a}/$ %	$\xi_{Q620\text{-}a}/$ %	$\xi_{Q690\text{-}a}/$ %	$\xi_{Q800\text{-}a}/$ %	$\xi_{Q890\text{-}a}/$ %	$\xi_{Q960\text{-}a}/$ %
∠220×26	1.437	0.414	−1.21	−0.72	−0.24	0.48	1.21	1.69	2.66	2.66
	1.581	0.351	−0.28	−0.28	0.00	0.57	1.14	1.71	2.56	3.42
	1.725	0.300	0.00	−0.33	0.00	0.33	1.00	1.67	2.67	3.33
∠250×20	0.431	0.941	22.85	22.95	22.74	21.68	22.00	22.21	21.25	23.17
	0.575	0.905	13.48	13.26	13.70	11.38	12.38	11.82	13.15	12.04
	0.719	0.854	3.75	3.63	1.76	3.28	2.93	2.46	2.93	2.46
	0.862	0.782	0.64	−1.28	−1.28	1.53	−1.15	−1.79	1.92	−2.30
	0.996	0.687	2.62	1.60	−1.89	−2.18	−1.60	2.77	−2.91	−0.44
	1.150	0.585	1.71	1.37	4.62	0.34	−0.17	2.56	3.42	−4.27
	1.294	0.492	4.07	6.50	0.00	6.50	4.67	6.50	−4.88	4.88
	1.437	0.414	1.45	1.69	0.48	−1.21	2.42	0.72	1.21	0.72
	1.581	0.351	−0.28	3.42	3.13	0.85	0.28	2.85	1.71	0.57
	1.725	0.300	2.67	3.67	2.00	0.33	3.00	0.33	1.67	1.67
∠250×24	0.431	0.941	21.68	22.00	22.42	22.74	22.74	23.17	23.49	24.12
	0.575	0.905	11.82	12.60	12.93	13.26	13.37	13.59	13.92	14.36
	0.719	0.854	−0.59	−0.12	0.12	0.59	1.41	2.34	3.28	3.86
	0.862	0.782	−3.20	−2.56	−0.77	0.13	0.90	1.28	2.05	2.56
	0.996	0.687	−3.64	−2.77	−1.31	0.29	0.73	1.60	2.33	2.62
	1.150	0.585	−6.50	−5.13	−1.37	0.51	1.03	1.71	3.59	4.44
	1.294	0.492	−5.08	−2.85	−1.22	1.22	2.24	3.86	5.49	6.91
	1.437	0.414	−4.59	−3.62	−1.69	0.97	1.45	1.93	2.42	3.14
	1.581	0.351	−3.13	−1.99	−0.28	0.57	1.42	1.99	2.56	3.13
	1.725	0.300	−4.00	−3.00	−0.67	0.67	1.67	2.33	3.33	5.00
∠250×28	0.431	0.941	20.09	20.62	21.15	21.57	21.89	22.42	22.74	22.95
	0.575	0.905	11.05	11.16	11.49	12.04	12.27	12.49	12.71	12.82
	0.719	0.854	−0.82	0.00	0.70	1.41	1.52	1.87	2.58	2.93
	0.862	0.782	−1.15	−0.51	0.00	0.90	1.28	2.17	2.69	3.20
	0.996	0.687	−5.39	−3.64	−1.16	0.44	0.73	1.31	2.04	3.35
	1.150	0.585	−2.74	−1.71	−0.17	0.68	1.37	2.39	3.76	4.96
	1.294	0.492	−2.44	−0.41	1.42	3.05	3.86	4.67	5.49	5.89
	1.437	0.414	−2.17	−1.93	−0.97	0.48	1.45	2.42	3.38	3.86
	1.581	0.351	−0.28	0.00	0.85	1.42	1.71	2.56	3.13	4.27
	1.725	0.300	−0.33	0.00	0.67	2.00	2.67	3.00	4.00	4.33

表 8-16 不同强度等级构件稳定系数 φ_{FE} 与我国《钢结构设计标准》
（GB 50017—2017）中 b 类曲线对比

截面规格	λ_n	φ_{GB-b}	$\xi_{Q460-b}/$ %	$\xi_{Q500-b}/$ %	$\xi_{Q550-b}/$ %	$\xi_{Q620-b}/$ %	$\xi_{Q690-b}/$ %	$\xi_{Q800-b}/$ %	$\xi_{Q890-b}/$ %	$\xi_{Q960-b}/$ %
∠220×18	0.431	0.898	27.62	29.18	28.84	26.95	27.51	29.29	28.73	27.95
	0.575	0.840	20.24	21.79	21.19	21.07	22.74	22.02	21.67	22.14
	0.719	0.769	13.39	13.91	13.78	14.69	15.47	14.30	13.00	13.91
	0.862	0.686	14.14	14.14	14.29	15.89	13.70	16.03	16.33	12.68
	0.996	0.597	16.25	16.58	11.39	14.91	17.76	18.43	13.90	15.91
	1.150	0.511	14.48	9.39	17.22	11.55	9.98	11.35	12.52	19.77
	1.294	0.435	8.28	11.26	11.72	16.32	19.77	15.40	7.13	11.03
	1.437	0.371	10.51	13.21	11.86	11.86	11.05	13.21	12.94	11.59
	1.581	0.318	10.38	10.69	13.52	12.89	12.58	13.84	11.95	11.01
	1.725	0.275	8.73	12.73	12.73	10.55	10.18	13.09	10.18	11.64
∠220×22	0.431	0.898	27.62	27.95	28.06	28.29	28.62	28.95	29.40	29.73
	0.575	0.840	19.76	20.36	20.48	20.95	21.55	21.79	22.02	22.38
	0.719	0.769	13.00	13.52	14.04	14.43	14.56	15.08	15.21	15.60
	0.862	0.686	11.22	11.66	12.83	14.14	15.45	16.03	17.06	18.08
	0.996	0.597	11.22	12.23	13.74	15.41	16.42	17.09	18.26	19.26
	1.150	0.511	11.94	13.31	13.50	15.26	16.05	16.83	18.00	19.18
	1.294	0.435	7.59	9.66	11.49	13.79	15.17	15.86	17.24	18.39
	1.437	0.371	9.43	10.24	12.13	12.67	13.75	15.09	15.90	16.44
	1.581	0.318	10.06	10.38	11.01	12.58	13.84	14.78	15.41	16.35
	1.725	0.275	8.00	8.73	9.82	10.91	12.36	13.45	14.18	14.91
∠220×26	0.431	0.898	26.95	27.17	27.62	27.84	28.40	28.62	29.18	29.29
	0.575	0.840	19.76	20.00	20.24	20.83	21.43	21.79	22.38	22.86
	0.719	0.769	12.74	13.26	13.91	14.43	14.56	14.82	15.47	15.73
	0.862	0.686	11.08	12.24	13.41	14.43	14.87	15.31	15.89	16.76
	0.996	0.597	10.89	12.40	14.24	15.58	16.08	17.09	17.59	18.76
	1.150	0.511	10.57	11.74	13.11	15.07	15.85	17.03	18.79	20.35
	1.294	0.435	5.52	7.59	10.34	14.02	16.09	18.62	20.46	21.61
	1.437	0.371	10.24	10.78	11.32	12.13	12.94	13.48	14.56	14.56
	1.581	0.318	10.06	10.06	10.38	11.01	11.64	12.26	13.21	14.15
	1.725	0.275	9.09	8.73	9.09	9.45	10.18	10.91	12.00	12.73

续表

截面规格	λ_n	φ_{GB-b}	$\xi_{Q460-b}/$ %	$\xi_{Q500-b}/$ %	$\xi_{Q550-b}/$ %	$\xi_{Q620-b}/$ %	$\xi_{Q690-b}/$ %	$\xi_{Q800-b}/$ %	$\xi_{Q890-b}/$ %	$\xi_{Q960-b}/$ %
∠250×20	0.431	0.898	28.73	28.84	28.62	27.51	27.84	28.06	27.06	29.06
	0.575	0.840	22.26	22.02	22.50	20.00	21.07	20.48	21.90	20.71
	0.719	0.769	15.21	15.08	13.00	14.69	14.30	13.78	14.30	13.78
	0.862	0.686	14.72	12.54	12.54	15.74	12.68	11.95	16.18	11.37
	0.996	0.597	18.09	16.92	12.90	12.56	13.23	18.26	11.73	14.57
	1.150	0.511	16.44	16.05	19.77	14.87	14.29	17.42	18.40	9.59
	1.294	0.435	17.70	20.46	13.10	20.46	18.39	20.46	7.59	18.62
	1.437	0.371	13.21	13.48	12.13	10.24	14.29	12.40	12.94	12.40
	1.581	0.318	10.06	14.15	13.84	11.32	10.69	13.52	12.26	11.01
	1.725	0.275	12.00	13.09	11.27	9.45	12.36	9.45	10.91	10.91
∠250×24	0.431	0.898	27.51	27.84	28.29	28.62	28.62	29.06	29.40	30.07
	0.575	0.840	20.48	21.31	21.67	22.02	22.14	22.38	22.74	23.21
	0.719	0.769	10.40	10.92	11.18	11.70	12.61	13.65	14.69	15.34
	0.862	0.686	10.35	11.08	13.12	14.14	15.01	15.45	16.33	16.91
	0.996	0.597	10.89	11.89	13.57	15.41	15.91	16.92	17.76	18.09
	1.150	0.511	7.05	8.61	12.92	15.07	15.66	16.44	18.59	19.57
	1.294	0.435	7.36	9.89	11.72	14.48	15.63	17.47	19.31	20.92
	1.437	0.371	6.47	7.55	9.70	12.67	13.21	13.75	14.29	15.09
	1.581	0.318	6.92	8.18	10.06	11.01	11.95	12.58	13.21	13.84
	1.725	0.275	4.73	5.82	8.36	9.82	10.91	11.64	12.73	14.55
∠250×28	0.431	0.898	25.84	26.39	26.95	27.39	27.73	28.29	28.62	28.84
	0.575	0.840	19.64	19.76	20.12	20.71	20.95	21.19	21.43	21.55
	0.719	0.769	10.14	11.05	11.83	12.61	12.74	13.13	13.91	14.30
	0.862	0.686	12.68	13.41	13.99	15.01	15.45	16.47	17.06	17.64
	0.996	0.597	8.88	10.89	13.74	15.58	15.91	16.58	17.42	18.93
	1.150	0.511	11.35	12.52	14.29	15.26	16.05	17.22	18.79	20.16
	1.294	0.435	10.34	12.64	14.71	16.55	17.47	18.39	19.31	19.77
	1.437	0.371	9.16	9.43	10.51	12.13	13.21	14.29	15.36	15.90
	1.581	0.318	10.06	10.38	11.32	11.95	12.26	13.21	13.84	15.09
	1.725	0.275	8.73	9.09	9.82	11.27	12.00	12.36	13.45	13.82

从图 8-9、表 8-15 和表 8-16 可以看出，不同强度等级构件有限元稳定系数 φ_{FE} 与我国《钢结构设计标准》(GB 50017—2017)中的 a、b 类柱子曲线对比时，随着材料强度的增加，构件的稳定承载力系数也会相应地增长，这是因为随着强度的增加，钢材受几何初始缺陷和残余应力的影响显著降低，构件的极限承载力得到相应的提高。稳定系数 φ_{FE} 与我国《钢结构设计标准》(GB 50017—2017)中的 b 类曲线对比时，稳定系数 φ_{FE} 的值会明显大于规范中柱子曲线，平均比 b 类曲线高14.07%。稳定系数 φ_{FE} 与我国《钢结构设计标准》(GB 50017—2017)中的 a 类曲线对比时，对于长细比较小的构件，稳定系数 φ_{FE} 的值明显大于规范中柱子曲线，随着长细比的增大，两者之间的差距会逐渐减小。当长细比较大、钢材的强度小于 620MPa 时，构件长细比增大后会出现稳定系数 φ_{FE} 小于 a 类柱子曲线的情况；当钢材的强度提升至 620MPa 及以上时，在本节计算的长细比范围内，稳定系数 φ_{FE} 均大于 a 类曲线，误差值平均在4.33%以上。

图 8-10 为不同强度等级构件有限元稳定系数 φ_{FE} 与欧洲设计规范 Eurocode 3 中的 a^0、a、b 类曲线及欧拉公式曲线的对比结果。

定义采用不同强度等级钢材得到的有限元稳定系数 φ_{FE} 与 Eurocode 3 中的 a^0、a、b 类曲线的误差值为 $\xi_{Q460-Eura^0}$、$\xi_{Q500-Eura^0}$、$\xi_{Q550-Eura^0}$、$\xi_{Q620-Eura^0}$、$\xi_{Q690-Eura^0}$、$\xi_{Q800-Eura^0}$、$\xi_{Q890-Eura^0}$、$\xi_{Q960-Eura^0}$；$\xi_{Q460-Eura}$、$\xi_{Q500-Eura}$、$\xi_{Q550-Eura}$、$\xi_{Q620-Eura}$、$\xi_{Q690-Eura}$、$\xi_{Q800-Eura}$、$\xi_{Q890-Eura}$、$\xi_{Q960-Eura}$；$\xi_{Q460-Eurb}$、$\xi_{Q500-Eurb}$、$\xi_{Q550-Eurb}$、$\xi_{Q620-Eurb}$、$\xi_{Q690-Eurb}$、$\xi_{Q800-Eurb}$、$\xi_{Q890-Eurb}$、$\xi_{Q960-Eurb}$，误差值计算方法与上文类似，不同强度等级构件有限元稳定系数 φ_{FE} 与 Eurocode 3 中的 a^0、a、b 类曲线对比误差值相关数据见表 8-17～表 8-19。

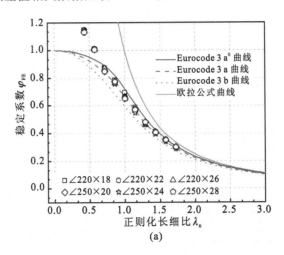

(a)

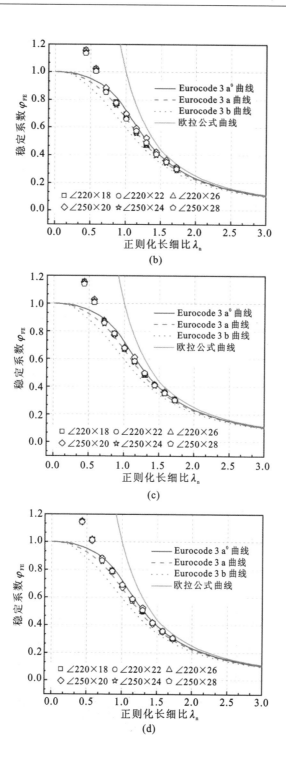

(b)

(c)

(d)

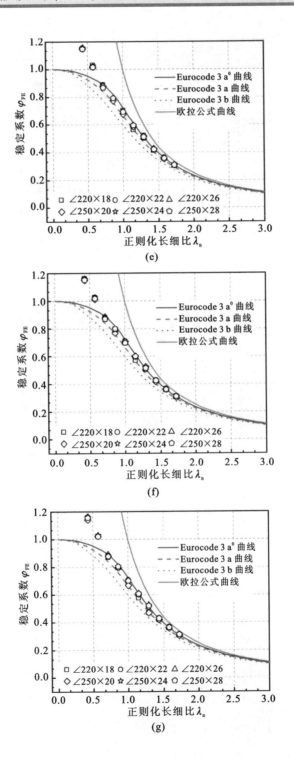

(e)

(f)

(g)

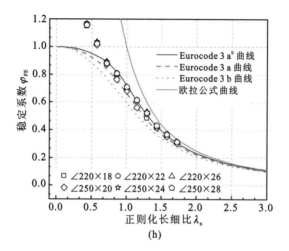

(h)

图 8-10　不同强度等级构件稳定系数 φ_{FE} 与 Eurocode 3 柱子曲线对比

(a)Q460 强度轴压构件；(b)Q500 强度轴压构件；(c)Q550 强度轴压构件；

(d)Q620 强度轴压构件；(e)Q690 强度轴压构件；(f)Q800 强度轴压构件；

(g)Q890 强度轴压构件；(h)Q960 强度轴压构件

表 8-17　不同强度等级构件稳定系数 φ_{FE} 与 Eurocode 3 中的 a^0 类曲线对比

截面规格	λ_n	$\varphi_{Eura}{}^0$	$\xi_{Q460\text{-}Eura}{}^0$ /%	$\xi_{Q500\text{-}Eura}{}^0$ /%	$\xi_{Q550\text{-}Eura}{}^0$ /%	$\xi_{Q620\text{-}Eura}{}^0$ /%	$\xi_{Q690\text{-}Eura}{}^0$ /%	$\xi_{Q800\text{-}Eura}{}^0$ /%	$\xi_{Q890\text{-}Eura}{}^0$ /%	$\xi_{Q960\text{-}Eura}{}^0$ /%
	0.431	0.965	18.76	20.21	19.90	18.13	18.65	20.31	19.79	19.07
	0.575	0.934	8.14	9.53	8.99	8.89	10.39	9.74	9.42	9.85
	0.719	0.889	−1.91	−1.46	−1.57	−0.79	−0.11	−1.12	−2.25	−1.46
	0.862	0.819	−4.40	−4.40	−4.27	−2.93	−4.76	−2.81	−2.56	−5.62
∠220×18	0.996	0.721	−3.74	−3.47	−7.77	−4.85	−2.50	−1.94	−5.69	−4.02
	1.150	0.610	−4.10	−8.36	−1.80	−6.56	−7.87	−6.72	−5.74	0.33
	1.294	0.509	−7.47	−4.91	−4.52	2.36	−1.38	−8.45	−5.11	
	1.437	0.426	−3.76	−1.41	−2.58	−2.58	−3.29	−1.41	−1.64	−2.82
	1.581	0.360	−2.50	−2.22	0.28	−0.28	−0.56	0.56	−1.11	−1.94
	1.725	0.307	−2.61	0.98	0.98	−0.98	−1.30	1.30	−1.30	0.00

续表

截面规格	λ_n	φ_{Eura^0}	$\xi_{\text{Q460-Eura}^0}$ /%	$\xi_{\text{Q500-Eura}^0}$ /%	$\xi_{\text{Q550-Eura}^0}$ /%	$\xi_{\text{Q620-Eura}^0}$ /%	$\xi_{\text{Q690-Eura}^0}$ /%	$\xi_{\text{Q800-Eura}^0}$ /%	$\xi_{\text{Q890-Eura}^0}$ /%	$\xi_{\text{Q960-Eura}^0}$ /%
∠220×22	0.431	0.965	18.76	19.07	19.17	19.38	19.69	20.00	20.41	20.73
	0.575	0.934	7.71	8.24	8.35	8.78	9.31	9.53	9.74	10.06
	0.719	0.889	−2.25	−1.80	−1.35	−1.01	−0.90	−0.45	−0.34	0.00
	0.862	0.819	−6.84	−6.47	−5.49	−4.40	−3.30	−2.81	−1.95	−1.10
	0.996	0.721	−7.91	−7.07	−5.83	−4.44	−3.61	−3.05	−2.08	−1.25
	1.150	0.610	−6.23	−5.08	−4.92	−3.44	−2.79	−2.13	−1.15	−0.16
	1.294	0.509	−8.06	−6.29	−4.72	−2.75	−1.57	−0.98	0.20	1.18
	1.437	0.426	−4.69	−3.99	−2.35	−1.88	−0.94	0.23	0.94	1.41
	1.581	0.360	−2.78	−2.50	−1.94	−0.56	0.56	1.39	1.94	2.78
	1.725	0.307	−3.26	−2.61	−1.63	−0.65	0.65	1.63	2.28	2.93
∠220×26	0.431	0.965	18.13	18.34	18.76	18.96	19.48	19.69	20.21	20.31
	0.575	0.934	7.71	7.92	8.14	8.67	9.21	9.53	10.06	10.49
	0.719	0.889	−2.47	−2.02	−1.46	−1.01	−0.90	−0.67	−0.11	0.11
	0.862	0.819	−6.96	−5.98	−5.01	−4.15	−3.79	−3.42	−2.93	−2.20
	0.996	0.721	−8.18	−6.93	−5.41	−4.30	−3.88	−3.05	−2.64	−1.66
	1.150	0.610	−7.38	−6.39	−5.25	−3.61	−2.95	−1.97	−0.49	0.82
	1.294	0.509	−9.82	−8.06	−5.70	−2.55	−0.79	1.38	2.95	3.93
	1.437	0.426	−3.99	−3.52	−3.05	−2.35	−1.64	−1.17	−0.23	−0.23
	1.581	0.360	−2.78	−2.78	−2.50	−1.94	−1.39	−0.83	0.00	0.83
	1.725	0.307	−2.28	−2.61	−2.28	−1.95	−1.30	−0.65	0.33	0.98
∠250×20	0.431	0.965	19.79	19.90	19.69	18.65	18.96	19.17	18.24	20.10
	0.575	0.934	9.96	9.74	10.17	7.92	8.89	8.35	9.64	8.57
	0.719	0.889	−0.34	−0.45	−2.25	−0.79	−1.12	−1.57	−1.12	−1.57
	0.862	0.819	−3.91	−5.74	−5.74	−3.05	−5.62	−6.23	−2.69	−6.72
	0.996	0.721	−2.22	−3.19	−6.52	−6.80	−6.24	−2.08	−7.49	−5.13
	1.150	0.610	−2.46	−2.79	0.33	−3.77	−4.26	−1.64	−0.82	−8.20
	1.294	0.509	0.59	2.95	−3.34	2.95	1.18	2.95	−8.06	1.38
	1.437	0.426	−1.41	−1.17	−2.35	−3.99	−0.47	−2.11	−1.64	−2.11
	1.581	0.360	−2.78	0.83	0.56	−1.67	−2.22	0.28	−0.83	−1.94
	1.725	0.307	0.33	1.30	−0.33	−1.95	0.65	−1.95	−0.65	−0.65

截面规格	λ_n	φ_{Eura}^0	$\xi_{Q460\text{-}Eura}^0$ /%	$\xi_{Q500\text{-}Eura}^0$ /%	$\xi_{Q550\text{-}Eura}^0$ /%	$\xi_{Q620\text{-}Eura}^0$ /%	$\xi_{Q690\text{-}Eura}^0$ /%	$\xi_{Q800\text{-}Eura}^0$ /%	$\xi_{Q890\text{-}Eura}^0$ /%	$\xi_{Q960\text{-}Eura}^0$ /%
	0.431	0.965	18.65	18.96	19.38	19.69	19.69	20.10	20.41	21.04
	0.575	0.934	8.35	9.10	9.42	9.74	9.85	10.06	10.39	10.81
	0.719	0.889	−4.50	−4.05	−3.82	−3.37	−2.59	−1.69	−0.79	−0.22
	0.862	0.819	−7.57	−6.96	−5.25	−4.40	−3.66	−3.30	−2.56	−2.08
∠250× 24	0.996	0.721	−8.18	−7.35	−5.96	−4.44	−4.02	−3.19	−2.50	−2.22
	1.150	0.610	−10.33	−9.02	−5.41	−3.61	−3.11	−2.46	−0.66	0.16
	1.294	0.509	−8.25	−6.09	−4.52	−2.16	−1.18	0.39	1.96	3.34
	1.437	0.426	−7.28	−6.34	−4.46	−1.88	−1.41	−0.94	−0.47	0.23
	1.581	0.360	−5.56	−4.44	−2.78	−1.94	−1.11	−0.56	0.00	0.56
	1.725	0.307	−6.19	−5.21	−2.93	−1.63	−0.65	0.00	0.98	2.61
	0.431	0.965	17.10	17.62	18.13	18.55	18.86	19.38	19.69	19.90
	0.575	0.934	7.60	7.71	8.03	8.57	8.78	8.99	9.21	9.31
	0.719	0.889	−4.72	−3.94	−3.26	−2.59	−2.47	−2.14	−1.46	−1.12
	0.862	0.819	−5.62	−5.01	−4.52	−3.66	−3.30	−2.44	−1.95	−1.47
∠250× 28	0.996	0.721	−9.85	−8.18	−5.83	−4.30	−4.02	−3.47	−2.77	−1.53
	1.150	0.610	−6.72	−5.74	−4.26	−3.44	−2.79	−1.80	−0.49	0.66
	1.294	0.509	−5.70	−3.73	−1.96	−0.39	0.39	1.18	1.96	2.36
	1.437	0.426	−4.93	−4.69	−3.76	−2.35	−1.41	−0.47	0.47	0.94
	1.581	0.360	−2.78	−2.50	−1.67	−1.11	−0.83	0.00	0.56	1.67
	1.725	0.307	−2.61	−2.28	−1.63	−0.33	0.33	0.65	1.63	1.95

表 8-18　　不同强度等级构件稳定系数 φ_{FE} 与 Eurocode 3 中的 a 类曲线对比

截面规格	λ_n	φ_{Eura}	$\xi_{Q460\text{-}Eura}$ /%	$\xi_{Q500\text{-}Eura}$ /%	$\xi_{Q550\text{-}Eura}$ /%	$\xi_{Q620\text{-}Eura}$ /%	$\xi_{Q690\text{-}Eura}$ /%	$\xi_{Q800\text{-}Eura}$ /%	$\xi_{Q890\text{-}Eura}$ /%	$\xi_{Q960\text{-}Eura}$ /%
	0.431	0.944	21.40	22.88	22.56	20.76	21.29	22.99	22.46	21.72
	0.575	0.899	12.35	13.79	13.24	13.03	14.68	14.02	13.68	14.13
	0.719	0.839	3.93	4.41	4.29	5.13	5.84	4.77	3.58	4.41
	0.862	0.758	3.30	3.30	3.43	4.88	2.90	5.01	5.28	1.98
∠220× 18	0.996	0.661	4.99	5.30	0.61	3.78	6.35	6.96	2.87	4.69
	1.150	0.562	4.09	−0.53	6.58	1.42	0.00	1.25	2.31	8.90
	1.294	0.474	−0.63	2.11	2.53	6.75	9.92	5.91	−1.69	1.90
	1.437	0.400	2.50	5.00	3.75	3.75	3.00	5.00	4.75	3.50
	1.581	0.340	3.24	3.53	6.18	5.59	5.29	6.47	4.71	3.82
	1.725	0.292	2.40	6.16	6.16	4.11	3.77	6.51	3.77	5.14

续表

截面规格	λ_n	φ_{Eura}	$\xi_{Q460\text{-}Eura}/$ %	$\xi_{Q500\text{-}Eura}/$ %	$\xi_{Q550\text{-}Eura}/$ %	$\xi_{Q620\text{-}Eura}/$ %	$\xi_{Q690\text{-}Eura}/$ %	$\xi_{Q800\text{-}Eura}/$ %	$\xi_{Q890\text{-}Eura}/$ %	$\xi_{Q960\text{-}Eura}/$ %
∠220×22	0.431	0.944	21.40	21.72	21.82	22.03	22.35	22.67	23.09	23.41
	0.575	0.899	11.90	12.46	12.57	13.01	13.57	13.79	14.02	14.35
	0.719	0.839	3.58	4.05	4.53	4.89	5.01	5.48	5.60	5.96
	0.862	0.758	0.66	1.06	2.11	3.30	4.49	5.01	5.94	6.86
	0.996	0.661	0.45	1.36	2.72	4.24	5.14	5.75	6.81	7.72
	1.150	0.562	1.78	3.02	3.20	4.80	5.52	6.23	7.30	8.36
	1.294	0.474	−1.27	0.63	2.32	4.43	5.70	6.33	7.59	8.65
	1.437	0.400	1.50	2.25	4.00	4.50	5.50	6.75	7.50	8.00
	1.581	0.340	2.94	3.24	3.82	5.29	6.47	7.35	7.94	8.82
	1.725	0.292	1.71	2.40	3.42	4.45	5.82	6.85	7.53	8.22
∠220×26	0.431	0.944	20.76	20.97	21.40	21.61	22.14	22.35	22.88	22.99
	0.575	0.899	11.90	12.12	12.35	12.90	13.46	13.79	14.35	14.79
	0.719	0.839	3.34	3.81	4.41	4.89	5.01	5.24	5.84	6.08
	0.862	0.758	0.53	1.58	2.64	3.56	3.96	4.35	4.88	5.67
	0.996	0.661	0.15	1.51	3.18	4.39	4.84	5.75	6.20	7.26
	1.150	0.562	0.53	1.60	2.85	4.63	5.34	6.41	8.01	9.43
	1.294	0.474	−3.16	−1.27	1.27	4.64	6.54	8.86	10.55	11.60
	1.437	0.400	2.25	2.75	3.25	4.00	4.75	5.25	6.25	6.25
	1.581	0.340	2.94	2.94	3.24	3.82	4.41	5.00	5.88	6.76
	1.725	0.292	2.74	2.40	2.74	3.08	3.77	4.45	5.48	6.16
∠250×20	0.431	0.944	22.46	22.56	22.35	21.29	21.61	21.82	20.87	22.78
	0.575	0.899	14.24	14.02	14.46	12.12	13.13	12.57	13.90	12.79
	0.719	0.839	5.60	5.48	3.58	5.13	4.77	4.29	4.77	4.29
	0.862	0.758	3.83	1.85	1.85	4.75	1.98	1.32	5.15	0.79
	0.996	0.661	6.66	5.60	1.97	1.66	2.27	6.81	0.91	3.48
	1.150	0.562	5.87	5.52	8.90	4.45	3.91	6.76	7.65	−0.36
	1.294	0.474	8.02	10.55	3.80	10.55	8.65	10.55	−1.27	8.86
	1.437	0.400	5.00	5.25	4.00	2.25	6.00	4.25	4.75	4.25
	1.581	0.340	2.94	6.76	6.47	4.12	3.53	6.18	5.00	3.82
	1.725	0.292	5.48	6.51	4.79	3.08	5.82	3.08	4.45	4.45

截面规格	λ_n	φ_{Eura}	$\xi_{Q460\text{-}Eura}/$ %	$\xi_{Q500\text{-}Eura}/$ %	$\xi_{Q550\text{-}Eura}/$ %	$\xi_{Q620\text{-}Eura}/$ %	$\xi_{Q690\text{-}Eura}/$ %	$\xi_{Q800\text{-}Eura}/$ %	$\xi_{Q890\text{-}Eura}/$ %	$\xi_{Q960\text{-}Eura}/$ %
∠250×24	0.431	0.944	21.29	21.61	22.03	22.35	22.35	22.78	23.09	23.73
	0.575	0.899	12.57	13.35	13.68	14.02	14.13	14.35	14.68	15.13
	0.719	0.839	1.19	1.67	1.91	2.38	3.22	4.17	5.13	5.72
	0.862	0.758	−0.13	0.53	2.37	3.30	4.09	4.49	5.28	5.80
	0.996	0.661	0.15	1.06	2.57	4.24	4.69	5.60	6.35	6.66
	1.150	0.562	−2.67	−1.25	2.67	4.63	5.16	5.87	7.83	8.72
	1.294	0.474	−1.48	0.84	2.53	5.06	6.12	7.81	9.49	10.97
	1.437	0.400	−1.25	−0.25	1.75	4.50	5.00	5.50	6.00	6.75
	1.581	0.340	0.00	1.18	2.94	3.82	4.71	5.29	5.88	6.47
	1.725	0.292	−1.37	−0.34	2.05	3.42	4.45	5.14	6.16	7.88
∠250×28	0.431	0.944	19.70	20.23	20.76	21.19	21.50	22.03	22.35	22.56
	0.575	0.899	11.79	11.90	12.24	12.79	13.01	13.24	13.46	13.57
	0.719	0.839	0.95	1.79	2.50	3.22	3.34	3.69	4.41	4.77
	0.862	0.758	1.98	2.64	3.17	4.09	4.49	5.41	5.94	6.46
	0.996	0.661	−1.66	0.15	2.72	4.39	4.69	5.30	6.05	7.41
	1.150	0.562	1.25	2.31	3.91	4.80	5.52	6.58	8.01	9.25
	1.294	0.474	1.27	3.38	5.27	6.96	7.81	8.65	9.49	9.92
	1.437	0.400	1.25	1.50	2.50	4.00	5.00	6.00	7.00	7.50
	1.581	0.340	2.94	3.24	4.12	4.71	5.00	5.88	6.47	7.65
	1.725	0.292	2.40	2.74	3.42	4.79	5.48	5.82	6.85	7.19

表 8-19　不同强度等级构件稳定系数 φ_{FE} 与 Eurocode 3 中的 b 类曲线对比

截面规格	λ_n	φ_{Eurb}	$\xi_{Q460\text{-}Eurb}/$ %	$\xi_{Q500\text{-}Eurb}/$ %	$\xi_{Q550\text{-}Eurb}/$ %	$\xi_{Q620\text{-}Eurb}/$ %	$\xi_{Q690\text{-}Eurb}/$ %	$\xi_{Q800\text{-}Eurb}/$ %	$\xi_{Q890\text{-}Eurb}/$ %	$\xi_{Q960\text{-}Eurb}/$ %
∠220×18	0.431	0.914	25.38	26.91	26.59	24.73	25.27	27.02	26.48	25.71
	0.575	0.849	18.96	20.49	19.91	19.79	21.44	20.73	20.38	20.85
	0.719	0.773	12.81	13.32	13.20	14.10	14.88	13.71	12.42	13.32
	0.862	0.685	14.31	14.31	14.45	16.06	13.87	16.20	16.50	12.85
	0.996	0.593	17.03	17.37	12.14	15.68	18.55	19.22	14.67	16.69
	1.150	0.506	15.61	10.47	18.38	12.65	11.07	12.45	13.64	20.95
	1.294	0.43	9.53	12.56	13.02	17.67	21.16	16.74	8.37	12.33
	1.437	0.366	12.02	14.75	13.39	13.39	12.57	14.75	14.48	13.11
	1.581	0.314	11.78	12.10	14.97	14.33	14.01	15.29	13.38	12.42
	1.725	0.271	10.33	14.39	14.39	12.18	11.81	14.76	11.81	13.28

续表

截面规格	λ_n	φ_{Eurb}	$\xi_{Q460\text{-}Eurb}/$ %	$\xi_{Q500\text{-}Eurb}/$ %	$\xi_{Q550\text{-}Eurb}/$ %	$\xi_{Q620\text{-}Eurb}/$ %	$\xi_{Q690\text{-}Eurb}/$ %	$\xi_{Q800\text{-}Eurb}/$ %	$\xi_{Q890\text{-}Eurb}/$ %	$\xi_{Q960\text{-}Eurb}/$ %
∠220×22	0.431	0.914	25.38	25.71	25.82	26.04	26.37	26.70	27.13	27.46
	0.575	0.849	18.49	19.08	19.20	19.67	20.26	20.49	20.73	21.08
	0.719	0.773	12.42	12.94	13.45	13.84	13.97	14.49	14.62	15.01
	0.862	0.685	11.39	11.82	12.99	14.31	15.62	16.20	17.23	18.25
	0.996	0.593	11.97	12.98	14.50	16.19	17.20	17.88	19.06	20.07
	1.150	0.506	13.04	14.43	14.62	16.40	17.19	17.98	19.17	20.36
	1.294	0.43	8.84	10.93	12.79	15.12	16.51	17.21	18.60	19.77
	1.437	0.366	10.93	11.75	13.66	14.21	15.30	16.67	17.49	18.03
	1.581	0.314	11.46	11.78	12.42	14.01	15.29	16.24	16.88	17.83
	1.725	0.271	9.59	10.33	11.44	12.55	14.02	15.13	15.87	16.61
∠220×26	0.431	0.914	24.73	24.95	25.38	25.60	26.15	26.37	26.91	27.02
	0.575	0.849	18.49	18.73	18.96	19.55	20.14	20.49	21.08	21.55
	0.719	0.773	12.16	12.68	13.32	13.84	13.97	14.23	14.88	15.14
	0.862	0.685	11.24	12.41	13.58	14.60	15.04	15.47	16.06	16.93
	0.996	0.593	11.64	13.15	15.01	16.36	16.86	17.88	18.38	19.56
	1.150	0.506	11.66	12.85	14.23	16.21	17.00	18.18	19.96	21.54
	1.294	0.43	6.74	8.84	11.63	15.35	17.44	20.00	21.86	23.02
	1.437	0.366	11.75	12.30	12.84	13.66	14.48	15.03	16.12	16.12
	1.581	0.314	11.46	11.46	11.78	12.42	13.06	13.69	14.65	15.61
	1.725	0.271	10.70	10.33	10.70	11.07	11.81	12.55	13.65	14.39
∠250×20	0.431	0.914	26.48	26.59	26.37	25.27	25.60	25.82	24.84	26.81
	0.575	0.849	20.97	20.73	21.20	18.73	19.79	19.20	20.61	19.43
	0.719	0.773	14.62	14.49	12.42	14.10	13.71	13.20	13.71	13.20
	0.862	0.685	14.89	12.70	12.70	15.91	12.85	12.12	16.35	11.53
	0.996	0.593	18.89	17.71	13.66	13.32	14.00	19.06	12.48	15.35
	1.150	0.506	17.59	17.19	20.95	16.01	15.42	18.58	19.57	10.67
	1.294	0.43	19.07	21.86	14.42	21.86	19.77	21.86	8.84	20.00
	1.437	0.366	14.75	15.03	13.66	11.75	15.85	13.93	14.48	13.93
	1.581	0.314	11.46	15.61	15.29	12.74	12.10	14.97	13.69	12.42
	1.725	0.271	13.65	14.76	12.92	11.07	14.02	11.07	12.55	12.55

截面规格	λ_n	φ_{Eurb}	$\xi_{Q460\text{-}Eurb}$ /%	$\xi_{Q500\text{-}Eurb}$ /%	$\xi_{Q550\text{-}Eurb}$ /%	$\xi_{Q620\text{-}Eurb}$ /%	$\xi_{Q690\text{-}Eurb}$ /%	$\xi_{Q800\text{-}Eurb}$ /%	$\xi_{Q890\text{-}Eurb}$ /%	$\xi_{Q960\text{-}Eurb}$ /%
∠250×24	0.431	0.914	25.27	25.60	26.04	26.37	26.37	26.81	27.13	27.79
	0.575	0.849	19.20	20.02	20.38	20.73	20.85	21.08	21.44	21.91
	0.719	0.773	9.83	10.35	10.61	11.13	12.03	13.07	14.10	14.75
	0.862	0.685	10.51	11.24	13.28	14.31	15.18	15.62	16.50	17.08
	0.996	0.593	11.64	12.65	14.33	16.19	16.69	17.71	18.55	18.89
	1.150	0.506	8.10	9.68	14.03	16.21	16.80	17.59	19.76	20.75
	1.294	0.43	8.60	11.16	13.02	15.81	16.98	18.84	20.70	22.33
	1.437	0.366	7.92	9.02	11.20	14.21	14.75	15.30	15.85	16.67
	1.581	0.314	8.28	9.55	11.46	12.42	13.38	14.01	14.65	15.29
	1.725	0.271	6.27	7.38	9.96	11.44	12.55	13.28	14.39	16.24
∠250×28	0.431	0.914	23.63	24.18	24.73	25.16	25.49	26.04	26.37	26.59
	0.575	0.849	18.37	18.49	18.85	19.43	19.67	19.91	20.14	20.26
	0.719	0.773	9.57	10.48	11.25	12.03	12.16	12.55	13.32	13.71
	0.862	0.685	12.85	13.58	14.16	14.75	16.64	17.23	17.23	17.81
	0.996	0.593	9.61	11.64	14.50	16.36	16.69	17.37	18.21	19.73
	1.150	0.506	12.45	13.64	15.42	16.40	17.19	18.38	19.96	21.34
	1.294	0.43	11.63	13.95	16.05	17.91	18.84	19.77	20.70	21.16
	1.437	0.366	10.66	10.93	12.02	13.66	14.75	15.85	16.94	17.49
	1.581	0.314	11.46	11.78	12.74	13.38	13.69	14.65	15.29	16.56
	1.725	0.271	10.33	10.70	11.44	12.92	13.65	14.02	15.13	15.50

从图 8-10、表 8-17～表 8-19 可以看出,不同强度等级构件有限元稳定系数 φ_{FE} 与 Eurocode 3 中的 a^0、a、b 类曲线对比时,随着材料强度的增加,构件的稳定承载力系数也会得到相应的增长,这是因为随着强度的增加,钢材受几何初始缺陷和残余应力的影响显著降低,构件的极限承载力得到相应的提高。稳定系数 φ_{FE} 与 Eurocode 3 的 b 类曲线对比时,稳定系数 φ_{FE} 的值明显大于 b 类曲线,平均比 b 类曲线高 16.17%。稳定系数 φ_{FE} 与 Eurocode 3 的 a 类曲线对比时,除了个别值小于 a 类曲线,整体上也大于 a 类曲线,平均大于 a 类曲线 7.04%。稳定系数 φ_{FE} 与 Eurocode 3 的 a^0 类曲线对比时,对于长细比较小的构件,稳定系数 φ_{FE} 的值会明显大于 a^0 曲线,随着长细比的增大,两者之间的差距会逐渐减小。当长细比较大时,稳定系数 φ_{FE} 的值小于 a^0 曲线。但随着钢材强度等级的增大,稳定系数 φ_{FE} 的值小于规范中柱子曲线的幅值逐渐降低,计算的长细比范围内,稳定系数 φ_{FE} 平均大于柱子 a^0 类曲线 0.85%。

图 8-11 为不同强度等级构件有限元稳定系数 φ_{FE} 与美国设计规范 ANSI/AISC 360-16 中的柱子曲线及欧拉公式曲线的对比结果。

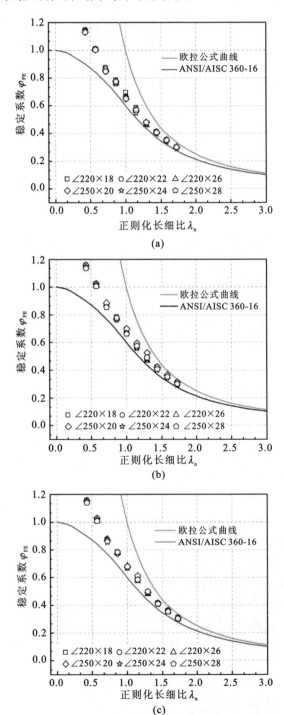

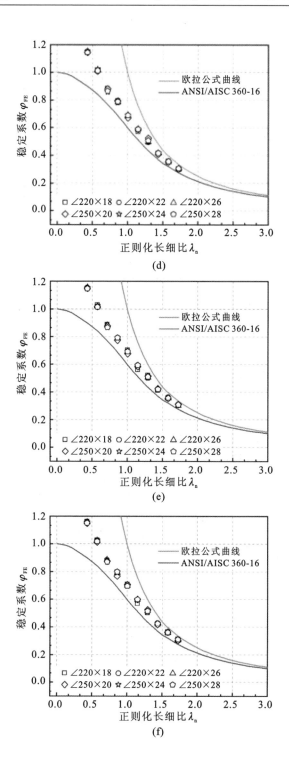

(d)

(e)

(f)

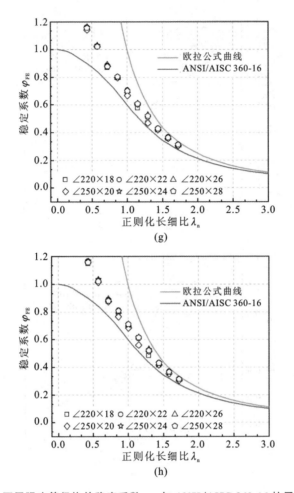

图 8-11　不同强度等级构件稳定系数 φ_{FE} 与 ANSI/AISC 360-16 柱子曲线对比

(a)Q460 强度轴压构件；(b)Q500 强度轴压构件；(c)Q550 强度轴压构件；

(d)Q620 强度轴压构件；(e)Q690 强度轴压构件；(f)Q800 强度轴压构件；

(g)Q890 强度轴压构件；(h)Q960 强度轴压构件

定义采用不同强度等级钢材得到的有限元稳定系数 φ_{FE} 与 ANSI/AISC 360-16 柱子曲线的误差值为 $\xi_{Q460-AISC}$、$\xi_{Q500-AISC}$、$\xi_{Q550-AISC}$、$\xi_{Q620-AISC}$、$\xi_{Q4690-AISC}$、$\xi_{Q800-AISC}$、$\xi_{Q890-AISC}$、$\xi_{Q960-AISC}$，误差值计算方法与上文类似，不同强度等级构件有限元稳定系数 φ_{FE} 与 AN-SI/AISC 360-16 中的柱子曲线误差值相关数据见表 8-20。

表8-20 不同强度等级构件稳定系数 φ_{FE} 与 ANSI/AISC 360-16 柱子曲线对比

截面规格	λ_n	φ_{AISC}	$\xi_{Q460\text{-}AISC}$/%	$\xi_{Q500\text{-}AISC}$/%	$\xi_{Q550\text{-}AISC}$/%	$\xi_{Q620\text{-}AISC}$/%	$\xi_{Q690\text{-}AISC}$/%	$\xi_{Q800\text{-}AISC}$/%	$\xi_{Q890\text{-}AISC}$/%	$\xi_{Q960\text{-}AISC}$/%
	0.431	0.925	23.89	25.41	25.08	23.24	23.78	25.51	24.97	24.22
	0.575	0.871	15.96	17.45	16.88	16.76	18.37	17.68	17.34	17.80
	0.719	0.806	8.19	8.68	8.56	9.43	10.17	9.06	7.82	8.68
	0.862	0.733	6.82	6.82	6.96	8.46	6.41	8.59	8.87	5.46
∠220×	0.996	0.655	5.95	6.26	1.53	4.73	7.33	7.94	3.82	5.65
18	1.150	0.575	1.74	−2.78	4.17	−0.87	−2.26	−1.04	0.00	6.43
	1.294	0.496	−5.04	−2.42	−2.02	2.02	5.04	1.21	−6.05	−2.62
	1.437	0.421	−2.61	−0.24	−1.43	−1.43	−2.14	−0.24	−0.48	−1.66
	1.581	0.351	0.00	0.28	2.85	2.28	1.99	3.13	1.42	0.57
	1.725	0.288	3.82	7.64	7.64	5.56	5.21	7.99	5.21	6.60
	0.431	0.925	23.89	24.22	24.32	24.54	24.86	25.19	25.62	25.95
	0.575	0.871	15.50	16.07	16.19	16.65	17.22	17.45	17.68	18.03
	0.719	0.806	7.82	8.31	8.81	9.18	9.31	9.80	9.93	10.30
	0.862	0.733	4.09	4.50	5.59	6.82	8.05	8.59	9.55	10.50
∠220×	0.996	0.655	1.37	2.29	3.66	5.19	6.11	6.72	7.79	8.70
22	1.150	0.575	−0.52	0.70	0.87	2.43	3.13	3.83	4.87	5.91
	1.294	0.496	−5.65	−3.83	−2.22	−0.20	1.01	1.61	2.82	3.83
	1.437	0.421	−3.56	−2.85	−1.19	−0.71	0.24	1.43	2.14	2.61
	1.581	0.351	−0.28	0.00	0.57	1.99	3.13	3.99	4.56	5.41
	1.725	0.288	3.13	3.82	4.86	5.90	7.29	8.33	9.03	9.72
	0.431	0.925	23.24	23.46	23.89	24.11	24.65	24.86	25.41	25.51
	0.575	0.871	15.50	15.73	15.96	16.53	17.11	17.45	18.03	18.48
	0.719	0.806	7.57	8.06	8.68	9.18	9.31	9.55	10.17	10.42
	0.862	0.733	3.96	5.05	6.14	7.09	7.50	7.91	8.46	9.28
∠220×	0.996	0.655	1.07	2.44	4.12	5.34	5.80	6.72	7.18	8.24
26	1.150	0.575	−1.74	−0.70	0.52	2.26	2.96	4.00	5.57	6.96
	1.294	0.496	−7.46	−5.65	−3.23	0.00	1.81	4.03	5.65	6.65
	1.437	0.421	−2.85	−2.38	−1.90	−1.19	−0.48	0.00	0.95	0.95
	1.581	0.351	−0.28	−0.28	0.00	0.57	1.14	1.71	2.56	3.42
	1.725	0.288	4.17	3.82	4.17	4.51	5.21	5.90	6.94	7.64

续表

截面规格	λ_n	φ_{AISC}	$\xi_{Q460\text{-}AISC}/$ %	$\xi_{Q500\text{-}AISC}/$ %	$\xi_{Q550\text{-}AISC}/$ %	$\xi_{Q620\text{-}AISC}/$ %	$\xi_{Q690\text{-}AISC}/$ %	$\xi_{Q800\text{-}AISC}/$ %	$\xi_{Q890\text{-}AISC}/$ %	$\xi_{Q960\text{-}AISC}/$ %
∠250×20	0.431	0.925	24.97	25.08	24.86	23.78	24.11	24.32	23.35	25.30
	0.575	0.871	17.91	17.68	18.14	15.73	16.76	16.19	17.57	16.42
	0.719	0.806	9.93	9.80	7.82	9.43	9.06	8.56	9.06	8.56
	0.862	0.733	7.37	5.32	5.32	8.32	5.46	4.77	8.73	4.23
	0.996	0.655	7.63	6.56	2.90	2.60	3.21	7.79	1.83	4.43
	1.150	0.575	3.48	3.13	6.43	2.09	1.57	4.35	5.22	−2.61
	1.294	0.496	3.23	5.65	−0.81	5.65	3.83	5.65	−5.65	4.03
	1.437	0.421	−0.24	0.00	−1.19	−2.85	0.71	−0.95	−0.48	−0.95
	1.581	0.351	−0.28	3.42	3.13	0.85	0.28	2.85	1.71	0.57
	1.725	0.288	6.94	7.99	6.25	4.51	7.29	4.51	5.90	5.90
∠250×24	0.431	0.925	23.78	24.11	24.54	24.86	24.86	25.30	25.62	26.27
	0.575	0.871	16.19	16.99	17.34	17.68	17.80	18.03	18.37	18.83
	0.719	0.806	5.33	5.83	6.08	6.58	7.44	8.44	9.43	10.05
	0.862	0.733	3.27	3.96	5.87	6.82	7.64	8.05	8.87	9.41
	0.996	0.655	1.07	1.98	3.51	5.19	5.65	6.56	7.33	7.63
	1.150	0.575	−4.87	−3.48	0.35	2.26	2.78	3.48	5.39	6.26
	1.294	0.496	−5.85	−3.63	−2.02	0.40	1.41	3.02	4.64	6.05
	1.437	0.421	−6.18	−5.23	−3.33	−0.71	−0.24	0.24	0.71	1.43
	1.581	0.351	−3.13	−1.99	−0.28	0.57	1.42	1.99	2.56	3.13
	1.725	0.288	0.00	1.04	3.47	4.86	5.90	6.60	7.64	9.38
∠250×28	0.431	0.925	22.16	22.70	23.24	23.68	24.00	24.54	24.86	25.08
	0.575	0.871	15.38	15.50	15.84	16.42	16.65	16.88	17.11	17.22
	0.719	0.806	5.09	5.96	6.70	7.44	7.57	7.94	8.68	9.06
	0.862	0.733	5.46	6.14	6.68	7.64	8.05	9.00	9.55	10.10
	0.996	0.655	−0.76	1.07	3.66	5.34	5.65	6.26	7.02	8.40
	1.150	0.575	−1.04	0.00	1.57	2.43	3.13	4.17	5.57	6.78
	1.294	0.496	−3.23	−1.21	0.60	2.22	3.02	3.83	4.64	5.04
	1.437	0.421	−3.80	−3.56	−2.61	−1.19	−0.24	0.71	1.66	2.14
	1.581	0.351	−0.28	0.00	0.85	1.42	1.71	2.56	3.13	4.27
	1.725	0.288	3.82	4.17	4.86	6.25	6.94	7.29	8.33	8.68

从图 8-11、表 8-20 可以看出,不同强度等级构件有限元稳定系数 φ_{FE} 与 ANSI/AISC 360-16 中的柱子曲线对比时,随着材料强度的增加,构件的稳定系数也会得到相应的增长,这是因为随着强度的增加,钢材受几何初始缺陷和残余应力的影响显著降低,构件的极限承载力得到相应的提高。对于长细比较小的构件,稳定系数 φ_{FE} 的值会明显大于规范中柱子曲线,之后随着长细比的增大,两者之间的差距会逐渐减小。当长细比较大时,少数强度在 690MPa 以下的构件的稳定系数 φ_{FE} 小于规范中柱子曲线。但随着钢材强度等级的增大,稳定系数 φ_{FE} 的值大于规范中的值,在本节计算的长细比范围内,稳定系数 φ_{FE} 平均大于柱子曲线 7.12%。

图 8-12 为不同强度等级构件有限元稳定系数 φ_{FE} 与美国设计规范 ASCE 10-2015 中的柱子曲线及欧拉公式曲线的对比结果。

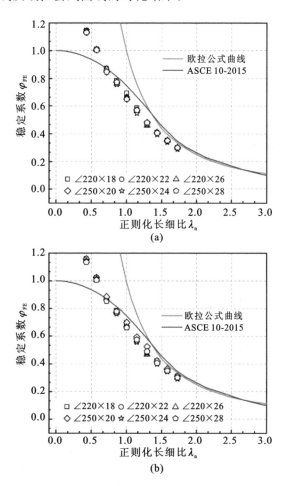

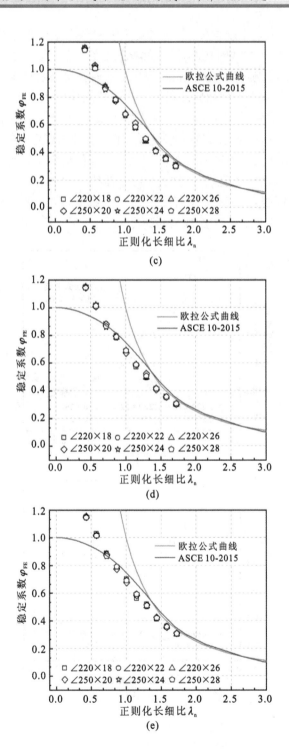

(c)

(d)

(e)

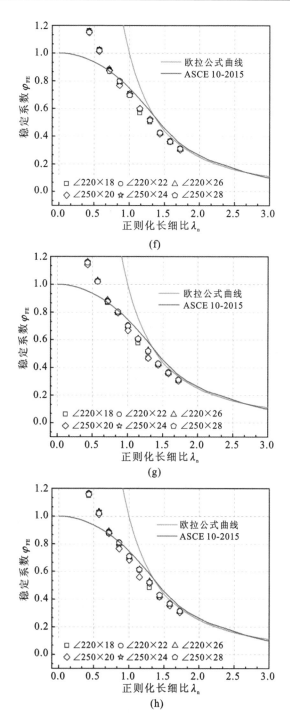

图 8-12　不同强度等级构件稳定系数 φ_{FE} 与 ASCE 10-2015 柱子曲线对比

（a）Q460 强度轴压构件；（b）Q500 强度轴压构件；（c）Q550 强度轴压构件；（d）Q620 强度轴压构件；
（e）Q690 强度轴压构件；（f）Q800 强度轴压构件；（g）Q890 强度轴压构件；（h）Q960 强度轴压构件

定义采用不同强度等级钢材得到的有限元稳定系数 φ_{FE} 与 ASCE 10-2015 柱子曲线的误差值为 $\xi_{Q460-ASCE}$、$\xi_{Q500-ASCE}$、$\xi_{Q550-ASCE}$、$\xi_{Q620-ASCE}$、$\xi_{Q4690-ASCE}$、$\xi_{Q800-ASCE}$、$\xi_{Q890-ASCE}$、$\xi_{Q960-ASCE}$，误差值计算方法与上文类似，不同强度等级构件有限元稳定系数 φ_{FE} 与 ASCE 10-2015 中的柱子曲线误差值相关数据见表 8-21。

表 8-21　　不同强度等级构件稳定系数 φ_{FE} 与 ASCE 10-2015 柱子曲线对比

截面规格	λ_n	φ_{ASCE}	$\xi_{Q460-ASCE}$/%	$\xi_{Q500-ASCE}$/%	$\xi_{Q550-ASCE}$/%	$\xi_{Q620-ASCE}$/%	$\xi_{Q690-ASCE}$/%	$\xi_{Q800-ASCE}$/%	$\xi_{Q890-ASCE}$/%	$\xi_{Q960-ASCE}$/%
∠220×18	0.431	0.95	20.63	22.11	21.79	20.00	20.53	22.21	21.68	20.95
	0.575	0.917	10.14	11.56	11.01	10.91	12.43	11.78	11.45	11.89
	0.719	0.874	−0.23	0.23	0.11	0.92	1.60	0.57	−0.57	0.23
	0.862	0.817	−4.16	−4.16	−4.04	−2.69	−4.53	−2.57	−2.33	−5.39
	0.996	0.748	−7.22	−6.95	−11.10	−8.29	−6.02	−5.48	−9.09	−7.49
	1.150	0.666	−12.16	−16.07	−10.06	−14.41	−15.62	−14.56	−13.66	−8.11
	1.294	0.588	−19.90	−17.69	−17.35	−13.95	−11.39	−14.63	−20.75	−17.86
	1.437	0.494	−17.00	−14.98	−15.99	−15.99	−16.60	−14.98	−15.18	−16.19
	1.581	0.415	−15.42	−15.18	−13.01	−13.49	−13.73	−12.77	−14.22	−14.94
	1.725	0.346	−13.58	−10.40	−10.40	−12.14	−12.43	−10.12	−12.43	−11.27
∠220×22	0.431	0.95	20.63	20.95	21.05	21.26	21.58	21.89	22.32	22.63
	0.575	0.917	9.71	10.25	10.36	10.80	11.34	11.56	11.78	12.10
	0.719	0.874	−0.57	−0.11	0.34	0.69	0.80	1.26	1.37	1.72
	0.862	0.817	−6.61	−6.24	−5.26	−4.16	−3.06	−2.57	−1.71	−0.86
	0.996	0.748	−11.23	−10.43	−9.22	−7.89	−7.09	−6.55	−5.61	−4.81
	1.150	0.666	−14.11	−13.06	−12.91	−11.56	−10.96	−10.36	−9.46	−8.56
	1.294	0.588	−20.41	−18.88	−17.52	−15.82	−14.80	−14.29	−13.27	−12.41
	1.437	0.494	−17.81	−17.21	−15.79	−15.38	−14.57	−13.56	−12.96	−12.55
	1.581	0.415	−15.66	−15.42	−14.94	−13.73	−12.77	−12.05	−11.57	−10.84
	1.725	0.346	−14.16	−13.58	−12.72	−11.85	−10.69	−9.83	−9.25	−8.67

续表

截面规格	λ_n	φ_{ASCE}	$\xi_{Q460\text{-}ASCE}/\%$	$\xi_{Q500\text{-}ASCE}/\%$	$\xi_{Q550\text{-}ASCE}/\%$	$\xi_{Q620\text{-}ASCE}/\%$	$\xi_{Q690\text{-}ASCE}/\%$	$\xi_{Q800\text{-}ASCE}/\%$	$\xi_{Q890\text{-}ASCE}/\%$	$\xi_{Q960\text{-}ASCE}/\%$
∠220×26	0.431	0.95	20.00	20.21	20.63	20.84	21.37	21.58	22.11	22.21
	0.575	0.917	9.71	9.92	10.14	10.69	11.23	11.56	12.10	12.54
	0.719	0.874	−0.80	−0.34	0.23	0.69	0.80	1.03	1.60	1.83
	0.862	0.817	−6.73	−5.75	−4.77	−3.92	−3.55	−3.18	−2.69	−1.96
	0.996	0.748	−11.50	−10.29	−8.82	−7.75	−7.35	−6.55	−6.15	−5.21
	1.150	0.666	−15.17	−14.26	−13.21	−11.71	−11.11	−10.21	−8.86	−7.66
	1.294	0.588	−21.94	−20.41	−18.37	−15.65	−14.12	−12.24	−10.88	−10.03
	1.437	0.494	−17.21	−16.80	−16.40	−15.79	−15.18	−14.78	−13.97	−13.97
	1.581	0.415	−15.66	−15.66	−15.42	−14.94	−14.46	−13.98	−13.25	−12.53
	1.725	0.346	−13.29	−13.58	−13.29	−13.01	−12.43	−11.85	−10.98	−10.40
∠250×20	0.431	0.95	21.68	21.79	21.58	20.53	20.84	21.05	20.11	22.00
	0.575	0.917	12.00	11.78	12.21	9.92	10.91	10.36	11.67	10.58
	0.719	0.874	1.37	1.26	−0.57	0.92	0.57	0.11	0.57	0.11
	0.862	0.817	−3.67	−5.51	−5.51	−2.82	−5.39	−6.00	−2.45	−6.49
	0.996	0.748	−5.75	−6.68	−9.89	−10.16	−9.63	−5.61	−10.83	−8.56
	1.150	0.666	−10.66	−10.96	−8.11	−11.86	−12.31	−9.91	−9.16	−15.92
	1.294	0.588	−12.93	−10.88	−16.33	−10.88	−12.41	−10.88	−20.41	−12.24
	1.437	0.494	−14.98	−14.78	−15.79	−17.21	−14.17	−15.59	−15.18	−15.59
	1.581	0.415	−15.66	−12.53	−12.77	−14.70	−15.18	−13.01	−13.98	−14.94
	1.725	0.346	−10.98	−10.12	−11.56	−13.01	−10.69	−13.01	−11.85	−11.85
∠250×24	0.431	0.95	20.53	20.84	21.26	21.58	21.58	22.00	22.32	22.95
	0.575	0.917	10.36	11.12	11.45	11.78	11.89	12.10	12.43	12.87
	0.719	0.874	−2.86	−2.40	−2.17	−1.72	−0.92	0.00	0.92	1.49
	0.862	0.817	−7.34	−6.73	−5.02	−4.16	−3.43	−3.06	−2.33	−1.84
	0.996	0.748	−11.50	−10.70	−9.36	−7.89	−7.49	−6.68	−6.02	−5.75
	1.150	0.666	−17.87	−16.67	−13.36	−11.71	−11.26	−10.66	−9.01	−8.26
	1.294	0.588	−20.58	−18.71	−17.35	−15.31	−14.46	−13.10	−11.73	−10.54
	1.437	0.494	−20.04	−19.23	−17.61	−15.38	−14.98	−14.57	−14.17	−13.56
	1.581	0.415	−18.07	−17.11	−15.66	−14.94	−14.22	−13.73	−13.25	−12.77
	1.725	0.346	−16.76	−15.90	−13.87	−12.72	−11.85	−11.27	−10.40	−8.96

截面规格	λ_n	φ_{ASCE}	$\xi_{Q460-ASCE}$/%	$\xi_{Q500-ASCE}$/%	$\xi_{Q550-ASCE}$/%	$\xi_{Q620-ASCE}$/%	$\xi_{Q690-ASCE}$/%	$\xi_{Q800-ASCE}$/%	$\xi_{Q890-ASCE}$/%	$\xi_{Q960-ASCE}$/%
∠250×28	0.431	0.95	18.95	19.47	20.00	20.42	20.74	21.26	21.58	21.79
	0.575	0.917	9.60	9.71	10.03	10.58	10.80	11.01	11.23	11.34
	0.719	0.874	−3.09	−2.29	−1.60	−0.92	−0.80	−0.46	0.23	0.57
	0.862	0.817	−5.39	−4.77	−4.28	−3.43	−3.06	−2.20	−1.71	−1.22
	0.996	0.748	−13.10	−11.50	−9.22	−7.75	−7.49	−6.95	−6.28	−5.08
	1.150	0.666	−14.56	−13.66	−12.31	−11.56	−10.96	−10.06	−8.86	−7.81
	1.294	0.588	−18.37	−16.67	−15.14	−13.78	−13.10	−12.41	−11.73	−11.39
	1.437	0.494	−18.02	−17.81	−17.00	−15.79	−14.98	−14.17	−13.36	−12.96
	1.581	0.415	−15.66	−15.42	−14.70	−14.22	−13.98	−13.25	−12.77	−11.81
	1.725	0.346	−13.58	−13.29	−12.72	−11.56	−10.98	−10.69	−9.83	−9.54

从图 8-12、表 8-21 可以看出,不同强度等级构件有限元稳定系数 φ_{FE} 与 ASCE 10-2015 中的柱子曲线对比时,随着材料强度的增加,构件的稳定系数也会得到相应的增长,这是因为随着强度的增加,钢材受几何初始缺陷和残余应力的影响显著降低,构件的极限承载力得到相应的提高。对于长细比较小的构件,稳定系数 φ_{FE} 的值明显大于规范中柱子曲线,随着长细比的增大,两者之间的差距会逐渐减小。当长细比较大时,稳定系数 φ_{FE} 的值小于规范中柱子曲线。但随着钢材强度等级的增大,稳定系数 φ_{FE} 的值小于规范中柱子曲线的幅值逐渐降低。在本节计算的长细比范围内,稳定系数 φ_{FE} 平均小于柱子曲线 4.82%。

8.4.2 现有柱子曲线的选用

为了更加直观地看出不同强度等级构件稳定系数 φ_{FE} 与我国《钢结构设计标准》(GB 50017—2017)中的柱子曲线对比误差平均值,将上文求得的数据按照不同强度等级和不同类型构件分类汇总在表 8-22 和表 8-23 中。

表 8-22 　　　　不同强度等级构件稳定系数 φ_{FE} 与规范柱子曲线对比

规范曲线	ξ_{Q460}/%		ξ_{Q500}/%		ξ_{Q550}/%		ξ_{Q620}/%	
	平均值	标准差	平均值	标准差	平均值	标准差	平均值	标准差
GB 50017—2017 a	1.31	7.99	2.09	7.72	3.16	7.29	4.23	6.92
GB 50017—2017 b	12.37	6.02	13.25	5.77	14.45	5.33	15.65	4.99

规范曲线	ξ_{Q690}/%		ξ_{Q800}/%		ξ_{Q890}/%		ξ_{Q960}/%	
	平均值	标准差	平均值	标准差	平均值	标准差	平均值	标准差
GB 50017—2017 a	4.87	6.77	5.54	6.62	6.32	6.45	7.00	6.30
GB 50017—2017 b	16.36	4.81	17.11	4.69	17.99	4.56	18.75	4.46

表 8-23　　　不同强度等级三类构件稳定系数 φ_{FE} 与规范柱子曲线对比

规范曲线	钢材等级	短柱		中长柱		长柱	
		平均值	标准差	平均值	标准差	平均值	标准差
GB 50017—2017 a	Q460	16.21	4.97	−1.94	2.04	−2.69	2.02
	Q500	16.59	4.94	−1.14	1.77	−1.77	1.54
	Q550	16.90	4.99	−0.04	1.30	−0.42	0.96
	Q620	17.28	4.90	0.93	0.98	0.98	0.68
	Q690	17.61	4.86	1.43	0.79	1.83	0.78
	Q800	17.92	4.92	2.02	0.72	2.70	1.00
	Q890	18.28	4.95	2.68	0.64	3.72	1.09
	Q960	18.61	4.96	3.32	0.55	4.56	1.23
GB 50017—2017 b	Q460	23.42	3.57	11.08	1.14	8.74	1.89
	Q500	23.82	3.53	12.00	0.93	9.77	1.79
	Q550	24.15	3.59	13.25	0.90	11.28	1.65
	Q620	24.56	3.48	14.36	1.16	12.86	1.91
	Q690	24.90	3.42	14.91	1.18	13.81	1.97
	Q800	25.23	3.48	15.58	1.27	14.79	2.24
	Q890	25.62	3.52	16.34	1.31	15.93	2.53
	Q960	25.96	3.52	17.07	1.54	16.87	2.71

从上表的数据可以明显看出,对于大角钢十字组合截面轴压构件,当有限元稳定系数 φ_{FE} 与我国《钢结构设计标准》(GB 50017—2017)中的 b 类曲线对比时,稳定系数的值在本章所有研究构件的强度范围及长细比范围内均大于 b 类曲线。并且当构件为短柱时,误差平均值均在 20% 以上;当构件为中长柱和长柱时,误差平均值均在 8% 以上。有限元稳定系数 φ_{FE} 与规范中的 a 类曲线对比,当构件为短柱时,稳定系数

φ_{FE} 的值均明显大于 a 类曲线，误差平均值在 15％以上；当构件为中长柱和长杆时，钢材强度等级在 Q460～Q550 时的稳定系数 φ_{FE} 的值小于 a 类曲线，误差平均值的范围为 $-1％～-2％$，而钢材强度在 Q620～Q960 的稳定系数 φ_{FE} 的值均大于 a 类曲线，误差平均值的范围为 1％～5％。

所以本节基于保守设计理念，在保证构件安全的前提下给出了适用于大角钢十字组合截面轴压构件不同强度等级下的推荐曲线，见表 8-24。即建议钢材强度等级为 Q460～Q550 的大角钢十字组合截面轴压构件采用我国《钢结构设计标准》（GB 50017—2017）中的 b 类曲线，钢材强度等级为 Q620～Q960 的构件采用《钢结构设计标准》（GB 50017—2017）中的 a 类曲线。

表 8-24　不同强度等级构件推荐曲线（适用于大角钢十字组合截面轴压构件）

钢材等级	$\varphi_{FE}/\varphi_{GB-a}$	$\varphi_{FE}/\varphi_{GB-b}$	推荐柱子曲线类别
Q460	1.013	1.124	b 类
Q500	1.021	1.133	b 类
Q550	1.032	1.145	b 类
Q620	1.042	1.157	a 类
Q690	1.049	1.164	a 类
Q800	1.055	1.171	a 类
Q890	1.063	1.180	a 类
Q960	1.070	1.188	a 类

8.5　大角钢十字组合截面轴压构件的推荐柱子曲线

对于构件轴压稳定性能的研究，欧拉于 1759 年在小挠度假定下，对于理想的直杆提出了计算轴压构件稳定临界力 P_{cr} 及临界应力 σ_{cr} 的欧拉公式：

$$P_{cr} = \frac{\pi^2 EI}{l^2} \tag{8-16}$$

$$\sigma_{cr} = \frac{\pi^2 E}{\lambda^2} \tag{8-17}$$

式中，EI 为轴压杆截面抗弯刚度；l 为轴压杆计算长度；λ 为轴压杆长细比。

如今在实际工程中，制定轴压构件的稳定承载力计算方法时，一般是以边缘屈服准则或者最大强度准则作为基础，再结合试验数据以及数值分析研究进行。边缘屈服准则是考虑了轴压杆的初始变形,根据构件的荷载-挠度关系[6],对于初始挠度为 f_0 的轴压杆,当轴压杆受到轴心压力 P 作用时,其挠度会有所放大,放大因数 χ 为:

$$\chi = \frac{1}{1 - P/P_E} \tag{8-18}$$

式中,P_E 为欧拉稳定临界力。

所以在压力 P 的作用下,压杆的二阶弯矩 M 为:

$$M = P\chi f_0 = Pf_0 \cdot \frac{1}{1 - P/P_E} \tag{8-19}$$

所以压杆截面开始出现屈服的条件为:

$$\frac{N}{A} + \frac{M}{W} = \frac{N}{A} + \frac{Nf_0}{W} \cdot \frac{1}{1 - P/P_E} \tag{8-20}$$

式中,W 为轴压杆截面抗弯抵抗矩。

式(8-20)可以进一步写为:

$$\frac{N}{A}\left(1 + f_0 \frac{A}{W} \cdot \frac{1}{1 - P/P_E}\right) = \sigma\left(1 + \varepsilon_0 \cdot \frac{1}{1 - \sigma/\sigma_E}\right)f_y \tag{8-21}$$

式中,ε_0 为相对初弯曲,$\varepsilon_0 = f_0 A/W$;σ_E 为欧拉稳定临界应力。

通过求解式(8-21),可以得到轴压杆边缘屈服时的截面平均应力 σ 为:

$$\sigma = \frac{f_y + (1 + \varepsilon_0)\sigma_E}{2} - \sqrt{\left[\frac{f_0 + (1 + \varepsilon_0)\sigma_E}{2}\right]^2 - f_y \sigma_E} \tag{8-22}$$

利用边缘屈服准则的计算方法,可以进一步得到轴压杆整体稳定系数 φ 的计算公式:

$$\varphi = \frac{\sigma}{f_y} = \frac{1}{2\lambda_n^2}\left[(1 + \varepsilon_0 + \lambda_n^2) - \sqrt{(1 + \varepsilon_0 + \lambda_n^2)^2 - 4\lambda_n^2}\right] \tag{8-23}$$

上式即为柏利公式,国内外多部钢结构设计规范都将其作为确定稳定系数 φ 的计算方法,我国现行钢结构设计规范同样是以柏利公式为基础,对钢结构构件的柱子曲线进行描述,采用李开禧等[7-8]按照逆算单元长度法获得的计算结果确定了三类柱子曲线,后又针对组成板件 $t \geqslant 40mm$ 的工字形、H 形和箱形截面增设了 d 类曲线。规范中的四类柱子曲线均采用柏利公式的形式作为构件的稳定承载力系数 φ 的计算公式。

式(8-23)中 $\varepsilon_0 = f_0 A/W$ 为相对初弯曲,但是根据上文的推导过程可知,柏利公式是由边缘屈服准则推导得到的,式中只考虑了轴压杆的初始变形,没有考虑初始偏心以及残余应力对轴压杆的影响。因此,我国的钢结构设计规范在制定柱子曲线时,通过确定 ε_0 的值来综合考虑构件轴压稳定承载力受轴压杆材料参数、压杆长度、初始弯曲、截面规格以及残余应力的影响。此时获得的柏利公式更加倾向于最大强度准则的轴压杆稳定承载力计算公式。

采用上述方法得到的 ε_0 是正则化长细比 λ_n 的线性函数[9-16]，为：

$$\varepsilon_0 = c_1 + c_2 \cdot \lambda_n \tag{8-24}$$

式中，c_1，c_2 是需要通过拟合得到的系数，将式(8-24)代入式(8-23)中可以得到：

$$\varphi = \frac{1}{2\lambda_n^2}\left\{\left[(1+c_1) + c_2 \cdot \lambda_n + \lambda_n^2\right] - \sqrt{\left[(1+c_1) + c_2 \cdot \lambda_n + \lambda_n^2\right]^2 - 4\lambda_n^2}\right\} \tag{8-25}$$

再将式(8-25)中的待定系数进行整理可以得到：

$$\varphi = \frac{1}{2\lambda_n^2}\left[(\alpha_2 + \alpha_3 \cdot \lambda_n + \lambda_n^2) - \sqrt{(\alpha_2 + \alpha_3 \cdot \lambda_n + \lambda_n^2)^2 - 4\lambda_n^2}\right] \tag{8-26}$$

此时待定系数转变为 α_2 和 α_3，式(8-26)便是我国现行钢结构设计规范中采用的柱子曲线计算公式。当正则化长细比 $\lambda_n > 0.215$ 时该式与数值计算结果吻合情况较好，当 $\lambda_n \leqslant 0.215$ 时，稳定系数 φ 的值按下式计算：

$$\varphi = 1 - \alpha_1\lambda_n^2 \tag{8-27}$$

式中，α_1 同样为拟合待定系数，因此我国《钢结构设计标准》(GB 50017—2017)对柱子曲线的计算公式如下：

$$\varphi = \begin{cases} 1 - \alpha_1\lambda_n^2 & (\lambda_n \leqslant 0.215) \\ \dfrac{1}{2\lambda_n^2}\left[(\alpha_2 + \alpha_3 \cdot \lambda_n + \lambda_n^2) - \sqrt{(\alpha_2 + \alpha_3 \cdot \lambda_n + \lambda_n^2)^2 - 4\lambda_n^2}\right] & (\lambda_n > 0.215) \end{cases} \tag{8-28}$$

本章共计研究了 9 种不同强度等级的大角钢十字组合截面轴压构件的稳定承载性能，构件的正则化长细比 λ_n 范围为 $0.431 \sim 1.725$，通过有限元计算得到了各构件的稳定承载力 P_{uFE} 以及稳定系数 φ_{FE}，而本节将根据上文得到的数据点结合柏利公式拟合得到适用于不同强度等级构件的承载力稳定计算公式。现以强度等级为 Q420 的大角钢十字组合截面轴压构件计算结果作为研究对象，进行承载力稳定计算公式待定系数的确定。所以对上文 Q420 强度构件计算得到的 60 个 (λ_n, φ) 数据点，采用最小二乘法与式(8-28)进行拟合，拟合得到的待定系数 α_2 和 α_3 分别为：

$$\begin{cases} \alpha_2 = 0.867 \\ \alpha_3 = 0.303 \end{cases} \tag{8-29}$$

所以对于 Q420 强度的大角钢十字组合截面轴压构件，承载力稳定计算公式可以进一步写为：

$$\varphi = \frac{1}{2\lambda_n^2}\left[(0.867 + 0.303\lambda_n + \lambda_n^2) - \sqrt{(0.867 + 0.303\lambda_n + \lambda_n^2)^2 - 4\lambda_n^2}\right] \tag{8-30}$$

根据式(8-30)可以得到 Q420 强度大角钢十字组合截面轴压构件的拟合曲线，如图 8-13 所示。

从图 8-13 中的拟合曲线可以看出，在正则化长细比 λ_n 较小时，会出现稳定系数

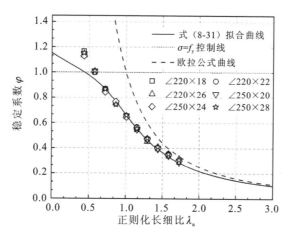

图 8-13　式(8-31)拟合曲线

$\varphi > 1.0$ 的情况。但是考虑到实际工程中的使用情况,同时避免大角钢十字组合截面轴压构件中的塑性强化区域过大,本书建议此种情况下的构件承载力稳定系数取 $\varphi = 1.0$。因此,对于 Q420 强度的大角钢十字组合截面轴压构件,本书推荐的柱子曲线的解析式为:

当 $\lambda_n \leqslant 0.439$ 时:

$$\varphi = 1.0 \tag{8-31}$$

当 $\lambda_n > 0.439$ 时:

$$\varphi = \frac{1}{2\lambda_n^2}\left[(0.867 + 0.303\lambda_n + \lambda_n^2) - \sqrt{(0.867 + 0.303\lambda_n + \lambda_n^2)^2 - 4\lambda_n^2}\right] \tag{8-32}$$

将 Q420 构件推荐曲线绘制出来,如图 8-14 所示。

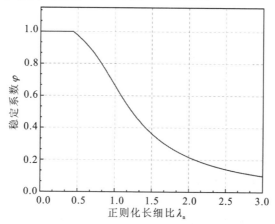

图 8-14　Q420 构件推荐曲线

同理,本章后续 Q460～Q960 的 8 种强度等级大角钢十字组合截面轴压构件的推荐柱子曲线计算公式可写为:

$$\varphi = \begin{cases} 1.0 & (\lambda_n \leqslant \alpha) \\ \dfrac{1}{2\lambda_n^2}\left[(\alpha_2 + \alpha_3 \cdot \lambda_n + \lambda_n^2) - \sqrt{(\alpha_2 + \alpha_3 \cdot \lambda_n + \lambda_n^2)^2 - 4\lambda_n^2}\right] & (\lambda_n > \alpha) \end{cases}$$

$$(8\text{-}33)$$

式中,α 同样为待定系数,表示柏利公式拟合曲线与 $\sigma = f_y$ 控制线相交时正则化长细比 λ_n 的取值。因此,后续可采用相同的方法获得 8 种强度构件推荐柱子曲线的计算公式,公式采用式(8-33)的格式,式中各待定系数见表 8-25。

表 8-25   更新柱子曲线待定系数取值

钢材强度等级	α	α_2	α_3
Q420	0.439	0.867	0.303
Q460	0.418	0.882	0.282
Q500	0.400	0.898	0.255
Q550	0.364	0.920	0.220
Q620	0.181	0.971	0.160
Q690	0.143	0.979	0.147
Q800	0.168	0.976	0.143
Q890	0.160	0.979	0.131
Q960	0.161	0.980	0.124

8.6   本 章 小 结

本章对比了采用双线性理想弹塑性本构模型和多线性考虑强化阶段本构模型的有限元计算结果,对比发现多线性考虑强化阶段本构模型更适用于大角钢十字组合截面轴压构件。同时,根据构件的特性,按构件长细比将构件分为短柱、中长柱和长柱三类构件并进行研究,得到以下结论:

①根据 Q420 强度构件的有限元计算结果得到稳定系数 φ_{FE},将 φ_{FE} 与国内外几部现行设计规范中的推荐柱子曲线进行对比分析,根据对比结果给出现行规范中适用于 Q420 强度大角钢十字组合截面轴压构件的柱子曲线。按设计目标推荐曲线,当以保守设计为设计目标时,推荐选用我国《钢结构设计标准》(GB 50017—2017)和

欧洲 Eurocode 3 中的 b 类曲线；当以经济设计为设计目标时，推荐选用欧洲 Euro-code 3 中的 a 类曲线。按构件分类推荐曲线时，短柱推荐选用欧洲 Eurocode 3 中的 a^0 类曲线，中长柱和长柱推荐选用欧洲 Eurocode 3 中的 a 类曲线。

②根据 8 种不同强度等级共计 320 个大角钢十字组合截面轴压构件的有限元计算结果，得到不同强度等级构件的 φ_{FE}，并与我国《钢结构设计标准》(GB 50017—2017)中推荐的柱子曲线进行对比。根据对比结果，建议钢材强度等级为 Q460～Q550 的大角钢十字组合截面轴压构件采用我国《钢结构设计标准》(GB 50017—2017)中的 b 类柱子曲线，钢材强度等级为 Q620～Q960 的构件采用《钢结构设计标准》(GB 50017—2017)中的 a 类柱子曲线。

③根据 9 种不同强度等级大角钢十字组合截面轴压构件计算得到的 (λ_n, φ) 数据点进行柱子曲线的拟合，得到 9 种不同强度等级构件的稳定承载力计算公式。

参 考 文 献

[1] 中华人民共和国住房和城乡建设部. 钢结构设计标准：GB 50017—2017 [S]. 北京：中国建筑工业出版社，2018.

[2] Eurocode 3：design of steel structures：part 1-1：general rules and rules for buildings：BS EN 1993-1-1[S]. London：BSI，2005.

[3] Specification for structural steel buildings：ANSI/AISC 360-16 [S]. Chicago：AISC，2016.

[4] Design of Latticed Steel Transmission Structures：ASCE 10-2015 [S]. Washinton DC：ASCE，2015.

[5] 班慧勇，施刚，石永久. 不同等级高强钢焊接工形轴压柱整体稳定性能及设计方法研究[J]. 土木工程学报，2014，47(11)：19-28.

[6] 李毅，王志滨. 恒温下结构钢的应力-应变关系[J]. 福州大学学报（自然科学版），2013，41(4)：735-740.

[7] 李开禧，肖允徽. 逆算单元长度法计算单轴失稳时钢压杆的临界力[J]. 重庆建筑工程学院学报，1982(4)：26-45.

[8] 李开禧，肖允徽，铙晓峰，等. 钢压杆的柱子曲线[J]. 重庆建筑工程学院学报，1985(1)：24-33.

[9] CHEN J. Residual Stress Effect on Stability of Axially Loaded Columns [C]//Chinese Welding Society. The International Conference on Quality and Reliability in Welding，1984，3(20)：1-6.

［10］ 童根树.关于压杆稳定系数的一个思考［J］.钢结构（中英文）,2023,38(10):59-61.

［11］ 舒大林.角钢构件双重非线性分析方法及承载特性研究［D］.重庆:重庆科技学院,2023.

［12］ 王立军.轴心受压杆件设计［J］.钢结构（中英文）,2020,35(4):39-49.

［13］ 王立军.轴心受压杆件的弯曲屈曲［J］.建筑结构,2019,49(19):126-135.

［14］ 宋江,马亮亮,李硕.Q420不等边角钢的柱子曲线［J］.工程技术研究,2018(7):34-35.

［15］ 王亚东,杨景胜,冯衡,等.输电铁塔大规格角钢轴压稳定系数研究［J］.广东电力,2015,28(8):101-105.

［16］ 徐晴.中国、美国、欧盟轴心受压构件稳定规范比较［C］//天津大学,天津市钢结构协会.第十四届全国现代结构工程学术研讨会论文集.天津:天津大学求是学部,2014:6.

9 随机点蚀角钢有限元模拟方法研究

输电距离和输电量的日益增大,对输电线路中钢结构铁塔的结构强度和稳定性等各方面性能都提出了更高的要求,推进了高强度角钢在铁塔中的应用。但由于铁塔长期暴露在条件较为恶劣的自然环境中,相比于其他建筑,铁塔的钢结构杆件更容易受到不同程度的腐蚀。腐蚀削弱构件的受力性能,极大地威胁着输电线路的使用安全,缩减钢结构铁塔的使用寿命,并造成巨大的经济损失。因此在进行钢结构铁塔寿命周期内的可靠性分析时,要充分考虑钢材腐蚀对结构力学性能的影响,排除构件腐蚀带来的安全隐患问题。但在现行规范[1-3]中仅对钢结构所处环境的腐蚀程度进行了分类,并对不同构筑物的防腐措施和使用年限进行了规定和说明,缺乏对结构腐蚀后力学性能进行有效评估的体系。

在输电杆塔的腐蚀中,以均匀腐蚀和点腐蚀(简称点蚀)最为常见[4]。其中点腐蚀是一种由小阳极大阴极腐蚀电池引起的阳极区高度集中的局部腐蚀形式[5],往往是在构件的某一侧先出现,在构件的另外一侧扩大甚至穿孔,更具有隐蔽性。点蚀引起的应力集中会削弱钢构件的抗拉性能和局部稳定性,蚀坑处还容易发展为断裂源,引起构件断裂失效。由于点蚀机理的复杂性,对点蚀构件锈蚀后承载力的评估一直是近年来研究的难点和热点,相关文献通过有限元模拟评估了点蚀几何参数变化对单侧点蚀板材抗压强度的影响,提出用于评估单侧点蚀板材的极限强度和屈曲后性能的厚度折减的方法[6-8]。但刚度折减和厚度折减的方法都是针对特定模型进行推导,结论不具有普适性,同时与实际点蚀构件相比,这两种方法未考虑应力集中和蚀孔间的相互作用,难以保证结论的准确性。因此,有必要对随机点蚀角钢构件极限承载力的劣化规律进行研究,建立适用于随机点蚀角钢构件的极限承载力评估方法。本章以 Q460 等边角钢为研究对象,提出针对随机点蚀角钢构件的有限元模型构建方法,并基于真实的腐蚀试验数据展开参数分析,研究随机点蚀损伤对轴向受力等边角钢力学性能的影响规律,并采用非线性回归的方式拟合点蚀角钢极限抗拉承载力的折减公式,对于实际工程分析具有指导意义。

本章采用 SOLID185 单元建立随机分布点蚀角钢的有限元分析模型,并对建模过程中的相关问题进行说明,采用非线性的计算方法计算角钢模型的抗压极限承载力,阐述了单元类型、初始缺陷、材料本构关系、蚀坑形状以及网格尺寸对角钢构件承载力的影响,通过与已有文献的试验数据进行对比,验证了有限元模型的有效性。

9.1 随机点蚀角钢有限元模型的建立

9.1.1 单元类型选择

实体单元模型对比壳单元模型,虽然存在计算量大、模型相对复杂等问题,但锈蚀实际上是对钢材厚度的折减,实体单元能更反映厚度变化对钢材极限承载力的影响和钢材蚀孔部位的应力细节,故本章采用实体单元建模。SOLID185 单元称为3D8 节点结构实体单元,适用于大变形、大应变的非线性分析[9-12],本章利用 ANSYS实体单元 SOLID185 建模。

9.1.2 建模方法

为了简化模型且更好控制网格大小、提高网格划分质量,模型上的点蚀坑均设置为同一大小。根据角钢构件的尺寸和点蚀坑的尺寸对角钢的轴向和横截面方向进行划分,将角钢构件的几何模型划分为大小均匀的体块,如图 9-1(a)所示。

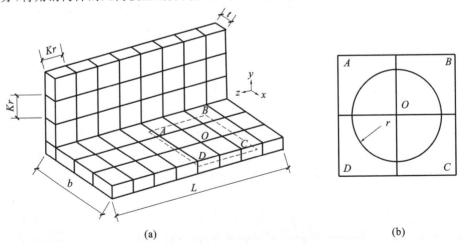

(a)   (b)

图 9-1 随机点蚀角钢模型几何划分示意图

(a)角钢几何划分示意图;(b)蚀坑布置示意图

L 为角钢长度，b 为角钢肢宽，t 为角钢厚度，r 为蚀坑半径，K 为大于 1 的系数，用以控制几何块的大小，保证蚀坑间不会相互重合交叠，以免影响后续网格划分，每个几何块的长宽都近似为 Kr。因为蚀坑的数目众多且位置都是随机分布，在对随机点蚀角钢构件进行几何建模时，若采用 GUI 方式建模，交互难度极大，且效率低下，而 APDL 语言能够实现参数化建模，方便模型的修改，能够大大提高建模效率。角钢几何模型中的每个十字交点均可能为点蚀的圆心，为了实现蚀坑的随机均匀分布，采用 APDL 语言中的 rand 函数，随机生成三个整数 i、j、k。k 表示点蚀产生在哪一肢，当 $k=1$ 时表示与 x 轴平行的角肢，当 $k=2$ 时表示与 y 轴平行的角肢。i 表示第 i 列，j 表示第 j 行，其中

$$i \in \left(0, \frac{b}{Kr}\right), \quad j \in \left(0, \frac{L}{Kr}\right)$$

每组 i、j、k 对应角钢上的唯一位置点。定义三维数组 $\mathrm{PIT}(i, j, k)$ 来判断当前位置是否已产生蚀坑。在初始状态下，PIT 数组的值均为 0，表示所有位置均可以产生蚀坑，当选中某一位置时，将其对应的元素值赋为 1，并将周围 8 个十字交点对应的 PIT 值也赋为 1，例如选中 O 点，如图 9-1(b) 所示，O 点的位置为与 x 轴平行角肢的第 3 列，第 4 行（坐标轴处为起点），故 $\mathrm{PIT}(3, 4, 1)=1$，$\mathrm{PIT}(3\pm1, 4\pm1, 1)=1$。之后通过布尔操作在相应位置切割出点蚀坑，重复以上步骤，直至得到所需的蚀坑数目，最后通过体扫描的方法得到随机分布点蚀角钢的有限元模型，如图 9-2 所示。

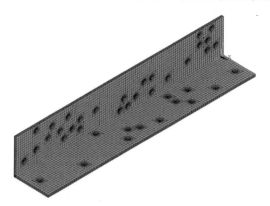

图 9-2　随机分布点蚀角钢有限元模型

9.1.3　边界条件

采用两端铰接的方式研究锈蚀角钢的轴向受力性能，即选取坐标 $x=0$ 和 $x=L$ 的所有节点，约束 x 和 y 两个方向上的平动自由度，同时选取 $x=L$ 截面上的任一节点，约束其 z 方向上的平动自由度，阻止其刚体位移。因此，$x=0$ 截面为构件的加载

面，$x=L$ 截面为构件的约束端，约束的施加如图 9-3 所示。

图 9-3 约束的施加

9.1.4 初始缺陷

初始变形对点蚀构件极限承载力的影响是不容忽视的，根据《钢结构设计标准》（GB 50017—2017）[62]，采用塑性区法进行直接分析设计时，应按不小于 $L/1000$（L 为杆长）的出厂加工精度考虑构件的初始几何缺陷，并考虑初始残余应力。ANSYS 中初始几何缺陷可以通过修正模型的节点坐标来实现，通过特征值屈曲分析得到模型的一阶弹性屈曲模态，利用 UPGEOM 命令将其乘 $L/1000$ 后施加到整个模型中。本章分析的角钢宽厚比大于 10，因此忽略截面横向残余应力对构件受力性能的影响，只考虑纵向残余应力[13]，如图 9-4(a)所示，施加残余应力后的角钢有限元模型应力云图如图 9-4(b)所示。

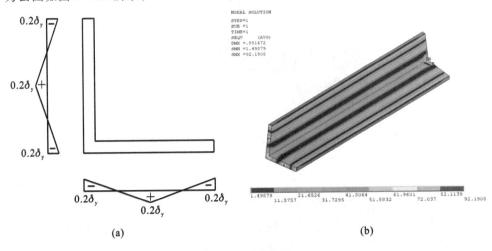

图 9-4 残余应力

(a)截面简化残余应力分布；(b)残余应力云图

选取∠125×8×750角钢构件进行试算,钢材等级为Q460。施加了残余应力的角钢构件极限承载力为633.2kN,未施加残余应力的角钢构件极限承载力为640.2kN,说明残余应力对角钢极限承载力的影响很小。Gardner等[14]、郑宝峰等[15]通过引入残余应力对受压圆管杆件进行有限元分析,发现残余应力的存在对构件整体的极限承载力影响较小,仅仅会略微降低构件的刚度。因此,本章忽略残余应力的影响,通过放大初始缺陷峰值来整体考虑初始缺陷。

初始缺陷峰值有不同的取值,Shi等[16]将初始缺陷峰值取为$L/480$,宋刚[17]将初始缺陷峰值取为$L/350$,王仁华等[18]将初始缺陷峰值取为$L/1000$,朱浩川等[19-20]则将初始缺陷峰值取为$L/2000$。因此选取不同初始缺陷峰值,参照文献[21]中的试验结果,找出合适的初始缺陷峰值。表9-1列出了不同初始缺陷峰值下有限元模拟试验构件的极限承载力。

表 9-1   初始缺陷峰值对模拟极限承载力的影响

截面规格	试验结果/kN	极限承载力/kN			误差		
		$L/400$	$L/600$	$L/800$	$L/400$	$L/600$	$L/800$
∠125×8×750	717	600.6	623.6	633.8	16.2%	13.0%	11.6%
∠125×8×1173	666.3	570.8	589.3	603.6	14.3%	11.6%	9.4%
∠125×8×1500	586.7	533.7	553.5	564.8	9%	5.7%	3.7%
∠125×8×1750	536	501.8	522.4	535.2	6.4%	2.5%	0.1%

由表9-1可知,文献[21]的试验结果均大于有限元结果,且随着构件长度的增加,有限元和试验结果的误差变小,分析是因为试验中两端连接的方式为半刚接,其计算长度要小于L,随着构件的长细比增加,边界约束的影响也就越小。当初始缺陷峰值取$L/800$时,平均误差最小,故初始缺陷峰值取为$L/800$。

9.1.5 材料参数

材料参数的定义主要是确定材料的本构关系,包括应力-应变关系和屈服强化准则。在材料非线性分析中,常见的本构关系有三种。

(1)理想弹塑性本构模型

理想弹塑性本构模型认为钢材在达到屈服强度之前是理想的弹性体,钢材的流幅阶段又接近于理想的塑性体,因此将材料的应力-应变关系简化为一条斜线和一条水平直线,应力-应变曲线如图9-5所示,其表达式为:

$$\sigma = \begin{cases} E\varepsilon & (0 < \varepsilon \leqslant \varepsilon_y) \\ f_y & (\varepsilon_y < \varepsilon \leqslant \varepsilon_u) \end{cases} \tag{9-1}$$

式中，E 为弹性模量，MPa；f_y 为屈服强度，MPa；ε_y 为弹性阶段极限应变；ε_u 为极限应变。

这种本构关系是最简单的一种形式，求解也相对容易，设计规范中的计算理论大多以这种本构关系为基础。

（2）双折线本构模型

双折线本构模型考虑了材料强化阶段的受力特性，当截面应力超过钢材的比例极限，构件将在弹塑性状态屈曲，弹塑性阶段的切线模量可按式（9-2）确定。

$$E_{st} = (f_y - \sigma)E/(f_y - 0.96\sigma) \tag{9-2}$$

材料的应力-应变关系简化为两条斜线，如图 9-6 所示，其表达式为：

$$\sigma = \begin{cases} E\varepsilon & (0 < \varepsilon \leqslant \varepsilon_y) \\ f_y + E_{st}(\varepsilon - \varepsilon_y) & (\varepsilon_y < \varepsilon \leqslant \varepsilon_u) \end{cases} \tag{9-3}$$

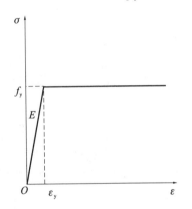

图 9-5　理想弹塑性本构模型　　　　图 9-6　双折线本构模型

（3）多线性本构模型

多线性本构模型考虑材料的流幅变形和屈服后强化阶段的受力特性，其应力-应变关系如图 9-7 所示，其表达式为：

$$\sigma = \begin{cases} E\varepsilon & (0 < \varepsilon \leqslant \varepsilon_y) \\ f_y & (\varepsilon_y < \varepsilon \leqslant \varepsilon_{st}) \\ f_y + E_{st}(\varepsilon - \varepsilon_{st}) & (\varepsilon_{st} < \varepsilon \leqslant \varepsilon_u) \end{cases} \tag{9-4}$$

式中，ε_{st} 为屈服阶段极限应变。

本章采用带切线模量的双折线弹塑性模型，根据文献[21]中材性试验的结果，Q460 钢材的屈服强度取平均值为 476MPa，弹性模量为 1.98×10^5 MPa，泊松比为 0.3，本构模型如图 9-8 所示。

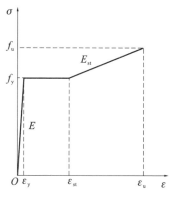

图 9-7 多线性本构模型

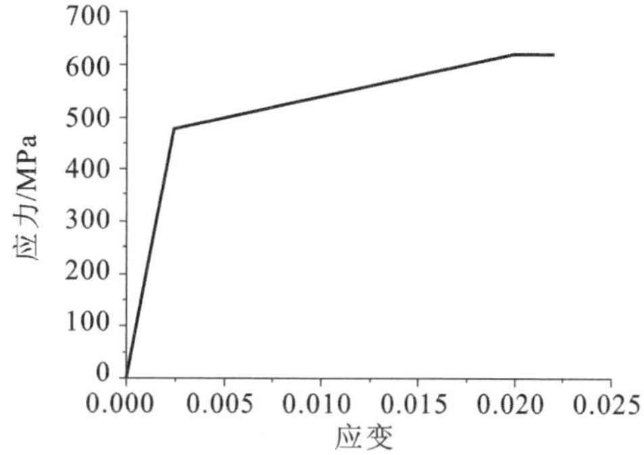

图 9-8 钢材本构关系

对于构件是否发生屈服，目前工程上常用的判断准则有 Tresca 屈服准则和 Mises 屈服准则。

（1）Tresca 屈服准则

Tresca 屈服准则假定当最大剪应力达到某个极限值时材料发生屈服，规定材料的主应力 $\sigma_1 \geqslant \sigma_2 \geqslant \sigma_3$，则屈服条件为：

$$\sigma_1 - \sigma_3 = f_y \tag{9-5}$$

Tresca 屈服准则在 3D 主应力空间中是一个正六棱柱的柱面，如图 9-9 所示。

（2）Mises 屈服准则

Mises 屈服准则又称为变形能准则，其屈服条件为：

$$\sqrt{\frac{[(\sigma_1 - \sigma_2)^2 + (\sigma_2 - \sigma_3)^2 + (\sigma_3 - \sigma_1)^2]}{2}} = f_y \tag{9-6}$$

Mises 屈服准则在 3D 主应力空间中是一个以 $\sigma_1 = \sigma_2 = \sigma_3$ 为轴的圆柱面，如图 9-10 所示。

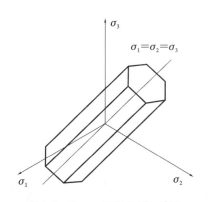

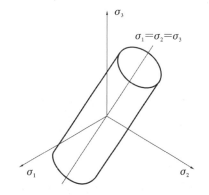

图 9-9 Tresca 屈服准则示意图

图 9-10 Mises 屈服准则示意图

钢材在屈服后进入强化阶段,强化准则描述了随着塑性应变的增加,初始屈服准则的发展变化情况。对于硬化材料,强化准则分为等向强化和随动强化两种。等向强化模型假定材料在硬化后仍保持各向同性,忽略了塑性变形引起的各向异性,适用于大应变、单调加载的情况,对于 Mises 屈服准则而言,屈服面在所有方向均匀扩张,如图 9-11 所示。

随动强化模型认为材料在硬化过程中屈服面的大小和形状不变,只产生中心移动,当某个方向的屈服应力增大时,其相反方向的屈服应力相应减小,适用于小应变、循环加载的情况,如图 9-12 所示。

本章有限元分析中,材料的屈服准则采用 Mises 屈服准则,强化准则采用多线性等向强化准则(MISO)。

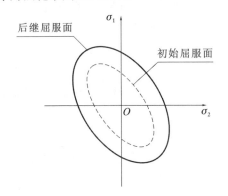

图 9-11　等向强化模型

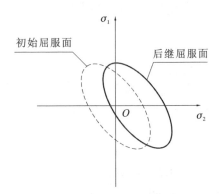

图 9-12　随动强化模型

9.1.6　加载求解

非线性结构的分析要比线性问题复杂得多,其结构刚度会随着荷载的变化而发生改变,在工程实际问题中常采用数值分析的方法,通过求解一系列线性代数方程组来求得问题的近似解。ANSYS 中常用的求解方法有增量法、迭代法和弧长法。

(1)增量法

增量法将荷载分成一系列的荷载子步,依次施加荷载增量并求解,每次求解时认为结构刚度不发生变化。欧拉-柯西法是最典型的增量法,在每个荷载子步求解完成后,调整刚度矩阵,以此反映结构刚度的非线性变化,之后进行下一个子步的求解,求解过程如图 9-13 所示。从图中可以看出,计算误差随着荷载增量的施加而不断累加,最终导致计算结果失去平衡。

(2)迭代法

迭代法也将荷载分成一系列的荷载子步,但在每个荷载子步求解前,先对残差矢量进行估算,程序根据非平衡荷载修改刚度矩阵并进行线性求解,如果结果不满足收

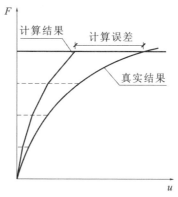

图 9-13　欧拉-柯西法

敛准则,则重新修改刚度矩阵,继续求解,直到结果收敛。常用的迭代法包括牛顿-拉弗森(Newton-Raphson)法、修正的牛顿法和拟牛顿法。

Newton-Raphson 法采用切线刚度矩阵,求解时收敛快,但计算量较大,迭代过程如图 9-14 所示。

修正的牛顿法用原刚度矩阵进行迭代计算,计算量小,但收敛稳定性较差,其迭代过程如图 9-15 所示。

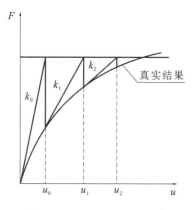

图 9-14　Newton-Raphson 法

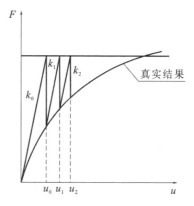

图 9-15　修正的牛顿法

拟牛顿法综合了前面两种迭代方法,采用修正的原刚度矩阵进行求解计算,其迭代过程如图 9-16 所示。

(3)弧长法

弧长法可以克服刚度矩阵可能变成降秩矩阵从而导致计算不收敛的问题,对于不稳定的非线性静力方程,它可以在响应不稳定的阶段获得静态平衡,克服牛顿法不能越过极值点、无法得到荷载-位移曲线下降段的缺点,其求解过程如图 9-17 所示。

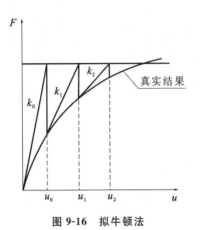

图 9-16　拟牛顿法

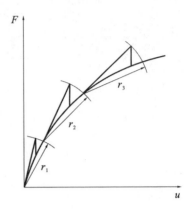

图 9-17　弧长法

本章在有限元模拟中采用弧长法进行非线性迭代求解。因为角钢的形心位置不在薄壁构件的截面上，所以将外力按照均布荷载的形式进行施加，即选取坐标 $x=0$ 和 $x=L$ 的所有节点，将轴向力以均匀分布的荷载形式等效到这些节点上。分析过程中，首先对模型施加单位力，通过特征值屈曲分析求出一阶模态的特征值，之后将特征值放大 $1.2\sim1.3$ 倍，以均布力的形式施加到模型上求解，打开自动时间步长选项，增强计算的收敛性。

9.1.7　蚀坑形状的影响

实际蚀坑的损伤观测表明，蚀坑形状以圆锥形或球形为主[8]，但考虑到计算效率和建模的复杂性，采用较简单的圆柱形蚀坑来代替。现行的锈蚀检测规范和相关文献中常采用点蚀强度 DOP（构件表面总腐蚀有效面积 A_{cor} 与原有面积 A 的百分比）和腐蚀损伤体积 DOV（构件总腐蚀有效体积 V_{cor} 与原有构件体积 V 的百分比）来描述构件的锈蚀程度，如式(9-7)、式(9-8)所示。

$$\mathrm{DOP}=\frac{A_{cor}}{A}\times100\%=\frac{n\times\dfrac{\pi d^2}{4}}{2bL}=\frac{n\pi d^2}{8bL}\times100\% \tag{9-7}$$

$$\mathrm{DOV}=\frac{V_{cor}}{V}\times100\% \tag{9-8}$$

式中，b，L 分别为角钢的肢宽和杆件长；n 为蚀坑数量；d 为蚀坑直径。

为了比较不同蚀坑形状引起的极限承载力差异，采用 SOLID185 单元建立圆柱形、圆锥形和球冠形三种蚀坑形状的角钢有限元模型，分析对比如表 9-2 和图 9-18 所示。

表 9-2   不同蚀坑形状承载力对比

蚀坑形状	点蚀数量	半径/mm	深度/mm	DOP	DOV	极限承载力/kN
球冠形	60	8	4	6.87%	2.29%	605.2
圆锥形	60	8	4	6.87%	1.15%	616.2
圆柱形	60	8	4	6.87%	3.44%	581.7
球冠形	30	8	4	3.44%	1.15%	615
圆柱形	20	8	4	2.29%	1.15%	611.3
球冠形	40	7.6	3.8	4.13%	1.31%	612.1
圆锥形	40	9.6	4.8	6.60%	1.32%	620
圆柱形-2	40	6.6	3.3	3.12%	1.29%	599.3

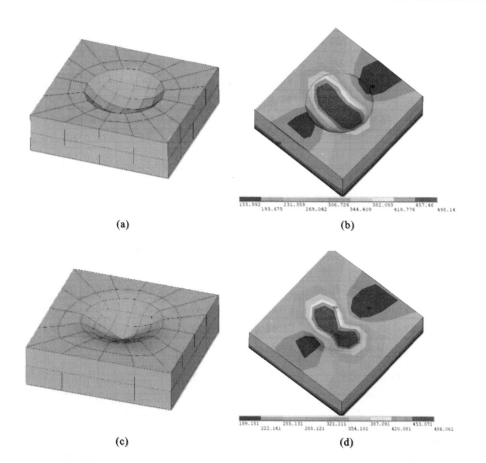

(a)   (b)

(c)   (d)

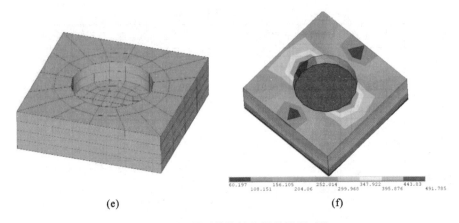

60.197	156.105	252.014	347.922	443.83				
	108.151	204.06	299.968	395.876	491.785			

(e)　　　　　　　　　　　　　　　　　　　(f)

图 9-18　不同形状蚀坑有限元模型对比

(a)球冠形蚀坑；(b)球冠形蚀坑应力云图；(c)圆锥形蚀坑；

(d)圆锥形蚀坑应力云图；(e)圆柱形蚀坑；(f)圆柱形蚀坑应力云图

结果表明,三种蚀坑形状模型在相同点蚀强度下的极限承载力差异较大,在相同腐蚀损伤体积和相同蚀坑尺寸条件下,角钢极限承载力差异很小,约为 0.8%。若保证腐蚀损伤体积和径深比(蚀坑半径和深度的比值)不变,改变蚀坑的尺寸,圆柱形蚀坑与另外两种蚀坑的结果也有较大差异,说明蚀坑尺寸也是影响极限承载力的重要因素,这将在后文做进一步的分析。从图 9-19 可以看出,由于圆柱形蚀坑存在厚度突变,坑底和垂直于应力方向的厚度突变位置存在明显的应力集中现象,该部分将首先发生塑性变形。球冠形和圆锥形蚀坑由于壁厚变化平缓,应力集中的区域更小,塑性发展更加充分,因此有比圆柱形蚀坑更高的承载力。综上,蚀坑形状对承载力的影响较小,并且圆柱形蚀坑得到的结果是趋于保守的,可以采用圆柱形蚀坑做简化。

9.1.8　网格尺寸的影响

在有限元分析中,单元网格尺寸决定了有限元模型的计算效率和计算结果的精确度,较粗的网格会导致计算结果与真实值存在较大差异,而过于精细的网格虽然使计算结果与真实值更加接近,但并未对结果精确度有实质性提升,反而降低了模型的计算效率。对于随机点蚀角钢模型,当蚀坑数量较多、蚀坑分布较为密集时,过于精细的网格会使计算时间成倍增长。

为了使随机点蚀模型具有良好的计算精度,同时保证模型的计算效率,以随机点蚀角钢轴压模型为例,截面规格为∠125×8×750,蚀坑数量设定为 20 个,蚀坑半径和蚀坑深度分别为 8mm 和 4mm,探究三种不同网格尺寸点蚀模型的计算结果,如表 9-3 所示。结果表明,不同网格尺寸有限元模型计算结果存在一定差异。当蚀坑底部单元数从 12 个增加到 48 个时,计算精度提升较大,且计算时间仍较短,当蚀坑底部单元数进一步增大到 92 个时,网格变得不规则,计算时间成倍增长,但在精度上却没有实质性的提升。

表 9-3　　　　　　　　　　　　　不同网格尺寸的点蚀模型

蚀坑示意图	蚀坑底部单元个数	蚀坑周围单元个数	计算结果/kN	误差
	12	8	654.6	8.2%
	48	32	610.4	0.9%
	92	52	605.2	0

由上,蚀坑底部单元个数为 48 的划分尺寸能够在保证计算效率的同时有较高的精确度,本章采用此种方案进行网格划分。

9.2　有限元模型的验证

针对文献[22]中的点蚀角钢试件进行非线性有限元计算,并将有限元结果和试验结果进行比较,见表 9-4。文献[22]中的角钢截面规格均为 $40 \times 4 \times 790$,采用的钢材为 Q345,腐蚀损伤体积均为 9%。

表 9-4 有限元模拟承载力与试验值对比

试件	蚀坑深度/mm	蚀坑半径/mm	有限元承载力 F/kN	试验承载力 F_t/kN	F/F_t
1	2	12.5	43.5	44.7	0.973
2	2	6	48.1	49.2	0.978
3	2	12.5	49.2	49.6	0.992
4	2	6	46.4	47.2	0.983

表 9-4 中,试件 1、2 为均匀点蚀,排列形式如图 9-19(a)、(b)所示,通过控制蚀坑的位置建立均匀点蚀模型,有限元模型如图 9-20(a)、(b)所示。试件 3、4 为随机点蚀,排列形式如图 9-19(c)、(d)所示,因为蚀坑的直径较大,本文采用随机点蚀的建模方法,点蚀的排布方式基本和文献[22]一致,有限元模型如图 9-20(c)、(d)所示。最终的计算结果与试验结果的差异很小,在 3% 以内。

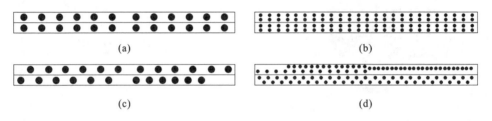

(a)

(b)

(c)

(d)

图 9-19　试件点蚀排列形式

(a)试件 1;(b)试件 2;(c)试件 3;(d)试件 4

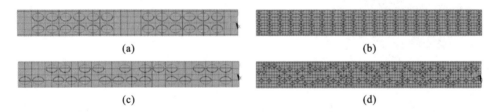

(a)

(b)

(c)

(d)

图 9-20　随机点蚀有限元模型

(a)试件 1;(b)试件 2;(c)试件 3;(d)试件 4

表 9-4 列出了有限元模型的计算结果与文献[22]中对应构件的试验极限承载力以及相对误差,可以看到误差均在 3% 以内。各个试件在破坏状态下的位移云图如图 9-21 所示,各个试件单肢的荷载-位移曲线如图 9-22 所示。从以上的分析可以看出,通过有限元模拟得到的极限抗压承载力值与文献[22]中的试验结果吻合较好,ANSYS 模型的变形与试验过程产生的变形吻合,失稳形式均为绕弱轴的整体弯曲失稳。因此,本章采用的随机点蚀建模方法可用于随机点蚀角钢轴心受力性能的进一步分析与研究。

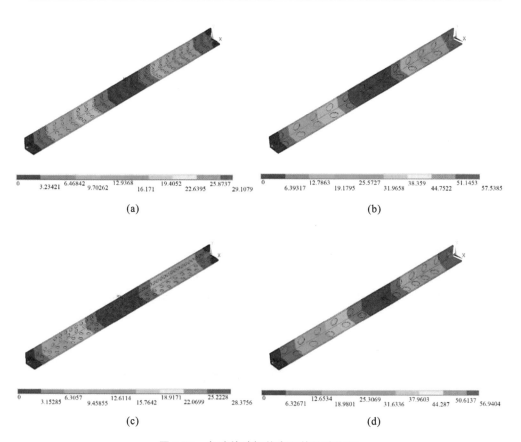

图 9-21　各试件破坏状态下的位移云图

（a）试件 1；（b）试件 2；（c）试件 3；（d）试件 4

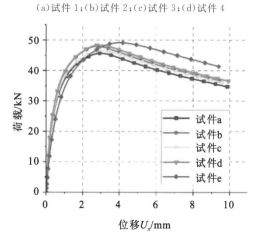

图 9-22　各试件单肢荷载-位移曲线

9.3 本章小结

本章采用 ANSYS 有限元软件对点蚀角钢进行建模并分析,通过与文献中点蚀损伤角钢试验结果进行对比来验证有限元模型的准确性,研究了初始缺陷和蚀坑形状对极限承载力的影响,得出了以下结论:

①锈蚀实际上是对构件厚度的折减,采用实体单元建模能更清晰地反映点蚀处的应力情况。

②残余应力对角钢极限承载力的影响有限,通过将初始缺陷峰值放大为 $L/800$ 来整体考虑初始缺陷的影响,与试验结果相符。

③蚀坑形状对承载力的影响较小,采用圆柱形蚀坑不但可以简化建模过程,提高计算效率,而且得到的计算结果也是符合实际,趋于保守的。

④本章建立的随机点蚀角钢模型与文献中的试验结果基本一致,可用于随机点蚀角钢轴向受力性能的进一步分析和研究。

参 考 文 献

[1] 中华人民共和国住房和城乡建设部.工业建筑防腐蚀设计标准:GB 50046—2018[S]. 北京:中国计划出版社,2018.

[2] 中华人民共和国住房和城乡建设部.建筑防腐蚀工程施工质量验收标准:GB/T 50224—2018[S]. 北京:中国计划出版社,2018.

[3] 中华人民共和国住房和城乡建设部.建筑防腐蚀工程施工规范:GB 50212—2014[S]. 北京:中国计划出版社,2014.

[4] 王燕舞.考虑腐蚀影响船舶结构极限强度研究[D]. 上海:上海交通大学,2008.

[5] 徐昊,李萍,周彬,等.奥氏体不锈钢设备腐蚀问题研究[J]. 中国设备工程,2020(8):46-47.

[6] 叶继红,申会谦,薛素铎.点蚀孔腐蚀钢构件力学性能劣化简化分析方法[J]. 哈尔滨工业大学学报,2016,48(12):70-75.

[7] NOURI Z H M, KHEDMATI M R, SADEGHIFARD S. An effective thickness proposal for strength evaluation of one-side pitted steel plates under uni-axial compression[J]. Latin American Journal of Solids and Structures,2019,9(4):475-496.

[8]　NAKAI T,MATSUSHITA H,YAMAMOTO N,et al. Effect of pitting corrosion on local strength of hold frames of bulk carriers (1st report)[J]. Marine Structures,2004,17(5):403-432.

[9]　聂彪,徐善华,陈华鹏,等.锈蚀冷弯薄壁型钢柱弹性整体屈曲分析[J].华东交通大学学报,2024,41(3):10-19.

[10]　王亮,魏欢博,高亚杰,等.不同锈蚀程度下栓钉连接件的抗剪性能分析[J].深圳大学学报(理工版),2024,41(1):58-65.

[11]　曾生辉.锈蚀 H 型钢梁表面形貌特征及其抗弯剪性能研究[D].绵阳:西南科技大学,2023.

[12]　董悦奇.随机点蚀对槽钢柱力学性能影响分析[D].淮南:安徽理工大学,2022.

[13]　曹现雷,郝际平,樊春雷,等.Q460 角钢两端偏心受压构件稳定设计方法研究[J].世界科技研究与发展,2011,33(6):947-951.

[14]　GARDNER L,NETHERCOT D A. Numerical modeling of stainless steel structural components-A consistent approach[J]. Journal of Structural Engineering,2004,130(10):1586-1601.

[15]　郑宝锋,舒赣平,沈晓明.不锈钢冷成型管截面轴心受压构件的有限元分析[J].工业建筑,2012,42(5):12-20.

[16]　SHI C,KARAGAH H,DAWOOD M,et al. Numerical investigation of H-shaped short steel piles with localized severe corrosion[J]. Engineering Structures,2014,73(15):114-124.

[17]　宋钢.考虑腐蚀效应的圆钢管轴向受力性能研究[D].哈尔滨:哈尔滨工业大学,2016.

[18]　王仁华,方媛媛,窦培林,等.点蚀损伤下桩基式平台腿柱轴压极限承载力研究[J].海洋工程,2015,33(3):29-35.

[19]　朱浩川.薄壁不锈钢轴压构件的极限承载力[D].杭州:浙江大学,2014.

[20]　朱浩川,姚谏.薄壁不锈钢圆管轴心受压构件试验研究[J].建筑结构学报,2014,35(12):121-132.

[21]　孟路希.Q460 等边角钢稳定承载力的试验研究[D].重庆:重庆大学,2009.

[22]　OSZVALD K,DUNAI L. Effect of corrosion on the buckling of steel angle members-experimental study[J]. Periodica Polytechnica Civil Engineering,2012,56(2):175-183.

10 随机点蚀角钢轴心受拉性能分析

拉力是一种常见的荷载,在输电塔结构中普遍存在。在进行轴心受拉构件的设计时,无需考虑构件的整体稳定和局部稳定问题,其强度承载力是以截面的平均应力达到钢材的屈服应力为极限。但当构件的截面产生局部腐蚀,特别是点腐蚀,截面上的应力分布不再是均匀的。局部腐蚀减小了角钢的局部面积,在局部腐蚀区周围会出现明显的应力集中现象,随着腐蚀程度的加深,构件的抗拉力学性能会受到明显的削弱,最终导致构件失效,严重威胁着结构的安全。

随机点蚀对角钢轴心抗拉极限承载力的影响与构件的长细比、蚀坑深度及尺寸有着密切的联系,现有研究主要考虑的是局部均匀腐蚀对构件性能的削减,对随机点蚀的不利影响还缺少系统的研究。本章将在上一章的基础上开展大量非线性有限元分析,研究点蚀的影响规律。

针对不同腐蚀损伤体积、蚀坑尺寸、分布位置及构件的长细比,研究随机点蚀角钢模型极限受拉强度的劣化规律。由于轴心受拉构件不存在整体失稳和局部屈曲问题,经过计算发现初始缺陷对构件极限抗拉承载力的影响很小,故在建模时不考虑初弯曲和残余应力。为了与轴压时的情况对应,选用宽厚比超限的∠125×8 截面角钢和宽厚比不超限的∠125×10 截面角钢,构件的强度选用 Q460 进行参数化分析。

10.1 腐蚀损伤体积的影响

在建立蚀坑参数矩阵时,根据相关文献得到的径深比分布数据,将径深比的对数平均值取为 $\mu_\lambda = 1.386$,对数标准差取为 $\sigma_\lambda = 0.550$,径深比取值范围限定为 2~6。而对于蚀坑深度,将控制生成的蚀坑深度平均值取为 $0.5t$(t 为角钢肢厚),标准差取为 $0.12t$,范围限定在 $0t \sim 1t$ 之间,均匀点蚀构件蚀坑深度取为 $0.5t$,直径取为 $2t$。针对腐蚀损伤体积的变化,展开非线性有限元分析,蚀坑深度取角钢厚度的一半,径深比取 2,蚀坑的布置方式为角钢内侧两肢的随机均匀分布,图 10-1 为角钢内外侧示意图。

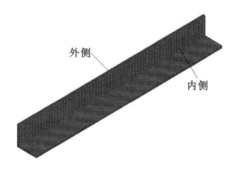

图 10-1　角钢内外侧示意

用于分析的角钢轴拉构件模型相关数据如表 10-1 所示。保持蚀坑深度和半径不变,通过调整蚀坑数量得到不同锈蚀率的角钢构件模型,∠125×8×750 构件 10 个蚀坑的体积约占角钢总体积的 0.55%,即腐蚀损伤体积 DOV=0.55%,∠125×10×750 构件 10 个蚀坑的体积约占角钢总体积的 0.87%,即腐蚀损伤体积 DOV=0.87%。

表 10-1　　　　　　　　　　　　**不同腐蚀损伤体积角钢构件表**

构件尺寸	蚀坑深度/mm	蚀坑半径/mm	蚀坑数量	DOV
∠125×8×750	4	8	10~180	0.55%~9.96%
∠125×10×750	5	10	10~120	0.87%~9.59%

蚀坑对角钢构件抗拉力学性能的影响主要体现在两个方面,分别为应力集中和截面削弱。通过有限元计算得到点蚀构件的荷载-位移曲线如图 10-2 所示,其中,荷载为有限元模型加载面的轴向拉力,位移 U_z 取加载面上任一节点的位移值。

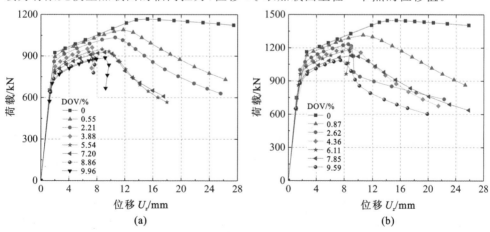

图 10-2　点蚀构件受拉荷载-位移曲线

(a)∠125×8×750;(b)∠125×10×750

由图 10-2 可知,点蚀构件在拉力作用下存在明显的弹性阶段、屈服强化阶段和颈缩阶段。随着腐蚀损伤体积的增加,从加载开始到极限值的荷载-位移曲线段呈现近似平移的向下移动,表明构件的抗拉力学性能在逐渐下降。

点蚀构件弹性阶段的荷载-位移曲线为直线,由于点蚀的存在,蚀坑内的应力较大,蚀坑周围的应力折减明显,如图 10-3 所示。这种应力差异导致应变差异,在相同拉力荷载作用下,腐蚀损伤体积越大,构件应力差异也越大,导致部分截面提早进入屈服强化阶段,构件的位移相应增大,反映到图 10-2 中为荷载-位移曲线直线段的斜率减小和屈服点的降低。

图 10-4 为点蚀构件强化阶段的应力云图,可见构件的应力集中和应力折减程度加剧。该阶段的位移其实是屈服、强化、弹性阶段的综合,因为蚀孔的存在,部分截面刚进入屈服阶段时,已有部分截面进入了强化阶段,而另一部分截面由于应力折减仍处在弹性阶段,所以实际中点蚀构件的屈服阶段并不明显。

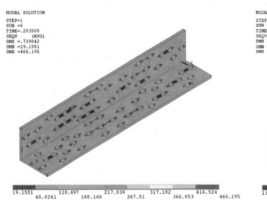

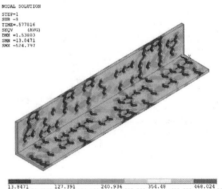

图 10-3　弹性阶段点蚀构件应力云图(单位:MPa)　　图 10-4　强化阶段点蚀构件应力云图(单位:MPa)

颈缩阶段构件均出现了卸载,但是部分构件如图 10-2(a)DOV＝9.96％角钢、图 10-2(b)DOV＝6.11％角钢,在承载力下降的同时,竖向位移也在减小,观察其受力情况发现,其颈缩位置均发生在角钢边缘处,构件发生了局部位置的颈缩,局部颈缩和整体颈缩的对比如图 10-5 所示。值得注意的是,由于随机分布的不确定性,对上述发生局部颈缩的模型进行了反复验算,结果表明在同种腐蚀损伤体积下,局部颈缩和整体颈缩均有可能发生,说明随机点蚀的位置分布能够影响构件的受力变形,但是这种差异引起的极限抗拉承载力变化很小,计算结果显示承载力的差异均在 5％以内。

为了清晰地展现点蚀构件抗拉承载力的下降程度,选取每个点蚀构件荷载-位移曲线顶点对应的极限荷载作为该点蚀构件的极限抗拉强度,取构件的极限抗拉强度与未锈蚀角钢抗拉极限强度的比值得到无量纲化极限承载力,结果如图 10-6 所示。

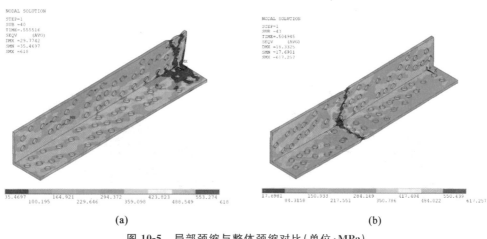

(a)   (b)

图 10-5　局部颈缩与整体颈缩对比(单位:MPa)

(a)局部颈缩;(b)整体颈缩

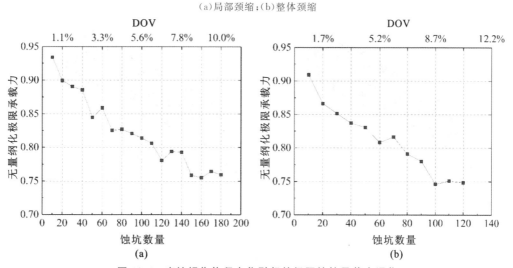

(a)   (b)

图 10-6　腐蚀损伤体积变化引起的极限抗拉承载力退化

(a)∠125×8×750;(b)∠125×10×750

　　结果表明,随机点蚀角钢的极限抗拉承载力退化总体上与腐蚀损伤体积正相关,相邻蚀坑数量之间的承载力值有较小的浮动,当腐蚀损伤体积超过 8%,两种截面角钢强度均下降 20% 以上。

　　构件的破坏模式如图 10-7 所示,为了方便观察,图中构件的位移均放大了 3 倍。当腐蚀损伤体积较小时,构件总是在蚀坑附近产生较大的变形,图 10-7(a)由于蚀坑靠近角钢边缘,角钢的边缘处发生了局部颈缩,图 10-7(c)的蚀坑分布离边缘比较远,跨端约 1/4 段发生了颈缩。当腐蚀损伤体积变大,蚀坑数量变多,距离相近的蚀坑便会协同作用,组成大小不一的蚀坑群,处在蚀坑群位置的截面削弱也最为严重,颈缩甚至拉裂的情况极有可能在这些位置发生。随着锈蚀率的增加,构件的破坏形态也表现出不同的特征。

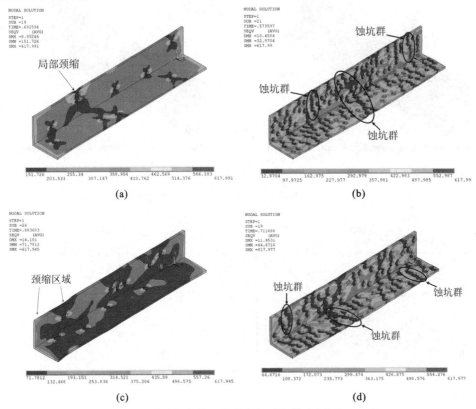

图 10-7　腐蚀损伤体积变化角钢破坏模式(单位:MPa)

(a)∠125×8×750(DOV=0.55%);(b)∠125×8×750(DOV=8.86%);
(c)∠125×10×750(DOV=0.87%);(d)∠125×10×750(DOV=8.72%)

10.2　点蚀尺寸的影响

本小节分析蚀坑尺寸对角钢极限抗拉承载力的影响,分析的角钢模型如表 10-2 所示。

表 10-2　　　　　　　　　　　　**不同蚀坑尺寸角钢构件表**

截面	蚀坑深度 h_c/mm	蚀坑半径 R/mm
∠125×8×750	4	6、7、8、9、10
	2、3、4、5、6	8

续表

截面	蚀坑深度 h_c/mm	蚀坑半径 R/mm
∠125×10×750	5	6、8、10、12、14
	3、4、5、6、7	10

分别调整蚀坑深度和蚀坑半径,通过控制蚀坑数量,建立在一定腐蚀损伤体积条件下的随机点蚀角钢模型。由上一节内容可知,当 DOV 值达到 8% 时,承载力降幅达 20%,本节研究 DOV 值在 2%~6% 条件下点蚀角钢承载力的退化规律,结果如图 10-8 所示。

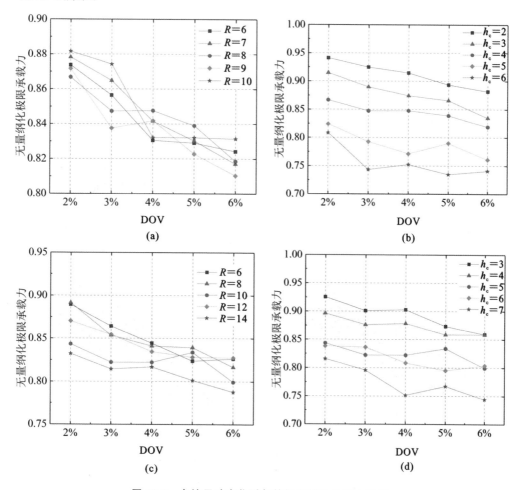

图 10-8　点蚀尺寸变化引起的极限抗拉承载力退化

(a)∠125×8×750-h_c=4;(b)∠125×8×750-R=8;

(c)∠125×10×750-h_c=5;(d)∠125×10×750-R=10

结果表明,蚀坑半径对承载力的影响很小,在相同腐蚀损伤体积下,相邻数值蚀坑半径的角钢模型之间,承载力差异均在5%以内。蚀坑深度的影响较为明显,在相同腐蚀损伤体积下,蚀坑越深角钢承载力的降幅就越大。

究其原因,是蚀坑尺寸不同引起的这种极限抗拉承载力之间的差异本质上来源于点蚀损伤对角钢有效截面的削弱和蚀坑之间相互作用的耦合。当腐蚀深度一定时,单个较小半径的蚀坑对角钢的削弱是有限的,需要通过多个蚀坑之间的相互作用,形成蚀坑群来影响角钢的承载力。单个半径较大的蚀坑对角钢的削弱相对明显,但是较大的蚀坑半径也意味着更长的传力路径,其应力集中程度相对较小。此外,在相同腐蚀损伤体积下,若蚀坑半径较大,蚀坑的数目更少,蚀坑之间的相互作用也更弱,影响角钢承载力的主要因素是单个蚀坑的截面削弱。

当蚀坑半径一定时,腐蚀深度较大的蚀坑对角钢有效截面的削弱较大,且这种深而窄的蚀坑加剧了构件局部截面的厚度突变,对应力传递是十分不利的,单个蚀坑的影响要比腐蚀深度较小的蚀坑组成的蚀坑群更为显著。因此,点蚀深度对角钢极限抗拉承载力的影响比点蚀半径更显著。

为了能够更加直观地反映蚀坑尺寸的影响,以8mm厚截面角钢为例,腐蚀深度不变,不同半径的蚀坑在同一模型上随机分布,腐蚀损伤体积约为5%,结果如图10-9(a)所示,可见不同半径的蚀坑,其应力分布差异不大。采用同样的方法,半径不变,不同深度的蚀坑在同一模型上随机分布,腐蚀损伤体积同样约为5%,结果如图10-9(b)所示,可见腐蚀深度较深的蚀坑应力集中更加明显,与其他蚀坑间的相互作用更为突出。

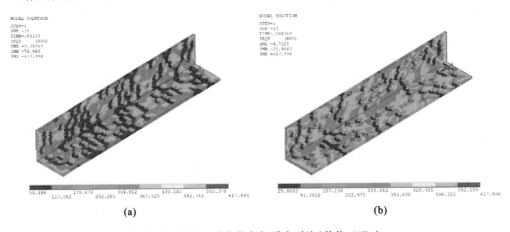

图 10-9　蚀坑尺寸变化角钢受力对比(单位:MPa)

(a)∠125×8×750-h_c=4 R=6~10;(b)∠125×8×750-R=8 h_c=2~6

10.3 点蚀位置的影响

本节研究点蚀位置的影响,蚀坑深度取角钢厚度的一半,径深比取 2,分横向锈蚀、纵向锈蚀和内外侧锈蚀三种情形。图 10-10 为横向锈蚀和纵向锈蚀示意图,其中 L_1、L_2 指横向腐蚀区的纵向分布长度和腐蚀区中部到跨端的距离,L_3、L_4 指纵向腐蚀区的横向分布长度和腐蚀区中部到边缘的距离,t 指角钢的厚度,每种锈蚀情况分别考虑蚀坑单肢和双肢的分布。

通过计算发现,L_2 和 L_4 的变化对构件极限承载力的影响很小,因为当腐蚀损伤体积一定,构件在承受拉力时,破坏最先发生在最弱截面,而腐蚀区位置的变化只是改变了最弱截面的位置,故下面两小节只分析腐蚀区分布长度变化带来的影响。

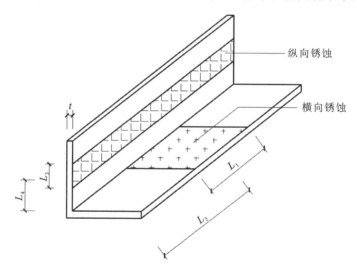

图 10-10　锈蚀位置示意

10.3.1　横向锈蚀

针对横向锈蚀区域纵向分布长度 L_1 的变化,展开非线性有限元计算,分析的角钢模型如表 10-3 所示。

表 10-3　　　　　　　　　　**不同纵向分布长度角钢构件表**

截面	L_1/mm	L_2/mm	DOV
∠125×8×750	250～750	375	1%～4%
∠125×10×750	250～750	375	1%～4%

假定腐蚀区域均位于杆件跨中，即 $L_2 = 375\text{mm}$。由于单肢分布的位置有限，单肢分布的 DOV 值只计算到 3%。计算结果如图 10-11 所示。

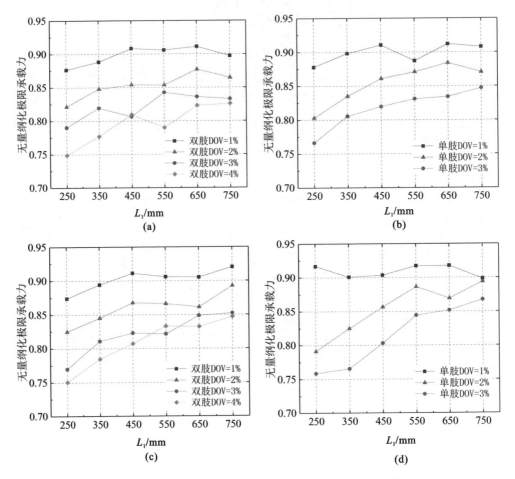

图 10-11　纵向分布长度变化引起的抗拉极限承载力退化

(a)∠125×8×750-双肢锈蚀；(b)∠125×8×750-单肢锈蚀；

(c)∠125×10×750-双肢锈蚀；(d)∠125×10×750-单肢锈蚀

结果表明，单肢和双肢分布的差异较小，在不同腐蚀损伤体积下，纵向分布长度变化所引起的极限抗拉承载力退化规律基本相同：纵向分布长度越小，蚀坑引起的极限承载力退化越大。当腐蚀损伤体积较小时，不同纵向分布长度的角钢，其承载力退化差异很小，随着腐蚀损伤体积增大，腐蚀区纵向分布长度的不利影响便开始凸显。究其原因，在相同腐蚀损伤体积下，腐蚀区的纵向分布长度越大，腐蚀区的面积就越大，使得蚀坑在构件表面的分布更加分散，在同一截面分布的蚀坑也越少，有效截面积相对较大，同时因为蚀坑分散，蚀坑间的相互作用也就越弱，不容易生成蚀坑群。

与此相反,腐蚀区的纵向分布长度越小,腐蚀区的面积就越小,蚀坑分布越密集,更加容易生成蚀坑群,有效截面更小,形成更为复杂的应力分布,进一步影响构件的力学性能,使得构件的极限承载力显著下降。图 10-12 展示了当 $L_1=250\mathrm{mm}$,DOV$=4\%$时,8mm 厚角钢的破坏模式,可见蚀坑群削弱了跨中局部截面,跨中段的应力集中明显。

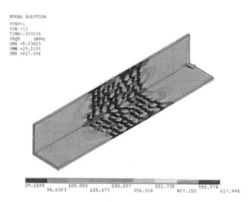

图 10-12　跨中密集分布蚀坑的角钢破坏模式(单位:MPa)

10.3.2　纵向锈蚀

针对纵向锈蚀区域横向分布长度 L_3 的变化展开非线性有限元计算,分析的角钢模型如表 10-4 所示。

表 10-4　　　　　　　　　　　　**不同横向分布长度角钢构件表**

截面	L_3/mm	L_4/mm	DOV
$\angle 125\times 8\times 750$	$65\sim 125$	62.5	$1\%\sim 5\%$
$\angle 125\times 10\times 750$	$65\sim 125$	62.5	$1\%\sim 5\%$

假定腐蚀区域均位于杆件跨中,即 $L_4=62.5\mathrm{mm}$。由于单肢分布的位置有限,单肢分布的 DOV 值只计算到 3%。计算结果如图 10-13 所示。

结果表明,当腐蚀损伤体积较小时,横向分布长度的变化对承载力的影响不明显,单肢分布和双肢分布的差异较小,但当腐蚀损伤体积较大时,横向分布长度越大,角钢的极限承载力退化就越严重,单肢分布总体上要小于双肢分布。造成这种现象的根本原因在于点蚀对角钢有效横截面的削弱。腐蚀损伤体积越小也就意味着随机点蚀在同一横截面上分布的概率越小,横向分布长度增大反而进一步降低了这种概率。当腐蚀损伤体积较大,蚀坑数量较多时,对于横向分布长度较小的构件,点蚀仅对该分布范围内的局部截面造成削弱,尽管点蚀分布密集,但点蚀间的相互作用只限

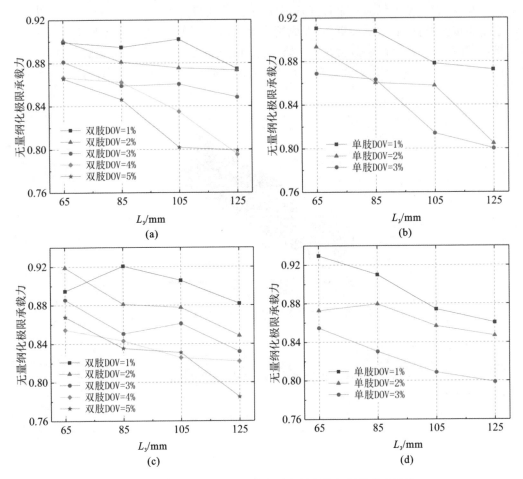

图 10-13　横向分布长度 L_3 变化引起的抗拉极限承载力退化

(a)∠125×8×750-双肢锈蚀;(b)∠125×8×750-单肢锈蚀;

(c)∠125×10×750-双肢锈蚀;(d)∠125×10×750-单肢锈蚀

于横向分布范围内,分布范围外的角钢截面受点蚀影响较小。腐蚀区横向分布长度较大的构件,同一横截面上能够分布的点蚀更多,角钢有效截面的削减更大,最终导致极限承载力的下降。

10.3.3　内外侧分布锈蚀

针对锈蚀内外侧位置的变化,展开非线性有限元计算。图 10-14 展示了两种截面角钢点蚀分别在内外侧位置分布时的极限承载力退化规律。结果表明,内外侧分布位置不同所引起的承载力差异不大,两者的退化规律基本一致。

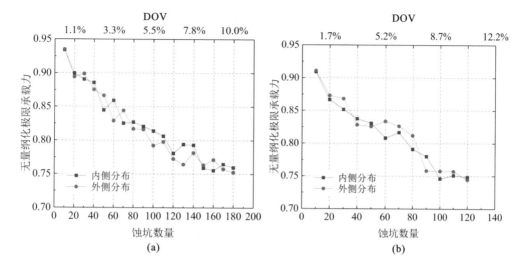

图 10-14 内外侧点蚀位置变化引起的极限承载力退化

(a)∠125×8×750；(b)∠125×10×750

10.4 长细比的影响

本节分析长细比的影响，分析的角钢轴压构件模型如表 10-5 所示。

表 10-5 不同长细比角钢构件表

截面	长细比	蚀坑深度/mm	蚀坑半径/mm
∠125×8×750	30、45、60	4	8
∠125×10×750	30、45、60	5	10

通过有限元计算发现，在相同腐蚀损伤体积下，不同长细比构件的极限抗拉承载力的退化规律一致，图 10-15 为不同长细比构件在腐蚀损伤强度分别为 0、2％和 6％条件下的应力-应变曲线，当锈蚀未发生即 DOV＝0 时，不同构件的应力-应变曲线基本重合，随着点蚀的发展，除颈缩阶段外，构件在弹性阶段和屈服强化阶段的曲线也基本重合，说明长细比对点蚀构件的抗拉性能影响不大，究其原因，构件长细比变化并不改变有效截面大小，且在相同腐蚀损伤体积下，不同长细比构件的蚀坑密度基本相同，蚀坑间的相互作用也可以等同。

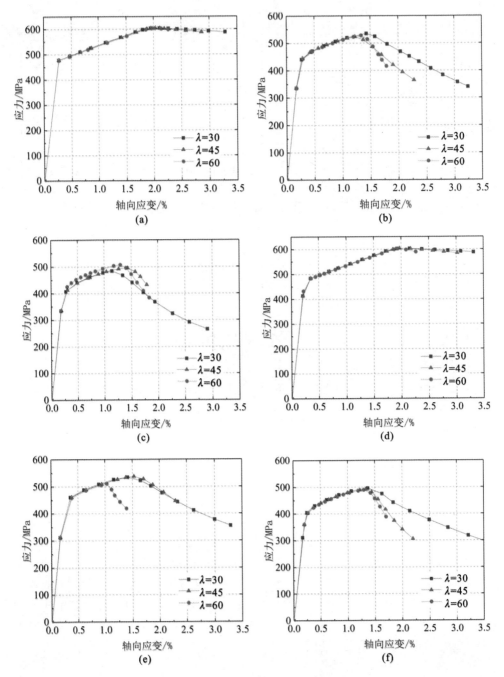

图 10-15　不同长细比应力-应变曲线

(a)∠125×8×750-DOV＝0；(b)∠125×8×750-DOV＝2％；(c)∠125×8×750-DOV＝6％；

(d)∠125×10×750-DOV＝0；(e)∠125×10×750-DOV＝2％；(f)∠125×10×750-DOV＝6％

10.5   随机点蚀角钢抗拉强度劣化规律

因为点蚀构件沿全长分布有密度不一的蚀坑,当计算点蚀构件的极限抗拉强度时,可以等同于构件沿全长都排列有较密的螺栓,根据《钢结构设计标准》(GB 50017—2017),按式(10-1)计算:

$$\frac{N}{A_n} \leqslant f \tag{10-1}$$

式中,N 为拉力设计值,N;f 为钢材抗拉强度设计值,N/mm²;A_n 为构件的净截面面积(最薄弱面面积),mm²。

由此定义构件最大截面损失率:

$$\rho = \frac{A - A_n}{A} \tag{10-2}$$

式中,ρ 为点蚀构件最大截面损失率;A 为构件腐蚀前截面面积,mm²。

以最大截面损失率为变量分析拉力作用下腐蚀构件极限承载力的劣化规律是比较直观且合理的,相关文献均采用了该种方法。但在实际测量中,由于构件表面锈渍、测量条件有限等各方面原因,最大截面损失率是不容易获得的,均是以间接方式测算。相关文献通过样本分析了腐蚀损伤体积与最大截面损失率之间的关系,相关文献则是通过钢材的服役时间和所处环境推算构件的最大截面损失率。故本章直接以腐蚀损伤体积为变量,采用最小二乘法对腐蚀损伤体积与相应无量纲化极限承载力进行拟合,定义系数 μ 为无量纲化极限承载力,考虑点蚀影响的轴向受拉杆件的强度计算公式为:

$$\mu \frac{N}{A} \leqslant f \tag{10-3}$$

根据前几节的统计分析,点蚀角钢构件的极限承载能力劣化规律为非线性,同时考虑到腐蚀损伤体积取为 1 时,无量纲化承载力为 0,本节采用一次函数与指数函数的复合函数作为拟合函数,拟合函数为:

$$\mu = (1 - \text{DOV}) \times A e^{B \cdot \text{DOV}} \tag{10-4}$$

式中,DOV 为腐蚀损伤体积;A、B 为拟合参数。

对腐蚀损伤体积与相应无量纲化极限承载力的数据进行拟合,得到两种截面构件腐蚀损伤体积与无量纲化极限承载力的关系,将这两条曲线定义为基准曲线,如图 10-16 所示。

拟合函数对拟合数据拟合程度的好坏通常通过残差平方和(RSS)和判断系数(R^2)进行判断,RSS 越接近 0、R^2 越接近 1 表明拟合程度越好,图 10-16 中,RSS 最大

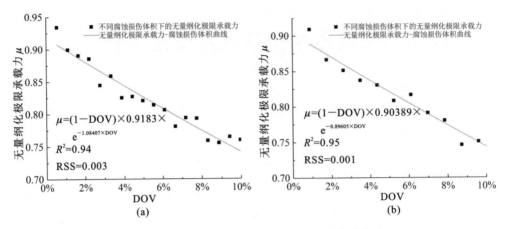

图 10-16 无量纲化极限承载力-腐蚀损伤体积关系

(a) ∠125×8×750；(b) ∠125×10×750

为 0.003，R^2 最小为 0.94，表明数据的拟合程度较好。

根据 10.2 节的分析，蚀坑半径的影响很小，在 5% 以内；而蚀坑深度的影响较为显著，观察承载力退化曲线，可以认为不同蚀坑深度的退化曲线是由基准曲线上下平移得到。引入尺寸参数 c 表示不同蚀坑深度退化曲线与基准曲线的差，即为不同曲线间的平移量，定义蚀坑深度与角钢厚度的比值 k 作为参数 c 的自变量，采用一次函数作为拟合函数，拟合函数为：

$$c = ka + b \tag{10-5}$$

式中，a，b 为拟合参数。通过拟合得到两种截面参数 c 的拟合曲线，如图 10-17 所示，可见拟合程度较好。

根据 10.3 节的分析可知，点蚀分布位置的影响不大，但是分布范围的影响不容忽视，L_1 越小即横向锈蚀沿纵向分布越紧密，承载力下降越多，L_3 越大即纵向锈蚀沿横向分布越分散，承载力下降越多，因此最不利情况为 $L_1 = 250$mm，$L_3 = 125$mm。由于在实际测量中很难得到四个位置的精确参数，因此只能根据构件表面的蚀坑分布特征做出大概的判断。

基准曲线的蚀坑分布情况为 $L_1 = 750$mm，$L_3 = 125$mm，参数 L_2、L_4 的影响可以忽略。分析 L_1 的变化，当腐蚀损伤体积较小时，两种截面角钢单双肢最不利情况相对于基准曲线的降幅约为 3%，当腐蚀损伤体积超过 2% 后，8mm 厚截面角钢降幅约为 7%，10mm 厚截面角钢降幅约为 10%。分析 L_3 的变化，当腐蚀损伤体积较小时，两种截面角钢单双肢最不利情况相对于基准曲线的增幅约为 3%，当腐蚀损伤体积超过 2% 后，8mm 厚截面角钢增幅约为 7%，10mm 厚截面角钢增幅约为 8%。由此可以认为，由位置变化对角钢极限承载力的影响在 10% 以内。

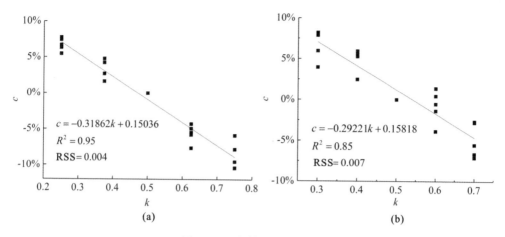

图 10-17 参数 c-k 关系曲线

(a)∠125×8×750;(b)∠125×10×750

综上,随机均匀点蚀超限角钢的承载力退化公式为:

$$\mu = (1 - DOV) \times 0.9183 \times e^{-1.08407 \times DOV} - 0.31862k + 0.15036 \quad (10\text{-}6)$$

随机均匀点蚀不超限角钢的承载力退化公式为:

$$\mu = (1 - DOV) \times 0.90389 \times e^{-0.89605 \times DOV} - 0.29221k + 0.15818 \quad (10\text{-}7)$$

10.6 本 章 小 结

本章在上一章的基础上,对两种截面角钢进行了大量非线性有限元分析,研究了在不同腐蚀损伤体积下,点蚀的尺寸、分布和长细比对轴拉角钢构件力学性能的影响规律,展示了不同条件下角钢模型的破坏模式,并得出了以下结论:

①随机点蚀角钢的极限抗拉承载力退化总体上与腐蚀损伤体积正相关,当腐蚀损伤体积超过 8%,两种截面角钢强度均下降 20% 以上。形成蚀坑群的截面削弱最为严重,颈缩甚至拉裂的情况极有可能在这些位置发生。

②蚀坑半径对承载力的影响很小,蚀坑深度的影响较为明显,在相同腐蚀损伤体积下,蚀坑越深,角钢极限抗拉承载力的降幅就越大。

③点蚀分布所处位置的影响不大,但是分布范围的影响不容忽视,横向锈蚀沿纵向分布越紧密、纵向锈蚀沿横向分布越分散,角钢极限抗拉承载力就下降得越多。

④不同长细比构件在相同腐蚀损伤体积下,极限抗拉承载力的退化规律一致。

11 结论与展望

11.1 结　　论

本书采用理论分析的方法对角钢截面的塑性发展能力进行了研究,推导了角钢截面塑性发展系数的计算公式,并给出了大规格角钢截面塑性发展系数的推荐值,然后对大规格角钢进行轴压加载试验和偏心加载试验,通过对试验结果进行系统和深入的分析,得到偏心的存在对大规格角钢稳定承载力和失稳形态的影响规律。接着,建立大规格角钢的轴压和偏压加载的有限元模型,并进行一系列的参数化分析。最终,基于分析的结果提出了适用于大规格角钢压弯构件的稳定承载力计算公式,本书得到的主要结论如下。

①推导了角钢截面的塑性发展系数,发现在设计大规格角钢和常规截面角钢时,两者的塑性发展系数可取为相同的值,按照塑性发展深度为截面高度的1/8,给出了大规格角钢截面强轴和弱轴的塑性发展系数推荐值分别为 $\gamma_u=1.05$, $\gamma_v=1.15$。

②当考虑支座约束的影响时,试验得到的大规格角钢的稳定系数相比《钢结构设计标准》(GB 50017—2017)的 a 类曲线有所降低,因此当不考虑支座约束影响时,可按照 a 类柱子曲线进行设计,当考虑支座约束影响时,可采用 b 类柱子曲线对试件进行偏保守的设计。

③从试验结果中得到,当偏心率从 0 增大到 0.65 时,$\lambda=40$ 和 $\lambda=60$ 绕强轴单向压弯试件承载力的下降幅度分别为 36.4% 和 30.9%,$\lambda=30$ 和 $\lambda=50$ 绕弱轴单向压弯试件承载力的下降幅度分别为 55.9% 和 53.7%,表明偏心距的存在对大规格角钢稳定承载力有较大的削弱,对绕弱轴单向压弯试件承载力的削弱比对绕强轴单向压弯的削弱更明显,且绕强轴单向压弯试件的承载力下降幅度与长细比和偏心率均有关。偏心距的存在也会改变大规格角钢试件的失稳形态,绕强轴单向压弯的试件随着偏心距的增大,能够使试件的失稳形态由弯曲失稳转变为弯扭失稳;绕弱轴单向压

弯的试件在长细比较小时,随着偏心距的增大,试件的失稳形态由弯扭失稳转变为弯曲失稳,长细比较大时,随着偏心距的增大,试件的失稳形态由朝肢背的弯曲失稳转变为朝肢尖的弯曲失稳。

④将有限元结果与各规范进行对比分析得到,绕强轴单向压弯的有限元结果稳定承载力分别平均高于我国《钢结构设计标准》(GB 50017—2017)、美国规范 ANSI/AISC 360-16、欧洲规范 Eurocode 3 计算值 36.24%、16.79%、9.96%;绕弱轴单向压弯的有限元结果稳定承载力分别高于我国《钢结构设计标准》(GB 50017—2017)、美国规范 ANSI/AISC 360-16 计算值 32.32%、8.56%,而小于欧洲规范 Eurocode 3 计算值 0.74%,表明现有规范中压弯构件的设计公式在用于大规格角钢压弯构件的设计时,表现出不同程度的保守,绕弱轴单向压弯的构件相比绕强轴单向压弯的构件规范中设计值的保守程度有所降低。

⑤通过分析不同参数对轴压和偏压大规格角钢稳定承载力的影响。对于 $e_{uo}=0$ 的构件,具有初始几何缺陷的构件相对理想构件的承载力最大下降了 35.5%;采用 4 点残余应力分布模型且应力峰值为 $0.3f_y$ 的构件相对无残余应力构件的承载力最大下降了 8.6%。当长细比 $\lambda=20$ 时,对于 $e_{uo}=0$ 的构件,采用 Q460 的大规格角钢比 Q235 的承载力提高了 76.7%;而对于 $e_{uo}=1$ 的构件,具有初始几何缺陷的构件相对理想构件的承载力最大下降了 22.1%;采用 4 点残余应力分布模型且应力峰值为 $0.3f_y$ 的构件相对无残余应力构件的承载力最大下降了 3.1%;采用 Q460 的大规格角钢比 Q235 的承载力提高了 64.2%,表明相对于轴压构件来说,初始几何缺陷、残余应力和钢材强度等级对偏压构件稳定承载力的影响有所减小。

⑥通过对绕强轴单向压弯大规格角钢的稳定承载力进行分析,在一定的偏心距内,偏压构件的承载力没有出现下降,而是能够达到与轴压构件相同的承载力水平;当超过该偏心距,构件的承载力便出现明显的下降,即绕强轴单向压弯大规格角钢存在临界偏心距,且临界偏心距的取值与长细比有关,长细比越大,临界偏心距越大。

⑦随着偏心距的增大,绕弱轴单向压弯大规格角钢的稳定承载力一直下降,绕弱轴单向压弯大规格角钢绕肢背弯曲的承载力平均比绕肢尖弯曲构件仅高 2%,其承载力的变化特征沿 $e_v=0$ 大体上呈对称分布,可以认为在相同偏心距下,绕肢尖弯曲和绕肢背弯曲的承载力是相等的。在相同偏心距下,绕弱轴单向压弯的构件相对于绕强轴单向压弯的构件,其承载力受削减的程度更大。

⑧基于绕强轴单向压弯和绕弱轴单向压弯的大规格角钢的分析结果,分别提出计算单向压弯构件的稳定承载力推荐公式,并将推荐公式相互衔接,提出了适用于计算大规格角钢双向压弯构件稳定承载力的推荐公式,采用本书的推荐公式,不仅解决了现有规范中偏心连接设计公式不能够反映出偏心距对构件承载力影响的问题,还能够表征出大规格角钢绕强轴单向压弯存在临界偏心距的特征。此外,本书选取了

输电杆塔中最为常用的强度等级为 Q420 大规格角钢为对象,其中试验和有限元分析是对不同长细比和不同截面的 Q420 大规格角钢进行研究,而且在有限元参数化分析中也分析了不同钢材强度等级对于轴压和偏压构件受力性能的影响,因此本书得到的主要结论对于 Q420 大规格角钢压弯构件稳定承载力的计算具有很好的精度,而对于其他更高强度等级的大规格角钢在没有更系统的研究成果时,可以参考本书的设计方法进行设计。

本书基于腐蚀试验数据,采用数值模拟的方法,研究随机点蚀的蚀坑尺寸、蚀坑分布位置以及构件长细比对截面角钢轴向受拉性能的影响,阐明随机点蚀影响构件极限承载力和破坏模式的机理,提出点蚀构件极限承载力的计算公式。本书的研究结论主要有以下几点。

①建立随机点蚀角钢有限元模型,并验证了有限元模型的准确性,研究了单元类型、初始缺陷、材料本构、蚀坑形状以及网格尺寸对角钢构件极限承载力的影响。结果表明:实体单元能较好地反应点蚀细节;残余应力的影响较小,可以通过将初始缺陷峰值放大为 $L/800$ 来综合考虑初始缺陷的影响;蚀坑形状对承载力的影响较小,可以采用圆柱形蚀坑做简化,并且圆柱形蚀坑得到的结果是趋于保守的。

②随机点蚀角钢的抗拉极限承载力退化总体上与腐蚀损伤体积正相关,形成蚀坑群位置的截面削弱最为严重。蚀坑半径、蚀坑分布位置及构件长细比对承载力的影响较小,但蚀坑深度和蚀坑分布范围的影响较为显著。在相同腐蚀损伤体积下,蚀坑越深、横向锈蚀沿纵向分布越紧密、纵向锈蚀沿横向分布越分散,角钢极限抗拉承载力的降幅就越大。

11.2　展　　望

本书以高强度大规格角钢为研究对象,对大角钢压弯构件的受力性能进行了研究,并提出了大角钢压弯构件的稳定承载力设计公式,由于著者的能力有限,本书的研究还有许多不足之处,因此结合目前的研究现状,提出以下展望,以期开展更深入、更广泛的后续研究。

①对宽厚比超限大角钢的局部屈曲进行深入研究,并提出宽厚超限大角钢轴压构件和压弯构件的承载力计算方法。

②对更多截面规格、更多强度等级的高强度超大截面角钢的受力性能进行研究,并构建该类截面构件的稳定承载力计算方法。

③对大角钢组合截面构件,如双拼十字形、双拼 T 字形、四拼十字形构件的轴压

受力性能和偏压受力性能开展研究,并提出相应的大角钢组合截面构件的承载力计算方法。

点蚀损伤下,构件的极限强度受多种因素耦合作用的影响,目前还没有公认的、可以较好模拟点蚀的模型,有关点蚀构件极限强度的计算方法,仍有很多的问题值得更深一步的探究。

①本书研究的点蚀仅考虑点蚀分布位置的随机,且描述位置的参数过于繁冗,进一步的研究可以考虑另外的方法或定义新的参数描述点蚀分布,还可以考虑点蚀深度、半径以及点蚀形状的随机,使模型更加贴近实际情况。

②本书研究的荷载模式仅限于轴向受力,进一步的研究可以探讨构件受弯、受偏心荷载以及组合荷载作用下的力学性能劣化规律。

③需要进一步设计相关腐蚀试验,验证本书提出的极限承载力计算公式能否运用到实际中。